SKYLINE

天 际 线

望远　知新

Field Guide to the Wildlife of the Three-River-Source National Park

三江源国家公园
自然图鉴

王湘国　　吕植　主编

三江源国家公园管理局　　山水自然保护中心　编著

译林出版社

图书在版编目（CIP）数据

三江源国家公园自然图鉴／王湘国，吕植主编；三
江源国家公园管理局，山水自然保护中心编著. —南京：
译林出版社，2021.12（2022.5重印）
（"天际线"丛书）
ISBN 978-7-5447-8934-9

Ⅰ.①三… Ⅱ.①王… ②吕… ③三… ④山… Ⅲ.①国
家公园－青海－图集 Ⅳ.①S759.992.44-64

中国版本图书馆 CIP 数据核字（2021）第 230061 号

三江源国家公园自然图鉴
王湘国　吕　植／主编　三江源国家公园管理局　山水自然保护中心／编著

责任编辑　　杨雅婷　杨欣露
装帧设计　　韦　枫
版式设计　　黄　晨
校　　对　　蒋　燕
责任印制　　董　虎

出版发行　　译林出版社
地　　址　　南京市湖南路 1 号 A 楼
邮　　箱　　yilin@yilin.com
网　　址　　www.yilin.com
市场热线　　025-86633278
排　　版　　南京展望文化发展有限公司
印　　刷　　南京爱德印刷有限公司
开　　本　　889 毫米 ×1194 毫米　1/32
印　　张　　18.25
版　　次　　2021 年 12 月第 1 版
印　　次　　2022 年 5 月第 2 次印刷
书　　号　　ISBN 978-7-5447-8934-9
定　　价　　108.00 元

主编

王湘国　吕植

编著

三江源国家公园管理局　山水自然保护中心

编委

田俊量	刘少英	王昊	秦大公	郭亮
巴桑拉毛	居·扎西桑俄	杜晓玲	景淑媛	韦晔
史湘莹	韩雪松	赵翔		

文稿编写

赵翔（引言）
韩雪松（三江源概况、哺乳动物、鸟）
史静耸（两栖动物、爬行动物）
李波卡（植物）

文稿审阅

孙戈　廖锐（哺乳动物）
朱磊　关翔宇　董江天（鸟）
齐硕（两栖动物、爬行动物）
朱仁斌　顾垒（植物）

藏文翻译

居·扎西桑俄
年保玉则生态环境保护协会

特别鸣谢

青海省玉树藏族自治州人民政府
中国科学院三江源国家公园研究院陈世龙院长
中国科学院动物研究所蒋志刚研究员

支持机构

华泰证券股份有限公司
年保玉则生态环境保护协会
阿拉善 SEE 三江源项目中心
影像生物调查所（IBE）
北京大学自然保护与社会发展研究中心

摄影

Frédéric Larrey	James Wheeler	布尕	曹叶源
陈安卡	陈尽	陈熙尔	程琛
邓星羽	丁进清	董江天	董磊
董正一	高向宇	葛增明	更尕依严
顾有容	关翔宇	郭宏	郭亮
郭玉民	何海燕	何锴	何屹
胡若成	黄亚慧	黄耀华	黄裕伟
混沌牛	计云	姜统尧	姜中文
景颐霖	雷波	雷淼	李波卡
李航	李锦昌	李俊杰	李磊
李显达	梁书洁	廖锐	林毅
刘爱涛	刘思远	刘渝宏	刘哲青
刘宗壮	娄方洲	罗晶	尼玛江才
牛洋	彭大周	彭建生	齐硕
任晓彤	日代	沙驼	单成
十卅	史静耸	束俊松	索昂贡庆
邰明姝	王长青	王清民	王瑞
王小炯	王彦超	王尧天	王臻祺
韦晔	吴秀山	吴哲浩	武亦乾
奚志农	邢超	邢家华	邢睿
徐健	徐思	严志文	杨新业
杨祎	于俊峰	余天一	袁屏
越冬	曾祥乐	张发起	张国铭
张海华	张谦益	张强	张梦
张炜	张小玲	张岩	张真源
赵宏	郑海磊	郑康华	钟悦陶
朱仁斌	朱鑫鑫	邹滔	左凌仁

荒野新疆
年保玉则生态环境保护协会
山水自然保护中心

资料整理

梁书洁	陈熙尔	武亦乾	仁青卓玛
李语秋	姜楠	秦璇	邓星羽
刘之秋	贡保草		

序一

三江源是一个充满了诗和远方的地方。每每走进这"世界第三极"的壮阔画卷之中，抬头有群山峡谷、冰川雪山、蓝天白云，俯首是众多湖泊、草甸湿地；奋蹄狂奔、踏破暮色的百兽，引吭高歌、自由翱翔天际的鸟禽，则以最原始、狂野的和谐，诠释着生生不息的生命密码。这是属于全世界的珍贵资源，是所有中国人的宝贵自然资产。在这方人间净土的雄浑旷远间，和世居于此的生态卫士们一起守护好"中华水塔"，让三江源之大美世代传承，并成为中国生态文明史上的绚丽瑰宝，这是三江源国家公园承担的历史使命。

业界为三江源冠以众多美誉：中华水塔、具有全球意义的生物多样性重要地区、世界四大超净区之一、世界高寒种质资源自然基因库、全球气候变化的指示器、东亚气候格局的稳定器、藏族传统文化的承载平台、中国生态安全重要屏障等。在国家组织开展国家公园体制试点评估时，专家组提出，三江源具有建立世界级的独一无二的国家公园的自然资源禀赋和文化沉积。

2005 年，国务院批准实施《青海三江源自然保护区生态保护和建设总体规划》，相应工程成为中国第一个区域性、综合性生态保护国家工程。2011 年，国务院批准建立三江源国家生态保护综合试验区，开启了中国生态保护体制机制创新的先河。2015 年 12 月，习近平总书记主持召开中央全面深化改革领导小组第十九次会议，会议审议通过了《中国三江源国家公园体制试点方案》，中国第一个国家公园体制试点正式启动。5 年多来，在青海省委、省政府坚强有力的领导下，在省有关部门和玉树、果洛各级党委、政府及广大干部群众的积极行动与坚定努力下，试点区在全国率先落实"两个统一行使"，探索建立了以"最严格的保护"为目标的生态保护管理体制；率先践行以人民为核心的发展理念，创新了以当地群众为主体的新型生态保护机制；探索了借鉴国际经验、符合中国国情、具有三江源特点的可持续的生态保护法规制度体系、规划管理体系、监测巡护体系、标准化体系等。这个试点得到了地方政府支持和当地群众拥护，将"实行最严格的保护"落到了实处，为青海扛实生态保护责任、促进地方绿色发展起到了实实在在的推进作用，也为中国特色自然保护地事业改革和发展提供了青海经验，讲述了令人信服的青海故事，得到了中央和社会各界的肯定。

2021年10月12日，习近平主席在《生物多样性公约》第十五次缔约方大会领导人峰会上宣布，包括三江源国家公园在内的中国第一批国家公园正式设立。这是中国生态文明建设的标志性事件之一，也是中国自然保护地发展史上的一座里程碑，更是三江源国家公园真正实现"国家所有，全民共享，世代传承"的生态保护新起点。三江源国家公园的建设任重而道远。我们将继续恪守国家公园理念，继续深化改革，着力破解生态环境资源价值实现机制难题，不断提升当地群众和全国人民的幸福感、获得感。

这本图鉴，是三江源国家公园管理局、山水自然保护中心及北京大学等单位和机构连续多年共同开展的科学调查与研究的成果，是以科普和开展自然体验与环境教育为目的的工具书。本书既可以成为培训本地干部群众的教材，也能够成为让公众更好地认识三江源的生物多样性，感受生态系统原真性和完整性的媒介。在三江源国家公园正式设立之际出版本书，具有纪念意义。希望我们的这些努力和尝试，能够使大家获得更好的自然体验，从千姿百态的生命中，感受到大自然及生命进化的神奇，思考人与自然的关系，激发民族认同感和国家自豪感。

在此，我衷心感谢这些年来一直致力于三江源生态保护的科研机构、社会组织及志愿者们，他们按照"有序扩大社会力量参与"的原则，带着满腔的热爱参与到三江源国家公园的试点工作之中，发挥了积极的作用。这种参与和热爱，是三江源国家公园建设的重要力量源泉。

三江源国家公园已经正式设立，我们的旅程刚刚开始。让我们通过了解三江源，在这场与自然、与文化、与生命的对话中，收获更多。

三江源国家公园管理局党委书记、局长

序二

三江源，令人心驰神往。

随着习近平主席在《生物多样性公约》第十五次缔约方大会领导人峰会上宣布三江源国家公园正式设立，这片位于江河源头的神奇土地，受到了越来越多的关注。

很多人都会问："去了三江源，我可以看到什么？"

不同于传统的景区，国家公园的设立，目的是保护中国最具有国家代表性、原真性、完整性的生态系统，并兼顾科研、教育和游憩等功能，实现全民公益性的目标。

北京大学自然保护与社会发展研究中心和山水自然保护中心的团队，自2005年起在三江源开展工作。从雪豹、棕熊、狼、水獭、鼠兔到草地生态系统，以及人与自然的关系，相关的研究和保护工作帮助我们慢慢勾勒出了三江源的模样。

在国家公园正式设立之际，三江源国家公园管理局和山水自然保护中心联合编著了这本《三江源国家公园自然图鉴》，希望基于科学调查和监测，为大家提供有关三江源生物多样性的基础知识。一兽一鸟，一花一草，这些瑰丽的生命，不仅拥有自己独特的名字，更是这个丰富多彩的自然系统中重要的成员。

值得一提的是，书中的豹、水獭、黄喉貂、水鹿等物种在三江源的新记录，得益于三江源长期的社区监测体系。目前在三江源，有500多名牧民监测员利用红外相机技术及样线法等方法，对野生动物进行长期监测。这种创新的科学监测机制与国家公园生态管护岗位"一户一岗"政策相结合，有效而持续地记录着三江源的生物多样性及其变化，为科学研究与保护成效的评估提供了可贵的数据和依据，也是三江源牧民参与保护工作的体现。

这本图鉴中的几乎每个物种都标注了藏文名称，这是为了方便当地更多社区参与到国家公园自然体验之中。自然体验作为国家公园特许经营的重要内容之一，目前在澜沧江源杂多县昂赛乡的大猫谷进行了有效的尝试：21户经过培训的牧民向导，为预约前来的自然体验者提供以雪豹为主题的自然观察服务，也为全村提供了经济收益，实现了本地社区从保护中受益。我们希望这样的自然体验模式可以为三江源国家公园更多的社区，乃至其他国家公园和保护地的周边社区提供借鉴，兼顾本地社区发展和社会公众体验，让社区和公众都能最大化地从保护中受益，并回馈保护。

在此，我们也要特别感谢年保玉则生态环境保护协会对这本图鉴的支持。图鉴中大量物种的藏文名字的翻译和校对，是基于协会多年来的科学调查和努力。他们完美地将现代科学和本土知识结合起来，为藏族百姓更好地了解和保护本土的生物多样性提供了便利。

这本图鉴包含了哺乳动物、鸟、两栖动物、爬行动物及植物五个主要的部分，大体涵盖了有代表性的物种，但还缺乏对昆虫等类群的系统调查。我们希望抛砖引玉，与更多的专业团队和公民科学家共同努力，逐步积累信息，让这本书在未来有更好的呈现。

三江源这片广袤的土地上还有许多神奇与未知的事物，我们期待和各位一起观察与探索。

吕植

北京大学教授
山水自然保护中心创始人

目录

一起走进三江源

青藏高原的隆起，是地球数百万年来最伟大的巨变之一。群耸的雪山中发源的汨汨细流，最终汇聚成江河浩荡而下，滋养了全球近三分之一的人口。从长江、黄河到澜沧江，这些江河在不同的区域，被不同的民族冠以"母亲河"的称谓，而这三条江河发源的区域，被称为"三江源"。

无论你来自哪里，当你溯源而上，踏进三江源这片被雪山和草原所覆盖的土地，你都会有很多不一样的发现。

每年5月，数万只藏羚会跋涉数百千米，来到位于三江源腹地的可可西里卓乃湖、太阳湖等地产崽。这场波澜壮阔的迁徙，是这个星球上有关生命繁衍的最伟大的奇迹之一。

在高山和裸岩之上，这片土地的王者——雪豹正在俯视着大地。作为山地生态系统的旗舰物种，雪豹以生活在雪线之上而闻名，也是雪域高原最美的代言者。

仿佛是造物主的额外垂青，让我们能够在这里看到大自然该有的

玉树州杂多县昂赛乡澜沧江峡谷

1

垭口飘扬的经幡

样子。伴随着这些壮阔而瑰丽的自然景观，我们也会时时刻刻看到文化的痕迹。

当你路过一个垭口，你会看到风中飘荡着五颜六色的经幡，经幡的四角会有一只狮子、一只老虎、一条龙，以及一只大鹏鸟。在阳光和雪色中，这些经幡上的文字希望借助风的力量，传到远方。

你也经常会见到一座白塔，它的四周环绕着大果圆柏的枝条煨出的烟气，说明在不远的地方坐着威武的山神，人们正在向它祭祀祈福。

而当你开始这趟旅行，观察一朵花、一只雪豹、一座山或一条河流，你如果用心去听，便会从当地人口中听到现代科学定义之外的知识。

你当然需要做好开展自然观察的准备，从望远镜、舒适的衣服，到对高海拔的适应。但是我们也需要换一种视角和心情，来重新阅读这片土地。

山和水，在当代科学文明的逻辑里，是独立于人的存在；而在这里，人与山水是一体的。山水中的动植物，也都因为各种各样的原因，和人类构建起了关系。这些山水或者动植物，很多都拥有自己的形象，它们有性格，有好恶，有故事，你如果能够静下来，就会从中发现不一样的收获。

当我们开始精彩纷呈的自然观察旅行的时候，需要先来了解这片土地上人与自然的关系。

山与水

长江、黄河、澜沧江发源地的县城，分别是治多、玛多和杂多。藏语里，"多"是源头的意思，因此，治多，就是治曲的源头。同样地，玛多，就是黄河——玛曲的上游。在黄河源头的扎陵湖和鄂陵湖，你可以见到巍峨竖立的牛头碑，这是黄河源头的象征。杂多，就是澜沧江源头——扎曲的上游。如果你正在计划一次澜沧江-湄公河的溯源之旅，你会发现这条河流有两个源头，在当地，它们被称为地理源头和文化源头。从地理的角度来说，河流"唯远为源"，但是当地人和这条河流生活了数千年的时间，他们也有属于自己的理解。澜沧江的地理源头在吉富山，而文化源头，则在距离地理源头30多千米的扎西齐哇。在藏语里，这是吉祥的水源旋转汇聚的意思。扎西齐哇是由终年不会干涸和结冰的泉眼汇聚而成的湖泊，四周满是当地的人们放置的经幡和玛尼石。湖水荡漾，经幡摇曳，你站在那里，会感到额外的殊胜。

玉树州杂多县扎青乡吉富山

夕阳下水畔的经幡

　　在江河的源头，水不仅仅是以河流的形式出现的。在很多的泉眼或者湖泊的周边，你会经常看到经幡或煨桑的白塔，这是为了祭祀水神"鲁"。

　　河流和水源中居住着神灵，你如果污染了水源，或者做了不敬的事情，就会得罪神灵。在传统中，人的身体和自然中的元素紧密相连，

玉树州称多县尕朵觉悟神山

比如你身上长了水痘，那就是因为水神"鲁"不高兴了。

一条河流，因为这样的寓意，好像就有了生命和形象。

这里也有很多著名的山峦，山峦上住着山神。在传统文化里，山神是以山为地标的拥有固定地域和祭祀圈的地域保护神，山神的寄居之处通常是一个村落或者部落所在的山川之巅。在三江源，有阿尼玛卿和尕朵觉悟两大神山，除此之外，还有喇玛闹拉、年保玉则、乃邦等区域性、部落性的神山。

藏族文化中的神山圣湖体系是极其庞大的，和山神、水神联系在一起的，是对山和水的敬畏。祭祀山神和水神，不仅仅是与山神和水神的对话，也是人类在严酷的自然条件下的不断试探。山神和水神，是人与自然在这片土地上美丽的融合，是对不可知的未来和不可控的外部环境的寄托。

人与动物

动物在这片土地上扮演着不一样的角色。

在藏族人的传说中，他们是罗刹女和猕猴的后代。传说有一只猕猴，受观世音菩萨的点拨，在山南的山洞中修行，最终和罗刹女结为夫妇，生了六个孩子。随着孩子越来越多，采摘的食物不够，猕猴跑去找观世音菩萨，拿到了食物的种子。猕猴们从树上慢慢下来，学会了站立、行走，随后尾巴也变短了。这个从现在的进化论角度来看颇为科学的故事，最早出现于公元 14 世纪。

历史上，很多民族都会将动物作为图腾，或者在自己和动物之间构建某种联系，以期获得神奇的能力。列维-施特劳斯有一本《猞猁的故事》，描述了在北美印第安人的文化中猞猁善变的形象，及其被赋予的特殊法力。在三江源，猞猁是医者的寄魂体，它高耸的耳尖犹如药囊，散发着药味。

在如今的阿里地区，吐蕃王朝之前整个青藏高原最灿烂的象雄（汉语称之为"羊同"）文化，把大鹏鸟作为自己的图腾，如今大鹏鸟仍然在整个藏族文化中有着非凡的意义。冈仁波齐山神最早是以白牦牛的形象降落在山上，最后被莲花生大师所降服，成为整个西藏的护法神。三江源年保玉则区域流传着一个故事：一个牧人救下了一条白蛇，白蛇是山神的儿子；为了感谢牧人，山神把自己的女儿嫁给了他，

嘉塘草原上的猞猁

而山神女儿的化身就是一头白牦牛。牧民的儿子和山神的女儿生下了三个孩子，发展出后来的上、中、下果洛三部。

藏族文化对白色有特殊的尊重。雪山的颜色，塑造了这个民族对美和庄严的选择，因此雪豹自然也有了更多的寓意。严格地说，雪豹的颜色更接近高山裸岩，它一动不动地藏在岩石中的时候，仿佛是一块石头，但它跳跃的时候，仿佛是岩石间的一颗流星。

雪豹、兔狲和猞猁在传说中是三个兄弟。三兄弟的父母死得早，于是兔狲作为大哥，负责照顾两个弟弟，自己的营养不够，只能长成矮胖的武大郎般的模样；雪豹是老三，从小娇生惯养，整天一副"高富帅"的样子；而猞猁作为老二，被关注得很少，会主动让自己没有存在感，神出鬼没，性格孤僻。

在藏族的文化中，狗通常是家族中重要的一员。在传说《阿初王子》中，王子看到人们因为食物不足而饱受饥饿之苦，决定去蛇王那里偷种子，但蛇王发现了他，于是把他变成了一只狗。阿初王子逃跑之前，在青稞堆里打了一个滚儿，浑身沾满了种子。在蛇王的追杀中，王子越过山川，身上的种子都被水冲走。黎明时分，当阿初王子跑回原来的王国时，人们惊喜地发现，王子竖起的尾巴上，还沾着最后的种子。于是，人们靠着这颗种子开始种植青稞，从此过上了富足的生活。因此，当三江源面临如今不断变化的流浪狗的问题时，我们需要

长江源头的三只小兔狲

评估它对生态的影响，也需要评估它对传统文化的干扰。

回到当下，人兽冲突是在三江源无法回避的话题。从雪豹、狼捕食家畜，到棕熊扒房子，你总是会听到人们用各种各样的语言来阐述这些问题。现代的研究者们一般认为人类与大型食肉动物之间是竞争的关系，两者对空间、食物等自然资源的竞争导致了人兽冲

在昂赛吃牦牛的雪豹

突，因此通常建议通过约束竞争或促进生态位的分化来缓解冲突、实现共存。

然而，竞争和对立并不是这片土地上人与野生动物关系的全部。从当地很多人的视角来看，虽然雪豹会吃家畜，但牧民和雪豹之间的关系并非竞争。任何事物都是因为各种条件的相互依存而处在不断的变化之中，冲突并不是共存的对立面，只是不断变化的背景下共存的一种表现形式。

人与植物

在三江源，草场是最重要的生产资料。大约在 8 000～10 000 年前，青藏高原的人类开始驯化牦牛；牛羊等家畜取食于草场，把植物转化成肉制品和牛奶等蛋白质，青藏高原的游牧民族由此得以生存。由于草场和家畜在牧民的生活中扮演了重要的角色，牧民对植物也总是会有特殊的感情和认识。一种植物的藏语名字，往往融进了时间和物候，还有牧民的期盼。

比如矮金莲花也被叫作"治果色迁"。"治"是母牦牛的意思，而"果"是奶汁最多的时候。这个名字是想说，当矮金莲花开花的时候，母牦牛的奶会变多，酥油会从之前偏白的颜色变成黄色，可以在早上和上午 11 点各挤一次牛奶了。矮金莲花在这里成为物候的一个指标，随着它的盛开，万物复苏，草地的营养恢复，母牦牛的奶也渐渐多了起来。三江源的冬天狂风肆虐、大雪纷飞，人们往往只能窝在家里。度过了一个漫长的冬季，当看到矮金莲花开花，迎来一年中最美好的季节的时候，牧民将欢喜全都寄托在这小小的黄花上。

矮金莲花

植物很多时候也会被作为供奉山神的祭品，比如大果圆柏会被用来煨桑，白烟缥缈，香味四溢。很多年老的圆柏也都会被绕上经幡，人们认为会有神灵依附其上。因为所有的土地都是有神灵和主人的，所以在人畜不兴旺时，需要将四种植物放在四周，以使土地神喜悦：东方放柏树，西方放高山绣线菊，北方放桎柳，南方放窄叶鲜卑花。

华西贝母倒挂的花很像一只铃铛，它又喜欢长在冷凉湿润的地方，跟神灵中鲁族的生活环境很像，因此此在藏语中被称作"勒都珑子"，意为鲁族的风铃。鲁族作为掌管地下的神灵，主要生活在有水的地方，它们拥有大量的财宝，也拥有很强的法力。蛙、蟾、蛇等都属于鲁族的成员，任何污染水源、伤害鲁族生灵的行为都会受到惩罚。

还有狼毒，在生态学上它或许是草地退化的某种标志，但在传统的藏族文化中，它的根可以用来做纸。狼毒的根有毒，做出来的纸不会被虫蛀，所以会被用来印经书或者藏药典籍等重要的书籍。

在三江源，无论是野生动物还是人类，都依靠草地来生存。为了适应高寒的生态环境，这里的人们采用了以游牧为主的生产方式。牧民会随着季节的变化逐草而居，暖季上高山牧场，即"夏牧场"，冷季转移到低洼牧场，即"冬窝子"。如此一来，不同区域的草场就得以休养和生长，家畜又可以很好地利用处于生长期的牧草。但如今，由于

白扎林场盛开的狼毒

隆宝正在吃鼠兔的藏狐

牧民对现代化生活的需求，以及定居、围栏等政策的引导，游牧正在慢慢减少，并深度地影响局部的草地。

文化与世界

在藏族人的传统文化里，上空是拉域，地表是念域，地下是鲁域。拉、念和鲁是民间崇拜的古老的原始神灵。在藏族人的世界观里，除了人之外，还有超自然的神灵和鬼怪，它们以附于自然实物的形式出现，形成了从万物有灵发展出来的完整的神灵体系。

除此之外，情与器，即生命与环境的关系，也是传统文化一直以来不断辩论的关键问题。有一种直观的看法认为，外器是支持者，而内情是被支持者，没有了容器就无法承载内容物。换言之，没有环境就没有生命。这种看法近似于"没有合适的栖息地，物种就无法生存"。与之相对的另一种观点则认为，外器是被支持者，内情是支持者，先有生命才有与之相应的环境，也就是说，先有物种，才有适合于它的栖息地。比如黑颈鹤是在雪域高原上生长繁殖的唯一鹤类，属国家一级重点保护野生动物。对绝大多数自然保护者来说，栖息地的丧失和退化是造成目前全球物种数量下降的主要原因之一，"湿地的干涸导致黑颈鹤的离开"，这才是惯常的逻辑；

湿地中繁殖的黑颈鹤

但是很多老人坚持认为，是黑颈鹤的离开导致湿地干涸。前一种想法强调的是外部环境对生命的决定作用，而后者强调的是生命主体的能动性。

每个生命的行为会影响到它所处的外部环境。正是出于这样的认识，许多当地的知识分子会认为，当前面临的环境问题本质上是人心的问题，因此环境保护的关键在于改变人心。

寺前的旱獭

与将人和自然区别对待的西方文化不同，世界上许多地方的传统文化往往更全面地将人视作自然的一部分。在某些传统文化的世界观里，人类并不被认为是独立存在的生命，而是"生物社会复合体"的组成部分；野生动物并不是完全受环境或本能控制的无意识的生物，而是具有主观能动性，并通过轮回、狩猎、寄生等方式与人类共同处于社会关系网络中的行动者。

我们可以尝试想象，三江源的每一个生命个体——包括人和非人的动物都在构建各自的主体世界。这或许可以帮助我们认识到当地人如何看待自然，包括山水、动物和植物，以及如何看待与它们的关系。

衣食与住行

青藏高原的高海拔、稀薄空气、充足的日照及冰雪狂风，构成了这片土地独特的环境特点，同时也影响着这里人们的生产结构、生活方式和饮食文化。如果你开始在这片土地上旅行，我们希望你可以了解这里的衣食住行。

三江源是以畜牧业为主体的区域，兼顾少量的农业。畜牧业以饲养牦牛、绵羊等为主，而农业生产主要是种植青稞、土豆、芫根等。

玉树州曲麻莱县塔琼岩画

在这里，你有机会看到岩画。这里面的野生动物及与之相关的狩猎文化，曾经在三江源人们的生活中扮演着重要的角色。玉树很多地方的岩画，都表现了三江源早期的狩猎历史与文化；透过这些岩画，我们可以看到远古时代盘羊、白唇鹿乃至豹和人类的互动。

你也可以尝试穿上一件藏袍。藏袍具有腰襟阔大、袖子宽长的特点，面料包括棉布、绸缎、氆氇。在三江源区域，藏袍曾用水獭的皮

囊谦一位身着传统服饰的妇女

毛来防水和做装饰，在服饰的改良和保护工作的影响之下，如今动物的皮毛已经被彻底地替换。男性的袖子要比女性的长很多，那是因为男性不需要做那么多细致的工作，并且经常在外奔波，着长袖便于保暖。

　　如果你住在牧民家，那么糌粑会是传统的主食，它和内地的面不一样：面通常是将小麦磨成粉之后，再煮熟和炒制；而糌粑是把青稞翻炒熟之后，再进行磨制。在牧民家里，你可以吃到青稞粥、芫根、面饼和肉。随着运输条件的改善，如今牧民也会买很多的水果和蔬菜，饮食习惯也趋于多元化。在牧区，一般早上吃糌粑，中午吃米饭和炒菜，晚上吃面片。糌粑、米饭和面，三种主食一样不少。

　　牧民家传统的房子多以夯土作为墙体的结构，然后加上石头屋顶，窗户一般比较小，这是为了保持温暖。你如果有机会参观藏传佛教寺庙，会被这些恢宏的建筑所震惊。藏传佛教的寺庙通常会有不同的颜色主体，比如萨迦派的寺庙会呈现出红、白、黑三色，这是代表文殊、观世音和金刚手三位菩萨。藏传佛教寺庙房顶的檐瓦之下，经常会覆盖一层染成红色的金露梅枝条，很是漂亮。

　　这里的道路，自然还没有非常顺畅，所以，你需要接受颠簸和崎岖；但路上的风景，或许可以帮助你忘却这些不适，窗外偶然遇到的动物，会成为这一路的惊喜。

果洛州玛可河林场的传统藏式房屋

变化与挑战

在气候变化和人类活动的影响下，从传统文化到生产生活的方式，再到整个生态系统，三江源正面临着一系列的变化和挑战。很多时候，我们喜欢用自己的逻辑、教育背景、人生经历来解释看到的东西，这或许可以帮助我们针对单一的现象，提出问题所在和关于解决方式的建议。但在三江源，人与自然之间复杂的互动，以及外部环境的不断变化，无疑让准确识别这些问题本身就充满挑战。这就需要持续的对话，从人与自然、传统和现代，到社区治理和宏观政策，我们要在这里找到新的平衡。

不过，随着三江源国家公园的进一步建设，我们有理由相信，这片神奇的土地一定会越来越好。

从东部因澜沧江的流淌而深切出的昂赛峡谷，到中部群山所环抱的黄河源那坦荡辽阔的草原，再到西部被冰冷的石头及雪一样的月光所装饰的索加，过去的10年中，在三江源国家公园管理局的支持下，山水自然保护中心和北京大学的团队在三江源不断探索，试图尽最大的可能，来解释我们所看到的三江源。自然保护是一份漫长的，甚至很难在短期内看到成果的工作，它所需要的下里巴人和它所呈现的阳春白雪，会在一个村庄、一个社区的尺度上形成鲜明的对比，

阿尼玛卿神山下的冰川

甚至是冲突。但我们拥有如此多的信任，无疑是幸运的。

在人类向自然不断的征服和试探中，我们需要怀着敬畏和理解，来重新阅读这里。这正是"敬畏自然、尊重自然、顺应自然、保护自然"的生态文明思想在当下最好的体现。

最后，希望你喜欢这趟三江源的旅行。如果我们想要更好地了解

澜沧江边的山水昂赛工作站

昂赛佛头山

和认识这里，那么请进入这里的语境，了解这里的过去、现在和未来。观察和记录到一个物种可能并不是这趟旅行的全部，寻找的过程，同样美好。

在电影《白日梦想家》的结尾，一路寻找 25 号底片的男主角找到了那位著名的摄影师，当时后者正在等待抓拍一只雪豹。但是当雪豹出现的时候，摄影师并没有拍摄，男主角问他打算什么时候拍，摄影师说：有时候我不拍我喜欢的画面，相机会让我分心，我只想沉浸在这一刻。

这和彼得·马修森的《雪豹》那本书的结尾很像，当他和乔治·夏勒博士历尽千辛万苦走到目的地水晶山的时候，他瘫坐在寺院的前面，这时候当地人问他：

"你来做什么？"

"找雪豹。"

"那你找到了吗？"

"没有。"

"那岂不是妙极了。"当地人说道。

三江源概况

　　由古地中海的洋底隆升为如今的"世界屋脊"，青藏高原上亿年的形成过程是这个蓝色星球上发生过的最恢宏壮丽的事情之一。消融的冰雪自无数耸立的高山而下，与地壳中释出的溪流一道切割地表，汇成江河，深刻地塑造了下游的景观、生命与文化。从干燥凛冽的北方到植被繁茂的南方，从平坦宽阔的上游到千峰嶙峋的下游，长江、黄河与澜沧江在不同的地点、不同的时刻被不同的民族冠以"母亲河"的称谓。但是，从数百万平方千米的流域溯源而上，穿过高山、雨林、峡谷，越过草甸、草原、沼泽，你便会发现，三条壮阔的江河都发源于一处——位于青藏高原腹地的"中华水塔"三江源。

＊　＊　＊

　　在 2.8 亿年前，当今的青藏高原还是横贯如今欧亚大陆南部的汪洋。在随后 2 亿多年的地质活动中，印度板块不断向北移动、碰撞、挤压，直至插入古洋壳下，促使亚洲板块不断抬升，最终形成平均海

三江源景观——玉树州杂多县扎青乡

17

拔在 4 500 米以上的"世界屋脊"青藏高原。在上亿年的对撞与挤压中，无数的崇山峻岭拔地而起，自西向东横向排列。其中，东昆仑山系与唐古拉山系之间的广大地块在古近纪、新近纪由于造山运动而快速隆升，形成了青南高原——三江源的基底与主体。自北向南，三江源地区依地貌特征可以划分为东昆仑山地区、江河源高原区和唐古拉山地区。

在北部，东昆仑山系自西向东散列成三支，成为青南高原的主体山脉：北支阿喀祁曼塔格山、祁曼塔格山、楚拉克塔格山、沙拉乌松山、布尔汗布达山及鄂拉山构成了青南高原的北部界山，如长城般将来自柴达木盆地的滚滚黄沙阻挡在外；中支阿尔格山及其东延博卡雷克塔格山、唐格乌拉山、布青山同果洛的阿尼玛卿山相接，其大量发育的冰川为三江源腹地的众多湖泊提供了充足的水源；南支可可西里山、巴颜喀拉山，向东同四川西北部的岷山、邛崃山相接，其中巴颜喀拉山是黄河正源约古宗列曲的发源地，也是长江水系与黄河水系的分水岭。在南部，唐古拉山系由羌塘高原逐渐升起，宽达 150 千米的山体自赤布张错起向东绵延 700 千米，与横断山脉北部的他念他翁山脉-云岭相接，构成了青南高原的南部边界，也成为青海与西藏的界山。由北坡到南麓，长江、澜沧江及怒江均源出唐古拉山，其西段为藏北内陆水系与外流水系的分水岭，东段则成为印度洋和太平洋水系

巴颜喀拉山余脉——年保玉则

的分水岭。

　　南北两大巍峨的山系之间，便是三江源的中心——江河源源头区。由于喜马拉雅造山运动中南北两侧的断裂带差异，西部的地面隆升幅度大于东部，三江源地势自西向东倾斜。在西部地区，可可西里作为羌塘高原的东部延伸，由于具有特殊的地质构造和地形地貌，区内高山遍布，雪峰耸立，海拔多在5 000～6 000米。高山之间地势平坦和缓，高原面完整；高山与平地的交替分布与排列，使得青南高原形成了独特的山原地貌。中部地区海拔稍微低缓，地面较湿润，河湖虽多，但在陡峭险峻的地形的切削下流水不畅，在地势较低的滩地与河谷地带广泛发育。中部虽山脉险峻，但整体仍以波澜起伏的山原地貌为主。在东南部地区，长江、黄河、澜沧江及其支流百转千回，在山峰与原野之间蜿蜒。河流切割地表，侵蚀严重，形成高山深谷，海拔在3 500～4 000米之间，相对高差可达千米。

　　三江源深居内陆，地势高耸，独特的景观为它带来了以低温、缺氧、干燥、大风、强太阳辐射为特点的典型高原大陆性气候。依照水热分布状况及自然地理因素，三江源可划分成四个气候区：玉树和果洛的东南部属高原亚寒带湿润气候，果洛大部和玉树东北部属高原亚寒带半湿润气候，玉树和果洛的西北部属高原亚寒带半干旱气候，而可可西里地区属高原寒带干旱气候。由东南向西北，随着海拔的升高，

玉树州曲麻莱县通天河河谷

年均温由 0 摄氏度左右降至零下 4 摄氏度，而降水量则由 600～700 毫米递减至 200 毫米以下。

终年的低温使得青藏高原保有世界上绝大多数的中纬度冰川及中低纬度面积最大的冻土区，雪山、冰川总面积达 833.4 平方千米，而冰川融水为江河提供了充沛的水源：长江正源沱沱河发源于玉树州唐古拉山主峰各拉丹冬雪山西南部的姜根迪如冰川，黄河正源约古宗列曲发源于果洛州巴颜喀拉山源头分水岭玛曲曲果日，澜沧江正源扎曲则发源于玉树州唐古拉山北麓查加日玛山。三条江河在大量的冰雪融水补给下水量丰富，支流密布，河网纵横，多年平均径流量达 499 亿立方米，其中长江 184 亿立方米，黄河 208 亿立方米，澜沧江 107 亿立方米。河网之外，新近纪末喜马拉雅造山运动中产生的众多湖泊，在地表水与地下水的补给下水源充足，形成了长江源头和可可西里湖群区、黄河河源湖群区两大湖群。这里是我国高原湖泊最密集的地区，湖泊星罗棋布，湿地随处发育。在三江源，面积大于 1 平方千米的湖泊有 167 个，其中长江源园区 120 个，黄河源园区 36 个，澜沧江源园区 11 个，河湖和湿地总面积达 29 842.8 平方千米。

上亿年的地质活动决定了三江源深居内陆的区位与极高的海拔，由此形成的气候则通过大风和降水塑造了三江源的地表——群山耸立，沟谷深切，河网纵横，草甸广布。地形与气候互相影响，互相改变，

果洛州玛多县湖群景观

互相塑造，而生活在这里的动植物则在上亿年的适应与演化中，形成了不同于世界上其他地方生物的策略与格局。

* * *

地势自西北向东南倾斜，水热由东南向西北递减，地形和气候的差异使得生态系统也随之变化。江河自上而下，在下游切出沟壑与峡谷，西南湿润的水汽便得以源源不断地渗入高原。森林、草地、湖泊、湿地、草甸、荒漠在山原与河谷间交错分布，孕育了山地针叶林、阔叶林、针阔叶混交林、灌丛、草甸、草原、沼泽及水生植被、垫状植被和稀疏植被等9种植被型，14个群系纲，50个群系。不同的植被构成了不同生态系统的基底，植物与动物在千万年的演化中相互适应。截至2019年，三江源国家公园总计记录种子植物50科232属832种，哺乳动物8目19科62种，鸟类18目45科196种，爬行类和两栖类3目10科14种，鱼类3目5科44种。从草地到高山，由河谷至湖泊，不同的植物与动物构成了纷繁复杂的生态系统，交错镶嵌在三江源4 000米高的地表之上。

草地是三江源面积最大、最为常见的生态系统，而依据植被分布的差异，草地在三江源可以大致分为高寒草原和高寒草甸，并呈镶嵌分布。其中，高寒草原以紫花针茅、青藏薹草、扇穗茅等耐寒、抗旱的丛生禾草、莎草为建群种。高寒草原草群稀疏，盖度低，牧草低矮，层次结构简单，生物量低。在草群中，常有点地梅、雪灵芝等垫状植被，以及矮火绒草、唐古红景天、黄耆等高山植物间杂着生，物种多样性较低。相比之下，高寒草甸的地上和地下生物量、土壤含水量及土壤养分含量均高于植被稀疏的高寒草原。在三江源东部，以高山嵩草、矮嵩草、线叶嵩草、西藏嵩草等多年生嵩草属植物为优势种的高寒草甸广泛分布，覆盖度高，是三江源最为常见的景观类型。

广阔的草地成了青藏高原众多食草动物的天堂。高寒草原之上，野牦牛、藏羚在山地与原野之间迁徙；而在高寒草甸之中，藏野驴、藏原羚则游走在人类与家畜分布区的边缘。狼、猞猁等大中型捕食者尾随其后，伺机捕食。除此之外，高原鼠兔和喜马拉雅旱獭作为两种中小型食草动物，对维持高寒草甸的生态系统稳定起着至关重要的作用：鼠兔和旱獭对地面的挖掘一方面增加了草地环境的异质性，从而

三江源高原草甸景观

增加了植物的多样性，另一方面也为雪雀、地山雀、香鼬、赤麻鸭、荒漠猫、赤狐等动物提供了繁殖与栖身的洞穴；最为重要的是，它们本身为青藏高原的众多食肉动物和猛禽提供了充足的食物来源，香鼬、艾鼬、藏狐、赤狐、兔狲、大鵟、猎隼、纵纹腹小鸮均以高原鼠兔为主要食物，而旱獭也是藏棕熊、狼、猞猁等食肉动物重要的能量来源。此外，周边低矮草山阴坡常稀疏着生以金露梅为优势种的灌丛，为朱鹀、白眉山雀等小型鸟类提供了重要的栖息环境，从而成为荒漠猫等中小型夜行性食肉动物的捕猎场所。

　　相较于草地，山地虽在面积上有所不及，却是青藏高原最为典型的景观。因东南和西北海拔及水热条件的差异，三江源的山地也呈现出截然不同的景观。在东南部，长江与澜沧江流经的河谷与横断山脉北部相接，东洋界物种乘着西南温暖湿润的水汽向古北界渗入，边缘效应明显。自山脚向上，依次分布着以山杨、白桦等为优势种的阔叶林，以蒙古栎、油松等为优势种的针阔叶混交林，以青海云杉、大果圆柏等为优势种的山地针叶林，以金露梅、鬼箭锦鸡儿等为优势种的高山灌丛，以高山嵩草等为优势种的高山草甸，以及流石滩和裸岩之上以垂头菊属、绿绒蒿属等高原特有植物为代表的高山植被，垂直差异明显，群落结构丰富。在西北方向，山脚海拔不断升高，山体相对高差逐渐变小，而垂直结构也趋向简单；至三江源西部，山体已无乔木覆盖，裸岩直接突出地表，高山植物着生路边。

　　山地生态系统植被的垂直变化为不同类型的野生动物提供了适宜的生存条件：从阔叶林到针阔叶混交林，有环颈雉、大噪鹛、黑眉长尾山雀、金色林鸲、白腹短翅鸲等林鸟，以及水鹿、马鹿、中华鬣羚等食草动物；由针阔叶混交林带向上至高山灌丛，斑尾榛鸡、白马鸡、血雉、白脸鸭、黑啄木鸟、欧亚旋木雀、灰头灰雀、花彩雀莺等鸟类和马麝、白唇鹿等食草动物觅食栖息；继续向上，高山草甸、流石滩和高山裸岩则为黄喉雉鹑、藏雪鸡、藏鸥、领岩鹨、高山岭雀、藏雀等鸟类，以及盘羊、岩羊等食草动物提供了完美的栖息地。山地一方面为各种食草动物提供了充足的食物，另一方面也为不同类型的捕食者提供了藏身之所。林线以下，黄喉貂在阔叶林中集群捕猎，豹猫、金钱豹则借枝叶的遮挡伏击猎物；林线以上，石貂趁着夜色在石缝中搜寻猎物，雪豹借着保护色在雪线上下伏击岩羊和落单的牦牛。

　　在群山之间，溪水汇成江河，自西北倾泻而下，因土壤和基底的不同，或冲刷出险峻河谷，或漫延成茵茵湿地。在三江源的东部与南部，南北纵向排列的河谷成为候鸟迁徙的天然通道，而西部和中部大面积的湖群则为水鸟的繁殖提供了充足的场所。河岸两侧，因冰川作用而遗留的巨石为河岸上的小型动物提供了完美的隐蔽所，普通秋沙鸭、鹮嘴鹬、孤沙锥、河乌、红翅旋壁雀、白鹡鸰、水鹨等均是三江

在裸岩上攀行的岩羊

源河岸生态系统中常见的水鸟；湿地周边则塔头密布，在夏季成为斑头雁、凤头潜鸭等雁鸭类，红脚鹬、矶鹬等鸻鹬类，以及普通燕鸥、棕头鸥等鸥类的繁殖场所。此外，三江源河谷和湿地中原始而健康的水生环境和鱼类种群为捕食者提供了充足的食物，吸引大白鹭、苍鹭等涉禽，鹗、白尾海雕等猛禽，以及欧亚水獭等兽类在水体周边觅食栖息。正因如此，三江源也是当前中国面积最大、连续度最高的水獭栖息地，保有国内最为完整、健康的欧亚水獭种群。

无论在草地抑或高山，河谷还是湿地，高海拔、低温、缺氧的自然环境都使得尸体的自然分解异常缓慢。长期腐败易致病菌滋生，高山兀鹫和胡兀鹫等食腐动物便共同构成了食物链的关键终端。高山兀鹫食肉，胡兀鹫取骨，两种硕大而温和的猛禽确保了所有的能量和物质顺利分解，重新循环。

* * *

在"神山圣湖"的自然崇拜、"众生平等"的宗教信仰及游牧生活方式的共同荫庇下，三江源在过去的数千年中依靠本土社区的力量，仍保留着一如往日般原始而美好的生态系统。新中国成立以来，来自政府的保护力量得以正式进入。

玉树正在进食的水獭

1986 年 7 月，青海省隆宝国家级自然保护区正式由国务院批准成立，这也是青海省第一个国家级自然保护区，主要保护以黑颈鹤为主的迁徙鸟类及高原湿地。随后，1997 年 12 月，在民间环保人士和中外保护生物学家的共同努力和影响下，青海可可西里国家级自然保护区由国务院批准成立，主要保护藏羚、野牦牛、藏野驴、藏原羚等青藏高原特有食草类动物及其所栖息的高寒草原等自然生境。三江源省级自然保护区在 2000 年 5 月获批成立，并在 2003 年 1 月升级成为国家级自然保护区；2005 年 7 月，青海省三江源国家级自然保护区正式挂牌运行，成为我国海拔最高、面积第二大、高原物种多样性最为集中的超大型国家级自然保护区，也是中国建立的第一个涵盖多种生态系统类型的自然保护区群，总面积达 15.2 万平方千米，占青海省总面积的 21%。

2011 年，三江源国家生态保护综合试验区正式建立，试验区包括玉树、果洛、黄南、海南 4 个藏族自治州 21 个县和格尔木市唐古拉山镇，总面积达到 39.5 万平方千米。2016 年 3 月，中共中央办公厅、国务院办公厅印发《三江源国家公园体制试点方案》，拉开了中国建立国家公园体制实践探索的序幕。2016 年 4 月 13 日，青海省委、省政府正式启动三江源国家公园体制试点。试点区包括长江源、黄河源、澜沧江源三个园区，面积 12.31 万平方千米。2021 年 9 月 30 日，国务院批复同意设立三江源国家公园。在空间上，三江源国家公园包括长江源、黄河源、澜沧江源的完整区域，总面积扩大至 19.07 万平方千米，约占三江源区总面积的 48.3%。

长江源园区位于玉树州治多县、曲麻莱县，区内景观以高寒荒漠和高寒草原为主，重点保护长江源区高寒生态系统、重要湿地和丰富的野生动物资源，特别是藏羚、雪豹、藏野驴等国家重点保护野生动物的重要栖息地和迁徙通道。园区在空间上覆盖可可西里国家级自然保护区和三江源国家级自然保护区索加-曲麻河保护分区、当曲保护分区、格拉丹东保护分区及其间的连通区域，扩围后总面积 14.69 万平方千米。

黄河源园区位于果洛州玛多县和玉树州曲麻莱县境内，区内景观以高原草甸、高原湖泊、高原湿地为主，重点保护高寒草甸湿地生态系统，强化高原兽类、珍稀鸟类和特有鱼类等生物多样性的保护。园区在空间上覆盖三江源国家级自然保护区的扎陵湖-鄂陵湖、星星海和约古宗列 3 个保护分区，面积 3.17 万平方千米，在行政

长江源索加高寒草原

上涉及玛多县黄河乡、扎陵湖乡、玛查里镇和曲麻莱县的麻多乡。

澜沧江源园区位于玉树州杂多县，区内景观以高原峡谷为主，重点保护澜沧江源头生态系统和旗舰种雪豹等野生动物。园区在空间上覆盖三江源国家级自然保护区果宗木查与昂赛2个保护分区及其连通区域，面积1.21万平方千米。

黄河源鄂陵湖

澜沧江源昂赛峡谷

时至今日，三江源超过一半的土地已受到了国家公园、自然保护区等各类型保护地的覆盖，而扎根于本土社区的世居群众也继续在这片土地上践行着古老的生存智慧。然而，三江源虽处高原腹地，如今也同世界上其他地方一样，面临着或许从未有过的挑战与冲击，如气候变暖、冰川消融、草地退化、人兽冲突，以及现代文化的影响。商业的发展将社会中的每一个有生命的个体和每一件无生命的物品相互联通，长江、黄河、澜沧江同下游生命之间的关系也早已不再是单向的给予。尽管物理距离看似遥远，身处下游的你我所做的每一个选择，都会真实地作用并显现在这片 4 000 米高的土地上。在万物互联的当下，三江源的保护同样有赖于企业和公众的参与，而唯有了解，才会关心，唯有关心，才会行动。

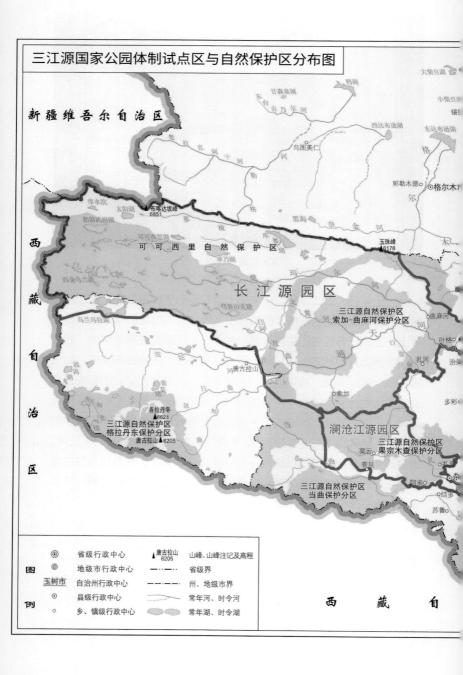

三江源国家公园体制试点区与自然保护区分布图

审图号：青S（2021）227号

哺乳动物

分类系统依照《中国哺乳动物多样性（第 2 版）》（蒋志刚等，2017），共收录三江源哺乳动物 8 目 19 科 59 种。其中，中国特有种 14 种，国家一级重点保护野生动物 11 种，二级重点保护野生动物 19 种。

劳亚食虫目 EULIPOTYPHLA > 鼩鼱科 Soricidae > *Chimarrogale styani*

灰腹水鼩　ཆུའི་སྦྲ་ཁུ།

Chinese Water Shrew

生境 罕见于多岩的山溪或急流等生境 | **生活史** 具体信息不明 | **社群** 独居 | **节律** 日间和夜间均活动 | **食性** 肉食性，主要以水生无脊椎动物为食 | **观察** 极其罕见的中大型鼩鼱，又名斯氏水鼩，仅分布在横断山区和西藏南部；可趴卧在急流中的岩石下，前后足和腹部均有类似吸盘的结构，可使其攀附在光滑的岩石表面而不被急流冲走；外形同喜马拉雅水鼩十分接近，区别在于本种腹部为白色，背部、腹部颜色不同且界线清晰；在与喜马拉雅水鼩或蹼足鼩同域分布的地点，往往会选择不同的海拔和微生境 | **IUCN-无危，中国特有种**

劳亚食虫目 EULIPOTYPHLA > 鼩鼱科 Soricidae > *Nectogale elegans*

蹼足鼩　ཁྱི་བ་སྦྲམ་སྦུག

Elegant Water Shrew

生境 可见于多岩的河谷、水库、溪流等生境 | **生活史** 具体信息不明 | **社群** 具体信息不明，但玉树有单独活动及 10 多只个体共同活动的记录 | **节律** 日行性，但在玉树夜间也较活跃 | **食性** 较杂，主要以各种水生昆虫及小型鱼类等动物性食物为食 | **观察** 横断山脉特产的古老原始小型兽类，也是唯一一种完全水栖的鼩鼱，其足趾间生有足蹼，黑色的尾巴生有由 4 棱至 3 棱（从根部至尾端）的白色坚硬刚毛；常在清澈而流速较快的河流、溪流附近的石块或缝隙间活动觅食；偶尔也会跃入急流，顺水而下，其间潜入深水觅食 | **IUCN-无危**

翼手目 CHIROPTERA > 蝙蝠科 Vespertilionidae > *Plecotus austriacus*

灰大耳蝠　པ་ཁྲང་རྣ་ཆེན་སྒྲ་པོ།

Grey Long-eared Bat

生境 罕见于城镇及多岩的山谷等生境 | **生活史** 具冬眠习性，其他信息不明 | **社群** 群居，集小群生活，单独活动的个体也较常见 | **节律** 夜行性 | **食性** 肉食性，主要以各种小型鳞翅目、鞘翅目、双翅目等昆虫为食 | **观察** 又名"灰长耳蝠"，具长耳蝠属物种典型特征，体型小，耳极大，其长度远远超过头长，双耳在额部相连且耳屏较长；三江源地区蝙蝠种类较少，亦不常见，通常分布和栖息在废弃房屋裂缝或河谷的山洞中 | **IUCN-近危**

灵长目 PRIMATES > 猴科 Cercopithecidae > *Macaca mulatta*

猕猴 ར་སྤྲེལ།
Rhesus Macaque

生境 偶见于较为温暖湿润的针阔叶混交林、阔叶林及林缘灌丛等生境 | **生活史** 11 月至 12 月发情交配，次年 3 月至 6 月幼崽降生，每胎通常 1 崽 | **社群** 群居，社群关系复杂，常集成包含数十只个体的多雄群，繁殖期群体规模及活动范围通常更大 | **节律** 日行性 | **食性** 杂食性，主要以植物的枝叶、幼芽、浆果及坚果为食，也捕食鸟类、啮齿类等小型动物 | **观察** 善于攀缘，但主要在地面活动，常在领域范围内活动；途经一处时往往采摘和捕捉各种食物，随后便迁往下一个地点进食；敏感而机警，有时会抛掷石块攻击接近的人和车辆等 | IUCN-无危，中国-二级

食肉目 CARNIVORA > 犬科 Canidae > *Canis lupus*

狼 སྤྱང་ཀི།
Grey Wolf

生境 可见于高山、河谷、草甸、湿地等各类生境，在平坦而开阔的地带更为常见 | **生活史** 1 月至 2 月求偶交配，3 月至 4 月幼崽降生，每胎可多达 6 崽；幼崽 2 岁左右性成熟，随后无论性别，均会离群扩散 | **社群** 群居，通常组成包含 10 只左右个体的家庭群或家族群；群体内等级森严，通常由 1 只主雄和 1 只主雌领导；冬季和早春群体规模似乎较大 | **节律** 日间和夜间均活动 | **食性** 肉食性，食物包括各种食草动物及家畜等，也常食腐 | **观察** 体色变化较大，通常状态下为灰黄色或棕灰色；领域范围通常较大，领域性强烈，常通过气味、抓痕和长嚎等来守卫领地 | IUCN-无危，中国-二级

本土知识　虽然狼常吃家畜，但出门见狼是极好的兆头。

食肉目 CARNIVORA > 犬科 Canidae > *Vulpes ferrilata*

藏狐 ཝ།
Tibetan Fox

生境 常见于开阔而平坦的高原草甸、高寒草原及湿地等生境 | **生活史** 12 月至次年 1 月发情求偶，2 月交配，约 3 月末至 4 月初即可见到初生幼崽，每胎通常 2～5 崽；但 6 月和 8 月在玉树仍可见到新生幼崽 | **社群** 独居 | **节律** 日行性，但夜间也常有记录 | **食性** 肉食性，几乎完全依赖高原鼠兔 | **观察** 体型较小，四肢短粗，面部因听泡的膨胀而外形方正，不会被误认；常趴卧在鼠兔洞口旁静息等待，当鼠兔探头后便迅速探身将其咬住；常在旱獭或狗獾挖掘的洞穴中栖息，也可自行掘洞；发情期可以见到个体频繁在草地上的石块等明显处排尿做标记 | IUCN-无危，中国-二级

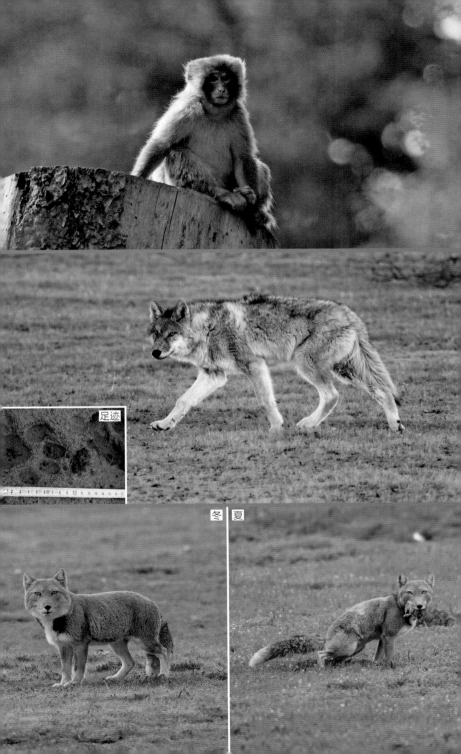

足迹

冬 夏

食肉目 CARNIVORA > 犬科 Canidae > *Vulpes vulpes*

赤狐 ཝ།
Red Fox

生境 可见于高山、河谷、草甸、湿地等各类生境｜**生活史** 1 月至 2 月求偶交配，3 月至 5 月幼崽降生，每胎通常 1～10 崽；就玉树地区的观察情况来看，幼崽常于 5 月至 7 月在洞口活动，且窝崽数多在 3～6 只｜**社群** 独居｜**节律** 日间和夜间均活动，但夜间和晨昏更为活跃｜**食性** 肉食性，食物包括高原鼠兔、高原兔等兽类，以及高原山鹑等鸟类，也常食腐｜**观察** 欧亚大陆广布种，青藏高原亚种与欧洲亚种相比似乎体型更大，冬季毛皮更为厚实鲜艳，而夏季更为暗淡，且腿部黑色不明显；冬季常趴伏在积雪上，探听下方鼠兔活动的声响，随后高高跃起，扎入雪中捕食鼠兔｜IUCN-无危，中国-二级

食肉目 CARNIVORA > 犬科 Canidae > *Vulpes corsac*

沙狐 ཅེ་པ། ཝ་སྐྱ།
Corsac Fox

生境 罕见于开阔而平坦的半干旱或干旱草原、荒漠等生境，回避草甸、耕地等植被茂盛的地点｜**生活史** 1 月至 3 月求偶交配，3 月至 5 月幼崽降生，每胎通常 2～6 崽｜**社群** 群居，具有亲缘关系的个体在冬季常集成小群游荡觅食｜**节律** 夜行性，日间偶尔活动｜**食性** 肉食性，主要以啮齿类、小型地栖性鸟类及沙蜥等小型脊椎动物为食｜**观察** 是中国狐属动物中体型最小的；尾部在身长中所占比例较大，尾尖为黑色，同藏狐白色的尾端有区别；奔跑时腹部几乎贴地，硕大的尾晃动明显；洞穴居住，常使用旱獭废弃的洞穴，多只个体可共享同一洞穴｜IUCN-无危，中国-二级

食肉目 CARNIVORA > 犬科 Canidae > *Cuon alpinus*

豺 འཕར་བ།
Dhole

生境 罕见于除荒漠外的各种类型的生境，尤其偏好多岩或多树地带｜**生活史** 9 月至次年 2 月发情交配，冬季或早春幼崽降生，每胎通常 4～6 崽；幼崽 1～1.5 岁后性成熟，随后雌性扩散，雄性留在群体中｜**社群** 群居，食物匮乏时以包含数只个体的家庭群活动，猎物丰富时聚集成大群｜**节律** 日行性，且在晨昏活动，夜间偶尔活动｜**食性** 肉食性，可协作捕食大型食草类，也常捕捉野兔、鼠兔等小兽，亦食腐尸｜**观察** 曾广布于全国各类生境，现仅在西部边远地区有零散记录；三江源过去也可见到豺合作捕猎家畜，但近数十年来已非常罕见；无法嚎叫，通过独特的哨音进行联络｜IUCN-濒危，中国-一级

冬　夏

冬　夏

特写

食肉目 CARNIVORA > 熊科 Ursidae > *Ursus arctos*

棕熊 ཏེ་དམོ་དཀར།
Brown Bear

生境 偶见于高山、河谷、湿地及草甸周边草山等各类生境 | **生活史** 5 月至 7 月发情交配，次年 1 月至 3 月幼崽降生，每胎通常 2 崽；具冬眠习性，通常在 11 月开始冬眠，次年 4 月至 5 月出蛰 | **社群** 独居 | **节律** 日间和夜间均活动 | **食性** 杂食性，食物包括旱獭等动物，以及浆果、坚果等植物性食物，常侵入牧民家中偷食酥油、糌粑等食物 | **观察** 三江源的棕熊为西藏亚种（藏棕熊），体色偏蓝灰，成体仍保留白色颈环；成年雄性的额头因肌肉发达而隆起两个鼓包，并在脑门中央形成一条明显的纵沟，同时面部更宽，较易分辨；当前在青藏高原，藏棕熊已成为人兽冲突的最主要来源 | IUCN-无危，中国-二级

食肉目 CARNIVORA > 熊科 Ursidae > *Ursus thibetanus*

黑熊 དོམ།
Asiatic Black Bear

生境 罕见于山地针叶林、针阔叶混交林、阔叶林等生境 | **生活史** 6 月至 7 月发情交配，次年 1 月至 3 月幼崽降生，每胎通常 1～3 崽；具冬眠习性，11 月开始冬眠，次年 5 月出蛰 | **社群** 独居 | **节律** 偏日行性 | **食性** 杂食性，主要以坚果、浆果、树皮、苔藓等植物性食物为食，也吃无脊椎动物和小型脊椎动物等 | **观察** 在三江源仅记录于最东端的森林生境；因胸前醒目的白色月牙形斑块，有时也被称作"月熊"，需注意区内棕熊胸部也存在 V 形白斑，但二者形状有较大区别；曾因传统中药对熊胆、熊油等的需求而广遭捕杀，也常因人兽冲突而遭受报复性猎杀 | IUCN-易危，中国-二级

食肉目 CARNIVORA > 鼬科 Mustelidae > *Martes flavigula*

黄喉貂 ཨོག་སེར།
Yellow-throated Marten

生境 偶见于河谷、山地阔叶林及林缘灌丛等生境 | **生活史** 6 月至 8 月交配，受精卵延迟着床，次年 3 月至 6 月幼崽降生，每胎通常 2～3 崽 | **社群** 群居，常成对活动或集成小的家庭群 | **节律** 日行性，常在晨昏活动，但在人类居住区附近夜间活动明显更为频繁 | **食性** 较杂，但以肉食为主，食物包括各种体型的兽类、鱼类、鸟类等，也吃浆果等，尤其喜食蜂蜜 | **观察** 迅速而敏捷，靠跳跃来快速移动，同时尾会高高弓起；不甚惧人；捕猎能力极强，可协作捕食比自身体型大得多的有蹄类和灵长类等，也可爬树掏食鸟卵；在三江源主要分布于东部和南部边缘的山地森林当中 | IUCN-无危，中国-二级

足迹

食肉目 CARNIVORA > 鼬科 Mustelidae > *Martes foina*

石貂 ཨོག་དཀར།
Beech Marten

生境 罕见于多岩的高山河谷等生境 | **生活史** 7 月至 8 月发情交配，受精卵延迟着床，次年 3 月至 4 月幼崽降生，每胎通常 3～4 崽（最多可达 8 崽）| **社群** 独居 | **节律** 夜行性，日间活动极为罕见 | **食性** 较杂，但以肉食为主，食物主要包括鼠兔、啮齿类等小型哺乳动物，以及夜栖的雀形目、鸡形目等中小型鸟类 | **观察** 具有典型的鼬科动物特点，常在地面跳跃前行，善在岩石罅隙中攀爬穿梭；行动诡秘，日间影像记录极少，但在夜间较为活跃；许多目击记录均出自夜间的河流、山溪、湖泊附近，游泳敏捷而迅速，可横穿宽阔急流 | IUCN-无危，中国-二级

食肉目 CARNIVORA > 鼬科 Mustelidae > *Mustela altaica*

香鼬 ནེ་མོང་།
Mountain Weasel

生境 常见于高原草甸、湿地、山谷、河谷等各类生境 | **生活史** 2 月至 3 月发情交配，约 35～50 天后幼崽降生，每胎通常 2～8 崽（最多可达 13 崽）| **社群** 独居 | **节律** 文献记录为夜行性，但在三江源地区日间活动极为活跃，夜间记录反而较少 | **食性** 肉食性，主要以高原鼠兔及啮齿类等小型哺乳动物和地栖的雀形目鸟类为食 | **观察** 体型较小，活跃而不惧人，常可在牧区民居附近甚至家中见到，在院落的石缝、土洞之间奔跑穿梭；好奇心重，有人接近时，常探头注视，或蹲坐在后肢上直起身体四处张望；外形同伶鼬极为类似，但后者在三江源并无分布 | IUCN-近危

食肉目 CARNIVORA > 鼬科 Mustelidae > *Mustela eversmanii*

艾鼬 ཉི་ལོ།
Steppe Polecat

生境 可见于平坦而开阔的高原草甸、高山草原及湿地周边等生境 | **生活史** 2 月至 4 月发情交配，4 月至 6 月幼崽降生，每胎通常 8～9 崽（最多可达 14 崽）| **社群** 独居 | **节律** 日夜均活动，但夏季日间活动似乎更为活跃，而其他季节更偏向于夜间活动 | **食性** 肉食性，主要以高原鼠兔、松田鼠等小型哺乳动物为食 | **观察** 典型的在草原栖息的鼬科动物，行动敏捷活跃而不甚惧人，有人接近时一般不会远走，通常仍在原地继续活动觅食；常利用鼠兔开掘的洞穴栖身，但在玉树也有自行挖掘洞穴的记录，且动作较为敏捷 | IUCN-无危

特写

特写

食肉目 CARNIVORA > 鼬科 Mustelidae > *Mustela sibirica*

黄鼬 རྩེ།
Siberian Weasel

生境 罕见于河谷及山地阔叶林、林缘灌丛等生境 | **生活史** 2月至3月发情交配，4月至6月幼崽降生，每胎通常 5～6 崽（最多可达 12 崽）| **社群** 独居 | **节律** 夜行性，晨昏活动 | **食性** 较杂，但主要以动物性食物为食，食物包括啮齿类等小型哺乳动物和雀形目鸟类等，但也有吃浆果、坚果及无脊椎动物等的记录 | **观察** 广布于东亚，在三江源东部和南部的河谷森林等地也可见到；具有典型小型鼬科动物的行为，跳跃行进，行动敏捷，左右足印一前一后倾斜；好奇心重，捕猎能力强；同区域内其他鼬科动物最显著的差别在于面部黑色或暗褐色的"面罩" | IUCN-**无危**

食肉目 CARNIVORA > 鼬科 Mustelidae > *Meles leucurus*

亚洲狗獾 ཁྱི་གཟིག
Asian Badger

生境 偶见于开阔而平坦的高原草甸、高山草原及湿地等生境 | **生活史** 9月至10月发情交配，次年3月至4月幼崽降生，每胎通常 2～5 崽（但在三江源地区4月初也曾记录到频繁的交配行为）；具冬眠习性，10月至11月开始冬眠，次年2月至3月出蛰 | **社群** 文献多记载为集群生活，但在玉树多为单独活动，仅在春季繁殖时雌雄共同活动 | **节律** 夜行性，晨昏活动，夏季日间明显更为活跃 | **食性** 杂食性，食物包括植物的根、茎、果实和昆虫，以及啮齿类、鼠兔等小型哺乳动物 | **观察** 善于掘洞，洞穴通道复杂，其废弃的洞穴常成为荒漠猫、藏狐、赤狐等中小型食肉动物的居所 | IUCN-**无危**

本土知识 在玉树等地，人们认为张裱狗獾皮可以防止闲话。

食肉目 CARNIVORA > 鼬科 Mustelidae > *Arctonyx collaris*

猪獾 ཕག་གཟིག
Hog Badger

生境 罕见于山地针叶林、针阔叶混交林、阔叶林、林缘灌丛等生境 | **生活史** 4月至9月发情交配，次年2月至3月幼崽降生，每胎通常 2～4 崽；具冬眠习性，通常在10月下旬开始冬眠，次年3月下旬出蛰 | **社群** 独居 | **节律** 日间和夜间均活动，晨昏活跃 | **食性** 杂食性，主要以植物的块茎、根等为食，也捕食蚯蚓、蜗牛、昆虫及小型兽类等 | **观察** 中国体型最大的獾，四肢有力，善于掘洞，但洞穴结构通常简单，仅有 1～2 个出口，洞内清洁而干燥，趴卧处常铺垫以干草，偶尔也使用由其他动物挖掘的洞穴；同狗獾相比，最主要区别在于本种颈下为白色，且在区内更偏好森林或灌丛生境 | IUCN-**易危**

特写

食肉目 CARNIVORA > 鼬科 Mustelidae > *Lutra lutra*

欧亚水獭　སྲམ།
Eurasian Otter

生境 偶见于河谷、湖泊、高原湿地、水库等各类水生环境｜**生活史** 生理上一年四季均可繁殖，但在玉树地区于 10 月开始发情交配，12 月至次年 1 月幼崽降生，每胎通常 2～3 崽；幼崽在 1 月至 2 月开始随母兽活动觅食，约 6 月至 7 月独立｜**社群** 独居；2 只以上个体同时出现，往往与繁殖有关｜**节律** 夜行性，晨昏活动频繁，夏季日间更为活跃｜**食性** 肉食性，主要以鱼类为食，偶尔捕食雀形目、雁鸭类等水鸟｜**观察** 善游泳和潜水，地面行动较笨拙；领域性较强，常在洞穴入口、捕鱼点等处排便做标记；新鲜粪便为浓重的墨绿色，其中常有鱼刺、鱼骨等｜IUCN-**近危，中国-二级**

本土知识　据说水獭在冬季抓鱼，晚上把鱼插在河边的冰雪里，让猫头鹰来吃。在藏语中水獭的别称是"祭祀猫头鹰"（ཅུག་པ་མཆོད་སྦྱིན）。

食肉目 CARNIVORA > 猫科 Felidae > *Felis bieti*

荒漠猫　ཇ་གཡི།
Chinese Mountain Cat

生境 罕见于林缘灌丛、灌丛草地、高原草甸等生境｜**生活史** 2 月至 4 月发情交配，5 月至 6 月幼崽降生，每胎通常 2～4 崽，幼崽约在次年 1 月至 2 月独立｜**社群** 独居｜**节律** 夜行性，晨昏活动｜**食性** 肉食性，主要以啮齿目、兔形目的中小型哺乳动物，以及雀形目和鸡形目鸟类为食｜**观察** 体型、外观均近似家猫，但与后者相比，较为明显的特征在于耳端有簇毛，并有淡蓝色的瞳孔，夏季体色更为鲜艳，而冬季更为暗淡。雌性大小同家猫或藏狐接近；雄性体重可达雌性的 2 倍，大小近似赤狐。与雌性相比，雄性耳端簇毛更为明显，尾部似乎更为蓬松｜IUCN-**易危，中国-一级，中国特有种**

食肉目 CARNIVORA > 猫科 Felidae > *Otocolobus manul*

兔狲　ཞི་ལེ།
Pallas's Cat

生境 偶见于多岩的高山草原、高原草甸及山地沟谷等生境｜**生活史** 2 月至 3 月发情交配，5 月至 6 月幼崽降生，每胎通常 3～6 崽，幼崽约 12～18 个月后性成熟｜**社群** 独居｜**节律** 夜行性，晨昏活动，但在三江源日间也较活跃｜**食性** 肉食性，主要以高原鼠兔及啮齿类等小型兽类为食｜**观察** 因听泡膨胀而脸盘较大，是小型猫科动物中唯一有圆形瞳孔的，且耳朵位于头部两侧而非上部，特征明显，不会被误认；体色同岩石接近，常以此为掩护接近猎物或躲避天敌；冬季毛发厚重，对比之下四肢看似短小；生态位同藏狐接近，在除高山河谷之外的地方常同藏狐形成竞争关系｜IUCN-**无危，中国-二级**

粪便

足迹

食肉目 CARNIVORA > 猫科 Felidae > *Prionailurus bengalensis*

豹猫　ཞིམ་གཟིག

Leopard Cat

生境 罕见于高山河谷、阔叶林、林缘灌丛及灌丛草地等生境丨**生活史** 分布广泛，繁殖时间随分布区的不同而有较大差异，目前尚未见三江源范围内的报道；妊娠期约 60～70 天，每胎通常 2～3 崽，幼崽约 18～24 个月后性成熟丨**社群** 独居丨**节律** 夜行性，很少有日间活动的记录丨**食性** 肉食性，以中小型兽类和鸟类为主，也偷食水獭储存的鱼类丨**观察** 体型同家猫类似，但更加纤细；偏好灌木丛生的区域，常在夜间出没于河岸、湖泊等水域附近；并不回避人类居所，玉树市区河岸两侧布设的红外相机在夜间也多有记录丨IUCN–无危，中国–二级

食肉目 CARNIVORA > 猫科 Felidae > *Lynx lynx*

猞猁　གཡི

Eurasian Lynx

生境 罕见于高山、河谷、草甸、湿地等各类生境丨**生活史** 区内繁殖时间不明，推测秋季发情交配，妊娠期约 63～74 天，12 月至次年 1 月幼崽降生，每胎通常 2～3 崽（在玉树曾于 1 月下旬记录到带领 2 只家猫大小幼崽的雌性）丨**社群** 独居丨**节律** 夜行性，晨昏活动丨**食性** 肉食性，食物包括各种体型的兽类和鸟类等丨**观察** 三江源地区有沙黄色（斑点不明显，"羊猞猁"）和浅棕色（有深褐色斑点，"马猞猁"）两种色型；生态幅较宽，比同域其他猫科动物更耐干旱，在三江源几乎各种类型的生境中均有分布；活动诡秘，常会回避雪豹、狼等大型食肉动物丨IUCN–无危，中国–二级

食肉目 CARNIVORA > 猫科 Felidae > *Panthera pardus*

金钱豹　གཟིག

Leopard

生境 罕见于山地针叶林、针阔叶混交林及阔叶林等生境丨**生活史** 2 月至 3 月发情交配，5 月至 6 月幼崽降生，每胎通常 2～3 崽，幼崽约在 12～18 个月后离开雌性独立丨**社群** 独居丨**节律** 夜行性，日间活动较少丨**食性** 肉食性，主要以马麝、白唇鹿、野猪等中大型食草动物为食，也捕食牦牛、绵羊等家畜丨**观察** 体形硬健，为三江源体型最大的猫科动物；偏好海拔较低的河谷阔叶林及针阔叶混交林，善于爬树，日间有时会躲在树木顶部的粗枝上休息；行踪诡秘，性情凶猛，是三江源少数几会直接攻击人类的野生动物之一丨IUCN–易危，中国–一级

食肉目 CARNIVORA > 猫科 Felidae > *Panthera uncia*

雪豹 གསའ།
Snow Leopard

生境 罕见于高山裸岩、流石滩、高山草甸及河谷等生境 | **生活史** 1 月至 3 月发情交配，4 月至 6 月幼崽降生，每胎通常 2～3 崽，幼崽约在 12～18 个月后离开雌性独立 | **社群** 独居 | **节律** 日间和夜间均活动，晨昏活跃 | **食性** 肉食性，在区内主要以岩羊为食，也捕食白唇鹿及绵羊、牦牛等家畜 | **观察** 体型比金钱豹略小，常以粗大的尾巴保持平衡，可在陡峭的山坡或岩壁上自由跳跃，追逐猎物；以气味标记、尿液、粪便等标示领地，并将其作为个体间相互联络的手段；冬季体色较白而夏季偏黄，在裸岩中形成很好的伪装，不借助望远镜难以发现 | **IUCN－易危，中国－一级**

本土知识 传说雪豹的尾巴可以在自己的头上绕上三圈。

奇蹄目 PERISSODACTYLA > 马科 Equidae > *Equus kiang*

藏野驴 བོང་རྒྱལ།
Kiang

生境 常见于开阔而平坦的高原草甸、草原，以及半干旱草原等生境 | **生活史** 7 月至 9 月发情交配，次年 7 月至 8 月幼崽降生；随草场变化做垂直迁移，冬季常在沟谷觅食，而夏季向高山草甸移动 | **社群** 群居，冬季常形成包含数十只至上百只个体的群体，而夏季则分散成由一二十只个体构成的小群；繁殖季每只雄性占据一块领地，与路过其领地的雌性交配 | **节律** 日行性 | **食性** 植食性，在中国完全以禾草和莎草为食，主要吃针茅属（*Stipa* spp.）草类，很少吃非禾本科植物 | **观察** 体形健壮，体色干净健康，夏毛短而光滑，冬毛较长且颜色更深；较好奇，与人近距离相遇时往往回头观望，也不慌张 | **IUCN－无危，中国－一级**

本土知识 藏野驴被认为是山神的坐骑。

偶蹄目 ARTIODACTYLA > 猪科 Suidae > *Sus scrofa*

野猪 ཕག་རྒོད།
Wild Boar

生境 偶见于植被茂盛的河谷草地、高山阔叶林、林缘灌丛等生境 | **生活史** 繁殖时间在不同分布区差异较大，目前区内信息不明；推测在冬季发情交配，约 4 个月后幼崽降生，每胎通常 4～8 崽 | **社群** 群居，但社会结构较为松散灵活，社会基本单元由雌性及其女儿们和新生幼崽组成；也有独居个体或混合群 | **节律** 日间和夜间均活动 | **食性** 杂食性，主要以根茎、枝叶、嫩芽、浆果等植物性食物为食，也捕食昆虫、啮齿类、幼鸟等小型动物 | **观察** 在三江源仅分布于东部和南部边缘的河谷山地，但近年来分布区似乎一直在扩张，常因损毁草场而遭牧民反感和厌恶 | **IUCN－无危**

足迹

冬　夏

偶蹄目 ARTIODACTYLA > 麝科 Moschidae > *Moschus chrysogaster*

马麝 ཨ་ཤ།
Alpine Musk Deer

生境 偶见于植被茂盛的河谷、山地针叶林、针阔叶混交林及阔叶林等生境 | **生活史** 11 月至 12 月发情交配，次年 4 月至 6 月幼崽降生，每胎通常仅产 1 崽 | **社群** 独居 | **节律** 晨昏活动，但日间也较活跃 | **食性** 植食性，主要以枝叶、幼芽、花苞、浆果等为食，也吃苔藓或菌类 | **观察** 多在高海拔林线附近活动，比其他麝类更偏好开阔生境；独居，性胆怯，跳跃能力较强，在奔跑逃离时表现尤为明显，以此区别于极少跳跃奔跑的毛冠鹿；成年雄性具有发达的上犬齿，且由于可以分泌麝香而长期面临较大的狩猎压力 | IUCN-濒危，中国——一级

本土知识 过去牧民认为，把公麝尾巴浸过的水给家畜服用有助于顺产。

偶蹄目 ARTIODACTYLA > 鹿科 Cervidae > *Elaphodus cephalophus*

毛冠鹿 ནད།
Tufted Deer

生境 罕见于林线以下湿润且植被茂盛的高山针阔叶混交林、阔叶林等生境 | **生活史** 9 月至 12 月发情交配，次年 4 月至 7 月幼崽降生，每胎通常 1～2 崽；做季节性垂直迁移，冬季在低海拔森林或灌木林带，夏季则上升至高海拔林区觅食 | **社群** 单独或成对活动 | **节律** 晨昏活动 | **食性** 植食性，食物包括草茎、树叶、幼芽及浆果等 | **观察** 同麂类关系较近，雄性具有长而外露的犬齿，受惊或求偶时常发出吠叫，并翘起黑色尾巴，露出白色的尾下部和大腿内侧；领域性较强，是眶前腺最发达的鹿科动物之一，常将眶前腺外翻，在小径边的枝头做气味标记 | IUCN-近危，中国-二级

偶蹄目 ARTIODACTYLA > 鹿科 Cervidae > *Rusa unicolor*

水鹿 ཤ་རྭ།
Sambar

生境 偶见于温暖湿润、植被茂盛的河谷阔叶林及林缘灌丛等生境 | **生活史** 10 月至 12 月发情交配，次年 5 月至 7 月幼崽降生，每胎通常仅产 1 崽 | **社群** 群居，或由母兽带领幼兽形成群体 | **节律** 晨昏活动，夜间活动也较频繁 | **食性** 植食性，主要以各种草本植物、蕨类，以及灌木和树木的幼叶、嫩芽、浆果等为食 | **观察** 成年个体可以后足为支撑，采食树木高处的幼叶与嫩芽，也可在受威胁时使用该姿势，以前蹄自卫；具有舔盐的习性，会有规律地前往盐分丰富的地点；在三江源是豹等大型食肉动物的捕食对象 | IUCN-易危，中国-二级

雄 雌

雄 雌

偶蹄目 ARTIODACTYLA > 鹿科 Cervidae > *Cervus wallichii macneilli*

马鹿（西藏马鹿） ག་མའི།

McNeill's Deer

生境 可见于山沟和河谷的针阔叶混交林、阔叶林、灌丛及高山草甸等生境 | **生活史** 8月至10月发情交配，次年6月至7月幼崽降生，每胎通常仅产1崽 | **社群** 群居，繁殖季雄性独居或集成小群活动，雌性则带领不同年龄段的幼崽，形成包括10多只个体的小群 | **节律** 晨昏活动，但全天均保持活跃 | **食性** 植食性，主要以地面的草本植物、苔藓、地衣，以及灌木和乔木的幼叶、嫩芽、浆果等为食 | **观察** 三江源分布的马鹿属于西藏马鹿的四川亚种，又名"白臀鹿"，在三江源多活动于东部和南部边缘靠近四川的海拔较低、较为湿润的山沟与河谷；与白唇鹿相比，更偏爱陡峭地形且似乎更为谨慎怯生 | **中国-一级**

偶蹄目 ARTIODACTYLA > 鹿科 Cervidae > *Cervus albirostris*

白唇鹿 ག་དམར།

White-lipped Deer

生境 常见于河谷、山地针叶林、针阔叶混交林、林缘灌丛及草地灌丛等生境 | **生活史** 9月至11月发情交配，次年5月至6月幼崽降生，每胎通常仅产1崽；幼崽在出生后2～3个月内体表具有浅色斑点，随后逐渐消失 | **社群** 群居，春夏季节雌雄分群，形成包含10～20只个体的小群，秋冬季节重新集成可包含上百只个体的大群 | **节律** 以晨昏活动为主，日间也较为活跃 | **食性** 植食性，主要以早熟禾、薹草等草本植物为食，也吃高山灌木的枝叶、幼芽等 | **观察** 与其他大型鹿类相比，更偏好开阔生境，常在灌丛茂盛的山坡地带攀爬；雄性鹿角早春脱落，并在8月至9月重新长成 | **IUCN-易危、中国-一级、中国特有种**

本土知识 白唇鹿是"六长寿"之中动物的代表，也是一些神灵的坐骑，因此神圣而不可侵犯，常被当作神山的象征。

偶蹄目 ARTIODACTYLA > 鹿科 Cervidae > *Capreolus pygargus*

西伯利亚狍 ལ་ཤ།

Siberian Roe Deer

生境 偶见于山地针叶林、针阔叶混交林及阔叶林等生境 | **生活史** 7月至9月发情交配，受精卵延迟着床，次年5月至6月幼崽降生，每胎通常1～2崽，幼崽约在13个月后性成熟 | **社群** 夏季雄性通常独居，雌性携幼崽活动，冬季则形成包含20～30只个体的群体 | **节律** 晨昏活跃 | **食性** 植食性，主要以各种双子叶草本植物，以及乔木和灌木的枝叶、树皮等为食 | **观察** 在三江源通常分布于东北部的山地森林地带。夏毛呈红棕色，冬毛呈灰色。机警而害羞，当有危险靠近时往往迅速警觉，尾部翘起，臀部白毛同时蓬起；若危险继续靠近，则迅速奔跑逃离，同时发出类似犬吠的大叫 | **IUCN-无危**

左雄中幼右雌

雄　雌

雄　雌

偶蹄目 ARTIODACTYLA > 牛科 Bovidae > *Bos mutus*

野牦牛　འབྲོང་།
Wild Yak

生境 偶见于开阔而平坦的高寒草原及半干旱草原等生境｜**生活史** 8 月至 9 月发情交配，次年 5 月至 6 月幼崽降生，雌性每两年繁殖 1 次；做季节性垂直迁移，冬季常在沟谷活动，而夏季则迁往高海拔冰川基部活动｜**社群** 群居，成年雌性常与幼崽和亚成体形成包含几十至上百只个体的大群，成年雄性则单独集成包含 10 多只个体的小群体｜**节律** 日行性｜**食性** 植食性，主要以禾本科植物为食｜**观察** 与家牦牛相比，明显更为庞大和强壮，尾上毛束更长，牛角更大；可同家牦牛杂交，雄性独斗夏季有时会将家牦牛群体拐走；发情期雄性极为暴躁，常冲撞过路车辆，非常危险｜IUCN-易危，中国-一级

本土知识 在藏区，人们认为把牦牛角挂在帐篷或者房前可防雷电。

偶蹄目 ARTIODACTYLA > 牛科 Bovidae > *Procapra picticaudata*

藏原羚　གོ་བ།
Tibetan Gazelle

生境 常见于平坦而开阔的高原草甸和高寒草原等生境｜**生活史** 12 月至次年 1 月发情交配，7 月至 8 月幼崽降生，每胎通常 1 崽，偶尔 2 崽｜**社群** 群居，春夏季节雌雄分别形成包含 10～20 只个体的小群，秋冬季节重新集成可含上百只个体的大群｜**节律** 日行性，但夜间也活跃｜**食性** 植食性，主要以禾本科植物等杂草和地衣为食｜**观察** 胆怯而警觉，受惊时短小的黑色尾部竖起，心形的白色臀部异常醒目，有人稍微靠近则立刻奔跑逃离，但雄性在繁殖期通常单独活动且不甚惧人；仅雄性个体有角；三江源地区常见的网围栏常成为其迁移和逃避捕食者的阻碍｜IUCN-近危，中国-二级，中国特有种

偶蹄目 ARTIODACTYLA > 牛科 Bovidae > *Pantholops hodgsonii*

藏羚　གཙོད།
Tibetan Antelope

生境 偶见于开阔而平坦的高寒草原、半干旱草原等生境｜**生活史** 11 月至 12 月发情交配，次年 5 月至 6 月幼崽降生；雌性每年从位于青海、西藏、新疆的越冬地向繁殖地做长距离迁徙，而雄性仅在越冬地和繁殖地之间做短距离迁移｜**社群** 非繁殖季雌性和亚成体通常集成包含数十只个体的群体，雄性则常单独活动｜**节律** 日行性，但夜间也较活跃｜**食性** 植食性，主要以禾本科植物、薹草等杂草和地衣为食｜**观察** 外观独特，雌雄差异较大：雄性面部及四肢正面为黑色，且仅雄性有长而直的角，尾巴蓬松且长；在过去因底绒而被大量猎杀（用于制作"沙图什"），近年来种群数量快速恢复｜IUCN-近危，中国-一级，中国特有种

左雌右雄

雄　雌

雄　雌

偶蹄目 ARTIODACTYLA > 牛科 Bovidae > *Naemorhedus griseus*

中华斑羚 རྒྱ།
Chinese Goral

生境 罕见于地形陡峭的山地针叶林、针阔叶混交林、阔叶林等生境 | **生活史** 初冬时求偶交配，6～8 个月后幼崽降生，每胎通常 1～2 崽 | **社群** 通常独居，但有时也成对或聚集成小群活动觅食 | **节律** 日间和夜间均活动，晨昏活动频繁 | **食性** 植食性，主要以草本植物，以及灌木或乔木的枝叶、幼芽等为食 | **观察** 毛色变化较大，从浅灰色至棕黄色和深灰色均有记录；雌雄均有角，雄性犄角更粗，角尖更趋于后弯而非竖直向上；善于攀爬，常可看到其在崖壁或山脊线附近活动觅食；无眶前腺，是其与鬣羚最显著的差异；春季死亡率较高，常可在流水附近见到尸体 | IUCN-未评估，中国-二级

偶蹄目 ARTIODACTYLA > 牛科 Bovidae > *Pseudois nayaur*

岩羊 གནའ།
Blue Sheep

生境 常见于高山裸岩、流石滩、高山草甸等生境 | **生活史** 12 月至次年 1 月发情交配，6 月至 7 月幼崽降生；幼崽出生 10 天左右即可在岩壁攀爬，约 1.5～2 岁性成熟 | **社群** 群居，通常集成包含数十只个体的群体活动，偶尔可见含上百只个体的大群 | **节律** 日间和夜间均活跃 | **食性** 植食性，主要以蒿草、薹草、针茅等高山寒漠草本植物和灌丛的枝叶、嫩芽为食 | **观察** 毛色隐蔽效果极好，攀爬、跳跃能力极强，常在陡峭的岩壁上攀爬和跳跃；是区域内雪豹最主要的食物，因而成为判断区域内有无雪豹的重要标志 | IUCN-无危，中国-二级

本土知识 在藏区，人们认为把岩羊的头骨放在羊圈中可以防止绵羊抽筋。

偶蹄目 ARTIODACTYLA > 牛科 Bovidae > *Ovis ammon hodgsoni*

西藏盘羊 བོད་གཉན།
Tibetan Argali

生境 罕见于开阔或陡峭的高山草甸、流石滩等生境 | **生活史** 10 月至次年 1 月发情交配，3 月至 4 月幼崽降生 | **社群** 群居，春夏季节雌雄分别形成含 10～20 只个体的小群，秋冬季节重新集成可含上百只个体的大群 | **节律** 日间和夜间均较活跃 | **食性** 植食性，食物包括各类草本植物、低矮灌木和地衣等 | **观察** 羊角长而呈螺旋状扭曲，雄性的角尤为粗壮；回避家畜及人类活动，相较于岩羊，其栖息地更高、更平坦，且雄性活动区域常更高；攀爬能力较岩羊弱，受惊时常沿平地奔跑而非跳上悬崖；相较于国内其他盘羊，西藏盘羊目前种群数量最大，分布范围最广 | IUCN-近危，中国-一级

雄（冬）　雌（夏）

雄　雌

偶蹄目 ARTIODACTYLA > 牛科 Bovidae > *Capricornis milneedwardsii*

中华鬣羚　རྒྱ་གོར་རྫ།
Chinese Serow

生境 罕见于山地针叶林、针阔叶混交林及阔叶林等生境 | **生活史** 9 月至 10 月发情交配，次年 5 月至 6 月幼崽降生，每胎通常 1～2 崽；或做季节性垂直迁移，冬季在海拔较低、较为温暖的沟谷活动，而夏季迁移至靠近林线的针叶林地带 | **社群** 独居 | **节律** 夜行性，日间偶尔活动 | **食性** 植食性，主要以灌丛的枝叶、幼芽等为食 | **观察** 外形独特，近似山羊，但双耳较长且双角长直；行动诡秘，常在植被茂密的林地活动，相较于斑羚，更偏好平缓地形；活动轨迹较为固定，常沿固定路径巡视领域，有固定排粪场，常堆积上百枚粪球；有定期舔盐的习性 | IUCN-易危，中国-二级

啮齿目 RODENTIA > 松鼠科 Sciuridae > *Marmota himalayana*

喜马拉雅旱獭　འཕྱི་བ།
Himalayan Marmot

生境 常见于高原草甸、高寒草原、高山草甸及河谷草地等生境 | **生活史** 5 月至 6 月发情交配，6 月至 7 月幼崽降生，每胎通常 2～11 崽，次年 6 月至 7 月幼崽脱离雌性独立；具冬眠习性，10 月开始冬眠，次年 5 月出蛰 | **社群** 群居，每个家庭群常包括雌雄个体和一二龄幼崽，夏季也有独居个体 | **节律** 日行性 | **食性** 植食性，主要以各种草本植物的枝叶、根、草籽等为食 | **观察** 掘洞生活，并在附近活动，洞穴包括临时洞和栖居洞，后者又分为冬洞、夏洞两种；洞口常光滑无草，出入践踏痕迹明显，鼠臭味明显；废弃洞穴常被荒漠猫、藏狐、赤狐、狗獾、赤麻鸭等中小型动物利用 | IUCN-无危

本土知识　春天牦牛产崽和旱獭出来的时间重合，旱獭出来后，雪豹和狼会吃旱獭而少吃家畜。因此有旱獭出洞狼害减少的说法。

啮齿目 RODENTIA > 松鼠科 Sciuridae > *Pteromys volans*

小飞鼠　བྱ་མ་བྱི་ཆུང་།
Siberian Flying Squirrel

生境 罕见于山地针叶林或针阔叶混交林等生境 | **生活史** 4 月至 6 月繁殖，每年产 1 胎，每胎通常 2～4 崽 | **社群** 独居 | **节律** 夜行性，通常在黄昏后开始活跃，日间偶尔可见活动 | **食性** 主要以高大乔木的坚果、浆果、树枝、嫩叶和幼芽等植物性食物为食，偶尔也吃蘑菇等菌类；秋末常在树洞中储存食物 | **观察** 树栖型啮齿动物，通常在桦树、山杨等乔木的距离地面较高的树洞中休息，觅食活动时常在树木枝干上攀爬或在树木间滑翔；滑翔时四肢及尾部均向外平伸，撑开翼膜，滑行距离可达数十米；巢树下常堆积黄色颗粒状粪便 | IUCN-无危

生境

啮齿目 RODENTIA > 仓鼠科 Cricetidae > *Cricetulus kamensis*

康藏仓鼠　མཛོད་རྒུ།
Kam Dwarf Hamster

生境 偶见于河谷灌丛、沼泽草甸等地带 | **生活史** 5 月至 8 月繁殖（以 6 月至 7 月为高峰），每胎 5～8 崽（最多可达 10 崽）；无冬眠习性，冬季储粮越冬 | **社群** 不明 | **节律** 日间与夜间均活动 | **食性** 植食性，以谷物及草籽为主要食物，也捕食昆虫等小型动物 | **观察** 即藏仓鼠，体背部呈灰黑色至棕灰色，腹部呈白色；背腹之间界线呈波浪状，为本种特点；尾背面呈灰黑色，腹面呈灰白色；筑洞穴居，洞口一个，单洞道，洞内有巢室和仓库之分，有时也利用其他鼠类和旱獭的废弃洞或在土隙、石缝中营窝；胆大，不甚惧人 | **IUCN-无危，中国特有种**

啮齿目 RODENTIA > 仓鼠科 Cricetidae > *Alticola stoliczkanus*

斯氏高山鼿　གངས་སྲེ།
Stolička's Mountain Vole

生境 可见于林线和雪线边缘的多岩草甸及灌丛等生境 | **生活史** 4 月至 8 月产 2 胎，每胎通常 4～5 崽；无冬眠习性，但冬季活动频率明显减弱 | **社群** 独居 | **节律** 日间和夜间均活动，但以夜间活动为主（亦有文献记载为日行性）| **食性** 植食性，主要以高山草本植物的草茎、草籽等为食 | **观察** 外形可爱，具有高山鼿属动物典型特征，四肢短小，身体粗肥，尾短而细，腹部污白；洞道浅而简单，仅有一个出口，内部窝穴常铺垫干草、落叶等 | **IUCN-无危**

啮齿目 RODENTIA > 仓鼠科 Cricetidae > *Neodon fuscus*

青海松田鼠　མཚོ་སྒྲེན་ཨལབ་ཚིག།
Plateau Vole

生境 可见于湿润草甸和土质湿润、植被覆盖较好的水边草地，以及潮湿、茂盛的金露梅灌丛等 | **生活史** 区内信息不明 | **社群** 群居 | **节律** 日间可见 | **食性** 以草本植物及谷物为食，具体信息不明 | **观察** 体型较大，背部毛色黄棕色明显，同其他松田鼠有明显区别；门齿较大且发黄，明显向前倾斜；腹毛呈淡黄色，背毛与腹毛界线清晰明显；是鼠疫病菌的携带者 | **IUCN-未评估，中国特有种**

啮齿目 RODENTIA > 仓鼠科 Cricetidae > *Neodon irene*

高原松田鼠　མཚོ་སྔོན་ལེབ་ཚིག།
Irene's Mountain Vole

生境 可见于林缘灌丛同草地的交界地带 | **生活史** 区内信息不明 | **社群** 群居 | **节律** 日间可见 | **食性** 以草本植物及谷物为食，具体信息不明 | **观察** 个体相对较小，尾部较短；体背部毛呈灰色，个别年老个体背部毛发带有褐色色调；腹部和背部颜色区分不明显，仅腹部颜色略淡；耳外露可见；在土质疏松、肥沃的沙质灌丛中数量较多，而这些区域中其他种类较少 | **IUCN-无危，中国特有种**

啮齿目 RODENTIA > 仓鼠科 Cricetidae > *Neodon leucurus*

白尾松田鼠　ལེབ་ཚིག་ཪྫེ་དཀར།
Blyth's Vole

生境 可见于海拔较高、沙化较为严重的草地、退化草地，人为干扰较大的沙质土壤等 | **生活史** 曾在一雌性标本中发现有 7 个胎儿，其他情况不明 | **社群** 群居 | **节律** 日间可见 | **食性** 主要以禾本科、莎草科植物为食，亦吃青稞等谷物 | **观察** 个体相对较大，尾长约占体长的 1/3；头骨棱角分明，耳外露明显；头部及背部背面呈枯草黄色，腹面呈淡黄色，同其他松田鼠区别较为明显；爪为黑色，强健，适于掘土；分布区域内种群密度较大 | **IUCN-未评估**

啮齿目 RODENTIA > 仓鼠科 Cricetidae > *Alexandromys oeconomus*

根田鼠　ལེབ་ཚིག་ནག་ཪེལ།
Tundra Vole

生境 偶见于湿润且植被茂盛的亚高山灌丛、林间空地、高山草甸、高寒草原及高原草甸等生境 | **生活史** 夏秋之间产 2～5 胎，每胎通常 3～9 崽，幼崽 6 周左右性成熟 | **社群** 具体情况不明 | **节律** 夜行性 | **食性** 植食性，主要以鲜嫩多汁的青草为食，也吃植物的根部、块茎、幼芽和种子等 | **观察** 广泛分布于全北界的典型地栖啮齿类，体型较普通田鼠更大且粗壮，体毛蓬松；穴居，常在灌丛地下挖掘洞穴，洞道常开口于倒木、树根或岩石根部缝隙处，多为单一洞口 | **IUCN-无危**

啮齿目 RODENTIA > 鼠科 Muridae > *Apodemus latronum*

大耳姬鼠　　ཞེ་ཏོ་ན་ལེག
Sichuan Field Mouse

生境 罕见于林线附近开阔而植被茂盛的高山草甸和灌丛等生境 | **生活史** 具体信息不明 | **节律** 夜行性 | **食性** 植食性，主要以各种草本植物的茎叶、草籽等为食，偶尔也捕食昆虫等小型无脊椎动物或吃腐尸 | **观察** 仅有 3 对乳头（其他姬鼠通常为 4 对）；在三江源仅分布于东南部边缘的高海拔区域，常栖息在海拔 2 000～3 500 米的桦树和槭树混交林中，以桦树林中最为常见，在林缘的灌丛或耕地也有记录 | IUCN-无危，中国特有种

啮齿目 RODENTIA > 鼠科 Muridae > *Niviventer confucianus*

北社鼠　　དས་ཤི
Confucian Niviventer

生境 常见于城市、村镇、民居附近 | **生活史** 春末开始繁殖，每年 3～4 胎，每胎 4～5 崽（最多可达 9 崽）| **社群** 群居 | **节律** 日间与夜间均活动，但以夜间活动为主 | **食性** 杂食性，喜食各种坚果、嫩叶，也吃少量昆虫等小型无脊椎动物，在冬季野外食物缺乏时也常进入民居偷食食物和垃圾 | **观察** 背部毛发呈棕黄色或灰黄色，腹毛呈白色，毛尖刷硫黄色，背毛与腹毛界线明显；尾部毛色上下不同，基本同背腹毛色一致，尾端有长毛；玉树亚种 *N. c. yushuensis* 模式标本采集地即位于玉树市 | IUCN-无危

啮齿目 RODENTIA > 鼠科 Muridae > *Mus musculus*

小家鼠　　ཤི་ཆུང
House Mouse

生境 偶见于城市、村镇、民居附近 | **生活史** 繁殖能力极强，一年四季均可繁殖，春秋两季繁殖率较高；每年通常产 6～8 胎，每胎通常 5～8 崽（最多可达 14 崽）；幼崽体重达到 7 克时即性成熟 | **社群** 群居，雄性会同其领域内的其他雌性组成家庭群 | **节律** 夜间活动，但晨昏活动尤为频繁 | **食性** 杂食性，吃各种草籽、农作物等植物性食物，昆虫等或小型无脊椎动物，以及食物残渣等 | **观察** 与褐家鼠相比体型明显偏小；可见于城镇、民居附近，特别是卫生条件较差的地点，活动时常沿墙根或家具边缘行进；可传播鼠疫、脑膜炎、狂犬病等严重传染病 | IUCN-无危

啮齿目 RODENTIA > 鼹型鼠科 Spalacidae > *Eospalax baileyi*

高原鼢鼠 གྱང་དུ་ཕྱི་ལོང་།
Plateau Zokor

生境 偶见于土层深厚且土质松软的疏林灌丛、草原、草甸等生境 | **生活史** 4 月至 5 月发情交配，每年产 1～3 胎，每胎通常 2～3 崽（最多可达 7 崽）；无冬眠习性，但每年春季和秋季活动较其他时候明显活跃 | **社群** 具体信息不明 | **节律** 日间和夜间均活动，晨昏活动最为频繁 | **食性** 植食性，主要以植物的块根、地下茎为食 | **观察** 体形短粗，头骨扁宽而粗大，双眼退化，足爪发达，适应地下掘土生活；洞穴系统复杂而庞大，洞道可延伸百米，深可达 2 米以上；常用挖掘出的浮土在洞口堆积出直径约 30 厘米、高约 15 厘米的小圆丘 | **IUCN-无危，中国特有种**

啮齿目 RODENTIA > 跳鼠科 Dipodidae > *Eozapus setchuanus*

林跳鼠 ཚེ་གུ་ད་ལྷག
Chinese Jumping Mouse

生境 罕见于海拔较高的针叶林、灌丛草原，以及草原或草甸等生境 | **生活史** 具体信息不明 | **社群** 具体信息不明 | **节律** 具体信息不明 | **食性** 植食性，食物包括草叶、草茎、草籽等 | **观察** 林跳鼠亚科分布在亚洲的单型属单型种，其他属均分布在北美洲；主要分布在四川西部和北部，在云南、青海、甘肃和宁夏也有零星记录（因此也称"四川林跳鼠"），在三江源分布于海拔较低、较为温暖的东部及南部；体色棕红，有时背中部可见一宽阔的黑褐色带，腹部颜色较浅，背部、腹部分界明显；后肢长而有力，善于快速跳跃变向，尾长可达头体长的 2 倍 | **IUCN-无危，中国特有种**

兔形目 LAGOMORPHA > 鼠兔科 Ochotonidae > *Ochotona cansus*

间颅鼠兔 ཤེར་ཟ།
Gansu Pika

生境 偶见于高原草甸附近的灌丛等生境 | **生活史** 5 月至 8 月产 3 胎，每胎通常 2～6 崽 | **社群** 群居，每个家庭群常包括雌雄个体和数只一二龄幼崽 | **节律** 日行性 | **食性** 植食性 | **观察** 分类较为混乱，曾为灰鼠兔（*O. roylei*）及藏鼠兔（*O. thibetana*）的亚种，后独立为一种；外形及毛色均接近藏鼠兔，但体色略淡，体型明显偏小，分布海拔比藏鼠兔更高——主要分布在林线以上的高山灌丛，而同区域藏鼠兔则常分布在林下多岩石地带 | **IUCN-无危，中国特有种**

兔形目 LAGOMORPHA > 鼠兔科 Ochotonidae > *Ochotona curzoniae*

高原鼠兔　ལ་ཟི།
Plateau Pika

生境 常见于平坦而开阔的高原草甸、高寒草原等生境 | **生活史** 4 月至 8 月产 2 胎，每胎通常 3～4 崽 (最多可达 6 崽) | **社群** 群居，社群关系复杂 | **节律** 日行性 | **食性** 植食性，食物包括各种草本植物 | **观察** 黑色唇边为最典型特征，也称 "黑唇鼠兔"；洞穴复杂，领域性强，常可见到追逐、鸣叫等维护领地的行为；有固定便所，常在废弃洞口或独一味表面等排便；不冬眠，秋季会在洞穴中储存食物；高原草甸关键种，几乎是区内所有捕食者的重要食物，其洞穴也是地山雀和各种雪雀等的隐蔽所；因被误认为是草场退化的原因 (实为结果) 而广遭毒杀 | IUCN-无危

兔形目 LAGOMORPHA > 鼠兔科 Ochotonidae > *Ochotona gloveri*

川西鼠兔　ཐ་ཟི།
Glover's Pika

生境 常见于陡峭多岩的河谷、山地、岩壁等生境 | **生活史** 具体信息不明，但在玉树 7 月末可观察到已独立活动的当年幼崽 | **社群** 常单独活动，很少见有多只个体共同出现 | **节律** 日行性，夜间活动也较活跃 | **食性** 植食性，食物包括峭壁着生的草本植物、苔藓等 | **观察** 典型的大型岩栖型鼠兔，善于攀爬奔走，可在陡峭的岩壁或缝隙间灵活奔跑和跳跃；三江源亚种颜色为鲜艳醒目的锈红色，云南、四川亚种背部呈灰褐色；原为红耳鼠兔 (*O. erythrotis*) 及红鼠兔 (*O. rutila*) 的亚种，后独立成种；外观近似红耳鼠兔，主要区别在于本种的吻部更为窄长 | IUCN-无危，中国特有种

兔形目 LAGOMORPHA > 鼠兔科 Ochotonidae > *Ochotona thibetana*

藏鼠兔　ན་ཟི།
Tibetan Pika

生境 偶见于多岩的高山针阔叶混交林、阔叶林、林缘灌丛等生境 | **生活史** 4 月至 7 月发情交配，每胎通常 1～5 崽，其他信息不明 | **社群** 群居 | **节律** 日间和夜间均活动 | **食性** 植食性，主要以林下莎草科和禾本科植物的茎、叶等为食 | **观察** 洞穴系统复杂，可以分为复杂洞穴、简单洞穴和临时洞穴三种，出口一般位于树木或灌丛根部、岩石缝隙等；通常仅在洞穴附近活动而不远走；外形及毛色均接近间颅鼠兔，但体色略深，体型明显偏大，分布海拔比间颅鼠兔更低——主要分布在林下多岩石地带，而同区域间颅鼠兔则常分布在林线以上的高山灌丛 | IUCN-无危

兔形目 LAGOMORPHA > 鼠兔科 Ochotonidae > *Ochotana erythrotis*

红耳鼠兔　ཨ་བྲ་ཟ་དམར།
Red-eared Pika

生境 偶见于高山裸岩、高原草甸、高山砾石等生境｜**生活史** 5 月至 8 月产 2 胎，每胎通常 3～7 崽，其他信息不明｜**社群** 除繁殖期外常单独活动｜**节律** 日行性，但午间活动较少｜**食性** 植食性，主要以禾本科、藜科等植物的茎叶、草籽及草根等为食｜**观察** 行动敏捷，常在岩壁或石堆处活动觅食，而在岩石缝隙中或草丛基部掘洞营巢；洞道简单，通常为单一洞道而分支较少；每个个体单独营穴，不形成洞群居住；外形、体色均近似川西鼠兔，主要区别在于本种的吻部更加宽短｜IUCN-无危，**中国特有种**

兔形目 LAGOMORPHA > 兔科 Leporidae > *Lepus oiostolus*

灰尾兔　རི་བོང་ར་སྐྱ།
Woolly Hare

生境 常见于稀疏阔叶林的林缘林窗、林缘灌丛及灌丛草地等生境｜**生活史** 在青藏高原每年仅产 1 胎，7 月发情交配，8 月幼崽降生，每胎通常 4～5 崽｜**社群** 独居，但繁殖季可见包含 5 只左右个体的小群活动觅食｜**节律** 夜间活动，晨昏也较活跃｜**食性** 植食性，主要以各种草本植物的茎叶、草根、草籽等为食｜**观察** 即高原兔；胆怯而机警，觅食活动时稍有异响即警觉并快速逃离，但在人类居住区附近活动的个体较为胆大，有时距离较近亦不逃离；日间常利用草丛、灌丛或旱獭的废弃洞穴躲避和休息；冬季在灌丛中营简单巢穴，其中雌性巢深而较大，雄性巢长而较直｜IUCN-无危

鸟

分类系统依照《中国鸟类分类与分布名录（第三版）》（郑光美，2017），共收录三江源鸟类18目50科263种。其中，中国特有种24种，国家一级重点保护野生动物13种，二级重点保护野生动物42种。

鸡形目 GALLIFORMES > 雉科 Phasianidae > *Tetrastes sewerzowi*

斑尾榛鸡　ལུང་སྲེག།
Chinese Grouse

生境 罕见于河谷山地的混交林及林缘灌丛 | **居留** 留鸟 *T. s. secunda* | **生活史** 冬季在低海拔混交林或灌丛地带集群生活，春季开始向山上迁移，5 月初雄鸟开始占区，交配完成后雌鸟孵卵，但雄鸟会对领域进行守护；孵化期 25～28 天，早成鸟，雏鸟约 3 周后可飞行，随后逐步转向树栖生活；秋冬季节幼鸟融入群体，迁往低海拔处越冬 | **食性** 主要以柳、榛的鳞芽和叶，云杉种子，以及其他植物的花序、叶、嫩枝梢为食，也捕食昆虫及蜗牛、蜘蛛等无脊椎动物 | **观察** 群体常分散开来，单独觅食，夏季多在林下地面，冬季多在树上，午后常在树上或林下树桩上休息 | IUCN-**近危，中国-一级，中国特有种**

鸡形目 GALLIFORMES > 雉科 Phasianidae > *Tetraophasis obscurus*

［红喉］雉鹑　ཁྱུ་ལོར་སྐྱིག་ཐུག།
Chestnut-throated Partridge

生境 罕见于针叶林、混交林、灌丛或裸岩地带 | **居留** 留鸟 | **生活史** 冬季常在海拔略低的针阔叶混交林集群栖息，春季开始向高海拔处迁移；5 月起繁殖个体组成繁殖对，不参与繁殖的亚成体结成小群游荡；在地面或树上营巢，雌鸟孵卵；早成鸟；秋冬季节再次集群，向低海拔处迁移越冬 | **食性** 主要以植物块根、果实、种子等为食，夏秋季节喜食贝母，偶尔捕食昆虫等无脊椎动物 | **观察** 一般无固定觅食场所和活动路线，多在小范围内随机取食；善奔走但少飞行，偶可在山谷间滑翔；胆怯而机警，常在灌丛中躲避 | IUCN-**无危，中国-一级，中国特有种**

鸡形目 GALLIFORMES > 雉科 Phasianidae > *Tetraophasis szechenyii*

黄喉雉鹑　ཁྱུ་ལོར་སྐྱིག་སེར།
Buff-throated Partridge

生境 偶见于多岩的高山针叶林、疏林或林缘灌丛 | **居留** 留鸟 | **生活史** 3 月中下旬起求偶配对，4 月初在树木、岩石基部或灌丛中营巢；4 月中下旬产卵，窝卵数 3～4 枚，主要由雌鸟孵卵，其间雄鸟与其他至多 3 只进行合作繁殖的个体守卫领域；孵化期 24～29 天，早成鸟；秋季组成群体，迁移至海拔较低的混交林及林缘地带 | **食性** 主要以植物的根、叶、芽、果实和种子为食，也捕食少量昆虫 | **观察** 性胆怯而谨慎，常成对或集小群在林间地面取食，多在较低的树枝上夜栖；善奔走，较少飞行 | IUCN-**无危，中国-一级，中国特有种**

雄鸟　雌鸟

鸡形目 GALLIFORMES > 雉科 Phasianidae > *Tetraogallus tibetanus*

藏雪鸡 གོང་མོ།
Tibetan Snowcock

生境 可见于多岩草甸、林线以上的高山灌丛、裸岩和流石滩 ｜ **居留** 留鸟 *T. t. przewalskii* ｜ **生活史** 冬季集群生活，春季群体逐渐解散，4 月至 5 月雄鸟开始争夺领域和配偶，随后雌鸟在岩石遮蔽下的草丛中营巢；窝卵数 4～7 枚，雌鸟孵卵而雄鸟守卫；孵化期 19～27 天，早成鸟，雏鸟 3 天后即可随亲鸟四处觅食，约 2 周后即可飞行；秋冬季节重新组成群体越冬 ｜ **食性** 主要以高山植物为食，也啄食昆虫、蜘蛛等无脊椎动物 ｜ **观察** 常从山腰向上行走觅食，直到山顶，午后常在高山岩石附近休息、理羽；繁殖期更为警觉和胆怯 ｜ IUCN-无危，中国-二级

鸡形目 GALLIFORMES > 雉科 Phasianidae > *Alectoris magna*

大石鸡 ཀེ་ཤེག
Rusty-necklaced Partridge

生境 罕见于植被稀疏的半荒漠地区、岩石山坡及裸岩地带 ｜ **居留** 留鸟 *A. m. manga* ｜ **生活史** 冬季集群在海拔较低的山麓和沟底活动，春季随温度上升向雪线附近迁移，3 月至 4 月配对，并在石滩、崖壁基部缝隐蔽处营巢；5 月初产卵，窝卵数 5～7 枚；孵化期 22～24 天，早成鸟，雌雄共同育雏；直至第二年春天幼鸟才独立 ｜ **食性** 主要以植物的花、果实、种子和叶芽为食，也啄食昆虫、蜘蛛等 ｜ **观察** 脚健善走，通常不飞；常沿山坡向上走，发现山下威胁时常向山上鸣叫急奔，发现上方威胁时往往惊飞，滑翔至附近山坡 ｜ IUCN-无危，中国-二级，中国特有种

鸡形目 GALLIFORMES > 雉科 Phasianidae > *Perdix hodgsoniae*

高原山鹑 ষ্ণণ্ণ
Tibetan Partridge

生境 常见于高山裸岩及亚高山矮树丛和灌丛地区 ｜ **居留** 留鸟 *P. h. sifanica* ｜ **生活史** 繁殖个体在 3 月至 4 月开始配对，随后离开群体，并在灌丛下或茂密草丛中占区营巢；窝卵数 8～12 枚，雌雄交替孵卵，但雄鸟更多参与警戒；早成鸟，繁殖期结束后集群迁移至海拔较低、较为温暖的沟谷等地越冬 ｜ **食性** 主要以灌木的叶、芽、茎、浆果、种子，以及草籽、苔藓等植物性食物为食，也捕食昆虫等无脊椎动物 ｜ **观察** 除繁殖期外常成群活动，多以 10～15 只鸟为群活动；不喜飞行，善于奔跑，受惊后也往往疾速奔逃，分散至草丛、灌丛中藏匿 ｜ IUCN-无危

鸡形目 GALLIFORMES > 雉科 Phasianidae > *Ithaginis cruentus*

血雉 ཟེར་མོང་

Blood Pheasant

生境 可见于雪线附近的高山针叶林、混交林及灌丛丨**居留** 留鸟 *I. c. geoffroyi*丨**生活史** 3月末至4月初群体分散，开始求偶及配对，雌鸟5月初在林下或灌丛附近营简陋地面巢；窝卵数3～9枚，雌鸟孵卵而雄鸟警戒；孵化期26～29天，早成鸟丨**食性** 主要以各种树木的嫩叶、芽苞、花序，草本植物的枝叶、浆果、种子，以及苔藓、地衣等为食，也捕食昆虫等无脊椎动物丨**观察** 日间常成群在林下地面活动，午后常在岩石下或树荫中短暂休息，夜间到树上栖息；受惊时主要通过迅速奔跑和藏匿来逃避危险丨IUCN-无危，中国-二级

鸡形目 GALLIFORMES > 雉科 Phasianidae > *Crossoptilon crossoptilon*

白马鸡 བྱ་ཤར་དཀར་པོ།

White Eared Pheasant

生境 常见于高山和亚高山针叶林及针阔叶混交林带丨**居留** 留鸟 *C. c. drouynii*，*C. c. dolani*，*C. c. crossoptilon*丨**生活史** 冬季集群，4月中旬开始逐渐分散配对，5月下旬前后在林下地面或灌丛中营巢；窝卵数4～7枚，雌鸟孵卵而雄鸟守卫；孵化期24～25天，早成鸟；本区内其他繁殖相关信息尚不明确丨**食性** 主要以植物的叶芽、根、果实和种子等为食，也捕食多种昆虫丨**观察** 不甚惧人，常可在寺院、村落甚至城郊见到；善奔走，飞行慢且常不远飞；受惊时常往山上狂奔，至岭脊处才振翅飞起，滑翔至山谷丨IUCN-近危，中国-二级，中国特有种

鸡形目 GALLIFORMES > 雉科 Phasianidae > *Crossoptilon auritum*

蓝马鸡 བྱ་ཤར་སྔོན་པོ།

Blue Eared Pheasant

生境 罕见于海拔较高的针叶林或灌木地带丨**居留** 留鸟丨**生活史** 2月后逐渐分成小群，由阳坡的阔叶林向阴坡的针叶林和混交林迁移，3月至4月开始分散配对，随后在林下草地或灌丛附近营巢；窝卵数5～12枚，雌鸟孵卵而雄鸟守卫；孵化期24～28天，早成鸟；本区内其他繁殖相关信息尚不明确丨**食性** 主要以针叶树和灌木的叶芽、果实、种子，以及杂草草籽为食，也捕食昆虫等丨**观察** 多在上午和下午于林下草地觅食，晨昏尤其频繁，午间常在灌丛中隐匿休息；胆怯而机警，稍受惊扰便迅速向山下奔跑，很少起飞，偶尔振翅飞行，但不能持久丨IUCN-无危，中国-二级，中国特有种

雄鸟　雌鸟

亚种 *C. c. dolani*　亚种 *C. c. drouynii*

鸡形目 GALLIFORMES > 雉科 Phasianidae > *Phasianus colchicus*

环颈雉　ནེག

Common Pheasant

生境 偶见于疏林林缘、林缘灌丛和村镇农田附近的杂木林缘等 | **居留** 留鸟 *P. c. strauchi* | **生活史** 区域内具体信息不明，推测或从 3 月下旬起求偶配对，4 月中上旬雌雄共同在林下或灌丛中营巢；窝卵数 7～15 枚，由雌鸟孵卵；孵化期 22～27 天，早成鸟；在秋季或迁往海拔较低的沟谷地带越冬 | **食性** 较杂，以各种植物的果实、种子、叶、芽和部分昆虫为食 | **观察** 胆怯而机警，脚强健，善奔跑，受惊后常快速奔跑至灌丛藏匿，与人近距离突遇时偶尔惊飞，但飞行不持久，落地后仍然逃窜藏匿；区内亚种雄鸟颈部无白环 | IUCN-无危

雁形目 ANSERIFORMES > 鸭科 Anatidae > *Anser anser*

灰雁　བྱ་ལོར་སྐྱ་བོ།

Greylag Goose

生境 偶见于芦苇和水草丰富的湖泊、水库、湿地和湿润草地 | **居留** 旅鸟 *A. a. rubrirostris* | **生活史** 繁殖于中高纬度从西欧至中西伯利亚的水生环境，越冬于南亚、东南亚及中国的华南地区，春季于 3 月中下旬至 4 月上旬、秋季于 9 月中下旬至 10 月初途经三江源地区，常成对或集小群在植被丰富的湿地附近停歇 | **食性** 主要以各种水生和陆生植物的叶、根、茎、嫩芽、果实、种子等植物性食物为食，也捕食螺、虾、昆虫等无脊椎动物 | **观察** 谨慎而警惕，成对或成群时常有个体进行警戒；行走灵活，善游泳；飞行时振翅较慢而有力，迁徙时常成单列或 V 形队伍 | IUCN-无危

雁形目 ANSERIFORMES > 鸭科 Anatidae > *Anser indicus*

斑头雁　བྱ་ལོར་སྔག་ཁྲ།

Bar-headed Goose

生境 常见于高原湖泊、湿地沼泽和开阔而湿润的草甸 | **居留** 夏候鸟 | **生活史** 3 月末至 4 月初呈小群迁抵繁殖地，抵达后逐渐聚成大群，4 月初形成繁殖对并开始交配，4 月中上旬在湿地塔从、崖壁或废弃的房屋中营巢；4 月中下旬产卵，窝卵数 4～6 枚，雌鸟孵卵而雄鸟守卫；孵化期 28～30 天，早成鸟；随后不同家庭集群育幼；9 月集群迁往越冬地 | **食性** 主要以禾本科和莎草科植物的叶、茎，以及豆科植物的种子等为食，也捕食贝类等无脊椎动物 | **观察** 喜集群，常与棕头鸥、赤麻鸭等鸟类混群；性机警，善游泳，但常在岸边休息或行走觅食 | IUCN-无危

雄鸟　雌鸟

雁形目 ANSERIFORMES > 鸭科 Anatidae > *Cygnus cygnus*

大天鹅 དངངཀར།
Whooper Swan

生境 偶见于开阔的、水生植物繁茂的浅水水域，以及流速缓慢的河流 | **居留** 冬候鸟 *C. c. cygnus* | **生活史** 区内情况不明，秋季或于 10 月下旬前后迁抵，集大群在湖泊、湿地等开阔水域越冬，较为稳定；春季于 3 月中旬前后迁往位于北方的繁殖地 | **食性** 主要以水生植物的叶、茎、种子和根茎为食，也捕食少量软体动物、水生昆虫和其他水生无脊椎动物等 | **观察** 谨慎而警惕，活动和栖息时常远离岸边，常在较开阔的水域觅食或栖息；活动较固定，若无干扰，一般不更换地点；善飞行，但起飞并不灵活，需在水面快速振翅奔跑，若无干扰，很少突然飞离 | IUCN-无危，中国-二级

雁形目 ANSERIFORMES > 鸭科 Anatidae > *Tadorna tadorna*

翘鼻麻鸭 ངར་དཀར།
Common Shelduck

生境 偶见于淡水湖泊、河流等湿地 | **居留** 旅鸟 | **生活史** 繁殖于中高纬度从西欧、北欧至中西伯利亚的开阔草原湿地，越冬于喜马拉雅山南部及中国东部沿海，春季于 4 月中上旬前后，秋季于 9 月中旬前后途经三江源地区，常成对或集小群在植被茂密的湖泊或湿地附近停歇 | **食性** 杂食，食物包括水生昆虫、甲壳类、软体动物等无脊椎动物，小型鱼类，以及嫩芽、种子、草叶等植物性食物 | **观察** 常成群迁徙，飞行迅疾，双翅扇动较快；善游泳和潜水，亦善行走，能在地上轻快地奔跑；性机警，常不断地伸颈四处观望，距人百米外即起飞，不易接近 | IUCN-无危

雁形目 ANSERIFORMES > 鸭科 Anatidae > *Tadorna ferruginea*

赤麻鸭 ངར་བ།
Ruddy Shelduck

生境 常见于湖泊、河流、湿地等各类水生环境及其周边的草甸、山坡 | **居留** 夏候鸟 | **生活史** 3 月集群抵达，随后繁殖个体开始在沙丘、石壁或洞穴（如旱獭洞）营巢；4 月初产卵，窝卵数 8～10 枚，雌鸟孵卵而雄鸟警戒；孵化期 27～30 天，早成鸟；约 5 天后幼鸟即可飞行；10 月末集群迁离 | **食性** 主要以水生植物的叶、芽、种子等为食，也捕食昆虫、小蛙、小鱼等动物性食物 | **观察** 性机警，难以徒步接近；成对出现时，雌鸟常在地面趴卧休息或取食，而雄鸟明显更多进行警戒；受惊后常大声鸣叫起飞；常在水面倒栽觅食 | IUCN-无危

左雄右雌

左雌右雄

雁形目 ANSERIFORMES > 鸭科 Anatidae > *Mareca strepera*

赤膀鸭 གག་པ་དཔུང་དམར།
Gadwall

生境 可见于水生植物丰富的开阔水域 | **居留** 旅鸟 *M. s. strepera* | **生活史** 在欧亚大陆繁殖于中高纬度从西欧至东西伯利亚广阔区域的开阔水域，越冬于印度北部至长江流域及中国东南部沿海，春季于 3 月末至 4 月初、秋季于 9 月下旬前后途经三江源地区，常集小群在植被茂密的湿地中停歇 | **食性** 主要以水生植物为食，也偶尔吃草叶、草籽、浆果及农作物谷粒等岸边植物 | **观察** 晨昏常集小群在岸边芦苇丛中觅食，觅食时常将头沉入水中或倒栽取食，白天多在开阔水面休息；性胆小而机警，受惊时常突然从芦苇中冲出；飞行极快，双翅扇动快速而有力 | **IUCN-无危**

雁形目 ANSERIFORMES > 鸭科 Anatidae > *Mareca penelope*

赤颈鸭 གག་པ་ཕོད་སེར།
Eurasian Wigeon

生境 可见于水生植物丰富的开阔水域 | **居留** 旅鸟 | **生活史** 在欧亚大陆主要繁殖于高纬度从北欧至东西伯利亚的开阔湖泊、草原湿地，越冬于南亚、东南亚，以及中国东南沿海、韩国、日本等地，春季于 4 月中上旬、秋季于 9 月中上旬前后途经三江源地区，常集小群在水生植物丰富的开阔水域附近停歇 | **食性** 主要以藻类、眼子菜，以及其他水生植物的根、茎、叶和果实等为食，也取食少量动物性食物 | **观察** 善游泳和潜水，常成群在岸边芦苇丛或沼泽中觅食；胆小而警惕，常与其他鸭类混群，受惊时常直接从水中或地上冲起，同时高声鸣叫，飞行快而有力 | **IUCN-无危**

雁形目 ANSERIFORMES > 鸭科 Anatidae > *Anas platyrhynchos*

绿头鸭 གག་པ་མཆུ་སེར།
Mallard

生境 可见于水生植物丰富的湖泊、河流、沼泽等各类水域 | **居留** 旅鸟 *A. p. platyrhynchos* | **生活史** 在欧亚大陆繁殖于中高纬度从北欧至东西伯利亚的各类水生环境，越冬于印度北部至中国东部沿海，春季于 4 月中上旬、秋季于 9 月中上旬前后途经三江源地区，常夹杂在其他雁鸭类迁徙群体中，常集小群在水生植物丰富的水域中停歇 | **食性** 主要以水生植物的叶、芽、茎、种子和水藻等为食，也捕食软体动物、甲壳类、水生昆虫等动物性食物 | **观察** 多在晨昏觅食，日间常在湖心小岛上休息或在开阔的水面上游泳；性好动而吵闹，叫声响亮而清脆 | **IUCN-无危**

左雄右雌

左雌右雄

左雄右雌

雁形目 ANSERIFORMES > 鸭科 Anatidae > *Anas zonorhyncha*

斑嘴鸭 གག་པ་གསེར་འཛིན།
Gadwall

生境 罕见于植被茂密的湖泊、河流、湿地等各类水体丨**居留** 旅鸟 *A. z. zonorhyncha*丨**生活史** 繁殖于从蒙古高原东部至长江中下游地区的各类水生环境，越冬于东南亚北部至日本全境，春季于 3 月下旬、秋季于 9 月末至 10 月初途经三江源地区，常单独或集小群在水生植物丰富的水域中停歇丨**食性** 主要以水生植物的叶、芽、茎、种子和水藻等为食，也捕食软体动物、甲壳类、水生昆虫等水生无脊椎动物丨**观察** 善游泳，也常在岸边行走，但较少潜水；常在岸边沙滩或湖心岛休息，频繁整理羽毛；叫声响亮而清脆，很远便可听到丨IUCN-无危

雁形目 ANSERIFORMES > 鸭科 Anatidae > *Anas acuta*

针尾鸭 གག་པ་རྗེ་འབིགས།
Northern Pintail

生境 偶见于内陆大型湖泊、湿地、流速缓慢的河流等丨**居留** 旅鸟 *A. a. acuta*丨**生活史** 在欧亚大陆繁殖于高纬度从北欧至东西伯利亚的各类水生环境，越冬于南亚、东南亚，以及中国东南部与南部沿海区域，春季 3 月中下旬、秋季 10 月中上旬前后常以较小的群体途经三江源地区，常在植被茂密、较为隐蔽的湿地等水域中停歇丨**食性** 主要以藻类和各类水生及岸边植物为食，也捕食水生昆虫、贝类等无脊椎动物丨**观察** 较其他雁鸭更为安静机警，常于晨昏到岸边浅水处觅食，稍有动静便突然起飞逃离；日间多隐藏在岸边芦苇丛中，或在水面中央游荡和休息丨IUCN-无危

雁形目 ANSERIFORMES > 鸭科 Anatidae > *Anas crecca*

绿翅鸭 གག་པ་ནི་ལྡུར།
Green-winged Teal

生境 常见于水生植物茂盛且少干扰的中小型湖泊和各种水塘丨**居留** 旅鸟 *A. c. crecca*丨**生活史** 在欧亚大陆繁殖于高纬度从北欧至东西伯利亚植被茂密的水生环境，越冬于南亚、东南亚，以及中国沿海区域和日本，春季于 3 月中下旬、秋季于 9 月中旬前后集小群途经三江源地区，常在植被茂密且隐蔽的水域停歇丨**食性** 主要以水生植物的种子和嫩叶为食，也捕食水生昆虫等无脊椎动物丨**观察** 善游泳而少行走，常于晨昏在岸边芦苇丛中取食，日间多在水边隐秘处或湖心浮岛休息；飞行快速有力，双翅鼓动快且吵闹，在水面起飞迅速；机警，容易惊飞丨IUCN-无危

左雌右雄

雄鸟 雌鸟

雁形目 ANSERIFORMES > 鸭科 Anatidae > *Spatula clypeata*

琶嘴鸭 གག་ཁྱིམ།
Northern Shoveler

生境 可见于开阔且有泥滩的湖泊、湿地或沼泽等水生环境 | **居留** 旅鸟 | **生活史**
在欧亚大陆繁殖于高纬度从北欧至东西伯利亚的各类水生环境，越冬于南亚、
东南亚，以及中国南部和日本，春季于 4 月中下旬、秋季于 10 月中上旬前后
途经三江源地区，常在有浅水、泥滩的水域中停歇 | **食性** 主要以软体动物、甲
壳动物、水生昆虫等动物为食，也吃水藻、草籽等 | **观察** 游泳轻盈，行走笨拙，
常于日间在岸边泥沼中掘食，或将喙部插入水中，摆动头部滤食，有时亦在水
面倒栽觅食；谨慎而胆怯，见人立即停止活动并警戒，受惊则游远或突然飞离 |
IUCN-无危

雁形目 ANSERIFORMES > 鸭科 Anatidae > *Spatula querquedula*

白眉鸭 གག་པ་ཇི་དཀར།
Garganey

生境 偶见于开阔的湖泊、河流、湿地及水库等水域 | **居留** 旅鸟 | **生活史** 繁殖于
中高纬度从西欧至东西伯利亚的各类水域，越冬于南亚、东南亚及中国南部，
春季于 4 月中下旬、秋季于 10 月中下旬前后途经三江源地区，常混杂在其他
雁鸭群体中，在植被茂密而隐蔽的水域中停歇 | **食性** 主要以水生或岸边植物的
叶、茎、种子为食，也捕食水生昆虫、贝类等小型动物 | **观察** 晨昏常成对或集
小群在岸边有水草的隐蔽处活动，日间多在开阔水面或芦苇丛中休息；体型接
近绿翅鸭，胆怯而机警，如有声响则立刻从水中冲出；善游泳，但从不潜水 |
IUCN-无危

雁形目 ANSERIFORMES > 鸭科 Anatidae > *Netta rufina*

赤嘴潜鸭 འཕུལ་གག་མཆུ་དམར།
Red-crested Pochard

生境 常见于开阔的湖泊或水流较缓的河流 | **居留** 夏候鸟 旅鸟 | **生活史** 通常在越
冬地便形成繁殖对，4 月中上旬抵达后即开始在多芦苇和蒲草的湖心岛上营巢；
5 月中上旬产卵，窝卵数 6～12 枚，雌雄交替孵卵，但以雌鸟为主；孵化期
26～28 天，早成鸟；约 45～50 天后幼鸟即可飞行，但随后一段时间仍由亲
鸟照料；9 月末至 10 月初集群迁离 | **食性** 主要以水生植物的嫩芽、茎和种子为
食，有时也上岸取食青草或禾本科植物的种子 | **观察** 性迟钝而不甚怕人，不善
鸣叫，迁徙抵达或离开时也可集成包含上百只个体的大群；主要通过潜水取食，
常在水面倒栽觅食 | **IUCN-无危**

雄鸟　雌鸟

雄鸟　雌鸟

左雄右雌

雁形目 ANSERIFORMES > 鸭科 Anatidae > *Aythya ferina*

红头潜鸭　གཅིང་གྷག་མགོ་དམར།

Common Pochard

生境 常见于水生植物丰富的开阔湖泊、湿地等各类水域 | **居留** 夏候鸟 旅鸟 | **生活史** 通常在越冬地便形成繁殖对，4 月中上旬抵达后在芦苇丛中营巢；5 月中上旬产卵，窝卵数 6～9 枚，雌鸟孵卵，孵化期 24～26 天，雌鸟育雏；约 50～55 天后幼鸟即可飞行；约 10 月中上旬集群迁离 | **食性** 主要以水藻及水生植物为食，偶尔也上岸取食青草和草籽，或捕食小鱼等 | **观察** 常于晨昏在水生植物茂密或隐蔽条件较好的水面觅食，白天多在开阔的水面活动和休息；性胆怯而机警，善潜水，常通过潜水取食或避险，危急时可从水面直接起飞；飞行迅速，但很少上岸行走 | IUCN-**易危**

雁形目 ANSERIFORMES > 鸭科 Anatidae > *Aythya nyroca*

白眼潜鸭　གཅིང་གྷག་མིག་དཀར།

Ferruginous Duck

生境 可见于开阔地区水生植物丰富的淡水湖泊、池塘和沼泽地带 | **居留** 夏候鸟 旅鸟 | **生活史** 4 月中上旬抵达，抵达时基本已经完成配对，随后在浅水处的芦苇丛或蒲草丛中营巢；5 月中上旬产卵，窝卵数 7～11 枚，雌鸟孵卵，孵化期 25～28 天，早成鸟；55～60 天后幼鸟即可飞行；约 10 月中上旬集群迁离 | **食性** 主要以各类水生植物的球茎、叶芽、嫩枝和种子为食，也取食小鱼、水生昆虫等 | **观察** 胆小而机警，在繁殖地常成对或集小群活动；常于晨昏在水边浅水处植物茂盛的地方觅食，白天多在岸上或开阔水面休息；主要通过潜水取食，有时也在水面倒栽觅食 | IUCN-**近危**

雁形目 ANSERIFORMES > 鸭科 Anatidae > *Aythya fuligula*

凤头潜鸭　གཅིང་གྷག་རལ་བ།

Tufted Duck

生境 可见于岸边植物丰富的开阔湖泊与河流地区 | **居留** 夏候鸟 旅鸟 | **生活史** 在越冬地或抵达繁殖地后完成配对，4 月中上旬抵达繁殖地，随后在湖心岛或湖边灌木中营巢；5 月中上旬产卵，窝卵数 6～13 枚，雌鸟孵卵，孵化期 23～25 天，早成鸟；约 45～50 天后幼鸟可飞行；约 10 月中上旬集群迁离 | **食性** 主要以水生昆虫、小鱼等动物性食物为食，有时也吃少量水生植物 | **观察** 善游泳和潜水；常成群在湖面漂荡或休息，很少在岸边浅水处活动；主要通过潜水觅食，有时也在水面倒栽觅食；起飞时常需助跑，并不灵活 | IUCN-**无危**

左雌右雄

左雌右雄

左雄右雌

雁形目 ANSERIFORMES > 鸭科 Anatidae > *Bucephala clangula*

鹊鸭 སྦྲུལ་གདག།
Common Goldeneye

生境 罕见于开阔且水流缓慢的湖泊及江面 | **居留** 旅鸟 *B. c. clangula* | **生活史** 在欧亚大陆繁殖于高纬度从北欧至东西伯利亚的开阔水生环境，越冬于中国南部及日本的各类水体，春季于 3 月下旬至 4 月中上旬、秋季于 10 月中下旬前后途经三江源地区，常单独或集小群在开阔水域中停歇 | **食性** 主要以小型鱼类、两栖类、甲壳类、软体动物、水生昆虫等各类小型水生动物为食 | **观察** 善游泳和潜水，常于日间边游泳边潜水觅食；胆怯而机警，见人即远离或飞走，很难接近；飞行快而有力，但起飞需助跑且多贴水面飞行，一般不高飞 | IUCN-无危

雁形目 ANSERIFORMES > 鸭科 Anatidae > *Mergellus albellus*

斑头秋沙鸭 གཅན་དཀར།
Smew

生境 罕见于附近有森林等茂盛植被的湖泊、河流、湿地等水生环境 | **居留** 旅鸟 | **生活史** 繁殖于高纬度从北欧至东西伯利亚的林间河流或湖泊，越冬于中国南部及日本的沿海或内陆水体，春季于 3 月下旬至 4 月中上旬、秋季于 10 月中旬前后途经三江源地区，常雌雄分别集群，在开阔水域中停歇 | **食性** 杂食，食物包括小型鱼类、甲壳类、软体动物等水生动物，也采食水生植物 | **观察** 善游泳和潜水，常于日间集群在宽阔水面潜水觅食，休息时多在岸边游荡或栖息于水边沙滩上，很少上岸；飞行快而直，双翅扇动快且吵闹，起飞笨拙，需在水面快速助跑才能起飞 | IUCN-无危，中国-二级

雁形目 ANSERIFORMES > 鸭科 Anatidae > *Mergus merganser*

普通秋沙鸭 ཞེར་མོ།
Common Merganser

生境 常见于多岩的河谷或草甸河道地带 | **居留** 夏候鸟 *M. m. orientalis* | **生活史** 3 月末至 4 月初以小群或繁殖对抵达，4 月下旬开始在河岸附近的洞穴或罅隙中营巢；5 月初产卵，窝卵数 8～13 枚，雌鸟孵卵，其间雄鸟寻找隐秘生境完成换羽；孵化期 32～35 天，早成鸟；雏鸟 2～3 天后即能游泳和潜水，约 30～50 天后可飞行；至 10 月中旬前后幼鸟随亲鸟迁离 | **食性** 主要以鱼类、软体动物、甲壳类、石蚕等水生动物为食，偶尔也吃少量水生植物 | **观察** 善潜泳，较少上岸，常沿河流边游泳边潜水觅食；需在水面助跑方能起飞，但起飞后速度快且轨迹直 | IUCN-无危

雄鸟 雌鸟

左雌右雄

左雄右雌

鹛䴘目 PODICIPEDIFORMES > 鹛䴘科 Podicipedidae > *Podiceps cristatus*

凤头鹛䴘 འབིགས་ལེན་པོག་ནེ།
Great Crested Grebe

生境 常见于植被茂盛的湖泊、湿地等各类水域 | **居留** 夏候鸟 *P. c. cristatus* | **生活史** 约 4 月中旬抵达，随后开始求偶配对；从 5 月中上旬开始，雌雄共同在浮水植物形成的浮岛上营巢；窝卵数 3～5 枚，雌雄交替孵卵，孵化期 25～31 天，早成鸟；71～79 天后幼鸟即可飞行；9 月中下旬集群飞离 | **食性** 主要以小型鱼类和其他水生无脊椎动物为食，也采食少量水生植物 | **观察** 善游泳、潜水，极少飞行，常潜入水中捕食；繁殖期雄鸟求偶行为频繁，其间雌雄往往面对面游动，雄鸟羽冠竖起，同时上下起伏脖颈，有时口中还衔有水草或小鱼等 | IUCN–无危

鹛䴘目 PODICIPEDIFORMES > 鹛䴘科 Podicipedidae > *Podiceps nigricollis*

黑颈鹛䴘 འབི་གུ་སྐྱེ་ནག།
Black-necked Grebe

生境 可见于湖泊、河流等水生环境，特别是植物茂盛的湿地 | **居留** 夏候鸟 旅鸟 *P. n. nigricollis* | **生活史** 4 月中上旬成对抵达芦苇茂盛的湿地，常在芦苇丛或浮水植物上营巢；窝卵数 4～6 枚，雌雄交替孵卵；孵化期约 21 天，早成鸟，雌雄共同育雏；约 20 天后幼鸟即可飞行，随亲鸟活动至 10 月迁离 | **食性** 主要以鱼类、蛙、蝌蚪、蠕虫等水生动物为食，偶尔吃少量水生植物 | **观察** 胆怯而机警，常在挺水植物丛附近水域活动，有人接近时便到水草丛中藏匿；善游泳和潜水，不善行走，极少上岸；翅短不易飞起，多在水面扇水短距离飞行 | IUCN–无危，中国–二级

鸽形目 COLUMBIFORMES > 鸠鸽科 Columbidae > *Columba rupestris*

岩鸽 ཇ་ཕུག།
Hill Pigeon

生境 常见于河谷、山地岩石、悬崖峭壁及郊野公园等 | **居留** 留鸟 *C. r. rupestris* | **生活史** 4 月中旬前后在山崖石缝或废弃房屋中营巢，窝卵数 2 枚，雌雄交替孵卵；孵化期约 18 天，晚成鸟，雌雄共同育雏；约 14～16 天后雏鸟可出飞离巢 | **食性** 主要以各种野生植物及农作物的种子、果实、球茎、块根等为食 | **观察** 常集小群在山谷尤其是村庄、寺院附近觅食；性较温顺，距离城市较近的个体明显更不惧人；易与原鸽混淆，区别在于本种尾羽中段和腰部各有一明显白色横带，而原鸽尾羽中段为灰色 | IUCN–无危

上雄下雌

鸽形目 COLUMBIFORMES > 鸠鸽科 Columbidae > *Columba leuconota*

雪鸽　 གངས་ཕུག།
Snow Pigeon

生境 可见于高山悬崖、裸岩河谷和岩壁上 | **居留** 留鸟 *C. l. gradaria* | **生活史** 在较为温暖的沟谷地带集群越冬，4 月中上旬在群体中完成配对，随后集群在高山悬崖峭壁的石缝中营巢；4 月下旬产卵，窝卵数 1～2 枚，雌雄交替孵卵；孵化期 17～19 天，雌雄共同育雏；约半个月后幼鸟可出飞离巢；秋冬季节迁移到海拔较低的沟谷越冬 | **食性** 主要以草籽、其他植物种子和浆果等植物性食物为食 | **观察** 夏季常单独或成对活动，冬季常集大群在未被积雪覆盖的高山草甸觅食；每日清晨即从夜栖地出发，前往觅食地，日间在觅食地附近游荡觅食，直到夜间才返回 | IUCN-无危

鸽形目 COLUMBIFORMES > 鸠鸽科 Columbidae > *Streptopelia orientalis*

山斑鸠　བྱ་ཐི་ཁྲ།
Oriental Turtle Dove

生境 可见于山地混交林、阔叶林、次生林及人类居住区附近的杂木林 | **居留** 留鸟 *S. o. orientalis* | **生活史** 本区内其他繁殖相关信息尚不明确，推测可能于 5 月上旬前后在阔叶林林缘或林缘灌丛中营巢；窝卵数 2 枚，雌雄交替孵卵；孵化期 18～19 天，晚成鸟，雌雄共同育雏；约 18～20 天后幼鸟可出飞离巢 | **食性** 主要以各种植物的果实、种子、嫩叶、幼芽为食，也捕食昆虫及其他无脊椎动物 | **观察** 繁殖期单独或成对活动，非繁殖期常集小群活动；常在林下地面或农田附近快速行走觅食；起飞较突然，轨迹直而速度快；从高处下落时往往滑翔而少振翅 | IUCN-无危

鸽形目 COLUMBIFORMES > 鸠鸽科 Columbidae > *Streptopelia decaocto*

灰斑鸠　བྱ་ཁྲེ།
Eurasian Collared Dove

生境 偶见于城镇郊野的人造林、杂木林及林缘灌丛 | **居留** 留鸟 *S. d. decaocto* | **生活史** 本区内其他繁殖相关信息尚不明确，推测于 5 月上旬前后在低矮的树丛或灌丛中营巢，窝卵数 2 枚，主要由雌鸟孵卵而雄鸟警戒；孵化期 15～17 天，晚成鸟，雌雄共同育雏；约 15～17 日龄的幼鸟可出飞离巢；每年或繁殖 2 次 | **食性** 主要以各种植物的果实、种子、嫩叶、幼芽为食，也捕食昆虫及其他无脊椎动物 | **观察** 喜集群，常集小群在林下地面或农田中觅食，也常同其他斑鸠混群活动；常在地面行走，其间头部随步伐前后移动；双翅扇动有力，飞行快而轨迹直 | IUCN-无危

鸽形目 COLUMBIFORMES > 鸠鸽科 Columbidae > *Streptopelia chinensis*

珠颈斑鸠 ཀྲུ་ཀྲུ་གཅིག

Spotted-necked Dove

生境 罕见于稀疏森林、森林边缘或村镇民居附近的杂木林 | **居留** 留鸟 *S. c. chinensis* | **生活史** 区内具体信息不明，推测在 4 月中旬前后配对，常在较低矮的树丛或灌丛间营巢；约 5 月中上旬产卵，窝卵数 2 枚，雌雄交替孵卵；孵化期 15～18 天，晚成鸟，雌雄共同育雏；约 15～17 日龄的幼鸟可出飞离巢；每年或繁殖 2 次 | **食性** 主要以各种植物的果实、种子、嫩叶、幼芽为食，也捕食昆虫等动物性食物 | **观察** 常单独在人类居住区附近的农田或林下地面活动觅食，偶尔同其他斑鸠混群活动；胆小而谨慎，受惊时常飞到附近的枝头躲避，飞行迅速，但不持久 | IUCN-无危

鸽形目 COLUMBIFORMES > 鸠鸽科 Columbidae > *Streptopelia tranquebarica*

火斑鸠 ཀྲུ་དམར།

Red-collared Turtle Dove

生境 罕见于开阔的山地林缘、稀疏森林及人类居住区附近的杂木林等 | **居留** 留鸟 *S. t. humilis* | **生活史** 区内具体信息不明，推测于 5 月上旬在阔叶林或杂木林的乔木中下部较隐蔽的枝杈上营巢；5 月中旬前后产卵，窝卵数 2～3 枚，其他繁殖信息不明；或在秋冬季节随温度的下降和降雪等极端天气的出现，向海拔较低、较为温暖的沟谷地区做垂直迁移 | **食性** 主要以植物浆果等果实及种子为食，也捕食双翅目、膜翅目、鳞翅目等昆虫及其幼虫 | **观察** 常成对或成群在高大的枯枝和电线杆上停栖，有时亦与山斑鸠和珠颈斑鸠混群；体型比其他斑鸠小，飞行速度也比其他斑鸠更快 | IUCN-无危

沙鸡目 PTEROCLIFORMES > 沙鸡科 Pteroclidae > *Syrrhaptes tibetanus*

西藏毛腿沙鸡 བྱ་རོ་ལྭག་ལྷག

Tibetan Sandgrouse

生境 罕见于半荒漠草原或干旱草原、高山草甸草原及湖边草地 | **居留** 留鸟 | **生活史** 冬季在低海拔地区集群越冬，4 月末组成繁殖对，5 月起在干旱的地面凹坑内营巢；窝卵数 3 枚，雌雄交替孵卵；孵化期 20～24 天，雌雄共同育雏；秋季再次组成群体，集大群迁往低海拔处越冬 | **食性** 以青草草叶、草籽及小灌丛的果实、种子和嫩芽为食，也捕食昆虫、蜘蛛等无脊椎动物 | **观察** 喜集群，常在干旱或半干旱地区的水源附近集群活动，有时可见含上百只个体的大群；大胆而不惧人，飞行敏捷，双翅扇动速度快并发出很大噪声 | IUCN-无危

雄鸟 雌鸟

沙鸡目 PTEROCLIFORMES > 沙鸡科 Pteroclidae > *Syrrhaptes paradoxus*

毛腿沙鸡 བྱང་སྲེག
Pallas's Sandgrouse

生境 罕见于平原草地、荒漠和半荒漠地区及沙石原野 | **居留** 夏候鸟 | **生活史** 集大群越冬，春季分散成繁殖对或小群体繁殖，4 月中旬前后常集小群在隐蔽的地面凹坑内营巢；窝卵数 2～4 枚，雌雄交替孵卵；孵化期 22～27 天，其他繁殖信息不明；秋冬季节再次集大群向繁殖区外游荡 | **食性** 主要以植物的种子、浆果、叶芽等植物性食物为食，也捕食昆虫、蜘蛛等无脊椎动物 | **观察** 常成群活动，秋冬季节常集成含上百只个体的大群；行走时身体摇摆而笨拙，然而飞行十分迅速，贴地面低空飞行，呈波浪式前进，但常飞行数百米即降落；机警但不甚惧人，繁殖期较易接近 | **IUCN-无危**

夜鹰目 CAPRIMULGIFORMES > 雨燕科 Apodidae > *Apus apus*

普通雨燕 ཆར་བྱེའུ་ནོལ་བ
Common Swift

生境 可见于有岩土壁的河谷、山谷及水域附近 | **居留** 旅鸟 *A. a. pekinensis* | **生活史** 繁殖于中高纬度从北欧至中西伯利亚的山地或城镇，越冬于非洲南部；春季于 4 月中下旬至 5 月中上旬、秋季于 9 月下旬前后途经三江源地区，可见到在湖泊、河流、湿地等各类水生环境或城镇河道附近停歇 | **食性** 主要以膜翅目、双翅目、鳞翅目等各类飞行的昆虫为食 | **观察** 飞翔迅疾，常于日间在空中集群掠食，晨昏、阴雨天尤其活跃；常边飞边叫，叫声清脆而响亮 | **IUCN-无危**

夜鹰目 CAPRIMULGIFORMES > 雨燕科 Apodidae > *Apus pacificus*

白腰雨燕 ཆར་བྱེའུ་འཕོངས་དཀར
Fork-tailed Swift

生境 常见于河流、水库等水源附近的土坡、崖壁 | **居留** 夏候鸟 *A. p. pacificus*，*A. p. salimalii* | **生活史** 区内繁殖信息不明，推测在 4 月至 5 月由越冬地抵达；5 月初雌雄共同在水域附近的崖壁缝隙或土壁坑洞中集群营巢；巢筑好后 5～7 天开始产卵，窝卵数 2～3 枚，雌雄交替孵卵；孵化期约 17 天，晚成鸟，雌雄共同育雏；约 40 天后幼鸟即可出飞离巢；9 月至 10 月再次集群南迁 | **食性** 主要以膜翅目、双翅目、鳞翅目等飞行昆虫为食 | **观察** 清晨常成群飞行，掠食各种昆虫，不时回巢停栖，上午常在草甸或水面上空飞翔；阴天常低空飞行，晴朗时常在高空飞翔，速度快而灵活 | **IUCN-无危**

雄鸟　雌鸟

鹃形目 CUCULIFORMES > 杜鹃科 Cuculidae > *Cuculus canorus*

大杜鹃 ཁུ་བྱུག།
Common Cuckoo

生境 常见于山地、沟谷等植被茂盛的疏林、林缘灌丛及灌丛草甸 | **居留** 夏候鸟 旅鸟（应为 *C. c. bakeri*）| **生活史** 4 月中下旬迁徙抵达，雌雄交配制复杂，不配对亦不营巢孵卵，雌鸟会将卵产于伯劳、红尾鸲、白腹短翅鸲等雀形目食虫鸟类的巢中，由寄主代为孵化照料；9 月中上旬迁离 | **食性** 主要以鳞翅目、双翅目、鞘翅目等昆虫及其幼虫为食 | **观察** 繁殖期雄鸟活动范围较雌鸟大；性孤独，繁殖期也少见雌雄成对活动，常单独在林缘或电线杆等高处站立和鸣叫，有时到地面取食；飞行快速有力，双翅振幅大但较安静；鸣叫声为单调而凄远的"布谷——布谷——" | IUCN-**无危**

本土知识 大杜鹃的叫声意味着夏天的到来。

鹤形目 GRUIFORMES > 秧鸡科 Rallidae > *Fulica atra*

白骨顶 ཀེ་ལ་ཐོད་དཀར།
Common Coot

生境 常见于长有挺水植物的湖泊、水库、水塘、苇塘、水渠、河湾和深水沼泽地带 | **居留** 夏候鸟 旅鸟 *F. a. atra* | **生活史** 3 月至 4 月抵达，4 月下旬雌雄共同在湖泊或湿地中的芦苇茂盛处营巢；5 月中下旬产卵，窝卵数 2～3 枚，雌雄交替孵卵；孵化期 14～24 天，早成鸟；约 55～60 天后幼鸟即可飞行；约 10 月初集群迁离 | **食性** 主要以小型鱼类、虾、水生昆虫，还有水生植物的嫩叶、幼芽、果实及藻类为食 | **观察** 繁殖期喜鸣叫；善游泳潜水，常在稀疏的芦苇丛中穿梭；机警而不易接近，受惊时常常潜入水中或进入芦苇丛躲避，危急时迅速在水面助跑低飞 | IUCN-**无危**

鹤形目 GRUIFORMES > 鹤科 Gruidae > *Anthropoides virgo*

蓑羽鹤 ཁྲུང་ཁྲུང་རལ་ཅན།
Demoiselle Crane

生境 偶见于湖泊、湿地，特别是咸水湖附近的盐碱草滩、半退化湿地等环境 | **居留** 旅鸟 | **生活史** 繁殖于中高纬度从东欧至蒙古高原东部的半退化湿地或草原，越冬于非洲中部或印度北部，春季于 5 月中上旬前后、秋季于 10 月中上旬前后途经三江源地区，常以小群体在湿地边缘觅食停歇 | **食性** 主要以植物的茎、叶、根、果实、种子为食，也捕食小型鱼类、昆虫及蜘蛛等动物 | **观察** 蒙古高原的繁殖群体在秋季会穿过三江源地区，但少做停留；区内一般少见大群，仅以由 10 只左右个体组成的小群体在岸边草地活动；胆小而机警，善奔走，常远远避开人类，鲜与其他鹤类合群 | IUCN-**无危，中国-二级**

灰色型 | 棕色型雌鸟

鹤形目 GRUIFORMES > 鹤科 Gruidae > *Grus grus*

灰鹤 ཁྲུང་ཁྲུ།
Common Crane

生境 可见于湖泊、河流、湿地、水库等各种类型的湿润生境 | **居留** 旅鸟 *G. g. lilfordi* | **生活史** 繁殖于中高纬度从北欧到东西伯利亚的各类湿地，越冬于北非、印度北部、中国南部；3 月中下旬随黑颈鹤群体抵达，数量不多，成包含 10 只左右个体的小群体，短暂停歇后继续北迁；9 月中下旬再次抵达，仍旧混入黑颈鹤群体中，在 10 月中旬前后集群南迁 | **食性** 主要以各种植物的茎、叶、根、果实、种子为食，也捕食鱼类、高原林蛙及昆虫等小型动物 | **观察** 胆怯而机警，常在湿地或草甸边缘活动；若数量较多则不与黑颈鹤混群，若数量较少则常混群活动 | IUCN-无危，中国-二级

鹤形目 GRUIFORMES > 鹤科 Gruidae > *Grus nigricollis*

黑颈鹤 ཁྲུང་ཁྲུང་སྐེ་ནག།
Black-necked Crane

生境 可见于高原湿地及湿润草甸 | **居留** 夏候鸟 旅鸟 | **生活史** 3 月中下旬集大群抵达，部分个体短暂休息后继续北迁，非繁殖个体集小群游荡，繁殖个体在 4 月配对交配；4 月末至 5 月初在湿地的塔头或茂密的草丛中营巢；窝卵数 2 枚，雌雄交替孵卵；孵化期 28～31 天，早成鸟；幼鸟随亲鸟在湿地中活动，至 10 月中下旬集群南迁 | **食性** 主要以植物的茎、叶、根、果实、种子为食，区内喜食蕨麻的块根，也捕食鱼类、高原林蛙、鼠兔，以及昆虫等无脊椎动物 | **观察** 敏感而机警，受惊时头部裸皮充血，颜色鲜艳；领域性极强，繁殖个体会强烈驱逐入侵其领域的其他鹤类 | IUCN-近危，中国-一级

本土知识　藏传佛教中的神鸟，传说中格萨尔王的马倌。

鸻形目 CHARADRIIFORMES > 鹮嘴鹬科 Ibidorhynchidae > *Ibidorhyncha struthersii*

鹮嘴鹬 མཆིན་རིལ་གྲོ་མོ།
Ibisbill

生境 可见于水流速度快且多卵石的河岸 | **居留** 留鸟 | **生活史** 4 月中上旬雄鸟开始鸣叫和追逐雌鸟，4 月末至 5 月初形成繁殖对，随后即开始成对在河岸两侧少有人活动的石滩上营巢；窝卵数 3～4 枚，雌雄交替孵卵；雏鸟破壳后雌雄共同育雏；约 45～50 天后幼鸟可飞行，冬季仍同亲鸟以家庭群的形式活动；秋冬季节多随河流迁移到未封冻的河岸越冬 | **食性** 主要以各类水生无脊椎动物为食，也捕食高原鳅等小型鱼类或高原林蛙的蝌蚪等 | **观察** 常独自或三四只在河滩附近觅食；胆怯而机警，受惊时即伏于河岸，极难被发觉，当干扰逼近时常急速鸣叫飞离 | IUCN-无危，中国-二级

鸻形目 CHARADRIIFORMES > 反嘴鹬科 Recurvirostridae > *Himantopus himantopus*

黑翅长脚鹬
 མཐིང་རིང་ཀང་དམར།

Black-winged Stilt

生境 可见于开阔草地草甸中的湖泊、湿地和沼泽地带 | **居留** 夏候鸟 旅鸟 *H. h. himantopus* | **生活史** 4 月中下旬抵达，5 月初开始形成繁殖对，但常以松散群体在开阔的湖边沼泽或浅滩中营巢；窝卵数 2～3 枚，雌雄交替孵卵；孵化期 16～18 天，约 28～32 天后幼鸟可飞行；不同家庭组成家庭群共同活动，至 9 月中下旬集群迁离 | **食性** 主要以软体动物、甲壳类、环节动物、水生昆虫，以及小鱼、蝌蚪等为食 | **观察** 常单独或成对在浅水处觅食，行走缓慢优美；胆小而机警，孵卵期间如遇干扰，附近亲鸟均群起飞到入侵者头顶盘旋、鸣叫，时飞时落，引诱干扰者离开 | IUCN-无危

鸻形目 CHARADRIIFORMES > 反嘴鹬科 Recurvirostridae > *Recurvirostra avosetta*

反嘴鹬
མཐིང་ག་ཡེ་ལ།

Pied Avocet

生境 偶见于干旱和半干旱草原地区的湖泊、湿地及沼泽地带 | **居留** 旅鸟 | **生活史** 繁殖于中高纬度从东欧至外贝加尔的开阔湖泊，越冬于印度、中亚及非洲南部地区，春季于 4 月中下旬至 5 月上旬、秋季于 9 月中下旬至 10 月上旬前后途经三江源地区，常单独或集小群在开阔水域及盐碱湖泊附近停歇 | **食性** 主要以小型甲壳动物、软体动物、小型鱼类、水生昆虫、蠕虫等小型水生动物为食 | **观察** 善游泳，但不常下水；常成对或集小群在浅水处或泥滩地上觅食，行走缓慢平稳，其间探向石块或草根底部寻找昆虫；也常用喙部在浅水或泥滩中来回扫动以寻找食物 | IUCN-无危

鸻形目 CHARADRIIFORMES > 鸻科 Charadriidae > *Vanellus vanellus*

凤头麦鸡
ཞེར་ལྱུང་རལ་བ།

Northern Lapwing

生境 常见于湿润草甸，或湿地、河流、湖泊附近的草地及泥滩 | **居留** 旅鸟 | **生活史** 繁殖于中高纬度从北欧至中国东北广阔区域的湿地或湖泊地带，越冬于低纬度从非洲北部至日本南部的沿海或内陆水体，春季于 4 月中上旬、秋季于 9 月中下旬至 10 月中旬前后途经三江源地区，常在湿润的草甸或湿地、湖泊附近集松散小群停歇 | **食性** 主要以甲壳动物、软体动物、水生昆虫、蠕虫等为食，也吃大量植物种子和嫩叶 | **观察** 胆大而机警，当人接近时距离很远即警觉，但较近时才惊飞；善飞行，常在空中上下翻飞，振翅较慢，高度亦较低，宽大而近乎方形的翅膀非常典型 | IUCN-无危

繁殖羽 | 非繁殖羽

鸻形目 CHARADRIIFORMES > 鸻科 Charadriidae > *Pluvialis fulva*

金鸻 གསེར་ཕིར།
Pacific Golden Plover

生境 偶见于干旱或半干旱生境的开阔湖泊、河流、沼泽等水域 | **居留** 旅鸟 | **生活史** 繁殖于高纬度从中西伯利亚至东西伯利亚的沿海滩涂，越冬于非洲东北部、南亚西南部、东南亚、中国南部及大洋洲沿海滩涂，春季于 4 月下旬至 5 月中上旬、秋季于 10 月中下旬前后途经三江源地区，在各类河流、湖泊或湿地中停歇 | **食性** 主要以鞘翅目、直翅目、鳞翅目昆虫及其幼虫，以及蠕虫、甲壳类和软体类等动物性食物为食 | **观察** 体形壮硕，站姿很直；较为孤僻，常单独或集松散群体在水域周围觅食；羞怯而胆小，活动时常频繁抬头张望，有人迫近则迅速鸣叫惊飞 | **IUCN-无危**

鸻形目 CHARADRIIFORMES > 鸻科 Charadriidae > *Charadrius dubius*

金眶鸻 གཉེ་ཕིར་གསེར་སྐྱིབས།
Little Ringed Plover

生境 可见于湖泊沿岸或河滩 | **居留** 夏候鸟 *C. d. curonicus* | **生活史** 4 月中上旬集群抵达，5 月初雌雄共同在湿地周边的沙滩、泥滩或滨水草地凹坑中营巢；5 月中下旬开始产卵，窝卵数 3～5 枚，雌鸟孵卵，雄鸟警戒，孵化期 22～28 天，早成鸟；约 24～29 天后幼鸟即可飞行，但随后的 8～25 天内仍随亲鸟活动；9 月下旬至 10 月上旬集群迁离 | **食性** 主要以昆虫、蠕虫、甲壳动物、软体动物等或小型水生无脊椎动物为食 | **观察** 常单独或成对在水体附近觅食，常快速在地面奔走一段距离后暂做停留，如此反复；胆大而机警，不易惊飞 | **IUCN-无危**

鸻形目 CHARADRIIFORMES > 鸻科 Charadriidae > *Charadrius alexandrinus*

环颈鸻 གཉེ་ཕིར་ལྷག་དམར།
Kentish Plover

生境 可见于河岸沙滩、沼泽草地及盐碱滩 | **居留** 夏候鸟 旅鸟 *C. a. alexandrinus* | **生活史** 3 月中下旬集群抵达，4 月中上旬雌雄共同在河流、湖泊、湿地周边的沙滩或草地凹坑中营巢；窝卵数 2～4 枚，雌雄交替孵卵；孵化期 22～27 天，早成鸟；约 27～31 天后幼鸟即可飞行，但仍需一段时间才会独立；9 月下旬至 10 月上旬迁离 | **食性** 主要以蠕虫、昆虫、软体动物等或水生无脊椎动物为食，兼食草叶、草籽等 | **观察** 常单独或成对在岸边觅食，常快速奔走后短暂停留，然后再向前捕捉猎物；胆大而机警，不易惊飞 | **IUCN-无危**

繁殖羽 | 非繁殖羽

雄鸟 | 雌鸟

鸻形目 CHARADRIIFORMES > 鸻科 Charadriidae > *Charadrius mongolus*

蒙古沙鸻　གཞི་ཤིར་ཕོང་དམར།
Lesser Sand Plover

生境 常见于高山草原、高原草甸或林线以上的高原和草地｜**居留** 夏候鸟 旅鸟 *C. m. schaeferi*｜**生活史** 4 月中旬前后集群抵达，5 月中旬前后开始在水域附近的石缝或隐蔽的地面凹坑中营巢；窝卵数 2～3 枚，由雌鸟孵卵，其间雄鸟在巢附近警戒；孵化期 22～24 天，早成鸟，约 30～35 天后幼鸟即可随亲鸟飞行；约 9 月末至 10 月中上旬迁离｜**食性** 主要以昆虫及其幼虫、蠕虫、甲壳类、软体类等动物性食物为食｜**观察** 迁徙季节可形成合上百只个体的大群，繁殖期较孤僻，常独自在河滩或草甸上边走边觅食；体型较大，站姿较直，胆大而不易惊飞｜IUCN-无危

鸻形目 CHARADRIIFORMES > 鹬科 Scolopacidae > *Gallinago solitaria*

孤沙锥　ཤིར་ཤེག་རེར་འདུག
Solitary Snipe

生境 常见于林线附近的针叶林、针阔叶混交林或林缘灌丛｜**居留** 留鸟 *G. s. solitaria*｜**生活史** 4 月中下旬至 5 月中上旬开始向高海拔的林线附近迁移；6 月中上旬在灌丛下部较为隐蔽处营巢；窝卵数 4 枚，其他繁殖信息尚不明确；垂直迁移活动明显，约 9 月中下旬至 10 月中旬开始向低海拔的沟谷迁移越冬｜**食性** 主要以昆虫及其幼虫、蠕虫、甲壳类、软体动物等为食，也采食部分植物种子｜**观察** 性孤僻，冬季常独自在河边或溪流边缓慢行走觅食；机警而胆怯，遇危险时常一动不动，借体色同周围环境混为一体，直到危险迫近后才突然贴水面飞至对岸躲避｜IUCN-无危

鸻形目 CHARADRIIFORMES > 鹬科 Scolopacidae > *Gallinago stenura*

针尾沙锥　ཤིར་ཤེག་ར་འབིགས།
Pintail Snipe

生境 可见于植被茂密，周边有泥滩或沙滩的湿地、河流、湖泊等地｜**居留** 旅鸟｜**生活史** 繁殖于高纬度从乌拉尔山至东西伯利亚的草原或苔原湿地，越冬于南亚、东南亚及中国南部的沿海或内陆水体，春季于 4 月中旬至 5 月中旬、秋季于 9 月中上旬至 10 月中上旬前后途经三江源地区，单独在河流、湖泊或湿地附近停歇｜**食性** 主要以昆虫及其幼虫、蠕虫、甲壳类、软体类等动物性食物为食，也采食草叶、草籽及部分水生植物｜**观察** 常独自在湿地周边稳健行走，将长喙插入泥土探寻食物；同大沙锥极为接近，往往需要尾羽完全打开的照片才能区分｜IUCN-无危

繁殖羽　非繁殖羽

尾部

鸻形目 CHARADRIIFORMES > 鹬科 Scolopacidae > *Gallinago megala*

大沙锥 ཤེར་ཤྲེག་ཆེན་པོ།
Swinhoe's Snipe

生境 可见于植被茂密的湿地、河流、湖泊等地 | **居留** 旅鸟 | **生活史** 繁殖于鄂毕河至外兴安岭间的草原或苔原湿地，越冬于南亚南部、东南亚南部及中国南部，春季于 3 月下旬至 4 月中旬，秋季于 9 月下旬至 10 月中旬前后途经三江源地区，单独在河流、湖泊或湿地附近停歇 | **食性** 主要以昆虫及其幼虫、蠕虫、甲壳类及软体类等动物性食物为食 | **观察** 常在黄昏和夜间活动觅食；觅食时将细长而易弯曲的喙插入泥滩搜寻食物（喙端柔软，或可感知食物）；习性及外形均同针尾沙锥极为接近，需要尾羽完全打开的照片才能区分 | IUCN-无危

鸻形目 CHARADRIIFORMES > 鹬科 Scolopacidae > *Limosa limosa*

黑尾塍鹬 ཤེར་དགུ་མརྒལ་ནག
Black-tailed Godwit

生境 偶见于植被茂盛的高原湖泊、河流、湿地等水生环境 | **居留** 旅鸟 *L. l. melanuroides* | **生活史** 繁殖于中高纬度从北欧至东西伯利亚的湿地或沿海滩涂，越冬于非洲西部和东部、西亚、南亚、东南亚及中国南部和大洋洲的沿海滩涂，春季于 4 月中上旬、秋季于 9 月下旬至 10 月上旬前后途经三江源地区，常在植被茂盛的湖泊或湿地附近短暂停歇 | **食性** 主要以水生和陆生昆虫、蠕虫、甲壳类、软体类等动物性食物为食 | **观察** 三江源地区可偶尔见到 1 只或由几只个体组成的小群体在迁徙季节随其他鸻鹬一同抵达 | IUCN-无危

鸻形目 CHARADRIIFORMES > 鹬科 Scolopacidae > *Numenius arquata*

白腰杓鹬 ཤེར་འཛེར་ཆུང་དཀར
Eurasian Curlew

生境 罕见于植被茂盛的湖泊或湿地 | **居留** 旅鸟 *N. a. orientalis* | **生活史** 繁殖于中高纬度从北欧至中国东北地区的湖泊或湿地，越冬于非洲、西亚、南亚、东南亚和中国东部及南部的沿海滩涂湿地，春季于 4 月中下旬至 5 月上旬、秋季于 10 月中下旬前后途经三江源地区，常在植被茂盛的湿地附近活动停歇 | **食性** 主要以甲壳类、软体类、蠕虫、水生昆虫及其幼虫为食，也捕食小型鱼类、两栖类等 | **观察** 常单独或成小群在湿地附近觅食；谨慎而机警，行走时缓慢稳重，其间不时抬头张望，发现威胁时立刻高声鸣叫飞走，双翅扇动较慢，但飞行有力 | IUCN-近危，中国-二级

尾部

繁殖羽 | 非繁殖羽

鸻形目 CHARADRIIFORMES > 鹬科 Scolopacidae > *Tringa erythropus*

鹤鹬 ཤེང་རིལ་ཤུག་དམར།
Spotted Redshank

生境 偶见于开阔的湖泊、河流、湿地等各类水域 | **居留** 旅鸟 | **生活史** 繁殖于中高纬度从北欧至东西伯利亚的大小湖泊或湿地，越冬于非洲、西亚、南亚、东南亚及中国南部的沿海或内陆水体，春季于 4 月中旬前后，秋季于 9 月中上旬前后途经三江源地区，常单独或混在其他鸻鹬类中在各类水域短暂停歇 | **食性** 主要以水生昆虫、蠕虫、甲壳类、软体类等动物性食物为食 | **观察** 常单独或以分散的小群在水边沙滩、泥地、浅水处和海边潮间带行走啄食，有时也进入深至腹部的水中搜寻底栖生物；夏季雄鸟繁殖羽为纯黑色，极为醒目 | IUCN-无危

鸻形目 CHARADRIIFORMES > 鹬科 Scolopacidae > *Tringa totanus*

红脚鹬 ཤེང་རིལ་རྐྱ་དམར།
Common Redshank

生境 常见于湖泊、河流、湿地沼泽等各类水生环境 | **居留** 夏候鸟 旅鸟 *T. t. eurhinus* | **生活史** 4 月中旬抵达，随后群体逐渐分散；5 月初在湿地附近的草丛、草地甚至电线杆顶部营巢；窝卵数 3～5 枚，雌雄交替孵卵，但以雌鸟为主；孵化期 22～29 天，雌雄共同育雏，但后期以雄鸟为主；约 23～35 天后幼鸟可飞行；9 月中下旬集群迁离 | **食性** 主要以甲壳类、软体动物、环节动物、昆虫及昆虫幼虫等各种小型陆栖和水生无脊椎动物为食 | **观察** 常单独或成小群在浅水处和泥滩上活动觅食；胆怯而机警，受惊后立刻冲起，从低至高呈弧状飞行，边飞边叫 | IUCN-无危

鸻形目 CHARADRIIFORMES > 鹬科 Scolopacidae > *Tringa nebularia*

青脚鹬 ཤེང་སྒྲེ་ལ་བེ།
Common Greenshank

生境 偶见于植被茂盛的湖泊、河流、湿地沼泽等水生环境 | **居留** 旅鸟 | **生活史** 繁殖于高纬度从北欧至东西伯利亚的有稀疏树木的湖泊和沼泽生境，越冬于非洲南部、南亚、东南亚和中国南部的沿海或内陆水体，春季于 4 月中下旬前后、秋季于 9 月下旬至 10 月上旬前后途经三江源地区，在湖泊、水库或湿地等水生环境中短暂停歇 | **食性** 主要以甲壳类、软体动物、水生昆虫、蠕虫、小型鱼类、两栖类等为食 | **观察** 常单独、成对或集小群在水边或浅水处行走觅食，步伐轻盈，偶尔也在水中急速奔跑追捕鱼群，有记录说可成群围捕鱼类 | IUCN-无危

繁殖羽　非繁殖羽

繁殖羽　非繁殖羽

鸻形目 CHARADRIIFORMES > 鹬科 Scolopacidae > *Tringa ochropus*

白腰草鹬 ᠵᠠᡳᠵᠠᡳ

Green Sandpiper

生境 常见于湖泊、河流、湿地等各种类型的水生环境 | **居留** 旅鸟 | **生活史** 繁殖于中高纬度从西欧至东西伯利亚的各类水生环境，越冬于非洲南部、西亚、南亚、东南亚及中国南部，春季于 4 月中旬前后、秋季于 9 月上旬至中旬途经三江源地区，常在湖泊、湿地或河道中短暂停歇 | **食性** 主要以甲壳类、软体动物、水生昆虫、蠕虫、小型鱼类、两栖类等为食，也吃少量藻类、水生植物等 | **观察** 常在浅水处行走觅食，其间上下晃动尾部；谨慎而机警，遇干扰时较少起飞，多快速行走或到有草丛、卵石处躲避 | IUCN-无危

鸻形目 CHARADRIIFORMES > 鹬科 Scolopacidae > *Tringa glareola*

林鹬 ᠰᠠᡵᠪᡳᡵ

Wood Sandpiper

生境 常见于林中或林缘的开阔河流、植被茂盛的湿地等 | **居留** 旅鸟 | **生活史** 繁殖于高纬度从北欧至东西伯利亚的林间河流或湖泊，越冬于非洲南部、南亚、东南亚、中国南部及大洋洲，春季于 3 月下旬至 4 月上旬、秋季于 9 月中旬至 10 月中旬前后途经三江源地区，常单独或以松散群体在湖泊、河流、湿地附近短暂停歇 | **食性** 主要以各类昆虫及其幼虫、蜘蛛、软体动物和甲壳类等无脊椎动物为食，偶尔吃少量植物种子 | **观察** 常在水边浅滩或沙石地上行走觅食，通常将喙插入泥中探寻或在水中来回横扫；胆怯而机警，威胁迫近时立刻高声鸣叫起飞 | IUCN-无危

鸻形目 CHARADRIIFORMES > 鹬科 Scolopacidae > *Actitis hypoleucos*

矶鹬 ᠪᡳᡵᠵᡳᠯ

Common Sandpiper

生境 可见于植被茂盛的开阔湖泊、河流、高原湿地等各类水生环境 | **居留** 夏候鸟 旅鸟 | **生活史** 4 月中上旬抵达，5 月中旬雌雄在湿地周边的沙滩或草丛中营巢；窝卵数 4～5 枚，雌鸟孵卵而雄鸟警戒；孵化期 20～23 天，早成鸟，雌雄共同育雏；约 22～28 天后幼鸟可飞行；约 9 月上旬集群迁离 | **食性** 主要以各类昆虫及其幼虫为食，也捕食甲壳类、软体动物等无脊椎动物和小型鱼类 | **观察** 常在浅水沙石滩行走觅食，停歇时多选择水边高起的岩石等突出地点；性机警，行走稳健缓慢，受惊时起飞迅速，常紧贴水面低飞逃离 | IUCN-无危

繁殖羽　非繁殖羽

繁殖羽　非繁殖羽

鸻形目 CHARADRIIFORMES > 鹬科 Scolopacidae > *Calidris ruficollis*

红颈滨鹬 ཤིང་རིལ་སྐེ་དམར།
Red-necked Stint

生境 偶见于开阔且岸边有泥滩地的湖泊、河流、湿地及水库等环境 | **居留** 旅鸟 | **生活史** 在欧亚大陆繁殖于高纬度从北欧至东西伯利亚的苔原芦苇沼泽和苔藓岩石地，越冬于非洲南部、南亚、东南亚、中国南部及大洋洲的沿海区域，春季于 4 月中下旬前后，秋季于 9 月中旬至 10 月中旬前后途经三江源地区，常集小群在水体周边的沙滩或泥滩上停歇 | **食性** 主要以各类昆虫及其幼虫、蠕虫、软体动物、甲壳类等动物性食物为食 | **观察** 常三三两两地在湖泊、湿地或水库周边的泥滩及浅滩快速行走觅食，体型和行为更接近于金眶鸻、环颈鸻等小型鸻鹬 | IUCN-近危

鸻形目 CHARADRIIFORMES > 鹬科 Scolopacidae > *Calidris minuta*

小滨鹬 ཤིང་ཤིད།
Little Stint

生境 罕见于开阔且岸边有泥滩地的湖泊、河流、湿地、水库等环境 | **居留** 旅鸟 | **生活史** 繁殖于高纬度从北欧至中西伯利亚的苔原湿地，越冬于非洲及南亚的沿海或内陆水体，春季于或于 5 月中上旬、秋季于或于 10 月中上旬前后途经三江源地区，常单独或同其他小型滨鹬混群在水体周边的沙滩、泥滩上停歇 | **食性** 主要以各类昆虫及其幼虫、蠕虫、软体动物、甲壳类等动物性食物为食 | **观察** 常同红颈滨鹬、青脚滨鹬、长趾滨鹬等小型滨鹬混群，在湖泊、湿地、水库周边的泥滩或浅水处行走觅食；同红颈滨鹬极为接近，区别在于本种背部的浅色羽毛形成 V 形 | IUCN-无危

鸻形目 CHARADRIIFORMES > 鹬科 Scolopacidae > *Calidris temminckii*

青脚滨鹬 ཤིང་ཤེ་རྟོ་སྔག
Temminck's Stint

生境 常见于植被茂盛的开阔湖泊、河流、湿地、水库等环境 | **居留** 旅鸟 | **生活史** 繁殖于高纬度从北欧至东西伯利亚的苔原湿地或泰加林缘沼泽，越冬于非洲、南亚及东南亚，春季于或于 5 月中上旬、秋季于或于 9 月中旬前后途经三江源地区，常单独或同其他小型滨鹬混群在水体周边的沙滩、泥滩上停歇 | **食性** 主要以陆生或水生昆虫及其幼虫、蠕虫、软体动物、甲壳类等动物性食物为食 | **观察** 常独自或同红颈滨鹬、长趾滨鹬等小型滨鹬混群，在湖泊、湿地、水库周边的泥滩或浅水处行走觅食；谨慎但不易惊飞 | IUCN-无危

繁殖羽　　非繁殖羽

繁殖羽　　非繁殖羽

鸻形目 CHARADRIIFORMES > 鹬科 Scolopacidae > *Calidris subminuta*

长趾滨鹬　ཤེར་སྦྲེ་མཛུབ་རིང་།
Long-toed Stint

生境 可见于植被茂盛的开阔湖泊、河流、湿地、水库等环境 | **居留** 旅鸟 | **生活史** 繁殖于中高纬度从乌拉尔山以东至东西伯利亚的苔原地带，越冬于南亚、东南亚及中国南部的沿海地带，春季或于 5 月中下旬、秋季或于 10 月中上旬前后途经三江源地区，常单独或成松散小群在水体周边的沙滩、泥滩上停歇 | **食性** 主要以各类昆虫及其幼虫、蠕虫、软体动物、甲壳类等动物性食物为食，也吃少量的种子等 | **观察** 常独自或同其他滨鹬混群，在湖泊、湿地、水库周边的泥滩或浅水处行走觅食；胆怯而机警，受惊时常站立不动，四处观望，或在附近草丛中藏匿 | IUCN-无危

鸻形目 CHARADRIIFORMES > 鹬科 Scolopacidae > *Calidris pugnax*

流苏鹬　ཤེར་སྦྲེ་ཚོར་རལ།
Ruff

生境 偶见于植被茂密的湖泊、湿地等水生环境 | **居留** 旅鸟 | **生活史** 繁殖于高纬度从北欧至东西伯利亚的苔原湖泊或湿地，越冬于非洲南部、西亚、南亚、东南亚及中国南部的沿海地带，春季或于 4 月下旬至 5 月中上旬、秋季或于 8 月下旬至 9 月中上旬前后途经三江源地区，常单独或集小群在湿地、湖泊周边停歇 | **食性** 主要以软体动物、甲壳类、水生昆虫等动物性食物为食，也吃杂草草籽、水生植物、藻类等 | **观察** 喜集群，繁殖期外常集群活动，偶尔也同其他涉禽混群；常在岸边一边行走，一边在水中探寻食物，取食时将整个喙部甚至头部伸入水中 | IUCN-无危

鸻形目 CHARADRIIFORMES > 鹬科 Scolopacidae > *Calidris ferruginea*

弯嘴滨鹬　ཤེར་སྦྲེ་འཇར་མཆུ།
Curlew Sandpiper

生境 可见于湖泊、湿地、水库及湿润草甸中的季节性积水等环境 | **居留** 旅鸟 | **生活史** 繁殖于高纬度从中西伯利亚至东西伯利亚植被茂密的苔原湿地，越冬于非洲南部、南亚、东南亚、中国南部及大洋洲，春季于 5 月中上旬、秋季于 9 月中上旬途经三江源地区，常单独或 3～5 只个体集小群在湖泊、湿地、湿润草甸短暂停歇 | **食性** 主要以软体动物、甲壳类、蠕虫、水生昆虫等动物性食物为食，也吃杂草草籽、水生植物、藻类等 | **观察** 通常成小群在浅水中或水边泥滩上活动和觅食；常将喙插入泥滩探觅食物，有时也将整个头部浸入较深的水中涉水觅食 | IUCN-近危

繁殖羽　非繁殖羽

繁殖羽　非繁殖羽

鸻形目 CHARADRIIFORMES > 鹬科 Scolopacidae > *Phalaropus lobatus*

红颈瓣蹼鹬 ཆུ་ཟེར་མཇིང་དམར།

Red-necked Phalarope

生境 偶见于平静的水面及湿润草甸中的狭窄河道或水坑｜**居留** 旅鸟｜**生活史** 在欧亚大陆繁殖于高纬度从北欧至东西伯利亚的苔原湿地与湖泊，越冬于西亚和东南亚的沿海地带，春季于 5 月中下旬、秋季于或于 9 月中旬至 10 月上旬前后途经三江源地区，常单独或集松散小群在湿地、湖泊中短暂停歇｜**食性** 主要以双翅目昆虫、水生昆虫、甲壳类和软体动物等动物性食物为食｜**观察** 觅食行为特殊，因腹部羽毛厚密防水，常在水面游泳捕食，通过不停打圈旋转和以喙叩击水面的方式激起水生昆虫；也会在岸边游水，啄食芦苇或塔头上的昆虫｜IUCN–无危

鸻形目 CHARADRIIFORMES > 鸥科 Laridae > *Chroicocephalus brunnicephalus*

棕头鸥 མཚོ་བྱ་སྐྱ་འོལ་མགོ།

Brown-headed Gull

生境 常见于高原湖泊、河流、湿地等开阔水域｜**居留** 夏候鸟｜**生活史** 3 月中下旬抵达，4 月中上旬开始求偶配对并在湿地中的塔头或湖泊中的浮岛上营巢；约 5 月中旬产卵，窝卵数 3～4 枚，雌雄交替孵卵；孵化期 24～26 天，早成鸟；约 9 月中下旬集群迁离｜**食性** 主要以鱼类、两栖类、软体动物、甲壳类、蠕虫和水生昆虫，以及小型哺乳动物、鸟类等动物性食物为食，也吃少量植物性食物｜**观察** 常在湖泊中央小岛附近的水域游泳或上岸休息；捕食能力较弱，常跟随鸬鹚、渔鸥捡拾剩余食物，也有记录称会在空中掠食昆虫｜IUCN–无危

鸻形目 CHARADRIIFORMES > 鸥科 Laridae > *Chroicocephalus ridibundus*

红嘴鸥 མཚོ་བྱ་སྐྱ་མ་ཆུང་དམར།

Black-headed Gull

生境 偶见于高原湖泊、河流、湿地等各类水生环境｜**居留** 旅鸟｜**生活史** 繁殖于中高纬度从北欧至东西伯利亚的湖泊或湿地，越冬于非洲东部、西亚、南亚、东南亚、中国东部和南部及日本的沿海或内陆水体，春季于 4 月下旬至 5 月上旬、秋季或于 9 月中旬途经三江源地区，在各类水生环境中短暂停歇｜**食性** 较杂，食物包括小型鱼类、两栖类、甲壳类、软体动物、蠕虫、昆虫、小型兽类、鸟类及各种动物尸体等｜**观察** 不甚惧人，在越冬地常见于城镇公园等地；区内并不常见，但同棕头鸥较为接近，区别主要在于本种体型较小，虹膜色较深且翼尖无白斑｜IUCN–无危

繁殖羽　非繁殖羽

繁殖羽　非繁殖羽

繁殖羽　非繁殖羽

鸻形目 CHARADRIIFORMES > 鸥科 Laridae > *Ichthyaetus ichthyaetus*

渔鸥　ཏ་སྐྱར།
Pallas's Gull

生境 常见于大型湖泊、湿地、大江大河等开阔水域 | **居留** 夏候鸟 | **生活史** 4 月中上旬集群抵达，向繁殖地集中，成对占据巢域完成交配，随后雌雄共同在湖泊或湿地中的中央岛屿、浮岛、塔头上营巢；5 月中旬开始产卵，窝卵数 1～5 枚，雌雄交替孵卵，但以雌鸟为主；孵化期 28～30 天，早成鸟，雌雄共同育雏；幼鸟破壳 1 周后可自行啄食地面食物，其他繁殖信息尚不明确；约 9 月中下旬集群迁离 | **食性** 主要以鱼类为食，偶尔捕食小型哺乳动物、蜥蜴、林蛙及昆虫等 | **观察** 飞行能力较强，常在巢区附近上空飞行或快速滑翔；善游泳，有时也在较为开阔的水面游泳捕食 | **IUCN-无危**

鸻形目 CHARADRIIFORMES > 鸥科 Laridae > *Sterna hirundo*

普通燕鸥　སྐྱར་ཡུག་ཕྲན་དཀར།
Common Tern

生境 常见于湖泊、河流、季节性积水、沼泽等各类水域 | **居留** 夏候鸟 *S. h. tibetana* | **生活史** 4 月上旬抵达，常集松散的小群在湿地中的浮岛或较小的塔头上营巢；5 月中上旬产卵，窝卵数 2～5 枚，雌雄交替孵卵；孵化期 20～24 天，早成鸟，雌雄共同育雏；约 22～30 天后幼鸟即可飞行；约 9 月中旬集群迁离 | **食性** 以小鱼、虾、甲壳类、昆虫等小型动物为食，常在水面或空中捕食飞行的昆虫 | **观察** 频繁地在水域上空快速掠过，或在水上低空悬停，见鱼类后迅速俯冲入水捕食；繁殖期常在湿地中袭扰卧巢的雁鸭类、黑颈鹤等鸟类，且会趁其不备偷食巢卵 | **IUCN-无危**

鸻形目 CHARADRIIFORMES > 鸥科 Laridae > *Chlidonias hybrida*

灰翅浮鸥　གཡིངས་སྐྱར་གཤོག་སྐྱ།
Whiskered Tern

生境 可见于湖泊、河流、季节性积水和沼泽等各类水域 | **居留** 夏候鸟 *C. h. hybrida* | **生活史** 4 月上旬抵达，常集群在开阔的浅水水域中的浮岛或塔头上营巢；5 月中上旬产卵，窝卵数 2～3 枚，雌雄交替孵卵；孵化期 18～20 天，早成鸟；约 23 天后幼鸟即可飞行，但随后仍随亲鸟活动一段时间；约 9 月中旬集群迁离 | **食性** 以小鱼、虾、昆虫等动物为食，也会吃少量植物性食物 | **观察** 常在水域上空快速往复掠过，或在水上低空悬停捕食；繁殖期护巢行为激进，也常袭扰在附近卧巢的其他湿地鸟类 | **IUCN-无危**

繁殖羽 | 非繁殖羽

鹳形目 CICONIIFORMES > 鹳科 Ciconiidae > *Ciconia nigra*

黑鹳 བཞད་དཀར།
Black Stork

生境 可见于高原湖泊、湿地、河流、湿润草甸等水生或湿润环境｜**居留** 旅鸟｜
生活史 繁殖于中高纬度从西欧至中国东北地区的崖壁或林间河流，越冬于非洲、南亚、东南亚及中国南部，春季于 4 月下旬至 5 月中上旬、秋季或于 9 月中旬前后途经三江源地区，常单独在开阔水域或湿润草甸中短暂停歇｜**食性** 主要以体型较大的鱼类为食，也捕食两栖类、甲壳类、软体动物等小型动物｜**观察** 胆怯而机警，较难接近；常独自在水域附近徘徊觅食，也常在附近水泥围栏顶部等较高处栖止；常在水域附近飞翔盘旋，飞行时双翅扇动缓慢而有力｜IUCN-无危，中国-一级

鹳形目 CICONIIFORMES > 鸬鹚科 Phalacrocoracidae > *Phalacrocorax carbo*

普通鸬鹚 ཆུ་རོག་པོ།
Great Cormorant

生境 常见于植被茂盛、岩石遍布的河岸、沟谷及湿地等｜**居留** 旅鸟 *P. c. sinensis*｜**生活史** 在欧亚大陆繁殖于中高纬度从北欧至外兴安岭的湖泊、河流附近的山崖，越冬于非洲东部和南部、南亚、东南亚、中国东部及大洋洲，春季于 3 月中下旬至 5 月中上旬、秋季或于 9 月中下旬至 10 月中旬前后途经三江源地区，常以 10 多只个体形成的小群体在河道中停歇｜**食性** 主要以各种体型的鱼类为食｜**观察** 善潜水，常在水下追逐鱼类，捕获猎物后到水面吞食；不具尾脂腺而羽毛不防水，潜水捕食后常在岸边展开双翅晾晒体羽；常在湖泊附近的岩崖或树木等高处栖止｜IUCN-无危

鹈形目 PELECANIFORMES > 鹭科 Ardeidae > *Nycticorax nycticorax*

夜鹭 སྙིན་སྐྱོར།
Black-crowned Night Heron

生境 可见于植被茂盛、水流较缓的河流、湖泊、湿地附近｜**居留** 旅鸟 *N. n. nycticorax*｜**生活史** 在欧亚大陆繁殖于中纬度从西欧至中国东部大部分地区的森林茂密的水域，越冬于非洲、南亚、东南亚及中国南部，春季或于 3 月下旬至 4 月中上旬、秋季于 10 月中上旬前后途经三江源地区，常单独在湿地、湖泊、河流附近短暂停歇｜**食性** 主要以鱼类、两栖类、甲壳类、软体动物、蠕虫、昆虫等动物性食物为食｜**观察** 白天常隐蔽在沼泽或灌丛中，晨昏和夜间活跃；常独自在湿地、湖泊或河道浅水处沿岸缓慢行走，同时双眼密切注视水中｜IUCN-无危

左为幼鸟

繁殖羽　非繁殖羽

成鸟　幼鸟

鹈形目 PELECANIFORMES > 鹭科 Ardeidae > *Ardeola bacchus*

池鹭 ཟིར་སྐྱར་ཁྲོག་དཀར།

Chinese Pond Heron

生境 偶见于植被茂盛的湖泊、湿地、河流等各类水生环境 | **居留** 夏候鸟 旅鸟 | **生活史** 区内具体信息不明，推测于 4 月中下旬抵达，随后雌雄共同在水域附近的高大树木或崖壁营巢；窝卵数 2～5 枚，雌雄交替孵卵；孵化期 18～22 天，晚成鸟，雌雄共同育雏；约 18～22 日龄的幼鸟可出飞离巢；9 月下旬迁离 | **食性** 主要以鱼类、两栖动物、甲壳类、软体动物等动物性食物为食，也捕食水生昆虫等 | **观察** 常在植被茂密的湿地或湖泊附近的芦苇丛中藏匿活动，独自或集小群于晨昏在水边用喙快速掘食；胆怯但不甚畏人，若中间有水相隔则较容易接近 | IUCN-无危

鹈形目 PELECANIFORMES > 鹭科 Ardeidae > *Bubulcus ibis*

牛背鹭 སྐྱར་མོ་ནོར་འཛིན།

Cattle Egret

生境 常见于植被茂盛的高原湿地 | **居留** 夏候鸟 *B. i. coromandus* | **生活史** 4 月中旬抵达，雌雄共同在湿地附近的崖壁或高处营巢；窝卵数 4～9 枚，雌雄交替孵卵；孵化期 21～24 天，雌雄共同育雏；约 7～8 周后幼鸟飞羽长成，可离巢；约 9 月下旬集群开始南迁 | **食性** 主要以昆虫、蜱、蜘蛛等无脊椎动物为食，也捕食高原林蛙等两栖动物和高原鳅等鱼类 | **观察** 常集群或与其他鹭鸟混群，成对或集成含 3～5 只个体的小群随牦牛等家畜活动，啄食其体表的寄生虫或地面惊飞的昆虫；活跃而安静，不甚惧人，活动时寂静无声；飞行高度较低，通常成直线飞行 | IUCN-无危

鹈形目 PELECANIFORMES > 鹭科 Ardeidae > *Ardea cinerea*

苍鹭 སྐྱར་མོ།

Grey Heron

生境 偶见于小型湖泊、河流、湿地等浅水水域 | **居留** 夏候鸟 旅鸟 *A. c. jouyi* | **生活史** 区内具体信息不明，推测于 4 月中上旬抵达，随后在水域附近的芦苇丛中营巢；窝卵数 3～6 枚，雌雄交替孵卵；孵化期 24～26 天，晚成鸟，雌雄共同育雏；约 10～20 日龄的幼鸟可离巢，约 42～55 日龄的幼鸟可尝试飞行；约 10 月上旬迁离 | **食性** 主要以鱼类、两栖动物、甲壳类、软体动物等动物性食物为食，偶尔也捕食陆生或水生昆虫及其幼虫 | **观察** 性孤僻，晨昏常独自沿岸行走觅食，日间则常在浅水处或沼泽中长时间单腿站立，伺机捕食，发现食物后迅速伸颈捕捉 | IUCN-无危

繁殖羽　非繁殖羽

白色为非繁殖羽

鹈形目 PELECANIFORMES > 鹭科 Ardeidae > *Ardea alba*

大白鹭 ཀླུ་སྐྱོར་དཀར་མོ།
Great Egret

生境 可见于植被茂盛的湖泊、湿地等开阔水域 | **居留** 夏候鸟 *A. a. alba* | **生活史** 约 3 月下旬抵达，约 4 月中旬在湿地的芦苇丛中营巢；窝卵数 3～6 枚，雌雄交替孵卵；孵化期 25～26 天，晚成鸟，雌雄共同育雏；约 21 天后幼鸟可离巢，约 56～60 天后幼鸟可尝试飞行；9 月中下旬迁离 | **食性** 主要以鱼类、两栖动物、甲壳类、软体动物等动物性食物为食，也捕食水生昆虫等 | **观察** 常单独在浅水中或岸边草地上行走啄食；行走时颈椎前后收缩成 S 形，飞行时也保持此缩脖姿势；起飞较为笨拙缓慢，常蹬地腾起后用力振翅才能起飞，速度较慢 | IUCN-无危

鹰形目 ACCIPITRIFORMES > 鹗科 Pandionidae > *Pandion haliaetus*

鹗 ཆུ་འོར།
Osprey

生境 偶见于湖泊、河流、湿地等开阔水域或山地森林中的河谷 | **居留** 夏候鸟 *P. h. haliaetus* | **生活史** 约 3 月中下旬抵达，随后开始配对，4 月中上旬雌雄共同在近水的崖壁营巢；窝卵数 1～4 枚，雌雄交替孵卵，但以雌鸟为主；孵化期 32～40 天，晚成鸟，雌雄共同育雏；约 49～59 天后幼鸟可出飞离巢；约 9 月中上旬迁离 | **食性** 主要以中等或较大体型的鱼类为食，也捕食啮齿类等小型兽类和小型鸟类 | **观察** 常单独在水域上空盘旋，发现猎物后俯冲入水捕捉；捕获猎物后常调整角度，使得鱼头向前，在天空中盘旋几圈，羽毛干燥后飞回巢附近进食 | IUCN-无危，中国-二级

鹰形目 ACCIPITRIFORMES > 鹰科 Accipitridae > *Gypaetus barbatus*

胡兀鹫 གོད།
Bearded Vulture

生境 可见于河谷、山地或高原草甸、草原地带 | **居留** 留鸟 *G. b. aureus* | **生活史** 冬季即开始营巢交配，1 月开始产卵，主要由雌鸟孵卵；孵化期 55～60 天（一说 52～56 天），雌雄共同育雏；约 103～133 天后幼鸟可出飞离巢，但随后幼鸟仍在巢附近活动，并不远离 | **食性** 主要以大型动物尸体为食，尤其喜欢新鲜尸体的大型骨头及骨髓 | **观察** 性孤独，常独自在高空翱翔，搜寻尸体；一般不与其他猛禽争抢食物，往往最后独自取食骨头；幼鸟及亚成体明显色深，成鸟腹部羽色较浅，但因使用含铁的矿物和泥土沾染羽毛，最终呈现橘黄色 | IUCN-近危，中国-一级

鹰形目 ACCIPITRIFORMES > 鹰科 Accipitridae > *Gyps himalayensis*

高山兀鹫 ནོད་ཐང་དཀར།

Himalayan Vulture

生境 常见于草甸、河谷、高山裸岩等各类环境 | **居留** 留鸟 夏候鸟 旅鸟 | **生活史** 冬季即开始成对在高大的岩壁上营巢交配，1 月开始产卵，主要由雌鸟孵卵；孵化期 50～60 天，之后数月间亲鸟强烈恋巢，并在接下来的 4～5 个月中继续照料幼鸟，直至幼鸟飞离巢穴开始游荡 | **食性** 主要以大型动物的尸体为食，尤其喜欢新鲜尸体的肉、内脏等 | **观察** 常成群活动，夏季群体较小而其余时间多见大群；日间常在高空缓慢滑翔，搜寻腐尸；胆大而不甚惧人，有时会在陡坡或山崖上站立休息，若受惊则缓慢远离，干扰突然出现时会振翅起飞，但动作笨拙 | IUCN-近危，中国-二级

鹰形目 ACCIPITRIFORMES > 鹰科 Accipitridae > *Aegypius monachus*

秃鹫 ནོད་ཐང་ནག།

Cinereous Vulture

生境 偶见于低山丘陵、高山荒原及森林中的荒岩草地、山谷溪流和林缘地带 | **居留** 留鸟 | **生活史** 冬季开始繁殖，2 月中下旬开始在裸露山地或森林上部营巢；通常仅产 1 枚卵，雌雄交替孵卵；孵化期 50～62 天，晚成鸟，雌雄共同育雏；约 90～120 天后幼鸟可出飞离巢，随后开始巢后期游荡；秋冬季节或集成含 10 只以下个体的小群体，做较大范围的游荡 | **食性** 主要以大型动物的尸体和其他动物腐尸为食 | **观察** 胆大而不甚惧人，常单独活动，冬季偶见小群；常在高空缓慢翱翔，搜寻食物；停栖时常选择地面高起处、岩石或大树顶端等醒目的地点 | IUCN-近危，中国-二级

鹰形目 ACCIPITRIFORMES > 鹰科 Accipitridae > *Pernis ptilorhynchus*

凤头蜂鹰 སྦྲང་ཚོར་ལྷག་ཐུད།

Oriental Honey Buzzard

生境 偶见于针阔叶混交林、阔叶林，以及疏林和林缘灌丛等地 | **居留** 旅鸟 *P. p. orientalis* | **生活史** 繁殖于中高纬度从阿尔泰山、北欧至外兴安岭的茂密森林当中，越冬于南亚、东南亚及中国南部和西南地区，春季或于 4 月中旬前后、秋季或于 9 月下旬至 10 月中旬前后途经三江源地区，在植被茂密的河道、沟谷等地停歇 | **食性** 主要以蜜蜂、胡蜂等膜翅目昆虫及其幼虫、蜂蜜、蜂蜡为食，也捕食蜥蜴等小型动物 | **观察** 常单独活动，秋迁时偶尔也结成小群；飞行灵巧，常快速扇动双翅在不同树木间移动；也可见在高空滑翔，其间常振翼数次，然后开始长时间滑翔 | IUCN-无危，中国-二级

鹰形目 ACCIPITRIFORMES > 鹰科 Accipitridae > *Hieraaetus pennatus*

靴隼雕　སྦྲུལ་ད་ལ་གླག།
Booted Eagle

生境 罕见于河谷山地针叶林、针阔叶混交林或阔叶林林缘草地 | **居留** 旅鸟 | **生活史** 繁殖于中高纬度从西南欧至外贝加尔广阔区域的森林边缘，越冬于非洲南部、南亚及东南亚的森林地带，春季或于 3 月中下旬至 4 月中旬、秋季或于 9 月中上旬至 10 月初途经三江源地区，常在植被茂密的河谷中过境或停歇 | **食性** 主要以野兔、啮齿类、小型鸟类、爬行类、两栖类等小型动物为食 | **观察** 常在各种类型的森林及林缘活动觅食，常隐蔽在树木枝叶中伺机捕猎，或在开阔的草地上空盘旋搜寻猎物；肩部左右两侧各有一块醒目的白色区域，为其识别特征 | IUCN-无危，中国-二级

鹰形目 ACCIPITRIFORMES > 鹰科 Accipitridae > *Aquila nipalensis*

草原雕　ㄷ་གླག།
Steppe Eagle

生境 常见于植被茂盛的开阔草甸和荒原、草原等 | **居留** 夏候鸟 旅鸟 *A. n. nipalensis* | **生活史** 4 月中上旬集群抵达，随后开始在崖壁、石堆或地面营巢；5 月中上旬产卵，窝卵数 1～3 枚，雌雄交替孵卵；孵化期约 45 天，晚成鸟，雌雄共同育雏；约 55～65 天后幼鸟可出飞离巢；10 月中上旬开始集群南迁 | **食性** 主要以高原鼠兔等小型哺乳动物为食，也常吃动物尸体或腐尸 | **观察** 迁徙季节常有亚成体组成的大群迁徙过境；常长时间站立在电线杆、土壁或地面上等待猎物出现，伺机捕捉；相较于其他雕更喜食尸体，常可见到与鹫等猛禽分食死尸 | IUCN-濒危，中国-一级

鹰形目 ACCIPITRIFORMES > 鹰科 Accipitridae > *Aquila heliaca*

白肩雕　ཕག་དཀར་གླག།
Eastern Imperial Eagle

生境 罕见于山地及河谷两侧的针阔叶混交林和阔叶林区域 | **居留** 旅鸟 | **生活史** 繁殖于中高纬度从东欧至蒙古高原东部广阔区域的森林或岩壁，越冬于非洲东部、西亚、中亚南部、南亚北部、中南半岛及中国东部，春季或于 4 月中旬前后、秋季或于 9 月中下旬途经三江源地区 | **食性** 主要以啮齿类、鼠兔、野兔等中小型兽类，雉鸡、雁鸭类等中等体型鸟类为食，偶尔吃动物尸体 | **观察** 常于白天在湿地、草地等开阔生境上空盘旋搜寻猎物；也常在岩壁、高大树木等处停栖，伺机捕食猎物；常因肩部的白色斑块被误认为靴隼雕 | IUCN-易危，中国-一级

浅色型　上雄（深色型）下雌（浅色型）

亚成鸟　成鸟

鹰形目 ACCIPITRIFORMES > 鹰科 Accipitridae > *Aquila chrysaetos*

金雕 གསེར་སྒྲོག།

Golden Eagle

生境 可见于陡峭的石壁或裸岩及其附近的草地、湿地 | **居留** 留鸟 *A. c. daphanea* | **生活史** 1 月中下旬开始求偶，2 月中上旬开始在裸岩崖壁或草山的多岩处营巢；窝卵数 1～3 枚，雌雄交替孵卵；孵化期约 45 天，晚成鸟，雌雄共同育雏；约 80～100 天后幼鸟可出飞离巢，但在巢后期游荡开始之前，可能仍会和亲鸟一同活动很长时间 | **食性** 可捕食岩羊幼崽、高原兔、旱獭等中小型兽类和雁鸭类等鸟类 | **观察** 飞行能力强，常独自在高空翱翔盘旋，搜寻猎物；有时也会从其他捕食者手中抢夺猎物；常在岩壁或草山多岩处降落停栖 | IUCN-无危，中国-一级

鹰形目 ACCIPITRIFORMES > 鹰科 Accipitridae > *Accipiter nisus*

雀鹰 ཉེ་ཙེ་ནོར།

Eurasian Sparrowhawk

生境 可见于山地针叶林、混交林、阔叶林等山地森林及林缘地带 | **居留** 夏候鸟 *A. n. melaschistos* | **生活史** 4 月下旬前后抵达，5 月上旬前后在林中高大乔木上营巢；窝卵数 3～4 枚，主要由雌鸟孵卵，雄鸟偶尔参与；孵化期 32～35 天，晚成鸟，雌雄共同育雏；约 24～30 日龄的幼鸟即可出飞离巢；10 月中上旬迁离 | **食性** 主要以各种中小型鸟类为食，偶尔捕食昆虫 | **观察** 常单独在空中搜寻食物；飞行迅速而灵巧，可在树林间灵活穿梭；捕猎后常到高大的树枝或电线杆上进食；常在较为高大的乔木顶部、外伸的粗枝、电线杆顶部等处停栖 | IUCN-无危，中国-二级

鹰形目 ACCIPITRIFORMES > 鹰科 Accipitridae > *Accipiter gentilis*

苍鹰 ཁྲ་བ་རྒོད།

Northern Goshawk

生境 可见于山地疏林及林缘灌丛地带 | **居留** 夏候鸟 旅鸟 *A. g. schvedowi* | **生活史** 4 月中下旬前后抵达，5 月上旬前后选择林中茂密安静的高大乔木营巢；5 月中旬前后产卵，窝卵数 3～4 枚，主要由雌鸟孵卵；孵化期 30～33 天，晚成鸟，雌雄共同育雏，但以雌鸟为主，雄鸟主要进行警戒；约 35～37 日龄的幼鸟可出飞离巢；10 月中旬前后迁离 | **食性** 主要以高原兔、松鼠等中小型兽类，以及蓝马鸡、斑尾榛鸡等大中型鸟类为食 | **观察** 善飞行但少翱翔；善隐藏，日间常隐蔽在枝头伺机捕食，或在林中灵活穿梭、追捕猎物，有时也在林缘开阔地上空搜寻猎物 | IUCN-无危，中国-二级

雄鸟　雌鸟

成鸟　亚成鸟

鹰形目 ACCIPITRIFORMES > 鹰科 Accipitridae > *Circus cyaneus*

白尾鹞 ཡེ་ཤེ་དཀར་མོ།
Hen Harrier

生境 可见于植被茂盛的河流、湖泊、湿地附近的开阔区域 | **居留** 旅鸟 *C. c. cyaneus* | **生活史** 繁殖于中高纬度从北欧至东西伯利亚的湿润苔原或草原，越冬于非洲北部、西亚、中亚、南亚、东南亚北部、中国南部、朝鲜半岛和日本，春季于 3 月末至 4 月中上旬，秋季于 10 月中上旬前后途经三江源地区，常单独在湿地附近游荡或停歇 | **食性** 主要以湿地中的小型鸟类，以及附近的啮齿类、两栖类和爬行类为食 | **观察** 飞行敏捷优雅，常沿地面低空滑翔或飞掠地面搜寻猎物；有时也在水域附近的高处站立，伺机捕猎；飞行姿势特殊，常双翅上举，形成 V 形 | IUCN-无危，中国-二级

鹰形目 ACCIPITRIFORMES > 鹰科 Accipitridae > *Milvus migrans*

黑鸢 འོལ་བ།
Black Kite

生境 可见于湿润草甸、湿地、河谷等水域附近 | **居留** 留鸟 夏候鸟 *M. m. lineatus* | **生活史** 约 4 月中上旬抵达，雌雄共同在水域附近的岩壁、草山多岩石处或高大的乔木上营巢；4 月中下旬产卵，雌雄交替孵卵；孵化期 26～38 天，晚成鸟，雌雄共同育雏；约 42～50 天后幼鸟即可出飞离巢，但仍需 15～47 天才可独立 | **食性** 较杂，食物包括小鸟、鼠类、蛙、鱼、蜥蜴和昆虫等动物，偶尔也吃家禽和腐尸 | **观察** 常在低空盘旋，搜寻猎物；常争抢被其他猛禽捕捉的猎物，或在地面和水边捡拾死去的高原鼠兔、鱼类等 | IUCN-无危，中国-二级

鹰形目 ACCIPITRIFORMES > 鹰科 Accipitridae > *Haliaeetus leucoryphus*

玉带海雕 མཚོ་བྱ་སེ་མོ།
Pallas's Fish Eagle

生境 偶见于开阔的湖泊、湿地、河流等水生环境 | **居留** 状况尚不明确，已有记录可能均为度夏个体 | **生活史** 据国外研究，9 月至次年 2 月在印度北部和缅甸繁殖，在水域附近的高大乔木或岩壁上营造巨大的巢，往往会多年重复利用同一巢址；窝卵数 2～3 枚，主要由雌鸟孵卵，并由雄鸟捕食回巢饲喂雌鸟；孵化期约 40 天，晚成鸟，雌雄共同育雏，但明显以雄鸟为主；约 70～105 天后幼鸟可出飞离巢，但仍需双亲喂养约 1 个月之后才会独立生活 | **观察** 日间常停栖在水域附近的制高点或浅水处，伺机捕食；喜鸣叫且吵闹，叫声可传播很远 | IUCN-濒危，中国-一级

雄鸟　雌鸟

鹰形目 ACCIPITRIFORMES > 鹰科 Accipitridae > *Haliaeetus albicilla*

白尾海雕　མཆོག་གླག་མཇུག་དཀར།

White-tailed Sea Eagle

生境 偶见于植被茂密的湖泊、河流、湿地等开阔水域 | **居留** 冬候鸟 旅鸟 *H. a. albicilla* | **生活史** 秋季或于 10 月中下旬至 11 月中旬前后迁至越冬地，越冬期间往往进行大范围游荡而不局限在一处，春季或于 3 月中旬至 4 月中旬前后迁往位于高纬度地区的繁殖地 | **食性** 主要以大型鱼类为食，也捕食雁鸭类等中小型鸟类和旱獭等小型兽类，偶尔也吃动物尸体 | **观察** 体形雄壮，双翅宽大，盘旋时给人的观感如鸢类一般；常单独或成对在开阔水域上空盘旋翱翔，但常不持久，其间常在两侧山坡或岸边高处停栖休息；因尾部为白色，常被误认为金雕 1 龄幼鸟 | **IUCN-无危，中国-一级**

鹰形目 ACCIPITRIFORMES > 鹰科 Accipitridae > *Buteo hemilasius*

大鵟　ནེའུ་ཆེ།

Upland Buzzard

生境 常见于高原草甸、草原和宽阔的河谷地带 | **居留** 留鸟 | **生活史** 3 月中旬即开始在崖壁、电线杆顶部、招鹰架、经幡顶部等处营巢；窝卵数 2～3 枚，由雌鸟孵卵；孵化期 35～38 天，晚成鸟，雌雄共同育雏；约 45 天后幼鸟可出飞离巢 | **食性** 主要以高原鼠兔、白尾松田鼠等小型哺乳动物为食，也会吃牦牛等其他动物的腐尸 | **观察** 不甚惧人，常单独活动，喜欢立在断壁、电线杆、土堆等相对较高的地点等待猎物出现；会利用阳光作为掩护，从太阳方向飞向猎物；有时不同个体会在地面争抢捕获的鼠兔等；三江源地区有从深到浅的多个色型 | **IUCN-无危，中国-二级**

鹰形目 ACCIPITRIFORMES > 鹰科 Accipitridae > *Buteo japonicus*

普通鵟　ནེའུ་སྐྱ།

Eastern Buzzard

生境 可见于河谷的山地森林和林缘地带 | **居留** 夏候鸟 旅鸟 *B. j. japonicus* | **生活史** 3 月中下旬至 4 月初集群抵达，4 月下旬至 5 月初在阔叶林中或林缘的高大乔木上营巢；窝卵数 2～3 枚，雌雄交替孵卵，但以雌鸟为主；孵化期约 28 天，晚成鸟，雌雄共同育雏；约 40～45 天后幼鸟可出飞离巢；10 月中上旬开始集群南迁 | **食性** 主要以林缘啮齿类为食，也捕食小型鸟类和两栖爬行类 | **观察** 性机警，视觉敏锐；善飞翔，常在空中盘旋滑翔搜寻猎物，或在林缘的孤树和电线杆顶部伺机捕食；相较于大鵟体型较小，跗跖不被羽，同时更偏好森林生境 | **IUCN-无危，中国-二级**

左为亚成鸟

鸮形目 STRIGIFORMES > 鸱鸮科 Strigidae > *Bubo bubo*

雕鸮　ৠ্য়াঝ্রীয়া

Eurasian Eagle-Owl

生境 罕见于植被茂盛的河谷、山谷或崖壁裸岩地带 | **居留** 留鸟 *B. b. tibetanus* |
生活史 区内繁殖时间不明，推测从 2 月中旬起开始求偶配对，2 月下旬至 3 月
中上旬开始在岩壁、草山的多岩石处或开挖公路路下的土壁台坎上营巢；窝卵
数 2～5 枚，雌鸟孵卵而雄鸟常在巢边守卫；孵化期 34～36 天，随后的 15
天内幼鸟由雌鸟照料，其间雄鸟会捕捉食物回巢；幼鸟约 3 周后可自行进食，
约 7 周后可飞行；约 20～24 周后幼鸟方才独立 | **食性** 主要以啮齿类为食，也
捕食中小型鸟类 | **观察** 夜行性，夜间视觉、听觉敏锐，日间常在崖壁隐蔽处休
息 | IUCN-无危，中国-二级

鸮形目 STRIGIFORMES > 鸱鸮科 Strigidae > *Athene noctua*

纵纹腹小鸮　ৠ্য়ার্ডুন্ট্রুন্ম্না

Little Owl

生境 常见于高原草甸、湿地及村镇民居附近 | **居留** 留鸟 *A. n. impasta* | **生活史**
3 月中旬开始求偶配对，4 月中上旬在崖壁或玛尼堆的缝隙、土壁的坑洞中产
卵，雌鸟孵卵；孵化期 28～29 天，晚成鸟，雌雄共同育雏；幼鸟约 30～35
天后可尝试飞行，但在之后的 30～45 天内仍在巢附近活动并由亲鸟照料 | **食
性** 主要以高原鼠兔及啮齿类等小型哺乳动物为食，也捕食高原林蛙等两栖类或
沙蜥等爬行类 | **观察** 日间活动，常站立于电线、房檐、土壁及围栏顶端，伺
机捕食；好奇而不甚惧人；脑后有白色羽毛形成的"假眼" | IUCN-无危，中
国-二级

鸮形目 STRIGIFORMES > 鸱鸮科 Strigidae > *Asio otus*

长耳鸮　ৠ্য়াম্মন্ত্রিন্মা

Long-eared Owl

生境 偶见于山地针叶林、针阔叶混交林、阔叶林，以及村镇民居附近的人工
林、杂木林等 | **居留** 旅鸟 *A. o. otus* | **生活史** 在欧亚大陆繁殖于中高纬度从北欧
至外兴安岭的森林中，越冬于中亚南部、南亚北部及中国东部和南部，春季或
于 3 月中下旬，秋季或于 10 月中旬前后途经三江源地区，或在河谷两侧的森
林地带短暂停歇 | **食性** 主要以森林附近的啮齿类为食，也捕捉小型鸟类、昆虫
等 | **观察** 夜间及晨昏活跃，日间常栖息在疏林或林缘地带靠近树干的水平粗枝
上，偶尔也在草丛中藏匿；不甚惧人，如在树上栖止时被人发现，不过分接近
往往不会惊飞 | IUCN-无危，中国-二级

鸮形目 STRIGIFORMES > 鸱鸮科 Strigidae > *Asio flammeus*

短耳鸮 ཨུག་པ་རྣ་ཐུང་།
Short-eared Owl

生境 偶见于湖泊、湿地或河流附近的疏林、林缘灌丛，以及草甸、农田地带｜**居留** 旅鸟 *A. f. flammeus*｜**生活史** 在欧亚大陆繁殖于中高纬度从北欧至东西伯利亚广阔区域的草原、苔原当中，越冬于非洲北部及亚洲中低纬度大部的湿地或农田，春季或于 3 月中下旬、秋季或于 10 月中下旬前后途经三江源地区，或在湿地、湖泊附近的植被茂盛处短暂停歇｜**食性** 主要以啮齿类、鼠兔等小型哺乳动物为食，也捕捉小型鸟类及昆虫｜**观察** 多在夜间及晨昏活动，但在日间也常较活跃；常藏匿在地面的高草丛中，偶尔也在疏林或林缘的灌丛后及矮树上停栖｜IUCN-无危，中国-二级

犀鸟目 BUCEROTIFORMES > 戴胜科 Upupidae > *Upupa epops*

戴胜 པུ་ཤུད།
Common Hoopoe

生境 常见于草甸、开阔的河谷灌丛地带及郊野公园等｜**居留** 夏候鸟 *U. e. epops*｜**生活史** 4 月中上旬抵达，雌雄共同在林缘或岩壁石隙中营巢；5 月初产卵，窝卵数 6～8 枚，雌鸟孵卵；孵化期约 18 天，晚成鸟，雌雄共同育雏；约 26～29 天后幼鸟即可飞翔和离巢；约 9 月中旬开始迁离｜**食性** 主要以鞘翅目、鳞翅目、膜翅目等昆虫及其幼虫为食，也捕捉蚯蚓、蠕虫等其他无脊椎动物｜**观察** 常单独或成对在林缘、草地缓慢行走，其间将喙插入土中取食；不甚惧人，受惊时仅缓慢飞离；繁殖期领域性明显，雄鸟常表现出丰富而激烈的领域行为和求偶行为｜IUCN-无危

佛法僧目 CORACIIFORMES > 翠鸟科 Alcedinidae > *Alcedo atthis*

普通翠鸟 ཏོས་ཅ་འདུས།
Common Kingfisher

生境 偶见于林区和城镇周围长有灌丛或疏林的小河、沟谷、水潭等地｜**居留** 留鸟 夏候鸟 *A. a. bengalensis*｜**生活史** 区内繁殖信息不明，推测从 5 月中上旬起在近水的陡直沙土壁上掘洞营巢；窝卵数 5～7 枚，雌雄交替孵卵；孵化期19～21 天，晚成鸟，雌雄共同育雏；约 23～30 天后幼鸟即可出飞离巢｜**食性** 主要以小型鱼类为食，也捕食水生无脊椎动物｜**观察** 常单独在水边的岩石、小枝等处停栖，伺机捕食；偶尔也在空中悬停，发现目标后猛扎入水，随后将猎物带到附近的岩石上进食；偶尔紧贴水面飞行，速度极快，同时发出尖锐的鸣声｜IUCN-无危

啄木鸟目 PICIFORMES > 啄木鸟科 Picidae > *Jynx torquilla*

蚁䴕　ࡍ་གྲོག་ལུག།

Eurasian Wryneck

生境 偶见于干旱或半干旱的退化草地、沙地及疏林灌丛地带 | **居留** 夏候鸟 *J. t. torquilla* | **生活史** 5 月中上旬开始繁殖，雌雄共同在土壁洞穴、岩石、建筑物的缝隙或树洞中营巢；窝卵数 7～12 枚，雌雄交替孵卵，孵化期 11～12 天，晚成鸟，雌雄共同育雏；约 20～22 天后雏鸟可出飞离巢，但之后 1～2 周仍由亲鸟照料 | **食性** 主要以蚂蚁等膜翅目昆虫及其幼虫为食 | **观察** 性孤僻，除繁殖期偶可见成对活动外，常独自在灌丛或土丘附近的蚁穴觅食，从不啄木；威胁迫近时常将尾羽打开，同时头部夸张地扭向后侧，结合体羽花纹，做蛇状威吓天敌 | IUCN－无危

啄木鸟目 PICIFORMES > 啄木鸟科 Picidae > *Dendrocopos major*

大斑啄木鸟　ཐར་ཀོ་ཁ་མེན།

Great Spotted Woodpecker

生境 可见于山地针叶林、混交林、阔叶林，以及疏林与灌丛地带 | **居留** 留鸟 *D. m. beicki* | **生活史** 3 月末开始求偶配对，约 4 月中上旬雌雄共同在较为粗壮的阔叶乔木上啄洞营巢；窝卵数 3～8 枚，雌雄交替孵卵，孵化期 13～16 天，晚成鸟，雌雄共同育雏；约 20～23 天后幼鸟可出飞离巢；繁殖后期成松散家族群共同活动 | **食性** 主要以鳞翅目、鞘翅目、双翅目等昆虫及其幼虫为食，也捕食蜘蛛等其他无脊椎动物 | **观察** 常在树干和粗枝上啄食昆虫或啄木取食；敏感而机警，见人时常绕到树干背后躲避或飞离；飞行时双翅一开一闭，轨迹呈波浪状 | IUCN－无危

啄木鸟目 PICIFORMES > 啄木鸟科 Picidae > *Picoides tridactylus*

三趾啄木鸟　ཙོང་ཀོ་མཛོག་གསུམ།

Three-toed Woodpecker

生境 偶见于山地针叶林与针阔叶混交林 | **居留** 留鸟 *P. t. funebris* | **生活史** 春季开始向海拔较低处迁移，并在 4 月中旬前后开始求偶配对，5 月初雌雄共同在林中芯材腐朽的高大阔叶乔木或枯木中营巢；5 月中下旬产卵，窝卵数 3～6 枚，雌雄交替孵卵，孵化期约 14 天，晚成鸟，雌雄共同育雏；约 22～26 天后幼鸟可出飞离巢；随后形成松散家族群，直至秋季迁回高海拔针叶林中越冬 | **食性** 主要以鳞翅目、鞘翅目、双翅目等昆虫及其幼虫为食，也采食松子等坚果 | **观察** 常在森林的中上部活动，偶尔到地面活动和觅食；活泼而敏捷，啄食迅速有力；多在枯枝上取食 | IUCN－无危，中国－二级

啄木鸟目 PICIFORMES > 啄木鸟科 Picidae > *Dryocopus martius*

黑啄木鸟 ཤིང་རྟ་མོ་ནག་པོ།
Black Woodpecker

生境 可见于大片连续的针叶林或针阔叶混交林 | **居留** 留鸟 *D. m. khamensis* | **生活史** 1 月中下旬即开始求偶配对，配对成功后雌雄共同花费 10～15 天在高大的枯萎针叶树上啄洞营巢；3 月中旬至 5 月中旬产卵，窝卵数 3～9 枚，雌雄交替孵卵，但夜间似乎仅由雄鸟孵卵；孵化期 10～14 天，晚成鸟；约 24～31 天后幼鸟便可出飞离巢，但在随后约 1 个月内仍由成鸟照料 | **食性** 主要以蚂蚁等膜翅目昆虫为食，也吃鞘翅目昆虫及其幼虫或蛹等 | **观察** 体型巨大；啄击点常位于树干靠近地面的位置，敲击声巨大，洞口呈古怪的方形；飞行轨迹呈波浪状，飞行速度较快 | IUCN-无危，中国-二级

啄木鸟目 PICIFORMES > 啄木鸟科 Picidae > *Picus canus*

灰头绿啄木鸟 ཤིང་རྐོང་ཤ་མགོ།
Grey-headed Woodpecker

生境 常见于混交林、阔叶林、次生林和林缘地带 | **居留** 留鸟 *P. c. kogo* | **生活史** 4 月初即可见成对活动，雌雄共同在芯材腐朽的阔叶树上啄洞营巢；5 月中上旬产卵，窝卵数 8～11 枚，雌雄交替孵卵；孵化期 12～13 天，晚成鸟，雌雄共同育雏；约 23～24 天后幼鸟即可出飞离巢，但在之后一段时间内仍需亲鸟照料 | **食性** 主要以蚂蚁为食，也捕食其他鞘翅目、鳞翅目等昆虫及其幼虫，会采食浆果、种子等 | **观察** 常单独或成对在地面取食，或由树干基部螺旋上攀，到达树权后便转移至其他树木重复搜寻；飞行迅速，呈波浪式前进 | IUCN-无危

隼形目 FALCONIFORMES > 隼科 Falconidae > *Falco tinnunculus*

红隼 ཁྲ་དམར།
Common Kestrel

生境 可见于河谷森林、高原草甸、河谷灌丛、城市郊野等各类生境 | **居留** 夏候鸟 *F. t. interstinctus* | **生活史** 3 月末至 4 月初抵达，随后在崖壁缝隙、土洞或喜鹊等鸦科鸟类的旧巢中营巢；窝卵数 2～3 枚，主要由雌鸟孵卵，雄鸟偶尔替换；孵化期 28～30 天，晚成鸟，雌雄共同育雏；约 27～35 天后幼鸟可出飞离巢，但在随后数周内仍需亲鸟照料；约 9 月下旬至 10 月上旬迁离 | **食性** 主要以鼠兔、啮齿类等小型哺乳动物为食，也捕食小型鸟类、昆虫等 | **观察** 善飞翔，喜逆风飞行并在空中悬停，伺机捕猎；亦常站立在电线杆、岩石等高点搜寻猎物 | IUCN-无危，中国-二级

取食洞

左雌右雄

雄鸟　　雌鸟

隼形目 FALCONIFORMES > 隼科 Falconidae > *Falco columbarius*

灰背隼 ཁ་རྒྱབ་སྐྱ།
Merlin

生境 偶见于阔叶林林缘、林中空地，以及村镇民居附近的杂木林和稀疏灌丛草甸等 | **居留** 旅鸟 *F. c. insignis* | **生活史** 繁殖于高纬度从北欧至东西伯利亚广阔区域的森林地带，越冬于非洲北部至日本，春季或于 3 月下旬至 4 月中上旬、秋季或于 8 月下旬至 9 月中旬前后途经三江源地区，或在阔叶林、河谷地带停歇 | **食性** 主要以小型鸟类及啮齿类、鼠兔等小型哺乳动物为食，也捕食两栖类、爬行类，以及鞘翅目、鳞翅目等昆虫 | **观察** 飞行灵巧而迅速，常在低空飞行，发现猎物之后俯冲捕捉；亦常在空中追捕鸽子及其他小型鸟类 | IUCN-无危，中国-二级

隼形目 FALCONIFORMES > 隼科 Falconidae > *Falco subbuteo*

燕隼 ཡག་ཁ།
Eurasian Hobby

生境 可见于开阔的湖泊、湿地、河流附近的高原草甸或林缘地带 | **居留** 旅鸟 *F. s. subbuteo* | **生活史** 繁殖于整个欧亚大陆的中高纬度地区及中国的东部和南部，越冬于非洲南部及中南半岛北部，春季于 4 月下旬至 5 月中上旬、秋季于 9 月中下旬至 10 月上旬前后途经三江源地区，常单独在水域附近短暂停歇 | **食性** 主要以蜻蜓目、鞘翅目、鳞翅目等各种飞行昆虫为食，也捕食大量燕、雀等小型鸟类 | **观察** 食性特殊，日行性，但黄昏活动最为频繁；常在空中快速掠食昆虫和追赶小型鸟类，偶尔在湿地等水域附近的围栏、岩石或土丘上停栖 | IUCN-无危，中国-二级

隼形目 FALCONIFORMES > 隼科 Falconidae > *Falco cherrug*

猎隼 ཞན་ཁ།
Saker Falcon

生境 常见于高原草甸、草原等开阔地带 | **居留** 留鸟 *F. c. milvipes* | **生活史** 4 月中旬开始在草山上的岩石间、电线杆顶部、招鹰架等处营巢；窝卵数 3～5 枚，主要由雌鸟孵卵，其间雄鸟会将猎物带回巢；孵化期 28～30 天，晚成鸟，雌雄共同育雏；约 45～50 天后幼鸟可出飞离巢，但在随后的 31～52 天内仍需亲鸟照料 | **食性** 主要以高原鼠兔、高原兔等中小型哺乳动物为食，也捕食雪雀等小型鸟类及藏雪鸡等中型鸟类 | **观察** 善飞行，速度极快，转向灵活，常在电线杆上或空中搜寻猎物，发现猎物后从空中向下俯冲，其间收拢双翅，用后趾和爪急速打击或抓捕猎物 | IUCN-濒危，中国-一级

雄鸟 雌鸟

成鸟 幼鸟

隼形目 FALCONIFORMES > 隼科 Falconidae > *Falco peregrinus*

游隼　ཨུག་ཁྲ།
Peregrine Falcon

生境 罕见于植被茂密的湖泊、湿地等水体附近｜**居留** 旅鸟 *F. p. babylonicus*｜**生活史** 在欧亚大陆繁殖于高纬度从北欧至东西伯利亚的各类生境，越冬于非洲南部、亚洲南部及大洋洲大部，春季或于 4 月中下旬、秋季或于 9 月中下旬至 10 月中旬前后途经三江源地区，或在湿地、湖泊、湿润的高原草甸短暂停歇｜**食性** 主要以各种湿地及森林鸟类为食，也捕食高原鼠兔、啮齿类等小型哺乳动物｜**观察** 性情凶猛，主要在空中巡猎，发现猎物时快速俯冲，用后趾猛击或抓捕猎物（因此跗跖较短而足趾修长）；在湿地上空飞过时水鸟常明显紧张｜IUCN-无危，中国-二级

雀形目 PASSERIFORMES > 山椒鸟科 Campephagidae > *Pericrocotus ethologus*

长尾山椒鸟　སྤོས་བྱུར་ཇ་རིད།
Long-tailed Minivet

生境 可见于茂密的山地混交林、阔叶林中｜**居留** 夏候鸟 *P. e. ethologus*｜**生活史** 区内信息不明，推测于 3 月末至 4 月初抵达，雌雄共同在林中或林缘高大乔木水平枝杈上营巢；4 月末至 5 月初产卵，窝卵数 2～4 枚，雌鸟孵卵而雄鸟警戒；晚成鸟，雌雄共同育雏，其他繁殖信息不明；秋季迁往南亚和东南亚北部越冬｜**食性** 主要以鞘翅目、鳞翅目、膜翅目等昆虫及其幼虫、蛹为食｜**观察** 常集群活动，在高大树木或树冠上空盘旋；常在树上捕捉昆虫，很少下至地面或灌丛活动；偶尔在飞行中觅食，且喜在飞行时鸣叫｜IUCN-无危

雀形目 PASSERIFORMES > 卷尾科 Dicruridae > *Dicrurus macrocercus*

黑卷尾　བྱ་ཡུག་ནག་མོ།
Black Drongo

生境 偶见于湖泊、河流或湿地周边及森林边缘｜**居留** 夏候鸟 *D. m. cathoecus*｜**繁殖** 区内信息不明，推测在 4 月中旬抵达，雌雄共同在阔叶林林缘乔木的顶部或枝杈上筑巢；5 月中上旬产卵，窝卵数 3～4 枚，雌雄交替孵卵，但可能以雄鸟为主；孵化期 15～17 天，晚成鸟，雌雄共同育雏；约 16～17 天后幼鸟可出飞离巢，但随后 1～2 周仍需亲鸟照料；秋季 9 月中下旬前后迁往南亚及东南亚越冬｜**食性** 主要以各类飞行昆虫为食｜**观察** 常站在电线或围栏顶端伺机捕食，偶尔如家燕般在飞行中掠食；凶猛好斗，在繁殖期会强烈驱逐红隼、乌鸦等有潜在威胁的入侵者｜IUCN-无危

雄鸟 雌鸟

雀形目 PASSERIFORMES > 伯劳科 Laniidae > *Lanius tephronotus*

灰背伯劳 དམེ་ལེ་ཐ་ཀྱུབ།

Grey-backed Shrike

生境 常见于植被茂密的山地混交林、阔叶林、灌丛，或市区人造林、杂木林等地 **│ 居留** 夏候鸟 *L. t. tephronotus* **│ 生活史** 4 月中下旬抵达，约 5 月中旬在灌丛中部或阔叶树下部枝杈营巢；窝卵数 4～5 枚，主要由雌鸟孵卵；孵化期 15～18 天，晚成鸟，雌雄共同育雏；约 14～15 天后幼鸟可离巢独立 **│ 食性** 主要以直翅目、鞘翅目、革翅目、鳞翅目等昆虫及其幼虫为食，但也捕食两栖类、小型鸟类及啮齿类等小型哺乳动物 **│ 观察** 极凶悍，常在树梢的干枝或电线上停栖，伺机捕捉猎物；捕捉到的体型较大的猎物，常被穿刺在尖锐的铁丝、干枝上 **│ IUCN-无危**

雀形目 PASSERIFORMES > 伯劳科 Laniidae > *Lanius sphenocercus*

楔尾伯劳 དམེ་ལེ་ཁ་མེན།

Chinese Grey Shrike

生境 可见于山地疏林和林缘灌丛或草地灌丛等 **│ 居留** 夏候鸟 旅鸟 *L. s. giganteus* **│ 生活史** 约 4 月中旬抵达，随后在乔木枝杈或灌木丛中营巢；窝卵数 5～9 枚，雌鸟孵卵，但雄鸟会带食回巢；孵化期 16～19 天，晚成鸟，雌雄共同育雏；约 19～21 天后幼鸟可出飞离巢，但随后 2 个月中幼鸟仍在亲鸟的照顾下于巢区附近觅食；9 月下旬迁离 **│ 食性** 主要以啮齿类、两栖类、爬行类、雀类等较小的脊椎动物为食，也捕食鞘翅目等昆虫 **│ 观察** 常单独或成对停栖在树冠上，伺机捕食，捕获猎物后就地撕食或挂在树枝上撕食；性凶猛，飞行能力强，可长时间追捕小鸟 **│ IUCN-无危**

雀形目 PASSERIFORMES > 鸦科 Corvidae > *Perisoreus internigrans*

黑头噪鸦 ཀ་ཚོ།

Sichuan Jay

生境 偶见于山地针叶林中较开阔的地带 **│ 居留** 留鸟 **│ 生活史** 3 月开始在树木顶部的枝杈间营巢；4 月中下旬产卵，窝卵数 2～4 枚，雌雄交替孵卵；孵化期 17～19 天（一说 22～25 天），晚成鸟，雌雄共同育雏；约 26～30 天后幼鸟可尝试飞行（但在第二年的繁殖期到来之前，幼鸟可能都会与亲鸟一同活动） **│ 食性** 较杂，主要以昆虫及其幼虫为食，食物也包括其他鸟类的雏鸟和卵，啮齿类，植物的叶、芽、果实、种子等 **│ 观察** 成对活动时，常一前一后在林间飞行，轨迹较直；胆怯而谨慎，每次飞行不远，受惊扰时则飞往其他地点 **│ IUCN-易危，中国-一级，中国特有种**

雀形目 PASSERIFORMES > 鸦科 Corvidae > *Garrulus glandarius*

松鸦 འ5་ཀྱི།
Eurasian Jay

生境 偶见于针叶林、混交林、阔叶林及林缘疏林和天然次生林内 | **居留** 留鸟
G. g. kansuensis | **生活史** 区内情况不明，推测从 3 月中旬起雌雄共同在高大
乔木顶部隐蔽的枝权间营巢；4 月中下旬产卵，窝卵数 3～10 枚，雌雄交替孵
卵；孵化期 16～19 天，晚成鸟，雌雄共同育雏；约 19～23 天后幼鸟可出飞
离巢，但随后 7～8 周之内幼鸟随亲鸟活动 | **食性** 繁殖期主要以各种昆虫、蜘
蛛等无脊椎动物为食，秋冬及早春主要以各种植物坚果、浆果为食 | **观察** 非繁
殖期常集小群游荡，并在树冠栖息藏匿，不时通过树枝在树木间跳跃转移；不
甚惧人，常可在村镇民居附近见到 | IUCN–无危

雀形目 PASSERIFORMES > 鸦科 Corvidae > *Pica pica*

喜鹊 སྐྱ་ཀ།
Common Magpie

生境 常见于山地针叶林、混交林、人工林及林缘地带 | **居留** 留鸟 *P. p.
bottanensis* | **生活史** 3 月至 4 月雌雄共同营巢；4 月中下旬至 5 月上旬产卵，
雌鸟孵卵，雄鸟在巢附近守护；孵化期 17～18 天，晚成鸟，雌雄共同育雏；
约 1 个月后幼鸟羽毛长成，可离巢 | **食性** 杂食，夏季和早秋主要以动物性食物
为食，在动物性食物少时则主要以植物性食物为食 | **观察** 喜集群，常数只个体
成群在村镇房屋附近活动，聒噪吵闹；人类居住区附近的个体较温和大胆，野
外个体明显更为敏感机警；区内亚种在部分名录中已经独立成种 *P. bottanensis*
（青藏喜鹊）| IUCN–无危

雀形目 PASSERIFORMES > 鸦科 Corvidae > *Nucifraga caryocatactes*

星鸦 འབོ་ལེ་ཀ།
Spotted Nutcracker

生境 偶见于高山针叶林或针阔叶混交林带 | **居留** 留鸟 *N. c. macella* | **生活史**
区内情况不明，推测 3 月中上旬起雌雄配对并占据巢区，在高大针叶树的上部
营巢；窝卵数 3～4 枚，雌雄交替孵卵；孵化期 16～18 天，晚成鸟，雌雄共
同育雏；约 23 天后幼鸟羽毛长成，可离巢；此后至多 3 个月幼鸟仍随亲鸟活
动，直至秋季家庭群解体 | **食性** 主要以松子及针叶林中的其他坚果为食，也捕
食蚯蚓和革翅目、膜翅目、直翅目等昆虫及其幼虫 | **观察** 动作优雅，飞行起伏
而有节律；常在秋季收集松子，并将其储藏在树洞里或树根下，作为过冬口粮 |
IUCN–无危

腰为黑色

雀形目 PASSERIFORMES > 鸦科 Corvidae > *Pyrrhocorax pyrrhocorax*

红嘴山鸦 སྐྱུང་ཀ།

Red-billed Chough

生境 常见于多岩的草甸、河谷、灌丛及林缘 | **居留** 留鸟 *P. p. himalayanus* | **生活史** 3 月末至 4 月初雌雄共同在岩崖的缝隙或废弃的建筑物中营巢；窝卵数 3～6 枚，雌鸟孵卵，其间雄鸟捕食回巢饲喂雌鸟；孵化期 17～18 天，晚成鸟，雌雄共同育雏，有时也有第三只个体协助育雏；约 36～41 天后幼鸟可出飞离巢，但随后至多 50 天仍由亲鸟照料 | **食性** 主要以昆虫及其幼虫为食，也吃植物的果实、种子、嫩芽等 | **观察** 喜集群，常成群在寺院、村镇附近的地面活动觅食；善鸣叫，叫声不同于其他鸦科鸟类，为婉转的哨音 | IUCN-**无危**

雀形目 PASSERIFORMES > 鸦科 Corvidae > *Pyrrhocorax graculus*

黄嘴山鸦 གངས་སྐྱུང་།

Alpine Chough

生境 偶见于高山灌丛、草地和悬崖岩石等开阔处 | **居留** 留鸟 *P. g. digitatus* | **生活史** 4 月初起雌雄共同在岩崖的缝隙中或平台上营巢，其间雄鸟收集巢材，雌鸟搭巢；窝卵数 3～4 枚，主要由雌鸟孵卵，雄鸟捕食回巢饲喂雌鸟；孵化期 18～21 天，晚成鸟，雌雄共同育雏，有时也有第三只个体协助育雏；约 29～31 天后幼鸟可出飞离巢，随后随亲鸟活动至秋季 | **食性** 杂食，主要以甲虫等昆虫及其幼虫和蛹，还有蜗牛及其他无脊椎动物为食，也吃各种植物的果和种子等 | **观察** 体型稍小于红嘴山鸦；常集小群活动，偶尔与红嘴山鸦、渡鸦混群 | IUCN-**无危**

雀形目 PASSERIFORMES > 鸦科 Corvidae > *Corvus dauuricus*

达乌里寒鸦 ཀི་ཁ།

Daurian Jackdaw

生境 可见于针叶林、混交林、阔叶林、亚高山灌丛与草甸草原 | **居留** 留鸟 | **生活史** 区内情况不明，推测于 4 月上旬开始在岩壁缝隙、树洞或建筑物屋檐下集群营巢；4 月下旬至 5 月初产卵，窝卵数 4～8 枚，孵卵期、留巢期等具体信息不明 | **食性** 杂食，食物包括昆虫及其幼虫、蛹，高原林蛙等两栖类，鸟卵，以及植物的浆果、坚果、种子等 | **观察** 喜集群，秋冬季节可见由成百上千只个体形成的鸟浪；胆大好奇，不甚惧人，常在村镇民居附近的地面觅食；嘈杂吵闹，集群飞行时鸣叫；常集大群在岩崖或高大树木上夜栖，也常与其他鸦科鸟类混群 | IUCN-**无危**

雀形目 PASSERIFORMES > 鸦科 Corvidae > *Corvus corone*

小嘴乌鸦 ད་ཏ་ལིབ་ཐུ།
Carrion Crow

生境 常见于稀疏森林、林缘地带，以及高原草甸、农田等各类边界生境｜**居留** 留鸟 *C. c. orientalis*｜**生活史** 3 月中下旬开始配对，雌雄共同在高大乔木顶部营巢，但雌鸟明显投入较多；约 4 月中旬产卵，窝卵数 3～7 枚，主要由雌鸟孵卵，其间雄鸟会带食物回巢饲喂雌鸟；孵化期 16～22 天，晚成鸟，雌雄共同育雏；约 30～35 天后幼鸟可出飞离巢，但仍随亲鸟活动，直至秋季形成亚成体群｜**食性** 杂食，主要以各类昆虫和植物的果实、种子为食，也吃小型兽类、鸟类及动物腐尸等｜**观察** 较少成群，或集成含 3～5 只个体的小群在树上、电线杆上停栖，在草甸、农田取食；性机警，较难接近｜IUCN-**无危**

雀形目 PASSERIFORMES > 鸦科 Corvidae > *Corvus macrorhynchos*

大嘴乌鸦 ཁ་སྐྱ།
Large-billed Crow

生境 可见于茂密的针叶林、混交林、林缘地带及稀疏灌丛等｜**居留** 留鸟 *C. m. tibetosinensis*｜**生活史** 3 月中下旬起雌雄共同在高大乔木顶部的枝杈营巢；4 月中下旬产卵，窝卵数 3～5 枚，雌雄交替孵卵；孵化期 17～19 天，晚成鸟，雌雄共同育雏；约 26～30 天后幼鸟可出飞离巢，但仍随亲鸟活动，直至秋季形成大群｜**食性** 杂食，主要以直翅目、鞘翅目等昆虫及其幼虫和蛹为食，也吃雏鸟、鸟卵、啮齿类、腐肉，以及植物的叶、芽、果实和种子等｜**观察** 胆大而机警，繁殖期外常成小群活动，有时亦与小嘴乌鸦混群，偶见大群；鸣叫相较于其他鸦科鸟类明显不同，常更为嘶哑和粗犷｜IUCN-**无危**

雀形目 PASSERIFORMES > 鸦科 Corvidae > *Corvus corax*

渡鸦 ཕོ་རོག།
Common Raven

生境 常见于高山草甸和山区林缘地带｜**居留** 留鸟 *C. c. kamtschaticus*，*C. c tibetanus*｜**生活史** 3 月中旬雌雄开始配对，共同在崖壁或废弃建筑物中营巢；4 月中旬前后产卵，窝卵数 3～7 枚，雌鸟孵卵，其间雄鸟负责守卫；孵化期 18～25 天，晚成鸟，雌雄共同育雏；约 35～42 天后幼鸟可出飞离巢，但仍随亲鸟活动，直至秋季｜**食性** 主要以各种小型动物为食，也常分食死尸｜**观察** 孤僻而较少同其他鸟类混群；常在高处伺机捕食，也可抢夺其他猛禽的猎物；善鸣叫，可发出多种鸣声；行为丰富，常独自玩耍或同家畜互动嬉闹；区内亚种为渡鸦所有亚种中体型最大、色泽最艳丽者｜IUCN-**无危**

雀形目 PASSERIFORMES > 山雀科 Paridae > *Periparus rubidiventris*

黑冠山雀 དུང་དུང་ལུག་ག།
Rufous-vented Tit

生境 可见于山地针叶林、混交林、阔叶林及林缘灌丛 | **居留** 留鸟 *P. r. beavani* | **生活史** 4月开始繁殖，在高大树木的树干或主枝的树洞中营巢产卵，窝卵数4～7枚；雌鸟孵卵，其间雄鸟会捕食回巢饲喂雌鸟；孵化期18～20天，晚成鸟，雌雄共同育雏；约30天后幼鸟便可离巢独立；每年繁殖2次；秋冬季节或随温度的降低向海拔较低、较为温暖的沟谷迁移 | **食性** 主要以鞘翅目和膜翅目等昆虫及其幼虫为食，也吃部分植物性食物 | **观察** 常在森林中上层活动，频繁在枝杈间跳跃，啄食树枝或树叶表面的昆虫；有时亦与其他山雀混群活动和觅食 | IUCN-无危

雀形目 PASSERIFORMES > 山雀科 Paridae > *Periparus ater*

煤山雀 སོལ་དུང་།
Coal Tit

生境 偶见于山麓地带的混交林、阔叶林、人工林及林缘灌丛 | **居留** 留鸟 *P. a. aemodius* | **生活史** 区内情况不明，推测可能在4月中下旬开始繁殖，雌雄共同在天然树洞中营巢；约5月中上旬产卵，窝卵数8～10枚，雌鸟孵卵，但雄鸟会捕食回巢饲喂雌鸟；孵化期13～14天，晚成鸟，雌雄共同育雏；约17～18天后幼鸟即可出壳离巢，但随后几天内仍以小群在附近活动；每年或繁殖2次 | **食性** 主要以各类昆虫、蜘蛛、蜗牛等为食，也吃草籽、花、浆果等 | **观察** 成对或集小群在树枝间跳跃觅食，有时也和其他山雀混群；不甚惧人，飞行缓慢且不持久 | IUCN-无危

雀形目 PASSERIFORMES > 山雀科 Paridae > *Lophophanes dichrous*

褐冠山雀 ཐུད་ཐུད།
Grey-crested Tit

生境 可见于高山针叶林、混交林、次生林和林缘疏林灌丛 | **居留** 留鸟 *L. d. dichroides* | **生活史** 4月下旬开始繁殖，在天然树洞或缝隙中营巢；窝卵数4～5枚，雌雄交替孵卵；晚成鸟，雏鸟出壳后由雌雄共同抚育；其他繁殖信息尚不明确；秋冬季节或随温度的降低向海拔较低、较为温暖的沟谷迁移 | **食性** 主要以鳞翅目、鞘翅目、双翅目、半翅目、膜翅目等昆虫及其幼虫，以及蜘蛛、蜗牛等无脊椎动物为食，也吃草籽、花、浆果等 | **观察** 常单独或成对活动，秋冬季节可集小群；活泼敏捷，常在乔木下部枝叶间跳跃觅食，偶尔也到林下灌丛和地面觅食 | IUCN-无危

雀形目 PASSERIFORMES > 山雀科 Paridae > *Poecile superciliosus*

白眉山雀 ཟུངས་ཏེ་ཡུ་ཏིར།
White-browed Tit

生境 常见于林缘疏林灌丛及城镇郊野的人造林等 | **居留** 留鸟 | **生活史** 约5月中旬开始繁殖，常在地面植物根部、岩缝或土洞中营巢；窝卵数4～7枚，雌鸟孵卵，但雄鸟会带食物回巢饲喂雌鸟，其他繁殖信息尚不明确；秋冬季节或随温度的降低向海拔较低、较为温暖的沟谷迁移 | **食性** 主要以无脊椎动物及草籽等植物性食物为食 | **观察** 常单独或集小群在灌丛附近活动，有时与雀莺混群，在林缘稀疏灌丛中取食；有时也在林缘的乔木枝杈上取食；与其他山雀相比似乎更为胆大，容易接近观察 | IUCN-无危，中国-二级，中国特有种

雀形目 PASSERIFORMES > 山雀科 Paridae > *Poecile montanus*

褐头山雀 ཟུངས་འོལ་མགོ།
Willow Tit

生境 常见于高山针叶林、混交林、次生阔叶林和林缘疏林灌丛地带 | **居留** 留鸟 *P. m. affinis* | **生活史** 区内繁殖状况不明，推测在4月初开始配对，4月中下旬雌雄共同在天然树洞或裂隙中营巢；5月初产卵，窝卵数6～10枚，雌鸟孵卵，雄鸟捕食回巢饲喂雌鸟；孵化期12～16天，晚成鸟，雌雄共同育雏；约15～17天后幼鸟可出飞离巢；每年或可繁殖2次 | **食性** 主要以鞘翅目、鳞翅目、膜翅目等昆虫及其幼虫，以及蜘蛛、蜗牛等无脊椎动物为食，也吃叶芽、草籽等 | **观察** 性活泼，行动敏捷，繁殖期外常集小群在树冠层中下部枝丫间跳跃觅食，群体松散 | IUCN-无危

雀形目 PASSERIFORMES > 山雀科 Paridae > *Poecile weigoldicus*

四川褐头山雀 ཤི་ཁྲོན་ཟུངས་འོལ་མགོ།
Sichuan Tit

生境 常见于较为湿润的混交林、阔叶林或林缘灌丛 | **居留** 留鸟 | **生活史** 繁殖及生活史情况不明，可能接近于褐头山雀；秋冬季节或随温度的降低向海拔较低、较为温暖的沟谷迁移 | **食性** 以昆虫、蜘蛛、蜗牛等无脊椎动物及草籽等植物为食 | **观察** 集小群在大果圆柏林及灌丛附近活动觅食；原为褐头山雀的亚种 *P. m. weigoldicus*，近期遗传学证据表明其应为独立物种，但仍需大量研究来厘清其与褐头山雀在区内同域分布的 *P. m. affinis* 亚种间的亲缘关系 | IUCN-无危，中国特有种

雀形目 PASSERIFORMES > 山雀科 Paridae > *Pseudopodoces humilis*

地山雀　ङुङ्गी
Ground Tit

生境 常见于高原草甸、草原、湿地或稀疏灌丛等开阔地带｜**居留** 留鸟｜**生活史** 4 月下旬至 5 月上旬在土壁、地面打洞，或利用鼠兔等动物的洞穴营巢；约 5 月中旬产卵，窝卵数 4～8 枚，雌鸟孵卵，雄鸟捕食回巢饲喂雌鸟；孵化期 15～20 天，晚成鸟，雌雄共同育雏，有合作繁殖行为；约 20 天后幼鸟可出飞离巢｜**食性** 主要以鳞翅目、膜翅目、鞘翅目等昆虫及其幼虫为食，也吃少量草叶、草籽等植物性食物｜**观察** 常在地面裸露处跳跃觅食；飞行能力较弱，不高飞亦不远飞，常在鼠兔洞穴中夜栖；形态及生态与鸦科鸟类趋同，因此在深入的分类研究厘定之前曾名为"褐背拟地鸦"｜IUCN-无危

雀形目 PASSERIFORMES > 山雀科 Paridae > *Parus cinereus*

大山雀　དུར་མ་འོ་འབྱང་།
Cinereous Tit

生境 可见于山麓地带的混交林、阔叶林、林缘灌丛及城镇郊野的人工林等｜**居留** 留鸟 *P. c. tibetanus*｜**生活史** 区内繁殖情况不明，推测于 4 月中下旬在树洞中营巢；约 5 月上旬产卵，窝卵数 6～9 枚，雌鸟孵卵，雄鸟捕食回巢饲喂雌鸟；孵化期 13～15 天，晚成鸟，雌雄共同育雏；约 15～17 天后幼鸟可出飞离巢，但初期并不远离巢址；每年或繁殖多次｜**食性** 主要以鞘翅目、鳞翅目、双翅目等昆虫及其幼虫，以及蜘蛛、蜗牛等无脊椎动物为食，也吃草籽等植物性食物｜**观察** 即苍背山雀；活泼大胆，不甚畏人；行动敏捷，常集小群在树枝间跳跃觅食，偶尔到空中或地面觅食｜IUCN-无危

雀形目 PASSERIFORMES > 百灵科 Alaudidae > *Melanocorypha maxima*

长嘴百灵　ৰ৳ৰ৾ঀ৷
Tibetan Lark

生境 常见于水域附近湿润的草甸、草原，以及湿地附近｜**居留** 留鸟 *M. m. maxima*, *M. m. holdereri*｜**生活史** 4 月中上旬开始求偶配对，4 月中下旬开始在草丛根部等地营巢；5 月上旬产卵，窝卵数 2～3 枚，雌雄交替孵卵；孵化期 11～12 天，雌雄共同育雏；约 8 天后幼鸟即可离巢，约 14～15 天后可尝试飞行，其他繁殖信息尚不明确｜**食性** 主要以草籽、嫩芽等植物性食物为食，也捕食昆虫及其幼虫、蜘蛛等无脊椎动物｜**观察** 体型最大的百灵，不甚惧人，常在地面搜寻食物或在围栏顶端等处停歇休息；善鸣叫，可模仿多种鸟类叫声及噪声（如摩托车引擎声等）｜IUCN-无危

雀形目 PASSERIFORMES > 百灵科 Alaudidae > *Calandrella dukhunensis*

蒙古短趾百灵　ཙོག་མ་ཆེལ་ཆེ་བ།
Mongolian Short-toed Lark

生境 偶见于开阔且较为干旱的草甸、草原、荒漠、半荒漠地带丨**居留** 夏候鸟丨**生活史** 4 月中下旬至 5 月上旬抵达；区内繁殖情况不明，推测 4 月中下旬雌鸟开始在地面凹坑内营巢；窝卵数 2～5 枚，雌鸟孵卵；孵化期约 13 天，晚成鸟，雌雄共同育雏；约 9～12 天后幼鸟可离巢，约 12～15 天可尝试飞行；8 月中下旬开始向越冬地迁移丨**食性** 主要以杂草嫩叶、草籽及青稞等农作物的种子为食，也捕食昆虫及其幼虫、蜘蛛等无脊椎动物丨**观察** 原为大短趾百灵 *C. b. dukhunensis* 亚种；偏好较为干燥的干旱或半干旱草地，常集群于地面觅食；喜鸣叫，但声音不如其他云雀悦耳丨IUCN-无危

雀形目 PASSERIFORMES > 百灵科 Alaudidae > *Calandrella acutirostris*

细嘴短趾百灵　ཙོག་མ་ཆེལ་མ་རྒྱུ་ཐུ།
Hume's Short-toed Lark

生境 可见于较为干旱的高原草甸、草原及半荒漠地带丨**居留** 夏候鸟 *C. a. tibetana*丨**生活史** 约 4 月初抵达，4 月中上旬开始求偶配对，5 月上旬雌雄共同在地面营巢；5 月中旬产卵，窝卵数 2～4 枚，雌雄交替孵卵（一说仅由雌鸟孵卵）；孵化期约 10～11 天，晚成鸟，雌雄共同育雏；约 10～11 天后幼鸟可离巢；约 10 月中下旬集群迁离丨**食性** 主要以草叶、杂草草籽等植物性食物为食，也捕食昆虫、蜘蛛等无脊椎动物丨**观察** 偏好干燥的干旱或半干旱草原，常集小群飞翔或在地面觅食；胆怯而机警，受惊扰后常成群飞起，至数十米外再落下丨IUCN-无危

雀形目 PASSERIFORMES > 百灵科 Alaudidae > *Alaudala cheleensis*

亚洲短趾百灵　ཙོག་མ་ཆེལ།
Asian Short-toed Lark

生境 可见于高原草甸、草原及半荒漠地带丨**居留** 留鸟 夏候鸟 *A. c. tangutica*，*A. c. beicki*丨**生活史** 迁徙时间不明；区内繁殖情况不明，推测于 4 月中下旬开始繁殖，在多砾石的沙土地、河漫滩上的草丛根部或地面凹坑内营巢；巢呈碗状，内垫杂草；5 月中下旬产卵，窝卵数 3～4 枚，其他繁殖信息尚不明确丨**食性** 主要以杂草草籽为食，也捕食少量昆虫、蜘蛛等无脊椎动物丨**观察** 相较于其他百灵科鸟类，更偏好水域附近的沙砾草滩和草地，常在岸边的青草丛中觅食；喜鸣叫，鸣声婉转动听；善飞行，常垂直起飞，边飞边鸣，有时也呈波浪式往前飞丨IUCN-无危

雀形目 PASSERIFORMES > 百灵科 Alaudidae > *Galerida cristata*

凤头百灵 ཚོག་གཟེ།
Crested Lark

生境 可见于植被稀疏的干旱平原和半荒漠地区 | **居留** 留鸟 *G. c. leautungensis* | **生活史** 区内繁殖信息不明，推测在 5 月中上旬开始繁殖，雌鸟独自在半荒漠草原地面凹坑中营巢；5 月中下旬产卵，窝卵数 3～5 枚，雌雄交替孵卵；孵化期 12～13 天，晚成鸟，雌雄共同育雏；约 9～10 天后幼鸟可离巢，15～16 天后可尝试飞行，约 20 天后可完全飞行；每年或多次繁殖 | **食性** 主要以各类草本植物及草籽等植物性食物为食，也捕食昆虫、蜘蛛等无脊椎动物 | **观察** 孤僻但喜鸣叫，常在起飞或飞行时鸣叫；善奔走，常单独于地面行走觅食，受惊扰时常藏匿不动 | IUCN-**无危**

雀形目 PASSERIFORMES > 百灵科 Alaudidae > *Alauda gulgula*

小云雀 ཚོ་ཀ།
Oriental Skylark

生境 常见于开阔的高原草甸、草原及牧民民居附近 | **居留** 留鸟 *A. g. inopinata* | **生活史** 区内繁殖信息不明，推测在 4 月中旬开始求偶配对，4 月中下旬在草丛根部或地面凹坑中营巢；5 月中上旬产卵，窝卵数 3～5 枚，雌鸟孵卵（一说雌雄交替孵卵）；孵化期 11～13 天，晚成鸟，雌雄共同育雏；约 10 天后幼鸟可离巢，再过数天即可尝试飞行；每年或多次繁殖 | **食性** 主要以各类草本植物及草籽为食，也捕食各种昆虫及其幼虫 | **观察** 善奔走，除繁殖期外常成群在地面活动觅食，有时与鹨混群活动；善飞行，常从地面垂直起飞并至高空悬停；不甚惧人，常到帐篷或房屋附近觅食 | IUCN-**无危**

雀形目 PASSERIFORMES > 百灵科 Alaudidae > *Eremophila alpestris*

角百灵 ལྷགས་བྱེད།
Horned Lark

生境 常见于高原草甸、草原及半荒漠地带 | **居留** 留鸟 *E. a. brandti, E. a. khamensis* | **生活史** 4 月中下旬开始求偶配对，在草丛根部或地面凹坑中营巢；5 月中旬产卵，窝卵数 2～5 枚，雌雄交替孵卵；孵化期 12～13 天，晚成鸟，雌雄共同育雏；约 11 天后幼鸟可离巢，再过数天即可尝试飞行，出生约 4 周后即可如成鸟般飞行；每年或多次繁殖 | **食性** 主要以杂草草籽为食，也捕食昆虫及其幼虫等无脊椎动物 | **观察** 善奔走，除繁殖期外常集群在地面觅食，一般不高飞或远飞；善鸣叫，鸣声婉转清脆；雄鸟头部角状羽冠明显，且面部斑纹为纯黑色，雌鸟头部无明显羽冠且面部斑纹较淡 | IUCN-**无危**

雄鸟 | 雌鸟

雀形目 PASSERIFORMES > 燕科 Hirundinidae > *Riparia diluta*

淡色崖沙燕   ཅེར་ཡུག།

Pale Martin

生境 常见于河流、湖泊及湿地等开阔水域附近的沙丘、土壁或崖壁上 | **居留** 夏候鸟 R. d. tibetana | **生活史** 4月中下旬抵达，集群营巢，会花费约13～14天在土壁或崖壁上啄洞；窝卵数4～7枚，雌雄交替孵卵；孵化期12～13天，晚成鸟，雌雄共同育雏；约23天后幼鸟可试飞离巢；约9月中旬迁离 | **食性** 主要以双翅目、鳞翅目、膜翅目等各类飞行昆虫为食 | **观察** 善飞行，飞行速度快，变向敏捷，常快速在空中或水面掠过，捕食昆虫；常顺风或逆风往复飞行，很少与风向相交飞行；逆风飞行时速度缓慢，容易观察；常集群在铁丝围栏、土壁上停歇 | **IUCN-无危**

雀形目 PASSERIFORMES > 燕科 Hirundinidae > *Riparia riparia*

崖沙燕   ཇེ་ཡུག།

Sand Martin

生境 偶见于河流、湖泊及湿地等水域附近的沙丘、土壁或崖壁上 | **居留** 旅鸟 繁殖鸟 R. r. ijimae | **生活史** 区内多为旅鸟，春季或于4月中下旬至5月上旬、秋季或于9月中旬前后途经三江源地区，在河流、湖泊、湿地等水域附近停歇；该亚种在我国主要繁殖于新疆，区内具体繁殖状况不明，但7月曾在果洛州有繁殖记录 | **食性** 主要以双翅目、鳞翅目、膜翅目等各类飞行昆虫为食 | **观察** 常集群在水面上空快速掠食昆虫，会同淡色崖沙燕等混群，并在水域附近的土壁、围栏等处停歇；同淡色崖沙燕的区别在于本种颜色明显更深，特别是胸部横带呈深褐色，形成醒目"领环"，耳羽与胸带分界明显，且在三江源远不如淡色崖沙燕常见 | **IUCN-无危**

雀形目 PASSERIFORMES > 燕科 Hirundinidae > *Ptyonoprogne rupestris*

岩燕   བྲག་ཡུག།

Eurasian Crag Martin

生境 常见于高山河谷地带陡峭且植被茂盛的崖壁附近 | **居留** 夏候鸟 | **生活史** 约4月中旬抵达，抵达后即开始成对或以松散群体在高大岩土壁上啄洞营巢；营巢为期9～20天；5月中上旬产卵，窝卵数2～5枚，几乎完全由雌鸟孵卵；孵化期13～17天，晚成鸟，雌雄共同育雏；约24～27日龄的幼鸟羽毛长成，约38～48日龄的幼鸟可出飞离巢；约9月中旬迁离 | **食性** 主要以蚊、蝇及虻等双翅目昆虫为食 | **观察** 捕食行为同其他燕科鸟类相近，但体型明显更大，飞行似乎相对较慢且轨迹更长；在开掘公路时形成的断崖和土壁附近尤其常见 | **IUCN-无危**

雀形目 PASSERIFORMES > 燕科 Hirundinidae > *Hirundo rustica*

家燕 ཁུག་རྟ།
Barn Swallow

生境 常见于城镇中距离河流、池塘等水域较近的人类居住区附近 | **居留** 夏候鸟
H. r. gutturalis | **生活史** 约 4 月中旬抵达；雌雄共同在房屋檐下或横梁上营巢；
窝卵数 3～7 枚，雌雄交替孵卵；孵化期 13～15 天，晚成鸟，雌雄共同育雏，
但以雌鸟为主；约 20 天后幼鸟可出飞离巢；每年或多次繁殖；约 9 月中旬迁
离 | **食性** 主要以双翅目、鳞翅目、膜翅目等各类飞行昆虫为食 | **观察** 善飞行，
速度快且转向灵活，常在巢附近的空中掠食昆虫，阴天时低飞；在城镇中喜欢
在河流、湖泊等水域附近飞行觅食；幼鸟同成鸟相比外侧尾羽较短而尾开叉较
浅 | IUCN−无危

雀形目 PASSERIFORMES > 燕科 Hirundinidae > *Delichon dasypus*

烟腹毛脚燕 སྦུ་ལུག་མཆན་ནག།
Asian House Martin

生境 可见于人迹罕至的高山峡谷、河谷等陡峭山地 | **居留** 夏候鸟 *D. d.
cashmeriensis* | **生活史** 5 月初集小群抵达，随后雌雄共同在崖壁上营巢；群体
内巢分布较松散；5 月中下旬产卵，窝卵数 2～6 枚，雌雄交替孵卵；孵化期
15～19 天，晚成鸟，雌雄共同育雏；约 20 天后幼鸟可出飞离巢；每年或多次
繁殖；约 9 月中旬迁离 | **食性** 主要以双翅目、膜翅目、鞘翅目、半翅目等各类
飞行的昆虫为食 | **观察** 喜飞行，与其他燕科鸟类相比更喜留在空中，常集小群
在山谷间飞行掠食或在高空翱翔；飞行时如猛禽般缓慢振翅，然后滑翔，其间
常发出 "咝咝" 的高频叫声 | IUCN−无危

雀形目 PASSERIFORMES > 燕科 Hirundinidae > *Cecropis daurica*

金腰燕 ཁུག་རྟ་འཕོངས་སེར།
Red-rumped Swallow

生境 可见于距人类居住区较近的湿润草甸、湿地、河谷及城镇附近 | **居留** 夏候
鸟 *C. d. gephyra* | **生活史** 4 月中下旬抵达；区内繁殖信息不明，推测于 4 月下
旬至 5 月上旬雌雄共同在建筑物屋檐下或房梁上营巢；5 月中上旬产卵，窝卵
数 4～6 枚，雌雄交替孵卵；孵化期 16～18 天，晚成鸟，雌雄共同育雏；幼
鸟约 20 天后羽毛长成，约 26～28 天后可出飞离巢；每年或多次繁殖；约 9
月中旬迁离 | **食性** 主要以双翅目、膜翅目、半翅目和鳞翅目等昆虫为食 | **观察**
性极活跃，善飞翔，常在空中滑翔或翱翔，极为迅速灵巧；在市区常与家燕等
燕科鸟类混群活动 | IUCN−无危

雀形目 PASSERIFORMES > 柳莺科 Phylloscopidae > *Phylloscopus fuligiventer*

烟柳莺 ལུང་བྱིའུ་དུད་ཁ།
Smoky Warbler

生境 可见于高山沟谷中的林缘灌丛地带 | **居留** 留鸟 *P. f. weigoldi* | **生活史** 4 月开始求偶配对，5 月上旬雌鸟开始在裸露灌丛中营巢，雄鸟偶尔也协助造巢；约 5 月中旬产卵，窝卵数 4～5 枚；孵化期 14～15 天，晚成鸟，雌雄共同育雏；秋冬季节垂直迁往海拔较低、尚未积雪且水源未封冻的沟底或林缘等 | **食性** 主要以鞘翅目、鳞翅目、直翅目等昆虫及其幼虫为食，也捕食蜘蛛等其他无脊椎动物 | **观察** 冬季常在有水的地方活动；常单独或成对活动，多在灌木低枝间跳跃或在大的乱石堆中来回走动，寻觅食物；常做尾上翘和翼及尾轻弹的动作 | **IUCN-无危**

雀形目 PASSERIFORMES > 柳莺科 Phylloscopidae > *Phylloscopus affinis*

黄腹柳莺 ལུང་བྱིའུ་སྒོ་སེར།
Tickell's Leaf Warbler

生境 常见于山地林缘灌丛和草原灌丛地带 | **居留** 夏候鸟 *P. a. affinis* | **生活史** 4 月中旬前后抵达；区内繁殖信息不明，繁殖期可能在 5 月至 8 月，繁殖地常位于较为干燥的荒山林线地带的灌丛中；有报道称 7 月 24 日见成鸟育雏，其他繁殖信息尚不明确；秋季或向中国云南或缅甸的越冬地迁徙 | **食性** 主要以鳞翅目、膜翅目、双翅目等各种昆虫及其幼虫、蛹为食 | **观察** 灵敏而活泼，常独自或成对在靠近地面的灌丛中不停地跳跃觅食，有时也在地面跳跃奔跑；偶尔站在灌丛顶部，似鹟般飞向空中捕食或追击飞行的昆虫；不甚惧人，有人接近时也仅飞至不远处的灌丛，较少直接飞离或进入灌丛藏匿 | **IUCN-无危**

雀形目 PASSERIFORMES > 柳莺科 Phylloscopidae > *Phylloscopus subaffinis*

棕腹柳莺 ལུང་བྱིའུ་སྦོ་ཁམས།
Buff-throated Warbler

生境 可见于山地针叶林或混交林，以及林缘灌丛、灌丛草甸等 | **居留** 夏候鸟 *P. s. subaffinis* | **生活史** 区内繁殖情况不明，推测在 4 月下旬前后抵达，5 月上旬前后在幼龄杉树中下部的枝杈间或地面茂密的草丛中营巢；窝卵数 4 枚，其他繁殖信息尚不明确；秋季或于 10 月中下旬迁往位于中国南部或中南半岛北部的越冬地 | **食性** 主要以半翅目、膜翅目、双翅目、鳞翅目、直翅目等昆虫及其幼虫为食 | **观察** 繁殖期单独或成对活动，非繁殖期常成松散的小群；性活跃，常在树枝间跳跃觅食；叫声特殊，为尖细的不断重复的双音节声"凄厉，凄厉"，类似蟋蟀鸣声 | **IUCN-无危**

雀形目 PASSERIFORMES > 柳莺科 Phylloscopidae > *Phylloscopus armandii*

棕眉柳莺 ལྗང་བྱིའུ་ཁྲ་ཏྲིག
Yellow-streaked Warbler

生境 可见于近水的山地针叶林、混交林、阔叶林及林缘灌丛，迁徙时常见于近水的灌丛 | **居留** 夏候鸟 旅鸟 *P. a. armandii* | **生活史** 4 月中下旬抵达；推测于 5 月中旬前后在针叶林下部营巢；窝卵数 4～5 枚，其他繁殖信息尚不明确；约 9 月中旬迁往位于中国南部和中南半岛北部的越冬地 | **食性** 主要以鞘翅目、鳞翅目、直翅目等昆虫及其幼虫为食，也捕食蜘蛛等其他无脊椎动物 | **观察** 常单独或成对活动，有时也集成松散的小群，在灌木和树枝间跳跃觅食 | IUCN-**无危**

雀形目 PASSERIFORMES > 柳莺科 Phylloscopidae > *Phylloscopus pulcher*

橙斑翅柳莺 ལྗང་བྱིའུ་ལི་རིས།
Buff-barred Warbler

生境 可见于高山针叶林、混交林、阔叶林及林缘灌丛 | **居留** 夏候鸟 *P. p. pulcher* | **生活史** 4 月中下旬抵达，区内繁殖信息不明，推测于 5 月中上旬在森林中 3～5 米高的树木枝杈间营巢；窝卵数 3～4 枚；约 9 月中旬迁往位于中国南部和中南半岛北部的越冬地 | **食性** 主要以各种昆虫及其幼虫为食，也吃花蜜和树的汁液 | **观察** 多在高山针叶林和杜鹃灌丛中活动；性活泼，行动敏捷，常单独或成对在树冠层跳跃活动，也到地面上或林缘灌丛中活动觅食；有时同山雀等鸟类混群觅食 | IUCN-**无危**

雀形目 PASSERIFORMES > 柳莺科 Phylloscopidae > *Phylloscopus proregulus*

黄腰柳莺 ལྗང་བྱིའུ་འབོངས་སེར།
Pallas's Leaf Warbler

生境 可见于针叶林、混交林、阔叶林及林缘灌丛等 | **居留** 旅鸟 | **生活史** 繁殖于高纬度从中西伯利亚至东西伯利亚的泰加林中，越冬于中南半岛北部和中国南部的森林生境，春季或于 4 月中下旬、秋季或于 9 月中旬至 10 月中旬前后途经三江源地区，常在河谷两侧的阔叶林和针阔叶混交林中停歇 | **食性** 主要以鞘翅目和鳞翅目昆虫及其幼虫为食，也吃蜘蛛等其他无脊椎动物 | **观察** 活泼而敏捷，常在高大树木的树冠层枝杈间跳跃穿梭觅食，有时也站在针叶树顶部鸣叫，鸣声清脆而洪亮；由于体型较小且活动区域较高，加之动作活跃，通常较难观察 | IUCN-**无危**

雀形目 PASSERIFORMES > 柳莺科 Phylloscopidae > *Phylloscopus forresti*

四川柳莺 སི་ཁྲོན་ལྗང་བྱིའུ།
Sichuan Leaf Warbler

生境 偶见于中高海拔的针叶林和针阔叶混交林 | **居留** 夏候鸟 旅鸟 | **生活史** 区内繁殖信息不明，推测同淡黄腰柳莺（*P. chloronotus*）类似，即在 4 月下旬至 5 月中上旬抵达，6 月初雌雄共同在针叶林或混交林中的树干缝隙间营巢，雌雄交替孵卵；晚成鸟，雌雄共同育雏，其他繁殖信息尚不明确；或于 9 月中下旬至 10 月上旬迁往位于中南半岛北部的越冬地 | **食性** 主要以昆虫及其卵和幼虫为食 | **观察** 繁殖期常单独或成对在树冠层或地面觅食，常站在明显的树木枝杈上，像鹟一样飞向空中捕捉昆虫，同其他柳莺相比更喜欢在空中盘旋；非繁殖期常与其他鸟类组成混合群 | **IUCN-无危**

雀形目 PASSERIFORMES > 柳莺科 Phylloscopidae > *Phylloscopus inornatus*

黄眉柳莺 ལྗང་བྱིའུ་རྟེ་སེར།
Yellow-browed Warbler

生境 偶见于针叶林、混交林、阔叶林及林缘灌丛等 | **居留** 旅鸟 | **生活史** 繁殖于高纬度从西西伯利亚至东西伯利亚及蒙古高原北部和外兴安岭的泰加林中，越冬于南亚东部、中南半岛和中国南部，春季或于 4 月中下旬至 5 月上旬、秋季或于 9 月下旬至 10 月上旬前后途经三江源地区，或在河谷两侧的阔叶林和林缘灌丛附近停歇 | **食性** 主要以鞘翅目和鳞翅目昆虫及其幼虫为食 | **观察** 活泼而敏捷，常单独或成小群在高大树木的树冠层枝杈间跳跃穿梭觅食，非繁殖期也常与其他柳莺混群；也常站在明显的树木枝杈上，像鹟一样飞向空中捕捉昆虫，或在空中盘旋，伺机捕食 | **IUCN-无危**

雀形目 PASSERIFORMES > 柳莺科 Phylloscopidae > *Phylloscopus humei*

淡眉柳莺 ལྗང་བྱིའུ་རྟེ་སྐྱ།
Hume's Leaf Warbler

生境 可见于山地针叶林、混交林、阔叶林和高山灌丛草地 | **居留** 夏候鸟 旅鸟 *P. h. mandellii* | **生活史** 区内情况不明，推测于 5 月中上旬抵达，5 月下旬在灌丛下部或草丛中营巢；6 月上旬产卵，窝卵数 4～5 枚，雌鸟孵卵，孵化期 11～14 天，晚成鸟，雌雄共同育雏；约 11～15 日龄的幼鸟可出飞离巢，约 21 日龄的幼鸟开始独立生活；9 月上旬迁往越冬地 | **食性** 主要以鞘翅目、鳞翅目、直翅目等昆虫及其幼虫为食 | **观察** 性活泼而好动，常单独或成对在枝杈间跳跃觅食，也常在地面活动觅食；非繁殖期亦成松散的小群；原为黄眉柳莺（*P. inornatus*）的亚种，后因鸣声、羽色及分布的原因独立成种 | **IUCN-无危**

雀形目 PASSERIFORMES > 柳莺科 Phylloscopidae > *Phylloscopus trochiloides*

暗绿柳莺 ལྡུང་ཕྱིའུ་སྤུང་དཀར།

Greenish Warbler

生境 可见于针叶林、混交林、阔叶林与林缘疏林及灌丛 | **居留** 夏候鸟 *P. t. obscuratus*，*P. t. trochiloides* | **生活史** 4 月中下旬抵达；区内情况不明，推测于 5 月上旬雌雄共同在地面、陡峭岩面或灌丛营巢；约 5 月中下旬产卵，窝卵数 3～7 枚，雌鸟孵卵；孵化期 12～13 天，晚成鸟，雌雄共同育雏；约 12～14 日龄的幼鸟可出飞离巢，约 27～29 日龄的幼鸟开始独立生活；约 9 月上旬迁往越冬地 | **食性** 主要以鳞翅目、膜翅目、半翅目、鞘翅目昆虫及其幼虫为食 | **观察** 性活跃，行动敏捷，常单独或成对活动，在树冠层不停进出，捕食飞行昆虫，偶尔到低树上或灌丛中觅食 | IUCN-无危

雀形目 PASSERIFORMES > 长尾山雀科 Aegithalidae > *Aegithalos glaucogularis*

银喉长尾山雀 ཚིག་ཕྱིའུ་རིང་རིལ།

Silver-throated Bushtit

生境 偶见于山地针叶林及针阔叶混交林 | **居留** 留鸟 *A. g. vinaceus* | **生活史** 区内情况不明，推测于 4 月末至 5 月初雌雄共同在针叶乔木枝杈间营巢；5 月中上旬产卵，窝卵数 9～10 枚，主要由雌鸟孵卵，在雌鸟离巢觅食时雄鸟担任守卫；孵化期 13～15 天，晚成鸟，雌雄共同育雏；约 15～16 天后幼鸟即可出飞离巢；冬季迁移至低海拔处越冬 | **食性** 主要以半翅目、鞘翅目、鳞翅目等昆虫及其幼虫为食，也捕食蜘蛛、蜗牛等其他无脊椎动物 | **观察** 常单独在树冠及灌丛顶部的枝杈间跳跃觅食，偶尔也站在树冠边缘，像鹟一样飞向空中捕捉飞行昆虫；非繁殖期集小群游荡 | IUCN-无危，中国特有种

雀形目 PASSERIFORMES > 长尾山雀科 Aegithalidae > *Aegithalos bonvaloti*

黑眉长尾山雀 ཚིག་ཕྱིའུ་རྩེ་ནག

Black-browed Bushtit

生境 可见于湿润而茂密的混交林、阔叶林、疏林、林缘灌丛，以及植被茂密的杂木林 | **居留** 留鸟 *A. b. bonvaloti* | **生活史** 4 月中下旬繁殖对脱离群体，5 月中下旬在阔叶乔木或灌丛枝杈间营巢；5 月末至 6 月初产卵，窝卵数 4～5 枚，雌雄交替孵卵，但以雌鸟为主；孵化期约 16 天，晚成鸟，雌雄共同育雏，其他繁殖信息尚不明确；秋冬季节或迁往低海拔处越冬 | **食性** 主要以膜翅目、双翅目、鞘翅目等昆虫及其幼虫和杂草草籽为食 | **观察** 除繁殖期成对活动外，常集成松散小群在树木枝叶间穿梭觅食；有时同其他山雀类混群，但由其形成的单一觅食群体更为常见 | IUCN-无危

雀形目 PASSERIFORMES > 长尾山雀科 Aegithalidae > *Leptopoecile sophiae*

花彩雀莺 མཆེ་བ་ཕྱུ་སྨུག།
White-browed Tit Warbler

生境 可见于高山针叶林、林缘灌丛、稀疏灌丛草地等 | **居留** 留鸟 *L. s. obscura* | **生活史** 4 月末至 5 月初雌鸟营巢于灌丛上部枝杈，呈松散群巢；约 5 月中旬产卵，窝卵数 4～6 枚，雌雄交替孵卵；孵化期 14～17 天，晚成鸟，雌雄共同育雏；约 18～20 日龄的幼鸟可离巢，但之后 7～12 天仍在巢附近活动；每年或多次繁殖 | **食性** 主要以昆虫及其幼虫、蜘蛛等无脊椎动物为食，也吃植物的浆果和种子等 | **观察** 行动敏捷，频繁在枝杈和灌木间穿梭飞行觅食，偶尔像鹟一样飞向空中捕食昆虫，很少下地觅食；胆怯而谨慎，见人后常到树干背部或灌丛中躲避，惊飞后亦不远飞 | IUCN-无危

雀形目 PASSERIFORMES > 长尾山雀科 Aegithalidae > *Leptopoecile elegans*

凤头雀莺 མཆེ་བ་དུང་རལ།
Crested Tit Warbler

生境 偶见于山地针叶林及林线以上的灌丛 | **居留** 留鸟 *L. e. elegans* | **生活史** 4 月中下旬起在针叶树上部营巢；约 5 月中旬产卵，窝卵数 4～6 枚，雌雄交替孵卵；孵化期 12～14 天，晚成鸟，雌雄共同育雏；约 12～14 日龄的幼鸟可出飞离巢；秋冬季节或随温度的降低向海拔较低、较为温暖的沟谷迁移 | **食性** 主要以鞘翅目、膜翅目、双翅目等昆虫及其幼虫为食 | **观察** 体形娇小，是中国最小的鸟类之一；性孤僻而羞怯，常单独或集小群在针叶树枝杈间跳跃觅食，偶尔也到林下灌丛中觅食；也同其他山雀等鸟类混群觅食 | IUCN-无危，中国特有种

雀形目 PASSERIFORMES > 莺鹛科 Sylviidae > *Fulvetta striaticollis*

中华雀鹛 ཀྲུང་ཏུ་ངང་སྐྱི།
Chinese Fulvetta

生境 罕见于高山阔叶林及林缘灌丛 | **居留** 留鸟 | **生活史** 6 月至 8 月繁殖，常在树木枝杈间营巢，窝卵数约 4 枚，其他繁殖信息尚不明确；秋冬季节或随温度的降低向海拔较低、较为温暖的沟谷迁移 | **食性** 信息不明，或主要以昆虫等无脊椎动物，以及浆果、种子等植物性食物为食 | **观察** 常成对或集小群在林下植被中觅食；与白眉雀鹛相似，但本种并无白眉及眉上方的黑纵纹；亦与棕头雀鹛相似，但本种并无侧冠纹，且冠部及上背部有纵纹 | IUCN-无危，中国特有种

雄鸟　雌鸟

雄鸟　雌鸟

雀形目 PASSERIFORMES > 莺鹛科 Sylviidae > *Fulvetta cinereiceps*

褐头雀鹛　ཇ་སྐྱུ་འོལ་པ་གོ།
Streak-throated Fulvetta

生境 罕见于沟谷阔叶林及林缘灌丛地带 | **居留** 留鸟 *F. c. fessa* | **生活史** 5月中上旬在林下灌丛枝权间营巢，5月中下旬产卵，窝卵数 4～5 枚，其他繁殖信息尚不明确；秋冬季节或随温度的降低向海拔较低、较为温暖的沟谷迁移 | **食性** 主要以鞘翅目、膜翅目、鳞翅目等昆虫及其幼虫为食，也吃蒿草等植物的叶片、幼芽、果实和种子等 | **观察** 常集成包含 3～5 只个体的小群，在林下灌丛内频繁跳跃飞行，偶尔也到地面上活动觅食，其间不时发出"嗞""嗞"的单调叫声；非繁殖期常与其他小型鹛类混群，在林下及灌丛隐秘处觅食活动 | IUCN-无危，中国特有种

雀形目 PASSERIFORMES > 林鹛科 Timaliidae > *Erythrogenys gravivox*

斑胸钩嘴鹛　འཛིར་འཛོལ་བྲུར་ཁ།
Black-streaked Scimitar Babbler

生境 可见于山地阔叶林及林缘灌丛地带 | **居留** 留鸟 *E. g. dedekeni* | **生活史** 3月中下旬起在树干下部或灌丛中营巢，窝卵数 3～5 枚；每年或多次繁殖，其他繁殖信息尚不明确；秋冬季节或随温度的降低向海拔较低、较为温暖的沟谷迁移 | **食性** 主要以鳞翅目、鞘翅目、膜翅目昆虫及其幼虫为食，也吃杂草草籽等 | **观察** 体型较大，常单独或集小群在灌丛中跳跃，翻动落叶觅食，偶尔做短距离飞行；性善隐匿而惧人，常可听到其翻动落叶的声音或雌雄间响亮的鸣声，但较难看清；见人常直接到灌丛中下部植被茂密处躲避，很少直接惊飞 | IUCN-无危

雀形目 PASSERIFORMES > 噪鹛科 Leiothrichidae > *Babax lanceolatus*

矛纹草鹛　རྒྱ་འཛོལ་ཁམ་ཤེ།
Chinese Babax

生境 偶见于亚高山针叶林、混交林、林缘灌丛和稀树灌丛草坡 | **居留** 留鸟 *B. l. bonvaloti* | **生活史** 区内情况不明，推测于 4月中下旬开始在灌丛中营巢，随后产卵，窝卵数 3～4 枚（一说 2～6 枚），其他繁殖信息尚不明确；秋冬季节或随温度的降低向海拔较低、较为温暖的沟谷迁移 | **食性** 杂食，食物包括鞘翅目、鳞翅目、膜翅目等昆虫及其幼虫，以及植物的果实与种子等 | **观察** 喜集群，常成小群在树木稀疏的开阔地带灌丛和草丛中活动觅食；性活泼，常在地面奔走觅食，较少飞翔；常边走边鸣叫，叫声嘈杂 | IUCN-无危

雀形目 PASSERIFORMES > 噪鹛科 Leiothrichidae > *Babax koslowi*

棕草鹛　ཐྭ་བའི་འཇོལ་མོ།
Tibetan Babax

生境 可见于稀疏森林或林缘灌丛｜**居留** 留鸟 *B. k. koslowi*｜**生活史** 繁殖信息不明；秋冬季节或随温度的降低向海拔较低、较为温暖的沟谷迁移｜**食性** 主要以鞘翅目、鳞翅目等昆虫及其幼虫为食，也吃草籽和青稞种子等｜**观察** 习性同其他草鹛类似，但更偏好矮丛地带、多岩地区及荒芜农田；不甚惧人，繁殖期常可以看到其成对在湿润的河谷或林缘灌丛附近的开阔区域活动，见人亦不似其他鹛一般躲入灌丛深处不出，仅飞至 10 多米外继续活动；活跃而好动，常在地面活动觅食，不远飞或高飞｜IUCN-近危，中国-二级，中国特有种

雀形目 PASSERIFORMES > 噪鹛科 Leiothrichidae > *Garrulax maximus*

大噪鹛　འཇོལ་མོ་སྐྱ་བཀྲ།
Giant Laughingthrush

生境 常见于沟谷或山地的稀疏森林、林缘灌丛｜**居留** 留鸟｜**生活史** 约 5 月中旬在灌丛中营巢，随后产卵，窝卵数 2～3 枚，雌雄交替孵卵；孵化期 17～18 天，晚成鸟，雌雄共同育雏，其他繁殖信息尚不明确；秋冬季节或向低海拔处迁移｜**食性** 杂食，食物包括昆虫、蜘蛛、蜗牛等无脊椎动物，石龙子等小型脊椎动物，以及浆果等植物性食物｜**观察** 体型较大，与其他噪鹛相比更加孤僻，常独自活动；性羞怯，但不甚惧人，常在林下或林缘茂密的灌丛间跳跃觅食，遇人则常躲入灌丛中下部隐蔽处静止不动，一般不易直接惊飞；叫声响亮而吵闹｜IUCN-无危，中国-二级，中国特有种

雀形目 PASSERIFORMES > 噪鹛科 Leiothrichidae > *Garrulax davidi*

山噪鹛　འཇོལ་མོ་མཆུ་སེར།
Plain Laughingthrush

生境 偶见于山地矮林、林缘灌丛及城镇民居附近的杂木林等｜**居留** 留鸟 *G. d. concolor*｜**生活史** 区内情况不明，推测在 5 月开始繁殖，5 月中旬前后在灌丛下部营巢；窝卵数 3～6 枚；每年或多次繁殖，其他繁殖信息尚不明确；秋冬季节或随温度的降低向海拔较低、较为温暖的沟谷迁移｜**食性** 夏季主要以鞘翅目、鳞翅目、革翅目昆虫及其幼虫为食，冬季主要以种子、果实等植物性食物为食｜**观察** 机警而羞怯，常单独或集小群在灌丛下部树枝间跳跃，或在地面隐蔽处觅食，受惊时常躲入茂密的灌丛；善鸣叫，鸣声悦耳，雄鸟在繁殖期尤其喜欢在灌丛边缘鸣叫｜IUCN-无危，中国特有种

雀形目 PASSERIFORMES > 噪鹛科 Leiothrichidae > *Trochalopteron elliotii*

橙翅噪鹛　འཇོལ་མོ་གསེར་འདབ།

Elliot's Laughingthrush

生境 常见于山地混交林、阔叶林、林缘灌丛及人类居住区附近的杂木林 **| 居留** 留鸟 *T. e. elliotii* **| 生活史** 区内信息不明，推测于 5 月中下旬在乔木的低枝或灌丛中营巢，窝卵数 2～3 枚，其他繁殖信息尚不明确；秋冬季节或随温度的降低向低海拔处迁移 **| 食性** 杂食，食物包括鞘翅目、鳞翅目等昆虫及其幼虫，以及植物的浆果、种子等 **| 观察** 喜集群，春夏单独或成对活动，秋冬成群；常在灌丛中下部的枝叶间跳跃觅食，偶见在林下地面活动觅食；吵闹而机警，活动期间常发出嘈杂的叫声，受惊后常迅速到灌丛中藏匿，或仅飞至附近灌丛，一般不远飞 **| IUCN-无危，中国-二级，中国特有种**

雀形目 PASSERIFORMES > 旋木雀科 Certhiidae > *Certhia familiaris*

欧亚旋木雀　ཡ་ཨོ་ཤིང་ཅུག།

Eurasian Treecreeper

生境 罕见于山地针叶林、针阔叶混交林、阔叶林和次生林 **| 居留** 留鸟 *C. f. bianchii* **| 生活史** 区内繁殖信息不明，推测 4 月前后雄鸟占据繁殖区域并开始求偶，随后雌雄共同在树木缝隙中营巢，但以雌鸟为主；窝卵数 1～6 枚，由雌鸟孵卵；孵化期 13～17 天，晚成鸟，雌雄共同育雏，但以雌鸟为主，其间雄鸟警戒；约 13～18 天后幼鸟可出飞离巢，但在随后 2 周内仍随亲鸟活动；每年或多次繁殖 **| 食性** 主要以昆虫、蜘蛛等无脊椎动物为食，也吃少量浆果等植物性食物 **| 观察** 取食行为特殊，常由树木底部开始螺旋爬升觅食，至树梢后便飞至另一棵树重新开始搜寻 **| IUCN-无危**

雀形目 PASSERIFORMES > 旋木雀科 Certhiidae > *Certhia himalayana*

高山旋木雀　ཤིང་ཅུག་སྤུག་རེ།

Bar-tailed Treecreeper

生境 偶见于山地针叶林和针阔叶混交林 **| 居留** 留鸟 *C. h. yunnanensis* **| 生活史** 4 月开始繁殖，雌雄共同用 2 周左右的时间在高大乔木的枯枝或死木缝隙中营巢；窝卵数 4～6 枚，由雌鸟孵卵，其间雄鸟饲喂雌鸟；孵化期 13～15 天，晚成鸟，雌雄共同育雏；约 21 天后幼鸟可出飞离巢，秋冬季节或集群迁往海拔较低的林缘地带越冬 **| 食性** 主要以鞘翅目、革翅目等昆虫及蜘蛛等无脊椎动物为食，也吃少量浆果、叶芽等植物性食物 **| 观察** 常沿树干螺旋攀爬，啄食树木表面缝隙中的昆虫，也有下到地面或在树冠小枝上啄食昆虫的记录 **| IUCN-无危**

背　侧

雀形目 PASSERIFORMES > 鸭科 Sittidae > *Sitta europaea*

普通鸭　 སེར་རྒྱི

Eurasian Nuthatch

生境 偶见于山地针叶林、针阔叶混交林、阔叶林及杂木林等 | **居留** 留鸟 *S. e. sinensis* | **生活史** 区内繁殖信息不明，推测在 4 月下旬前后开始繁殖，由雌鸟在树洞、树木裂隙中营巢；窝卵数 4～13 枚（通常为 5～9 枚），雌鸟孵卵；孵化期 13～18 天，晚成鸟，雌雄共同育雏；约 18～22 天后幼鸟可出飞离巢，但仍需 8～14 天才脱离亲鸟而独立；每年或多次繁殖 | **食性** 夏季主要以鞘翅目昆虫及其幼虫为食，冬季主要以坚果、种子等为食 | **观察** 常头部朝下，自上而下沿树木主干搜寻缝隙中的昆虫，偶尔也在地面或岩缝中寻找食物，也可如鹟般飞向空中掠食或盘旋搜捕昆虫 | IUCN-无危

雀形目 PASSERIFORMES > 鸭科 Sittidae > *Sitta nagaensis*

栗臀鸭　 སེར་རྒྱི་འཕོངས་ལེ།

Chestnut-vented Nuthatch

生境 偶见于山地针叶林、针阔叶混交林、阔叶林等 | **居留** 留鸟 *S. n. montium* | **生活史** 区内繁殖信息不明，推测约于 4 月中旬开始繁殖，在树木的缝隙或孔洞中营巢；窝卵数 2～5 枚，其他繁殖信息尚不明确；秋冬季节或因高海拔地区温度的降低和大雪等极端天气而向海拔较低、较为温暖的沟谷林缘地区迁移 | **食性** 主要以昆虫、蜘蛛等无脊椎动物为食，也吃坚果、浆果、种子等植物性食物 | **观察** 繁殖期常单独或成对活动，非繁殖期常集成松散群体，在地面、岩石及树木枝干上觅食；觅食行为类似普通鸭，但似乎更偏好在地面取食，且叫声类似鹪鹩 | IUCN-无危

雀形目 PASSERIFORMES > 鸭科 Sittidae > *Sitta villosa*

黑头鸭　སེར་རྒྱི་མགོ་ནག

Chinese Nuthatch

生境 偶见于高山或亚高山的针叶林或针阔混交林带 | **居留** 留鸟 *S. v. bangsi* | **生活史** 区内繁殖信息不明，推测于 4 月中旬前后开始繁殖，雌雄共同在树洞中营巢；窝卵数 4～9 枚，雌鸟孵卵，其间雄鸟带食回巢；孵化期 15～17 天，晚成鸟，雌雄共同育雏；约 17～18 天后幼鸟可出飞离巢；每年或多次繁殖；秋冬季节或迁往低海拔处越冬 | **食性** 夏季主要以昆虫等无脊椎动物为食，冬季主要以松子等植物性食物为食 | **观察** 相较于其他鸭，更偏好在树枝和树杈间搜寻食物，也会如鹟般飞向空中掠食昆虫，捕虫时如猛禽般用爪固定并用喙撕扯猎物；会在栖息地内储存食物 | IUCN-无危

雀形目 PASSERIFORMES > 鸭科 Sittidae > *Sitta przewalskii*

白脸鸭 ᠠᠨᠠᠠᠠᠠᠠ

Przevalski's Nuthatch

生境 偶见于林线以下的高山针叶林及针阔叶混交林带 | **居留** 留鸟 *S. p. przewalskii* | **生活史** 区内繁殖情况不明，推测于 4 月下旬开始繁殖，在距离地面较高的树洞或啄木鸟遗留的洞穴中营巢；窝卵数 4～8 枚（通常为 6～8 枚），雌鸟孵卵；晚成鸟，雌雄共同育雏，其他繁殖信息尚不明确；秋冬季节或随温度的降低向海拔较低、较为温暖的沟谷迁移 | **食性** 主要以昆虫、蜘蛛等无脊椎动物为食，也吃针叶树的种子等植物性食物 | **观察** 树栖性，常在树冠层的树干、枝杈活动觅食，较少在较低的树干及林下区域活动；也有夏季如鹟般站在枝头，飞向空中掠食昆虫的记录 | IUCN-无危，中国特有种

雀形目 PASSERIFORMES > 鸭科 Sittidae > *Tichodroma muraria*

红翅旋壁雀 ᠠᠠᠠᠠᠠᠠ

Wallcreeper

生境 可见于森林、灌丛附近的裸露岩壁，或公路、民居、河岸附近的开挖土壁 | **居留** 留鸟 *T. m. nipalensis* | **生活史** 区内繁殖情况不明，推测从 5 月起开始繁殖，雌鸟在岩壁或土壁的缝隙、坑洞中营巢；6 月上旬产卵，窝卵数 3～5 枚，雌雄交替孵卵；孵化期 18～20 天，晚成鸟，雌雄共同育雏；约 28～30 天后幼鸟可飞出离巢，但之后 1 周左右仍由亲鸟照料 | **食性** 主要以鞘翅目、鳞翅目、双翅目、直翅目等昆虫及其幼虫为食，也捕捉蜘蛛等其他无脊椎动物 | **观察** 性孤僻，除繁殖期外多见单独于岩壁或土壁表面上下活动，其间常小幅扇动翅膀保持平衡，并在缝隙中搜寻和捕食昆虫 | IUCN-无危

雀形目 PASSERIFORMES > 鹪鹩科 Troglodytidae > *Troglodytes troglodytes*

鹪鹩 ᠠᠠᠠᠠᠠᠠ

Eurasian Wren

生境 可见于潮湿且生有茂密森林和灌丛的山谷、河谷地带 | **居留** 留鸟 *T. t. szetschuanus* | **生活史** 区内信息不明，推测于 5 月上旬开始繁殖，雌雄共同在树洞、岩缝或茂密的植被中营巢；窝卵数 3～9 枚，雌鸟孵卵；孵化期 12～16 天，晚成鸟，雌雄共同育雏；约 14～19 天后幼鸟可出飞离巢，但在随后的 8～9 天内仍由亲鸟照料；每年或多次繁殖；秋冬季节或迁往海拔较低的沟谷越冬 | **食性** 主要以各种昆虫及其幼虫、蜘蛛等无脊椎动物为食 | **观察** 灵巧而羞怯，常在灌丛附近快速移动，从低枝逐渐跳向高枝搜寻食物，受惊时即躲入灌丛；捕食间隙常在醒目处停栖鸣叫，站立时身体前倾，尾部高耸 | IUCN-无危

繁殖羽 | 非繁殖羽

雀形目 PASSERIFORMES > 河乌科 Cinclidae > *Cinclus cinclus*

河乌   ᚎᚎᚎ

White-throated Dipper

生境 常见于多岩石的高山河谷或城镇河道 | **居留** 留鸟 *C. c. przewalskii* | **生活史** 3月下旬至4月初即可见到求偶行为，4月中上旬即可见到雌雄成对活动，雌雄共同在河岸两侧的土壁或岩壁的坑洞中，或桥梁基座的缝隙中营巢；窝卵数4～5枚，雌鸟孵卵；孵化期16～18天，晚成鸟，雌雄共同育雏；约23天后幼鸟可出飞离巢，但随后1～2周内仍由亲鸟照料 | **食性** 主要以水生昆虫及其他水生无脊椎动物为食，也吃水生植物的种子等 | **观察** 常独自或成对在河流附近的岩石上停栖，或飞行后短暂停留即扎入水中捕食；喜水，常在水中嬉戏；区内可同时见到两个色型 | IUCN-无危

雀形目 PASSERIFORMES > 椋鸟科 Sturnidae > *Spodiopsar cineraceus*

灰椋鸟   ᚎᚎᚎ

White-cheeked Starling

生境 可见于水域附近的高原草甸、稀疏灌丛草地，或城镇公园的人工林、杂木林等 | **居留** 旅鸟 | **生活史** 繁殖于从青藏高原东部到外兴安岭的森林地带，越冬于中国东部和南部的各类生境，春季或于4月中旬前后，秋季或于9月上旬至10月上旬途经三江源地区，或在水域附近的草地、灌丛及阔叶林缘地带停歇 | **食性** 夏季主要以鳞翅目、鞘翅目、直翅目等昆虫及其幼虫为食，秋冬季节主要以浆果、种子、农作物等植物性食物为食 | **观察** 常在草甸、农田、河谷地带的地面觅食，也在附近的树木、电线等处停栖；除繁殖期外喜集群，迁徙期间可集成大群 | IUCN-无危

雀形目 PASSERIFORMES > 椋鸟科 Sturnidae > *Sturnus vulgaris*

紫翅椋鸟   ᚎᚎᚎ

Common Starling

生境 罕见于水域附近的开阔草地、稀疏灌丛草地，或城镇公园的人工林、杂木林等 | **居留** 旅鸟 *S. v. poltaratskyi* | **生活史** 繁殖于中高纬度从北欧至蒙古高原东部广阔区域的各类生境，越冬于非洲北部至南亚北部的各类森林或农田生境，春季或于4月中上旬前后，秋季或于9月中下旬至10月上旬途经三江源地区，或在水域附近的草地、灌丛及阔叶林林缘地带停歇 | **食性** 杂食，食物包括鳞翅目、鞘翅目、直翅目等昆虫及其幼虫，以及浆果、种子、农作物等植物性食物 | **观察** 全球种群数量极大，主要分布在欧洲，在我国仅新疆为其传统繁殖地和分布区 | IUCN-无危

白色型 | 棕色型

雀形目 PASSERIFORMES > 鸫科 Turdidae > *Zoothera dixoni*

长尾地鸫　ས་ཁྲ་མཇུག་རིང་།
Long-tailed Thrush

生境 罕见于林线附近的高山草甸、杜鹃灌丛、针叶林及针阔叶混交林地带｜**居留** 留鸟｜**生活史** 区内信息不明，推测于 5 月中旬前后在密林中较低矮的树木不高于 3 米的中下部营巢；窝卵数约 3 枚，其他繁殖信息尚不明确；秋冬季节或向低海拔处迁移｜**食性** 主要以鳞翅目、鞘翅目、直翅目等昆虫及其幼虫、蛹，以及蜘蛛、蜗牛等无脊椎动物为食，也吃浆果、种子等植物性食物｜**观察** 繁殖期常单独或成对活动，非繁殖期常结成小群体或与其他鸫（特别是光背地鸫）混群活动；地栖性，常在高山灌丛草地或林下地面觅食；胆怯而机警，受惊时常飞入灌丛或疏林中躲避｜IUCN-无危

雀形目 PASSERIFORMES > 鸫科 Turdidae > *Turdus mandarinus*

乌鸫　ཁ་ལ་ནག་པོ།
Chinese Blackbird

生境 可见于阔叶林附近的灌丛、稀疏灌丛草地，或城镇公园的人工林、杂木林附近的草地等｜**居留** 留鸟 *T. m. sowerbyi*｜**生活史** 区内情况不明，推测于 4 月上旬至 5 月下旬在树木枝杈间营巢；窝卵数 4～5 枚，雌鸟孵卵而雄鸟警戒；孵化期 12～15 天，晚成鸟，雌雄育雏；约 16～18 天后幼鸟可出飞离巢；每年或多次繁殖；秋冬季节或迁往低海拔处越冬｜**食性** 主要以昆虫及其幼虫为食，也吃植物果实和种子等｜**观察** 常在林缘附近的地面觅食，繁殖期常在高大乔木顶部活动；原乌鸫（*T. merula*）广布欧亚大陆，后拆分为欧洲的欧亚乌鸫（*T. merula*），东亚的乌鸫（*T. mandarinus*），以及青藏高原南部的藏乌鸫（*T. maximus*）｜IUCN-无危

雀形目 PASSERIFORMES > 鸫科 Turdidae > *Turdus rubrocanus*

灰头鸫　ཁ་ལ་རྒྱབ་དམར།
Chestnut Thrush

生境 可见于山地针阔叶混交林、阔叶林、杂木林或人工林等｜**居留** 留鸟 *T. r. gouldii*｜**生活史** 4 月中上旬起雄鸟即开始占区和鸣唱，随后在林下小枝杈上营巢；窝卵数 2～4 枚（偶尔 5 枚），雌鸟孵卵；雏鸟晚成，由雌雄共同育雏，其他繁殖信息尚不明确；秋冬季节或向低海拔处迁移｜**食性** 在夏季主要以各种昆虫及其幼虫，以及蚯蚓、蜗牛等无脊椎动物为食，冬季或更依赖灌丛的浆果、种子及叶芽等植物性食物｜**观察** 常单独或集小群在乔木林下或灌丛附近来回跳跃觅食；谨慎而机警，受惊时即发出报警鸣声，并飞到附近的枝头观望；冬季常同棕背黑头鸫等其他鸟类混群｜IUCN-无危

雄鸟　雌鸟

雀形目 PASSERIFORMES > 鸫科 Turdidae > *Turdus kessleri*

棕背黑头鸫 ཁ་ལ་རྒྱ་དཀར།
Kessler's Thrush

生境 常见于疏林林缘及沟谷灌丛，以及城镇民居附近的人工林、杂木林等 | **居留** 留鸟 | **生活史** 5 月中旬前后独自或以松散群体在灌丛中或有岩石遮蔽的地面营巢，窝卵数 3～4 枚，其他繁殖信息尚不明确；野外个体在秋冬季节或向低海拔处迁移 | **食性** 夏季主要以膜翅目、鳞翅目、革翅目、鞘翅目等昆虫及其幼虫，以及蚯蚓等无脊椎动物为食，秋冬季节主要以灌丛的浆果、叶芽，以及村镇民居附近的谷物和其他种子等为食 | **观察** 常在林下或灌丛附近的地面觅食；一般不远飞，常贴地面低空飞行游荡，短暂振翅后即落下；不甚惧人，常见于城镇公园或寺院附近 | IUCN-无危

雀形目 PASSERIFORMES > 鸫科 Turdidae > *Turdus ruficollis*

赤颈鸫 ཁ་ལ་རྗོ་དཀར།
Red-throated Thrush

生境 可见于植被茂密的河谷中的阔叶林、灌丛、湿润草地，以及城镇公园的人工林、杂木林等 | **居留** 旅鸟 *T. r. ruficollis* | **生活史** 繁殖于从阿尔泰山至蒙古高原东北部、贝加尔湖地区的森林生境，越冬于喜马拉雅山以南的南亚北部，春季于 4 月前后、秋季或于 9 月中下旬至 10 月上旬途经三江源地区，常单独在河谷两侧的灌丛草地、阔叶林林缘地带停歇 | **食性** 杂食，主要以双翅目、鳞翅目、鞘翅目等昆虫及其幼虫，以及蜗牛、蜘蛛等无脊椎动物为食，也吃浆果、种子等 | **观察** 常在林下灌丛或地面跳跃觅食，受惊时则立刻飞到附近的树木上观望；常与斑鸫等鸟类混群 | IUCN-无危

雀形目 PASSERIFORMES > 鸫科 Turdidae > *Turdus eunomus*

斑鸫 ཁ་ལ་ཐིག
Dusky Thrush

生境 可见于植被茂密的河谷中的阔叶林、灌丛、湿润草地，以及城镇公园的人工林、杂木林等 | **居留** 旅鸟 | **生活史** 繁殖于中高纬度从西西伯利亚到东西伯利亚的泰加林中，越冬于中国南方大部分地区、朝鲜半岛及日本，春季或于 4 月上旬前后、秋季或于 9 月中上旬途经三江源地区，常单独或集小群在河谷两侧的灌丛草地、阔叶林林缘地带停歇 | **食性** 杂食，主要以各种昆虫及其幼虫，以及蜗牛、蜘蛛等无脊椎动物为食，也吃浆果、种子等 | **观察** 繁殖期常单独或成对活动，非繁殖期常集大群活动；活跃而吵闹，常在地面跳跃取食，同时鸣叫；不甚惧人，有人接近时常缓缓远离，不易惊飞 | IUCN-无危

雄鸟　雌鸟

雄鸟　雌鸟

雀形目 PASSERIFORMES > 鹟科 Muscicapidae > *Calliope calliope*

红喉歌鸲 སྐྱུ་ཏྲི་ཏུ་ཁམས་པ་སྐྲོག་དམར།
Siberian Rubythroat

生境 可见于植被茂密的河谷中的阔叶林、灌丛、湿润草地等 | **居留** 夏候鸟 旅鸟 | **生活史** 约 4 月中旬抵达；区内繁殖状况不明，推测于 4 月下旬至 5 月上旬开始在灌丛下部或茂密的草丛中营巢；约 5 月下旬产卵，窝卵数 4～6 枚，由雌鸟孵卵，其间雄鸟警戒；孵化期约 14 天，晚成鸟，雌雄共同育雏；约 12～14 天后幼鸟可出飞离巢；9 月中下旬至 10 月上旬开始南迁 | **食性** 主要以鞘翅目、双翅目、鳞翅目等昆虫及其幼虫为食，也吃少量草籽等 | **观察** 常在阔叶林下地面或灌丛附近跳跃觅食；胆怯而机警，善于隐蔽，见人则飞入浓密灌丛中躲避 | **IUCN-无危，中国-二级**

雀形目 PASSERIFORMES > 鹟科 Muscicapidae > *Calliope tschebaiewi*

白须黑胸歌鸲 སྐྱུ་ཏྲི་ཏུ་པོ་ནག་འགྲམ་དཀར།
Chinese Rubythroat

生境 罕见于林线附近的高山灌丛草甸和亚高山针叶林 | **居留** 夏候鸟 | **生活史** 或于 4 月上旬抵达；区内繁殖状况不明，推测于 5 月上旬开始在地面的岩石缝隙或灌丛下部营巢；窝卵数 3～5 枚；孵化期 13～14 天，晚成鸟；约 15 天后幼鸟可出飞离巢，常成为大杜鹃的巢寄生对象；或于 10 月中旬前后开始南迁 | **食性** 主要以鞘翅目、膜翅目等昆虫，特别是其幼虫为食，也捕食蜘蛛等无脊椎动物和小型爬行类等 | **观察** 典型地栖鸟类，常在灌丛下部地面活动觅食；胆怯而机警，见人则飞入灌丛深处躲避隐藏；繁殖期雄鸟常在岩石、灌丛枝头等醒目处高声鸣唱，鸣声悦耳 | **IUCN-无危**

雀形目 PASSERIFORMES > 鹟科 Muscicapidae > *Luscinia phaenicuroides*

白腹短翅鸲 རེར་ཏྲི་ཏུ་ལོ་ཐིག
White-bellied Redstart

生境 偶见于山地针叶林、针阔叶混交林、阔叶林或林缘疏林灌丛 | **居留** 留鸟 *L. p. ichangensis* | **生活史** 5 月末至 6 月初雌雄共同在灌丛下部或地面茂盛的草丛中营巢；窝卵数 2～3 枚，由雌鸟孵卵；晚成鸟，雌雄共同育雏，其他繁殖信息尚不明确；或在秋冬季节集群迁往海拔较低的沟谷地带越冬 | **食性** 主要以鞘翅目、鳞翅目、半翅目等昆虫及其幼虫为食，秋冬季节也吃少量的果实、种子等 | **观察** 常单独在茂密的灌丛中或附近的地面上活动，常在地面快速奔跑、追逐、捕食；胆大而好奇，领域性强，喜鸣叫，飞行后常停在醒目处鸣叫，同时高耸尾羽，并将尾羽摊开，呈扇形；是大杜鹃的潜在宿主 | **IUCN-无危**

雄鸟 雌鸟

雄鸟 雌鸟

雄鸟 雌鸟

雀形目 PASSERIFORMES > 鹟科 Muscicapidae > *Tarsiger rufilatus*

蓝眉林鸲 དགས་མཐིང་རྩེ་སྔོན།
Himalayan Bluetail

生境 偶见于山地针叶林、针阔叶混交林及林缘疏林灌丛附近 | **居留** 夏候鸟
T. r. rufilatus | **生活史** 或于 4 月上旬前后抵达；区内繁殖状况不明，推测于 4
月下旬至 5 月上旬在茂密的针叶林或混交林林下的岩缝、土壁坑洞中营巢；窝
卵数 4～7 枚，由雌鸟孵卵；孵化期 14～15 天，晚成鸟，雌雄共同育雏；约
12～15 天后幼鸟可出飞离巢；或于 10 月中旬前后开始南迁 | **食性** 主要以鞘翅
目、膜翅目、鳞翅目等昆虫及其幼虫为食，也吃少量蜘蛛、蜗牛及植物种子等 |
观察 性胆怯，喜隐匿，常在林下地面或灌丛低枝上跳跃觅食，停栖时尾部常上
下摆动；曾被视为红胁蓝尾鸲 *T. cyanurus rufilatus* 亚种 | **IUCN-无危**

雀形目 PASSERIFORMES > 鹟科 Muscicapidae > *Tarsiger chrysaeus*

金色林鸲 དགས་བྱིའུ་སེར་ལུ།
Golden Bush Robin

生境 偶见于山地针叶林、针阔叶混交林及林缘疏林灌丛附近 | **居留** 留鸟 *T. c.*
chrysaeus | **生活史** 区内繁殖状况不明，推测于 5 月上旬在河岸、岩壁或土壁
上营巢，窝卵数 3～4 枚；孵化期 14～15 天，晚成鸟，其他繁殖信息尚不明
确；秋冬季节或向海拔较低、较为温暖的沟谷迁移 | **食性** 主要以鞘翅目、膜翅
目、鳞翅目等昆虫及其幼虫为食，也吃果实、种子等植物性食物 | **观察** 常单独
或 3～5 只个体集成小群在林下地面奔走，奔跑一阵后常停止并将尾上翘；也
在灌丛低枝间来回跳跃，搜寻食物；性胆怯，喜隐匿，常在茂密的灌丛中停栖，
偶尔发出轻柔的叫声 | **IUCN-无危**

雀形目 PASSERIFORMES > 鹟科 Muscicapidae > *Phoenicurus schisticeps*

白喉红尾鸲 བག་བྱིའུ་མགྲིན་དཀར།
White-throated Redstart

生境 可见于高山针叶林、混交林、阔叶林、疏林灌丛，以及城镇民居附近的人
工林、杂木林等 | **居留** 留鸟 | **生活史** 5 月中上旬开始求偶配对，随后在树洞或
岩洞中营巢；窝卵数 3～4 枚，其他繁殖信息尚不明确；秋冬季节或随温度的
降低向海拔较低、较为温暖的沟谷迁移 | **食性** 以鞘翅目、鳞翅目昆虫及其幼虫
为食，也吃浆果和种子等植物性食物 | **观察** 偏好茂密的森林生境，常单独或成
对活动，在林中下部或靠近灌丛的地面反复跳跃觅食或飞上飞下，活跃好动；
不甚惧人，惊飞时也仅到 10 多米外的地点停歇，较少远飞 | **IUCN-无危**

雄鸟　雌鸟

雄鸟　雌鸟

雄鸟　雌鸟

雀形目 PASSERIFORMES > 鹟科 Muscicapidae > *Phoenicurus frontalis*

蓝额红尾鸲　བག་བྱིའུ་སྔོ་མགོ།
Blue-fronted Redstart

生境 偶见于高山针叶林、灌丛草甸、多岩石的疏林灌丛，以及城镇民居附近的人工林、杂木林等 | **居留** 留鸟 | **生活史** 5 月中下旬雌鸟开始在地面倒木或隐蔽的地洞中营巢；窝卵数 3～4 枚，雌鸟孵卵；晚成鸟，雌雄共同育雏，其他繁殖信息尚不明确；秋冬季节或随温度的降低向海拔较低、较为温暖的沟谷迁移，但仅在夜间迁移 | **食性** 主要以鞘翅目、直翅目、双翅目、鳞翅目等昆虫及其幼虫为食，也吃浆果、种子等植物性食物 | **观察** 常单独或成对活动，在灌木间蹿来蹿去或飞上飞下，停栖时尾部常常上下摆动；偶尔也似鹟般飞向空中捕食 | IUCN-无危

雀形目 PASSERIFORMES > 鹟科 Muscicapidae > *Phoenicurus ochruros*

赭红尾鸲　བག་བྱིའུ་ཀར་འཛིབ།
Black Redstart

生境 常见于开阔的高山灌丛草地、多岩草坡及人类居住区附近 | **居留** 留鸟 *P. o. rufiventris* | **生活史** 约 5 月中旬雌鸟开始在林下灌丛或岩边洞穴中营巢，其间雄鸟在附近的灌丛或岩石上鸣叫；窝卵数 4～6 枚，雌鸟孵卵；孵化期 12～14 天，晚成鸟，雌雄共同育雏；约 16～19 天后幼鸟可出飞离巢 | **食性** 主要以鞘翅目、膜翅目、鳞翅目昆虫及其幼虫为食，也吃植物浆果、种子等 | **观察** 在开阔的草甸及河谷等地均可见到，是三江源地区最为常见的红尾鸲；胆大而好奇，并不惧人，常可见于村镇民居附近，停栖在房檐、围栏、土坡等制高点，伺机捕食 | IUCN-无危

雀形目 PASSERIFORMES > 鹟科 Muscicapidae > *Phoenicurus hodgsoni*

黑喉红尾鸲　བག་ག་ཡོག།
Hodgson's Redstart

生境 可见于山地针叶林、疏林、林缘灌丛及灌丛草地等 | **居留** 夏候鸟 | **生活史** 区内信息不明，推测于 3 月中下旬至 4 月中旬抵达繁殖地，约 5 月上旬在山边崖壁洞穴或缝隙中营巢；窝卵数 4～6 枚，其他繁殖信息尚不明确；约 10 月中上旬开始迁往位于喜马拉雅山南部和横断山脉南部的越冬地 | **食性** 主要以膜翅目、双翅目、鳞翅目昆虫及其幼虫为食，偶尔吃植物浆果、种子等 | **观察** 常在草丛或灌丛中觅食，偶尔在灌丛或岩石顶部停栖，似鹟般飞向空中捕食，停栖时尾常不停地上下摆动；不甚惧人，非繁殖期常可在城镇民居附近的灌丛、杂木林中见到，有人接近时亦不易惊飞 | IUCN-无危

雄鸟　雌鸟

雄鸟　雌鸟

雄鸟　雌鸟

雀形目 PASSERIFORMES > 鹟科 Muscicapidae > *Phoenicurus auroreus*

北红尾鸲 བག་ཅི་ུ་སོག་དཀར།

Daurian Redstart

生境 可见于山地阔叶林、林缘灌丛及城镇郊野的人工林与杂木林等 | **居留** 夏候鸟 *P. a. leucopterus* | **生活史** 4 月中下旬抵达；区内繁殖情况不明，推测在 5 月上旬开始求偶，随后雌雄共同在树洞或岩缝中营巢；窝卵数 6～8 枚，雌鸟孵卵而雄鸟警戒；孵化期约 13 天，晚成鸟，雌雄共同育雏；约 13～14 天后幼鸟可出飞离巢；每年或多次繁殖；9 月下旬迁离 | **食性** 主要以鞘翅目、鳞翅目、直翅目等昆虫及其幼虫为食，也吃灌木浆果等 | **观察** 行动敏捷，常单独或成对在地面和灌丛间跳跃啄食，偶尔在树枝或电线杆上停栖，似鹟般飞向空中捕食；性胆怯，见人即飞往林中藏匿 | IUCN-无危

雀形目 PASSERIFORMES > 鹟科 Muscicapidae > *Phoenicurus erythrogastrus*

红腹红尾鸲 བག་ཅི་ུ་ བ་དཀར།

White-winged Redstart

生境 常见于高山灌丛草甸、沟谷疏林及林缘灌丛地带 | **居留** 留鸟 *P. e. grandis* | **生活史** 5 月末至 6 月初开始求偶配对，6 月上旬在岩缝或岩下地洞中营巢，窝卵数 3～5 枚；孵化期 12～16 天，晚成鸟；约 14～22 天后幼鸟可出飞离巢；秋季雌雄分群，雌鸟集群垂直迁移至海拔较低的沟谷灌丛越冬，但雄鸟仍留在海拔较高的地区 | **食性** 主要以鞘翅目、鳞翅目等昆虫及其幼虫为食，也吃浆果、种子等 | **观察** 繁殖期单独或成对活动，非繁殖期集群在树枝、岩石或地面上取食；体形远较其他红尾鸲壮硕，羽色也更红（似白顶溪鸲）；同北红尾鸲相比头部更白，与深色的分界更为清晰 | IUCN-无危

雀形目 PASSERIFORMES > 鹟科 Muscicapidae > *Chaimarrornis leucocephalus*

白顶溪鸲 ཆུ་བྱི་ བ་དཀར།

White-capped Water Redstart

生境 可见于湖泊、河流、湿地等各类水生环境 | **居留** 留鸟 | **生活史** 4 月上旬开始沿河流向高海拔地区移动，有时甚至可到海拔 4 800 米左右的雪线附近；4 月中旬前后在岩缝或岩下地洞中营巢，窝卵数 3～5 枚，雌雄交替孵卵；晚成鸟，雌雄共同育雏；每年或多次繁殖，其他繁殖信息尚不明确；秋冬季节或向低海拔处迁移 | **食性** 主要以昆虫及其幼虫为食，也吃少量浆果、草籽等 | **观察** 常单个或成对在岸边啄食；站立时尾部常展开并上下摆动；不甚惧人，受惊后亦不远飞，飞行数米后即降落；大小和羽色均同红腹红尾鸲接近，有观点认为应将其归入红尾鸲属 | IUCN-无危

雄鸟　雌鸟

雄鸟　雌鸟

雀形目 PASSERIFORMES > 鹟科 Muscicapidae > *Rhyacornis fuliginosa*

红尾水鸲 ཀྲུང་རྗེ་སྟོ་རིལ།
Plumbeous Water Redstart

生境 可见于清澈而多石的河流、山溪及湖泊沿岸 | **居留** 留鸟 *R. f. fuliginosa* | **生活史** 区内情况不明，推测于 4 月中旬前后开始在岸边悬岩洞隙、岩石或土坎下凹陷处营巢；窝卵数 3～6 枚，雌鸟孵卵，有时会成为大杜鹃的巢寄生对象；晚成鸟，雌雄共同育雏，其他繁殖信息尚不明确 | **食性** 主要以鞘翅目、鳞翅目、膜翅目、双翅目等昆虫及其幼虫为食，也吃少量的种子、果实等植物性食物 | **观察** 常在清澈平缓的河流、山溪附近的岩石上停栖，伺机捕食；发现水面或地面的昆虫后则快速飞出捕捉，捕获后便飞回原处；受惊扰时常沿河流贴水面飞至数十米外的对岸 | IUCN-无危

雀形目 PASSERIFORMES > 鹟科 Muscicapidae > *Grandala coelicolor*

蓝大翅鸲 མཐིང་རྒྱལ་མོ།
Grandala

生境 可见于高山森林灌丛和多岩石的高原草地 | **居留** 留鸟 | **生活史** 4 月中上旬开始向高海拔地区迁移，6 月初营巢于岩下地面，窝卵数 2 枚，其他繁殖信息尚不明确；9 月中下旬随温度的降低向海拔较低、较为温暖的沟谷迁移 | **食性** 主要以鞘翅目、鳞翅目昆虫及其幼虫为食，也吃浆果、草籽等植物性食物 | **观察** 雄鸟颜色纯粹而艳丽，繁殖期常单独或成对活动，非繁殖期常雌雄分群活动，常像鸫一般在岩石上停栖，其间翅膀不停点动，尾部亦上下摆动；喜集群，迁移时可成大群，雄鸟可形成壮丽的蓝色鸟浪，飞行姿势似矶鸫 | IUCN-无危

雀形目 PASSERIFORMES > 鹟科 Muscicapidae > *Saxicola insignis*

白喉石䳭 ཤིར་ཁ་སྐྱོག་དཀར།
White-throated Bushchat

生境 罕见于湖泊、河流、湿地等水域附近的草甸或草地 | **居留** 旅鸟 | **生活史** 繁殖于蒙古高原西部的干旱或半干旱草原，越冬于喜马拉雅山南部的开阔草原或草甸，春季于 4 月末至 5 月上旬前后、秋季或于 9 月中旬前后途经三江源地区，常单独在湿地等水域附近短暂停歇 | **食性** 主要以各种昆虫及其幼虫为食，也吃草籽、浆果、种子等 | **观察** 极罕见的过境鸟类，种群数量稀少，常在水域附近的干燥草地醒目处（如土丘、岩石、围栏顶端等）伺机捕食，也会翻起牛粪寻找昆虫；不甚惧人，受惊扰后也仅飞至 10 多米外；同黑喉石䳭相比，除体色不同外，体形也更为修长挺拔 | IUCN-易危，中国-二级

雄鸟　雌鸟

雄鸟　雌鸟

雀形目 PASSERIFORMES > 鹟科 Muscicapidae > *Saxicola maurus*

黑喉石䳭   ཤེར་ཁ་སློག་རས།
Siberian Stonechat

生境 常见于山地林缘灌丛及草地灌丛 | **居留** 夏候鸟 旅鸟 *S. m. przewalskii* | **生活史** 4月中上旬抵达，4月中下旬雌鸟在灌丛下部或塔头薹草丛中营巢，窝卵数 5～8 枚，雌鸟孵卵；孵化期 11～13 天，晚成鸟，雌雄共同育雏；约 12～13 天后幼鸟出飞离巢；每年或多次繁殖；约 9 月上旬迁离 | **食性** 主要以直翅目、鞘翅目、鳞翅目等昆虫及其幼虫为食，也吃少量草籽等植物性食物 | **观察** 常在灌木枝头或铁丝围栏顶部停栖，伺机捕食，其间尾羽不断扭动；有时如鹟一般飞向空中捕捉昆虫，也可在空中悬停或垂直上下捕捉昆虫，捕获猎物后仍返回原处 | IUCN-**无危**

雀形目 PASSERIFORMES > 鹟科 Muscicapidae > *Oenanthe isabellina*

沙䳭   གསེག་ཏི།
Isabelline Wheatear

生境 偶见于植被稀疏的高原草甸、盐碱草甸或半荒漠草原 | **居留** 留鸟 | **生活史** 4 月中旬起求偶配对，随后在开阔地面的废弃鼠洞或岩缝中营巢；5 月上旬产卵，窝卵数 5～6 枚，雌鸟孵卵；孵化期 12～15 天，晚成鸟，雌雄共同育雏；约 13～17 天后雏鸟可出飞离巢 | **食性** 主要以鞘翅目、直翅目、鳞翅目等昆虫及其幼虫为食 | **观察** 偏好较为干燥的半沙化草地生境；常单独或成对在醒目的岩石或灌丛上停栖，尾不停上下摆动；常在空中悬停，伺机觅食；不甚惧人，受惊时亦不远飞；领域性很强，繁殖期常可见到激烈的领域行为，鸣声婉转复杂 | IUCN-**无危**

雀形目 PASSERIFORMES > 鹟科 Muscicapidae > *Oenanthe deserti*

漠䳭   ཇི་ཏི།
Desert Wheatear

生境 偶见于多石的半荒漠草原、盐碱草甸，以及山地裸岩和岩石灌丛草地 | **居留** 夏候鸟 *O. d. oreophila* | **生活史** 繁殖于中亚、青藏高原及蒙古高原的干旱或半干旱草地，越冬于从非洲西部到南亚北部广阔区域的类似生境；约 4 月上旬抵达繁殖地，求偶配对后在岩缝或废弃的鼠兔洞穴中营巢，窝卵数 4～6 枚；孵化期 13～14 天，晚成鸟；约 15～18 日龄的幼鸟可试飞离巢；或于 9 月中旬前后迁往越冬地 | **食性** 主要以鞘翅目、双翅目等昆虫及其幼虫为食 | **观察** 常在地面快速奔跑觅食，有时也在岩石或灌木上停栖，伺机捕食，尾不停上下摆动；甚惧生，见人常飞至岩石后藏匿 | IUCN-**无危**

雄鸟 | 雌鸟

雄鸟 | 雌鸟

雀形目 PASSERIFORMES > 鹟科 Muscicapidae > *Monticola saxatilis*

白背矶鸫 ཞི་ལ་རྒྱབ་དཀར།

Common Rock Thrush

生境 偶见于有稀疏植物的山地岩石荒坡灌丛和草地 | **居留** 夏候鸟 旅鸟 | **生活史** 区内繁殖情况不明，推测在 4 月中下旬前后抵达，5 月上旬在山岩岩壁缝隙间营巢；窝卵数 4～6 枚，由雌鸟孵卵；孵化期 13～15 天，晚成鸟；约 14～16 天后幼鸟可出飞离巢，但之后的 3～4 周仍由亲鸟照料，其他繁殖信息尚不明确；或于 8 月下旬至 9 月上旬迁往越冬地 | **食性** 主要以鞘翅目、鳞翅目、膜翅目等昆虫及其幼虫为食，也吃浆果、种子等植物性食物 | **观察** 地栖性，主要在地面活动奔走或跳跃觅食；偶尔在岩石或灌丛枝头等醒目处栖止，其间缓慢摆动尾部，发现昆虫后即起飞捕捉 | IUCN-**无危**

雀形目 PASSERIFORMES > 鹟科 Muscicapidae > *Muscicapa sibirica*

乌鹟 བྱ་དུད།

Dark-sided Flycatcher

生境 可见于山地针叶林、针阔叶混交林、阔叶林等 | **居留** 夏候鸟 旅鸟 *M. s. rothschildi* | **生活史** 区内繁殖情况不明，推测于 4 月末至 5 月初抵达繁殖地，配对并在针叶林中树木的隐蔽侧枝上营巢；窝卵数 3～4 枚，雌鸟孵卵而雄鸟捕食饲喂雌鸟；晚成鸟，雌雄共同育雏；约 14～15 天后幼鸟可出飞离巢，但随后几天仍由亲鸟照料，其他繁殖信息尚不明确；或于 9 月中下旬至 10 月上旬迁往越冬地 | **食性** 主要以各种飞行昆虫及其幼虫为食，也吃少量的浆果、种子等 | **观察** 树栖性，常在高大树木树冠层跳跃穿梭，很少到地上活动和觅食，但常站在树冠顶部，飞向空中掠食飞过的昆虫等 | IUCN-**无危**

雀形目 PASSERIFORMES > 鹟科 Muscicapidae > *Ficedula sordida*

锈胸蓝姬鹟 སོས་ཁྲིའུ་སྔོ་མེན།

Slaty-backed Flycatcher

生境 偶见于山地针叶林、针阔叶混交林、阔叶林及林缘灌丛 | **居留** 留鸟 | **生活史** 4 月上旬开始向高海拔地区迁移；4 月中下旬前后开始求偶配对，在林下灌丛或岩石缝隙中营巢；窝卵数 4～5 枚，雌雄交替孵卵，其他繁殖信息尚不明确；秋冬季节或随温度的降低向海拔较低、较为温暖的沟谷迁移 | **食性** 主要以昆虫及其幼虫、蜘蛛等无脊椎动物为食，也吃浆果等植物性食物 | **观察** 繁殖期常单独或成对活动，非繁殖期常形成松散小群；常在树木的侧枝上停栖，伺机捕食地面或空中飞过的昆虫，偶尔也在林下空地或灌丛附近的地面活动和觅食 | IUCN-**无危**

雄鸟　雌鸟

雄鸟　雌鸟

雀形目 PASSERIFORMES > 鹟科 Muscicapidae > *Ficedula hyperythra*

棕胸蓝姬鹟 སོས་བྱིའུ་ཨོག་སེར།
Rufous-breasted Flycatcher

生境 偶见于河谷附近湿润的针阔叶混交林、阔叶林及林缘灌丛 | **居留** 夏候鸟 *F. h. hyperythra* | **生活史** 区内情况不明，推测于 4 月中上旬抵达，4 月下旬至 5 月上旬在树木中下部的天然树洞或岩石缝隙中营巢；窝卵数 4～5 枚，雌雄交替孵卵；晚成鸟，其他繁殖信息尚不明确；10 月中旬前后迁离 | **食性** 主要以昆虫及其幼虫、蜘蛛等无脊椎动物为食 | **观察** 繁殖期单独或成对活动，非繁殖期成松散小群；胆怯而机警，常在林下空地或茂密灌丛及附近草地活动觅食；有时也在树木的侧枝上停栖，伺机捕食地面或空中飞过的昆虫，停栖时尾部时常散开和上下摆动；叫声尖细、清脆、响亮 | IUCN-无危

雀形目 PASSERIFORMES > 鹟科 Muscicapidae > *Ficedula strophiata*

橙胸姬鹟 སོས་བྱིའུ་བོང་ལེ།
Rufous-gorgeted Flycatcher

生境 偶见于林线附近的灌丛草地、针叶林、针阔叶混交林，以及阔叶林和杂木林 | **居留** 留鸟 *F. s. strophiata* | **生活史** 区内情况不明，推测于 4 月中上旬前后向高海拔地区迁移，雌雄配对后在较小的天然树洞中营巢；窝卵数 3～4 枚，其他繁殖信息尚不明确；秋冬季节向海拔较低、较为温暖的沟谷迁移 | **食性** 主要以膜翅目、鞘翅目、双翅目等昆虫及其幼虫为食，也吃草籽、叶芽、浆果等植物性食物 | **观察** 常在树枝和灌丛间来回跳跃飞行，搜寻食物，其间尾羽时常散开；有时也在树木的侧枝上停栖，伺机捕食地面或空中飞过的昆虫；不甚惧人，秋冬季节常出现在民居附近的杂木林中 | IUCN-无危

雀形目 PASSERIFORMES > 鹟科 Muscicapidae > *Ficedula albicilla*

红喉姬鹟 སོས་བྱིའུ་ལྐོག་ལེ།
Taiga Flycatcher

生境 偶见于针叶林、针阔叶混交林、阔叶林和林缘疏林灌丛 | **居留** 旅鸟 | **生活史** 繁殖于高纬度从乌拉尔山至东西伯利亚广阔区域内的泰加林中，越冬于南亚、东南亚及中国南方的森林中，春季或于 4 月中下旬至 5 月初、秋季于 9 月前后途经三江源地区，常在河谷的阔叶林地带停歇 | **食性** 主要以鞘翅目、鳞翅目、双翅目等昆虫及其幼虫为食 | **观察** 繁殖期单独或成对活动，非繁殖期成松散小群；活跃而好动，常在树枝和灌丛间来回跳跃飞行，搜寻食物；有时在林下或灌丛附近的地面跳跃和搜寻食物，也常在树木的侧枝上停栖，伺机捕食地面或空中飞过的昆虫 | IUCN-无危

雄鸟　雌鸟

雄鸟　雌鸟

雄鸟　雌鸟

雀形目 PASSERIFORMES > 戴菊科 Regulidae > *Regulus regulus*

戴菊 སེའུ་གཙུག་སེར།
Goldcrest

生境 可见于高山针叶林及针阔叶混交林 | **居留** 留鸟 *R. r. sikkimensis* | **生活史**
约 4 月下旬开始迁往高海拔针叶林地带，约 5 月中上旬开始求偶配对，随后雌
雄共同在高大针叶树的中上部营巢；窝卵数 7～12 枚，雌雄交替孵卵；孵化期
14～17 天，晚成鸟，雌雄共同育雏；约 16～18 天后幼鸟可出飞离巢，但离
巢约 1 周仍由亲鸟照料，随后也以家族群的形式共同活动；每年或多次繁殖 |
食性 主要以鞘翅目昆虫及其幼虫等为食，冬季也吃少量植物种子 | **观察** 繁殖期
单独或成对活动，非繁殖期成松散小群；活泼而敏捷，日间几乎不停地在树枝
间跳跃穿梭 | IUCN-无危

雀形目 PASSERIFORMES > 岩鹨科 Prunellidae > *Prunella collaris*

领岩鹨 གངས་བྱི་ལི།
Alpine Accentor

生境 可见于高山针叶林带及多岩地带或灌木丛 | **居留** 留鸟 *P. c. tibetana* | **生活
史** 繁殖策略独特，常形成等级森严的繁殖群，群体内包含多只雌鸟和多只雄
鸟，同性间互相竞争，并均与多只异性交配；6 月雌鸟在岩缝或岩下地面营巢，
窝卵数 3～4 枚，雌鸟孵卵；孵化期 11～15 天，晚成鸟，雌鸟及群体内多只
雄鸟共同育雏，约 12～16 天后幼鸟可出飞离巢；每年或多次繁殖 | **食性** 主要
以鞘翅目、鳞翅目、直翅目等昆虫及其幼虫为食，也偶尔吃草籽等 | **观察** 常集
小群在地面活动觅食；活泼而机警，见人后稍做藏匿便起飞，但不远飞，通常
在岩石间着陆 | IUCN-无危

雀形目 PASSERIFORMES > 岩鹨科 Prunellidae > *Prunella rubeculoides*

鸲岩鹨 བྱི་ལི་དང་དམར།
Robin Accentor

生境 常见于多石的高原草甸、高山灌丛、灌丛草原，以及城镇郊野的杂木林和
河岸灌丛等 | **居留** 留鸟 *P. r. rubeculoides* | **生活史** 5 月中旬开始求偶配对，随
后在灌丛下部或岩下土洞中营巢；窝卵数 3～5 枚；晚成鸟，雌雄共同育雏，
其他繁殖信息尚不明确；每年或多次繁殖，7 月中旬在三江源仍有其求偶展示
并最终完成交配的记录 | **食性** 主要以鞘翅目、鳞翅目、直翅目昆虫及其幼虫为
食，也吃植物的种子等 | **观察** 常单独在地上奔跑觅食，或在岩石、围栏或灌丛
顶部等高处停栖，伺机捕食；温驯而不惧生，常在村镇居民附近活动，站在围
栏上或台阶上，见人也不易惊飞，仅飞至稍远处 | IUCN-无危

雀形目 PASSERIFORMES > 岩鹨科 Prunellidae > *Prunella strophiata*

棕胸岩鹨　ཏི་ལི་ཙི་ལེར།
Rufous-breasted Accentor

生境 偶见于多岩的高山灌丛、灌丛草地或高山河谷地带｜**居留** 留鸟 *P. s. strophiata*｜**生活史** 区内情况不明，推测于 4 月下旬开始向林线附近的高山灌丛迁移；5 月中下旬开始求偶配对，6 月上旬在灌丛中营巢；窝卵数 3～6 枚，雌雄交替孵卵，共同育雏；每年繁殖 2 次，其他繁殖信息尚不明确；秋冬季节随温度的降低向海拔较低、较为温暖的沟谷迁移｜**食性** 主要以鞘翅目、鳞翅目、直翅目昆虫及其幼虫为食，也吃植物的种子等｜**观察** 常单独或集小群在灌丛或岩石附近的地面活动觅食；谨慎而机警，有人接近时立刻起飞，但并不远飞，至附近灌丛或杂草丛中藏匿｜IUCN-**无危**

雀形目 PASSERIFORMES > 岩鹨科 Prunellidae > *Prunella fulvescens*

褐岩鹨　ཏི་ལི་ཙི་དཀར།
Brown Accentor

生境 常见于有稀疏灌木生长的多岩草甸或河谷｜**居留** 留鸟 *P. f. nanshanica*｜**生活史** 4 月中下旬雄鸟即开始占区，5 月上旬在灌丛中或岩下地洞中营巢；窝卵数 3～5 枚，雌鸟孵卵而雄鸟带食物回巢；孵化期 10～12 天，晚成鸟，雌雄共同育雏，其间雄鸟偶尔会照料其他家庭的雏鸟；约 10～15 日龄的幼鸟可出飞离巢；每年繁殖 2 次；秋冬常向低海拔处迁移｜**食性** 主要以鞘翅目、鳞翅目与膜翅目昆虫及其幼虫为食，偶尔也吃植物浆果和种子｜**观察** 常单独或集小群在地面和灌丛中活动觅食；不甚惧人，有人接近时仅飞至邻近的石块，并不远飞；同棕眉山岩鹨类似，但眉纹为纯白色｜IUCN-**无危**

雀形目 PASSERIFORMES > 岩鹨科 Prunellidae > *Prunella immaculata*

栗背岩鹨　ཏི་ལི་ཤེའུ་དམར།
Maroon-backed Accentor

生境 罕见于高山针叶林、林缘灌丛、多岩草甸等开阔疏林灌丛｜**居留** 留鸟｜**生活史** 区内情况不明，推测在 4 月下旬开始向林线附近的高山灌丛迁移；5 月中旬前求偶配对，随后在灌丛或草丛基部营巢；窝卵数 3～5 枚，其他繁殖信息尚不明确；秋冬季节随温度的降低向海拔较低、较为温暖的沟谷迁移｜**食性** 主要以鞘翅目、直翅目等昆虫及其幼虫为食，也吃草籽、浆果等植物性食物｜**观察** 常单独或集小群在植被极其茂密的地面或灌丛中觅食，很少在开阔区域活动觅食，偶尔在灌丛顶部停栖；胆小而机警，见人立刻钻入灌丛中躲避，藏匿不出｜IUCN-**无危**

雀形目 PASSERIFORMES > 朱鹀科 Urocynchramidae > *Urocynchramus pylzowi*

朱鹀 གར་བྱེའུ།
Pink-tailed Rosefinch

生境 罕见于高山峡谷林缘灌丛及灌丛草甸 | **居留** 留鸟 | **生活史** 信息极其缺乏，或于 5 月开始在灌丛下部营巢；窝卵数 2～4 枚，雌鸟孵卵，其他繁殖信息尚不明确；曾有记录表明 7 月初在青海南山仍有巢卵，每年或多次繁殖 | **食性** 主要以杂草草籽为食，也捕食昆虫及其幼虫 | **观察** 单独、成对或集小群在灌丛附近的地面觅食，飞行弱而振翼多；喜鸣叫，特别是在繁殖期，鸣声洪亮悦耳；此前曾因体羽呈粉红色而被归为朱雀亚科，也曾因喙部闭合时的缝隙而被归为鹀科或鹀亚科，但近年来因分子生物学证据而独立为朱鹀科，为单型科 | **IUCN-无危，中国-二级，中国特有种**

雀形目 PASSERIFORMES > 雀科 Passeridae > *Passer cinnamomeus*

山麻雀 མཆིལ་བ་མགོ་དམར།
Russet Sparrow

生境 偶见于针阔叶混交林、阔叶林及林缘灌丛地带 | **居留** 留鸟 *P. c. rutilans* | **生活史** 约 4 月中旬开始雌雄共同在山坡岩壁的缝隙或洞穴中营巢，窝卵数 4～6 枚，雌雄交替孵卵；晚成鸟，雌雄共同育雏；区内每年或多次繁殖，其他繁殖信息尚不明确；秋冬季节随温度的降低向海拔较低、较为温暖的沟谷迁移 | **食性** 主要以杂草草籽、谷物、叶芽等植物性食物为食，也捕食鞘翅目、鳞翅目、膜翅目等昆虫及其幼虫 | **观察** 除繁殖期外常集小群在疏林或灌丛间往来翻飞，在枝头翻找昆虫；飞行能力及范围均强于其他麻雀，偶尔也站在枝头，似鹟般飞向空中掠食昆虫 | **IUCN-无危**

雀形目 PASSERIFORMES > 雀科 Passeridae > *Passer montanus*

[树] 麻雀 མཆིལ་བ་རྒྱ་གོ།
Eurasian Tree Sparrow

生境 常见于各类生境中的民居附近 | **居留** 留鸟 *P. m. tibetanus*, *P. m. saturatus* | **生活史** 4 月初繁殖对即开始从群体中脱离，约 4 月中旬雌雄共同在墙壁、岩壁、土壁缝隙或建筑物的孔洞中营巢；窝卵数 4～8 枚，雌雄交替孵卵；孵化期 11～13 天，晚成鸟，雌雄共同育雏；约 15～16 天后幼鸟即可出飞离巢，但随后 1 周左右仍由亲鸟照料；区内每年或可繁殖多次 | **食性** 较杂，主要以草籽、谷物等植物种子为食，但在繁殖期也捕食昆虫等 | **观察** 在地面取食，高处停栖；胆大而机警，受惊时立刻成群惊飞，但仅飞至附近高处观望，一般不远飞 | **IUCN-无危**

雄鸟　雌鸟

雄鸟　雌鸟

雀形目 PASSERIFORMES > 雀科 Passeridae > *Petronia petronia*

石雀　ཕྱི་རུ་ཅེ་ལི་སུ་ལི།
Rock Sparrow

生境 可见于干旱或半干旱草甸、草原等地 | **居留** 留鸟 *P. p. brevirostris* | **生活史**
5 月初开始配对，5 月中旬前后单独或以松散群体在崖壁、岩石缝隙或墙壁裂
缝中营巢，窝卵数 4～7 枚，由雌鸟孵卵；孵化期 11～14 天，晚成鸟，由雌
鸟育雏，雄鸟偶尔参与；约 18～19 天后幼鸟可出飞离巢；秋冬季节常集松散
群体向低海拔处做垂直迁移 | **食性** 主要以草籽、浆果、叶芽等植物性食物为食，
也捕食昆虫等无脊椎动物 | **观察** 常在民居附近成对或集小群在地面觅食；飞行
姿态、叫声均近似家麻雀，外形也似家麻雀雌鸟，非繁殖期常与黄嘴朱顶雀、
家麻雀等雀科鸟类混群 | IUCN-无危

雀形目 PASSERIFORMES > 雀科 Passeridae > *Montifringilla henrici*

藏雪雀　གངས་ཞིབ།
Henri's Snowfinch

生境 可见于高山裸岩、岩壁、多岩的山谷、河谷等 | **居留** 留鸟 | **生活史** 4 月下
旬前后开始配对，5 月中旬单独或以松散群体在悬崖与岩壁洞穴、废弃房屋墙
洞和鼠兔废弃的洞穴中营巢，窝卵数 4～5 枚，其余繁殖信息尚不明确；秋冬
季节遇大雪等极端天气，或向海拔较低、未封冻处做垂直迁移 | **食性** 主要以草
籽及其他植物种子、果实、叶芽等植物性食物为食，也捕食鞘翅目、鳞翅目等
昆虫及其幼虫，以及蜘蛛等无脊椎动物 | **观察** 活泼而不甚惧人，善奔跑跳跃，
常成对或集小群在崖壁或岩石间跳跃觅食，也常见同其他雪雀或岭雀混群；飞
行迅速，但并不远飞，不高飞 | IUCN-无危，中国特有种

雀形目 PASSERIFORMES > 雀科 Passeridae > *Montifringilla adamsi*

褐翅雪雀　བག་ཞིབ།
Tibetan Snowfinch

生境 可见于高山裸岩、多岩草地和岩壁裸露的山谷、河谷等 | **居留** 留鸟 *M. a.
adamsi* | **生活史** 5 月中下旬起单独或以松散群体在草丛基部、岩石缝隙中营巢；
窝卵数 3～4 枚，雌雄交替孵卵；晚成鸟，雌雄共同育雏，其他繁殖信息尚不
明确；繁殖期结束后形成较大规模群体，在高海拔处游荡觅食 | **食性** 繁殖期主
要以鞘翅目、鳞翅目、直翅目、膜翅目等昆虫及其幼虫为食，非繁殖期主要以
草籽、果实及叶芽等植物性食物为食 | **观察** 常成对或集小群在地面活动，秋冬
季节偶尔也会集成包含上百只个体的大群；行动敏捷，善奔跑，但不远飞，不
高飞，受惊时也仅贴地面飞离，至不远处便落下观望 | IUCN-无危

左雌右雄

雀形目 PASSERIFORMES > 雀科 Passeridae > *Onychostruthus taczanowskii*

白腰雪雀 ཐ་ཤོ།
White-rumped Snowfinch

生境 常见于高山草地、草原，以及有稀疏植物的荒漠和半荒漠地带 | **居留** 留鸟 | **生活史** 5 月雌雄开始配对，随后雌鸟在废弃的鼠兔洞穴中营巢；领域性极强，窝卵数 3～5 枚，仅由雌鸟孵卵；孵化期 9～15 天，晚成鸟，雌雄共同育雏，约 18～24 天后幼鸟可出飞离巢；秋冬季节如遇大雪等极端天气，或向海拔较低、未封冻处做垂直迁移 | **食性** 主要以草籽及其他植物种子、果实等为食，但在繁殖期会吃大量昆虫及其幼虫 | **观察** 善奔跑而不远飞，常成松散小群体在地面活动觅食，其间常出入于鼠兔洞穴；好斗，一年四季均可看到不同个体间的争斗 | IUCN-无危

雀形目 PASSERIFORMES > 雀科 Passeridae > *Pyrgilauda davidiana*

黑喉雪雀 བ་བྱིའུ་ལྐོག་ནག
Père David's Snowfinch

生境 罕见于较为干旱、植被较稀疏的半沙漠化草地 | **居留** 留鸟 *P. d. davidiana* | **生活史** 5 月中旬前后在废弃的鼠兔洞穴中营巢；窝卵数 5～6 枚，由雌鸟孵卵，领域性极强；孵化期 11～13 天，再过 19～22 天幼鸟可出飞离巢，其他繁殖信息尚不明确；秋冬季节如遇大雪等极端天气，或向海拔较低、未封冻处做垂直迁移 | **食性** 以植物果实、种子（包括草籽）、叶芽和昆虫为食 | **观察** 性孤僻而安静，常单独在干旱或半干旱草地活动觅食，雌雄间亦保持 10 多米的距离；不甚惧人，常可见在民居附近活动，受惊时不远飞，贴地面飞行 10 多米后便落下，并总与人保持这一距离 | IUCN-无危

雀形目 PASSERIFORMES > 雀科 Passeridae > *Pyrgilauda ruficollis*

棕颈雪雀 བ་བྱིའུ་རྒྱ་སེར
Rufous-necked Snowfinch

生境 常见于高原草甸、高山草原、荒漠和半荒漠地区 | **居留** 留鸟 *P. r. ruficollis* | **生活史** 5 月初开始求偶配对，雌雄共同在鼠兔洞穴、土壁坑道中营巢，窝卵数 4～5 枚，领域性极强；晚成鸟，7 月中旬即可见幼鸟在巢附近活动，其余繁殖信息尚不明确；秋冬季节如遇大雪等极端天气，或向海拔较低、未封冻处做垂直迁移 | **食性** 繁殖期主要以昆虫为食，非繁殖期主要以植物果实、种子（包括谷物）等为食 | **观察** 常成松散群体在地面觅食，并用喙和爪在地面翻掘；喜奔跑，常出入于鼠兔洞穴；不惧人，受惊时常贴地面短距离快速飞行；同棕背雪雀近似，区别在于本种额中央无黑色纵纹 | IUCN-无危

側面　正面

雀形目 PASSERIFORMES > 雀科 Passeridae > *Pyrgilauda blanfordi*

棕背雪雀　 བ་ཕྱིའུ་སྙེ་སེར།
Blanford's Snowfinch

生境 偶见于高原草甸、高山草原等半干旱生境 | **居留** 留鸟 *P. b. barbata* | **生活史** 5 月中旬开始求偶配对，雌雄共同在地面凹坑或由高原鼠兔挖掘的洞穴中营巢，巢筑好后即开始产卵，窝卵数 3～4 枚，领域性极强，其余繁殖信息尚不明确；秋冬季节如遇大雪等极端天气，或向海拔较低、未封冻处做垂直迁移 | **食性** 繁殖期主要以昆虫为食，非繁殖期主要以植物果实、种子（包括谷物）等为食 | **观察** 成群在地面觅食，并用喙和爪在地面翻掘；喜奔跑，常出入于鼠兔洞穴；不惧人，受惊时常贴地面短距离快速飞行；同棕颈雪雀近似，区别在于本种额中央有一贯穿上下的醒目黑色纵纹 | **IUCN-无危**

雀形目 PASSERIFORMES > 鹡鸰科 Motacillidae > *Motacilla tschutschensis*

黄鹡鸰　སྒྲི་ཅིག
Eastern Yellow Wagtail

生境 可见于河谷阔叶林林缘、林中溪流，以及城镇民居附近的河流、湖泊等水域 | **居留** 旅鸟 *M. t. leucocephalus* | **生活史** 繁殖于从蒙古高原南部至东西伯利亚和阿拉斯加西部的湿地及湿润草地，越冬于中国南部及东南亚，春季于 4 月上旬至 4 月中旬，秋季于 10 月中旬前后途经三江源地区，常单独或以松散小群在水域附近停歇觅食 | **食性** 主要以双翅目、鞘翅目、鳞翅目昆虫及其幼虫为食 | **观察** 多成对或成包含 3～5 只个体的小群在岸边的岩石上停栖，尾不停地上下摆动；有时也沿水边来回走动，寻找食物；飞行时双翅一收一伸，呈波浪式前进 | **IUCN-无危**

雀形目 PASSERIFORMES > 鹡鸰科 Motacillidae > *Motacilla citreola*

黄头鹡鸰　སྒྲི་ཕྱིའུ་མགོ་སེར།
Citrine Wagtail

生境 可见于河流、湖泊、湿地，以及城镇民居附近的河道、人工湖等各种类型的水域 | **居留** 夏候鸟 *M. c. calcarata*，旅鸟 *M. c. citreola* | **生活史** 4 月中下旬抵达，4 月末至 5 月上旬雌鸟在水域附近的土石坑洞或茂密草丛中营巢；窝卵数 3～6 枚，雌雄交替孵卵；孵化期 14～15 天，晚成鸟，雌雄共同育雏；约 10～15 天后幼鸟可出飞离巢；9 月下旬至 10 月上旬开始迁离 | **食性** 主要以鳞翅目、鞘翅目、双翅目等昆虫及其幼虫为食，也吃少量植物性食物 | **观察** 常成对或成小群在水域附近活动觅食；非繁殖期多集群夜栖，也常与其他鹡鸰混群；飞行时双翅一收一伸，呈波浪式前进 | **IUCN-无危**

亚种 *M. c. calcarata*　亚种 *M. c. citreola*

雀形目 PASSERIFORMES > 鹡鸰科 Motacillidae > *Motacilla cinerea*

灰鹡鸰 ས྄ི་ གི།
Grey Wagtail

生境 可见于河流、湖泊、湿地，以及城镇民居附近的河道等各种类型的水域和岸边草地 | **居留** 旅鸟 *M. c. robusta* | **生活史** 繁殖于中高纬度从东欧至东西伯利亚广阔区域中的河流生境，越冬于非洲西部海岸、中国南部及东南亚，春季或于 4 月初、秋季或于 9 月中下旬前后途经三江源地区，单独或以松散小群在水域附近停歇觅食 | **食性** 主要以鞘翅目、鳞翅目、直翅目等昆虫及其幼虫为食，也吃蜘蛛、蠕虫等无脊椎动物 | **观察** 飞行时双翅一展一收，呈波浪式前进；常停栖于水边岩石、围栏顶部等醒目位置，伺机捕食，其间尾不停地上下摆动；受惊时常沿着河谷上下飞行，并不停地鸣叫 | IUCN-无危

雀形目 PASSERIFORMES > 鹡鸰科 Motacillidae > *Motacilla alba*

白鹡鸰 འི་ བྱི །
White Wagtail

生境 常见于高原湖泊、河流、湿地、沼泽及市区公园等水生或湿润环境 | **居留** 夏候鸟 *M. a. alboides, M. a. leucopsis*；旅鸟 *M. a. baicalensis, M. a. leucopsis* | **生活史** 4 月上旬开始抵达，4 月中旬前后雌雄共同在水域附近的各种缝隙、洞穴中营巢，窝卵数 5～6 枚，雌雄交替孵卵，但以雌鸟为主；孵化期约 12 天，晚成鸟，雌雄共同育雏；约 14 天后雏鸟可出飞离巢 | **食性** 主要以昆虫及蜘蛛等无脊椎动物为食，也吃少量浆果、种子等 | **观察** 常在水域岸边的岩石上停栖，尾不停地上下摆动；有时也沿水边来回走动，寻找食物；飞行时双翅一收一伸，呈波浪式前进 | IUCN-无危

雀形目 PASSERIFORMES > 鹡鸰科 Motacillidae > *Anthus richardi*

田鹨 ཞེར་ བུ་ བྱི།
Richard's Pipit

生境 可见于开阔平原、草地、河滩、林缘灌丛、林间空地，以及农田和沼泽地带 | **居留** 旅鸟 *A. r. richardi* | **生活史** 繁殖于从中西伯利亚到中国东部、东南部的各种开阔湿润草地，越冬于南亚、中南半岛、中国南部及东南亚，春季于 4 月中下旬前后、秋季于 10 月中旬前后途经三江源地区，常单独或以松散小群在水域附近停歇觅食 | **食性** 主要以鞘翅目、直翅目、膜翅目等昆虫及其幼虫为食 | **观察** 繁殖期常单独或成对活动，迁徙季节亦成群活动；常在水域附近的草地觅食，有时也和云雀、鹡鸰混群；偶尔在小灌丛或岩石上停栖；飞行呈波浪式，多贴地面飞行 | IUCN-无危

亚种 *M. a. alboides*，雄鸟 | 亚种 *M. a. leucopsis*，雄鸟

雀形目 PASSERIFORMES > 鹡鸰科 Motacillidae > *Anthus godlewskii*

布氏鹨　ད་བའི་འོ།
Blyth's Pipit

生境 可见于开阔平原、草地、河滩、林缘灌丛、林间空地，以及农田和沼泽地带 | **居留** 繁殖鸟 旅鸟 | **生活史** 4 月中旬前后抵达；区内情况不明，推测于 5 月上旬前后在茂密草丛中营巢；窝卵数 3～5 枚，雌鸟孵卵；孵化期 12～14 天，晚成鸟，其他繁殖信息尚不明确；9 月末至 10 月初开始迁往越冬地 | **食性** 主要以鞘翅目、膜翅目、双翅目等昆虫及其幼虫为食，也吃少量植物性食物 | **观察** 常在开阔的半干旱草地活动，很少在植被茂密的高草地区出现；常在地面或砾石间奔跑觅食，受惊后即飞至附近的树枝或岩石等较高处观望；原为平原鹨（*A. campestris*）的北方亚种 | IUCN-无危

雀形目 PASSERIFORMES > 鹡鸰科 Motacillidae > *Anthus hodgsoni*

树鹨　ཤེར་བུ་འོ།
Olive-backed Pipit

生境 可见于山地针阔叶混交林、阔叶林、人工林及林缘灌丛地带 | **居留** 夏候鸟 *A. h. hodgsoni*，旅鸟 *A. h. yunnanensis* | **生活史** 5 月中下旬前后抵达，6 月上旬雌雄共同在林缘、林中疏木地带的地面或灌丛基部凹坑内营巢；窝卵数 4～6 枚，主要由雌鸟孵卵；孵化期 13～15 天，晚成鸟，雌雄共同育雏；约 11～12 天后幼鸟可出飞离巢，但在随后几天内仍由亲鸟饲喂；10 月中下旬前后开始南迁 | **食性** 主要以鳞翅目、膜翅目、鞘翅目等昆虫为食，也吃大量草籽、谷物等植物性食物 | **观察** 常在地面奔走觅食，栖止时尾常如鹡鸰般上下摆动；*A. h. yunnanensis* 亚种为旅鸟，指名亚种 *A. h. hodgsoni* 为繁殖鸟 | IUCN-无危

雀形目 PASSERIFORMES > 鹡鸰科 Motacillidae > *Anthus roseatus*

粉红胸鹨　འདམ་བུ་འོ།
Rosy Pipit

生境 可见于河流、湖泊、湿地等水域附近的湿润草地、灌丛、泥滩或石滩 | **居留** 夏候鸟 | **生活史** 4 月中下旬抵达；5 月中下旬开始在岩石基部或草丛中营地面巢，窝卵数 3～5 枚，主要由雌鸟孵卵；孵化期约 13 天，晚成鸟，雌雄共同育雏，其余繁殖信息尚不明确；10 月中旬前后开始迁往位于喜马拉雅山以南及中南半岛的越冬地 | **食性** 繁殖期主要以鞘翅目、膜翅目、鳞翅目等昆虫及其幼虫为食，非繁殖期主要以各类杂草籽为食 | **观察** 常单独或成对在湿润的草地上奔走觅食；性活泼，不畏人，受惊扰时常飞至较近的灌丛顶部观望；有时也与鹨科鸟类混群 | IUCN-无危

繁殖羽 非繁殖羽

雀形目 PASSERIFORMES > 鹡鸰科 Motacillidae > *Anthus spinoletta*

水鹨 ཆུ་འི་སྲི
Water Pipit

生境 可见于河流、湖泊、湿地等水域附近的湿润草地、灌丛、泥滩或石滩 | **居留** 夏候鸟 *A. s. coutellii* | **生活史** 4 月中下旬开始抵达；5 月上旬前后雌鸟在疏林林缘或灌丛附近的地面营巢，其间雄鸟偶尔协助雌鸟；窝卵数 4～6 枚，雌鸟孵卵；孵化期 14～15 天，晚成鸟，雌雄共同育雏；约 14～15 天后幼鸟可出飞离巢；9 月中下旬开始迁往位于南欧至中国东南部沿海广阔区域的越冬地 | **食性** 主要以鞘翅目、鳞翅目、膜翅目昆虫及其幼虫为食，兼食一些植物种子 | **观察** 常单独或成对在水面附近的草丛或灌丛中奔走觅食，性机警，受惊后立刻飞到附近的树上，站立时尾常如鹡鸰般上下摆动 | IUCN-无危

雀形目 PASSERIFORMES > 燕雀科 Fringillidae > *Mycerobas carnipes*

白斑翅拟蜡嘴雀 ཤུག་བྱིའུ་སྲོང་ནག
White-winged Grosbeak

生境 常见于高山针叶林、针阔叶混交林、阔叶林及人工林地带 | **居留** 留鸟 *M. c. carnipes* | **生活史** 4 月中下旬迁移至海拔较高处繁殖，5 月中旬前后雌鸟开始在针叶林或混交林下部营巢；窝卵数 2～5 枚，雌雄交替孵卵，但以雌鸟为主，孵化期 15～16 天，晚成鸟，由雌雄共同饲喂；约 17～18 天后幼鸟可出飞离巢，但在随后 2 个月中可能仍由亲鸟照料；秋冬季节集群迁移至低海拔处 | **食性** 主要以针叶林中的浆果、坚果、种子、花苞等为食 | **观察** 繁殖期单独活动，秋冬季节常与朱雀混群；不甚惧人，容易接近；飞行笨拙，双翅扇动快而有力，常常发出声响，飞行呈波浪式 | IUCN-无危

雀形目 PASSERIFORMES > 燕雀科 Fringillidae > *Pyrrhula erythaca*

灰头灰雀 ཚལི་སྲོ་དམར
Grey-headed Bullfinch

生境 偶见于亚高山针叶林、混交林及阔叶林 | **居留** 留鸟 *P. e. erythaca* | **生活史** 春季向上迁移至高海拔针叶林中繁殖，6 月起雌鸟开始在针叶林中上部较高处营巢；窝卵数 3 枚，由雌鸟孵卵；其他繁殖信息尚不明确；秋冬季节垂直迁移至海拔较低的阔叶林及林缘地带越冬 | **食性** 主要以植物的嫩叶、幼芽、花序为食，也吃少量昆虫及其幼虫 | **观察** 繁殖期常单独或成对活动，其他季节多以家族群或不超过 10 只个体的小群活动，偶尔可见由 10 多只个体组成的大群；常在地面或灌丛下部觅食，偶尔也在树木中下部的枝叶间来回穿梭；性机警，受惊时常整群飞至附近的树木枝杈上观望 | IUCN-无危

繁殖羽　　非繁殖羽

左雄右雌

雄鸟　　雌鸟

雀形目 PASSERIFORMES > 燕雀科 Fringillidae > *Leucosticte nemoricola*

林岭雀　ㄹ་ʔʔ་ʔʔ·ʔ།
Plain Mountain Finch

生境 可见于林线至雪线之间的林缘疏林、稀疏灌丛、高山草甸及流石滩等｜**居留** 留鸟 *L. n. nemoricola*｜**生活史** 5 月至 6 月初迁往高海拔处繁殖，6 月中旬前后雌鸟在岩壁缝隙或地面洞穴中营巢；窝卵数 3～6 枚，雌鸟孵卵，雄鸟捕食回巢饲喂雌鸟；孵化期 13～15 天，雌雄共同育雏；约 15～19 天后幼鸟可出飞离巢；秋冬季节随温度的降低向海拔较低、较为温暖的沟谷迁移｜**食性** 主要以高山植物的种子、叶芽、果实为食，也捕食少量昆虫｜**观察** 常集群在地面觅食，或在灌丛枝头、岩石、围栏顶部等醒目处停栖；不甚惧人，偶尔可见到在民居附近的地面翻找食物｜IUCN-无危

雀形目 PASSERIFORMES > 燕雀科 Fringillidae > *Leucosticte brandti*

高山岭雀　ʔʔʔ·ʔʔ།
Brandt's Mountain Finch

生境 可见于雪线附近的裸岩地带、流石滩、高山草甸｜**居留** 留鸟 *L. b. audreyana*, *L. b. haematopygia*, *L. b. intermedia*｜**生活史** 春季迁往海拔较高的草甸开始繁殖，6 月中旬常集小群在岩石缝隙或地面洞穴中营巢；窝卵数 3～5 枚，雌鸟孵卵，但雄鸟捕食饲喂雌鸟和保卫巢卵；孵化期约 13 天，雌雄共同育雏；约 15～17 天后幼鸟可出飞离巢；秋冬季节向低海拔处迁移｜**食性** 主要以草籽及灌木的果实、种子和叶芽为食｜**观察** 喜集群在地面觅食，冬季可集成包含上百只个体的大群；行动敏捷，常集群在不同草地斑块间低空短距离飞行，飞行快而有力｜IUCN-无危

雀形目 PASSERIFORMES > 燕雀科 Fringillidae > *Carpodacus erythrinus*

普通朱雀　ʔʔ·ʔ།
Common Rosefinch

生境 可见于山地针阔叶混交林、阔叶林及林缘灌丛地带｜**居留** 夏候鸟 *C. e. roseatus*｜**生活史** 区内情况不明，推测从 5 月中旬起雌鸟在灌丛中或小树的枝杈上营巢，其间雄鸟在附近鸣唱和警戒；窝卵数 3～6 枚，雌鸟孵卵而雄鸟捕食回巢饲喂雌鸟；孵化期 13～14 天，晚成鸟，雌雄共同育雏；约 15～17 天后幼鸟可出飞离巢｜**食性** 主要以果实、种子、花序、芽、嫩叶等为食，繁殖期也捕食昆虫及其幼虫｜**观察** 活跃而安静，常在树木或灌丛间飞来飞去，飞行时双翅快速扇动，多呈波浪式前进，有时也在树梢或灌木枝头停栖｜IUCN-无危

雄鸟 | 雌鸟

雀形目 PASSERIFORMES > 燕雀科 Fringillidae > *Carpodacus rubicilloides*

拟大朱雀 ཁྱིའུ་སྔ་དམར་ཆེན།
Streaked Rosefinch

生境 常见于高原草甸、稀疏灌丛及多岩草坡等开阔而干燥的地带 | **居留** 留鸟 *C. r. rubicilloides* | **生活史** 4 月中旬至 5 月迁往高海拔处繁殖；5 月中下旬开始成对活动，在低矮灌丛深处营巢；窝卵数 3～5 枚，主要由雌鸟孵卵；晚成鸟，雌雄共同育雏；其他繁殖信息尚不明确；秋冬季节集群迁往低海拔处越冬 | **食性** 主要以植物种子为食，也吃嫩叶、幼芽、果实等 | **观察** 常单独或成对活动，冬季也可见到几只个体形成的小群，有时也在河岸附近的杂木林同红腹红尾鸲等鸟类混群；雄鸟不甚惧人而雌鸟胆怯，常单独或成对在灌丛或疏林附近的地面取食 | IUCN-无危

雀形目 PASSERIFORMES > 燕雀科 Fringillidae > *Carpodacus rubicilla*

大朱雀 ཁྱིའུ་སྔ་ལ་ཆེན།
Spotted Great Rosefinch

生境 可见于开阔草甸、山坡岩壁、稀疏林缘灌丛等 | **居留** 留鸟 *C. r. severtzovi* | **生活史** 5 月下旬开始繁殖，雌鸟在岩石缝隙或灌丛下部筑巢；窝卵数 3～5 枚，雌鸟孵卵；孵化期约 16 天，晚成鸟，雌雄共同育雏，但以雌鸟为主；约 17 天后幼鸟可出飞离巢，但在随后 3 周内仍由亲鸟照料；秋冬季节或向低海拔处迁移 | **食性** 主要以草籽及乔木、灌木种子为食，也捕食鞘翅目昆虫等 | **观察** 性胆怯而机警，繁殖期单独或成对在地面岩石间跳跃觅食，秋冬季节可集成包含上百只个体的大群；与拟大朱雀近似，区别在于本种雄鸟背部无纵纹，雌鸟黑色纵纹细窄而不明显，外侧尾羽缘宽而明显 | IUCN-无危

雀形目 PASSERIFORMES > 燕雀科 Fringillidae > *Carpodacus pulcherrimus*

红眉朱雀 ཁྱིའུ་སྔ་དམར་སྐྱ།
Himalayan Beautiful Rosefinch

生境 常见于高山阔叶林、混交林、阔叶林、林缘灌丛、疏林草甸及多岩草坡等 | **居留** 留鸟 *C. p. argyrophrys* | **生活史** 5 月起见成对活动，6 月中下旬在低矮灌丛中部营巢，窝卵数 3～6 枚，雌鸟孵卵；晚成鸟，其他繁殖信息尚不明确；秋冬季节迁往低海拔处越冬 | **食性** 主要以草籽为食，也吃灌丛浆果、嫩芽及谷物 | **观察** 常在灌丛及岩石附近的地面取食，受惊时头部小羽冠竖起，并飞入灌丛中部藏匿；常与曙红朱雀混群，二者非常接近，区别在于本种体型较大，雄鸟额部为粉红色且具珍珠光泽，背部褐色和玫瑰色均较浓，黑色纵纹粗而醒目（但差别极其细微，在野外很难区分）| IUCN-无危

雄鸟 雌鸟

雄鸟 雌鸟

雀形目 PASSERIFORMES > 燕雀科 Fringillidae > *Carpodacus waltoni*

曙红朱雀　ཁྱི་ཉིན་དམར་ཆུང་།
Pink-rumped Rosefinch

生境 常见于高山针叶林、混交林、阔叶林及林缘灌丛 | **居留** 留鸟 *C. w. eos* | **生活史** 6 月中下旬即开始成对活动，7 月上旬在低矮灌丛中营巢；窝卵数 3～5 枚，雌鸟孵卵；晚成鸟，破壳后雌雄共同育雏；秋冬季节集小群迁往低海拔处越冬 | **食性** 主要以灌丛果实、种子、花、嫩芽等植物性食物为食，繁殖期也捕食鞘翅目等昆虫 | **观察** 性胆怯，喜藏匿，常在灌丛附近的地面取食并频繁出入灌丛；冬季常集小群，并常与红眉朱雀混群活动，二者非常接近，区别在于本种体型略小，雄鸟羽色较暗淡，雌鸟区别更小，在野外极难区分（曙红朱雀曾被视为红眉朱雀的一个亚种）| **IUCN-无危**

雀形目 PASSERIFORMES > 燕雀科 Fringillidae > *Carpodacus roborowskii*

藏雀　གངས་སྲེག
Tibetan Rosefinch

生境 罕见于高海拔雪线附近的多岩草甸、流石滩及稀疏灌丛地带 | **居留** 留鸟 | **生活史** 已知信息较少；7 月下旬曾在青海海拔 4 650 米的流石滩石缝间记录到一个巢，内有 5 枚卵，其间仅记录到雌鸟孵卵，并由雄鸟饲喂；8 月末曾记录到雌鸟照料 2 只雏鸟，雄鸟口衔草籽在雌鸟附近进行展示，其余繁殖信息尚不明确；秋冬季节或随温度的降低向海拔较低、较为温暖的沟谷迁移 | **食性** 主要以高山草本植物的种子、嫩叶，或灌丛的浆果、种子为食 | **观察** 常单独或成对在地面活动觅食，善奔走而较少鸣叫；觅食地通常鲜有除褐翅雪雀外的其他鸟类活动 | **IUCN-无危，中国-二级，中国特有种**

雀形目 PASSERIFORMES > 燕雀科 Fringillidae > *Carpodacus lepidus*

中华长尾雀　ཁྱི་ཉིན་ར་རིན།
Chinese Long-tailed Rosefinch

生境 可见于山地针阔叶混交林、阔叶林及林缘灌丛地带 | **居留** 留鸟 *C. l. lepidus* | **生活史** 区内情况不明，推测于 5 月中下旬开始配对，随后雌雄共同在稀疏的低矮乔木或林缘灌丛中部营巢；6 月初产卵，窝卵数 3～6 枚，雌雄交替孵卵；孵化期约 11～12 天（一说 14～15 天），晚成鸟，雌雄共同育雏，约 13～14 天后幼鸟即可飞离巢；离巢幼鸟集成小群活动，至秋冬季节加入成鸟，迁往低海拔处越冬 | **食性** 主要以草籽及灌丛的嫩叶、浆果为食，也捕食少量昆虫 | **观察** 原为长尾雀 *C. s. lepidus* 亚种；常频繁在低矮枝头跳跃或短飞，或者成对或集小群在地面及植被下觅食；繁殖期雄鸟常站在灌木或小树枝头鸣唱，鸣声婉转悦耳 | **IUCN-无危，中国特有种**

雄鸟　雌鸟

雄鸟　雌鸟

雀形目 PASSERIFORMES > 燕雀科 Fringillidae > *Carpodacus trifasciatus*

斑翅朱雀 བྱིའུ་སྨ་གཤོག་བཀྲ།

Three-banded Rosefinch

生境 可见于高山针叶林、针阔叶混交林、沟谷阔叶林、林缘灌丛及高山灌丛、砾石地带 | **居留** 留鸟 | **生活史** 5 月中下旬即见成对活动，由雌鸟在低矮灌丛中营巢，其间雄鸟警戒陪伴；窝卵数 3～6 枚，孵化期 13～14 天；晚成鸟，雌雄共同育雏，约 15～17 天后幼鸟可出飞离巢；秋冬季节迁往海拔较低的沟谷地带越冬 | **食性** 主要以草籽及灌丛果实等植物性食物为食 | **观察** 活泼而好动，常成对或集小群在灌丛及附近的草地觅食，在地面时行动缓慢，但常在灌丛及草地间做短距离飞行；休息时多一动不动地藏匿在草丛或灌丛中 | **IUCN-无危，中国特有种**

雀形目 PASSERIFORMES > 燕雀科 Fringillidae > *Carpodacus dubius*

白眉朱雀 བྱིའུ་སྨ་རྫི་དཀར།

Chinese White-browed Rosefinch

生境 偶见于高山灌丛、草地和长有稀疏植物的岩石荒坡 | **居留** 留鸟 *C. d. deserticolor* | **生活史** 5 月末至 6 月初开始成对活动，6 月下旬至 7 月初在灌丛下部营巢；窝卵数 3～5 枚，雌鸟孵卵；晚成鸟，雌雄共同育雏；秋冬季节随温度的降低向海拔较低、较为温暖的沟谷迁移 | **食性** 主要以草籽及其他植物种子、嫩芽、嫩叶、浆果等植物性食物为食 | **观察** 较大胆而不易惊飞，常成对或集小群在灌丛附近的地面取食，休息时也常在小灌木顶端停栖；秋冬季节常与其他朱雀或白斑翅拟蜡嘴雀等鸟类混群活动 | **IUCN-无危**

雀形目 PASSERIFORMES > 燕雀科 Fringillidae > *Carpodacus puniceus*

红胸朱雀 ཛ་སྨི།

Red-fronted Rosefinch

生境 偶见于高山草甸、灌丛和长有稀疏植物的岩石荒坡 | **居留** 留鸟 *C. p. longirostris*，*C. p. szetschuanus* | **生活史** 5 月末至 6 月初在岩石缝隙或灌丛基部营巢，窝卵数 3～5 枚；晚成鸟，雌雄共同育雏，其他繁殖信息尚不明确；秋冬季节或随温度的降低向海拔较低、较为温暖的沟谷迁移 | **食性** 主要以草籽及其他植物种子、花蕊为食，偶尔吃少量鞘翅目昆虫等动物性食物 | **观察** 常在多岩的草坡及灌丛附近的地面跳动和觅食，有时也站在地面凸起的岩石上或灌丛及小树顶端；较安静，但繁殖期喜鸣叫；胆大而不甚惧人，小心接近时不易惊飞 | **IUCN-无危**

雄鸟　雌鸟

雄鸟　雌鸟

雄鸟　雌鸟

雀形目 PASSERIFORMES > 燕雀科 Fringillidae > *Chloris sinica*

金翅雀 གསེར་འདབ།
Grey-capped Greenfinch

生境 偶见于河谷两侧的阔叶林、林缘疏林，以及城镇民居附近的人工林、杂木林等 | **居留** 旅鸟 *C. s. sinica* | **生活史** 繁殖于外兴安岭、朝鲜半岛南部及日本岛北部森林，越冬于胡焕庸线以东的中国大部分地区，春季或于 4 月中下旬前后、秋季或于 9 月中旬至 10 月上旬途经三江源地区，单独或集小群在稀疏森林当中停歇 | **食性** 主要以草籽及其他植物种子、果实、农作物等为食，也捕食少量昆虫等动物性食物 | **观察** 繁殖期常单独或成对活动，秋冬季节也成群，有时集成包含数十只甚至上百只个体的大群；常在树冠层枝叶间跳跃穿梭，偶尔也到低矮的灌丛及地面活动和觅食；有时在树木枝杈或电线上停栖 | IUCN-无危

雀形目 PASSERIFORMES > 燕雀科 Fringillidae > *Linaria flavirostris*

黄嘴朱顶雀 ཅིཅི་མཆུ་སེར།
Twite

生境 常见于沟谷灌丛、沙棘林或植被茂盛的高原草甸等地 | **居留** 留鸟 *L. f. miniakensis* | **生活史** 4 月中旬开始成对活动，5 月末至 6 月初雌鸟在灌丛下部或地面营巢，窝卵数 3～6 枚，由雌鸟孵卵，孵化期 12～13 天，雏鸟晚成，雌雄共同育雏；约 12～13 天后幼鸟可出飞离巢，再过 14 天可离巢独立；秋冬常集小群迁往低海拔处越冬 | **食性** 主要以草籽及其他植物种子、花蕊为食，偶尔食少量昆虫 | **观察** 不甚惧人，常在灌丛边缘和杂草丛中觅食，受惊扰时常飞至附近的灌丛枝头或围栏上观望；休息时多站在灌木、小树枝头或突出的岩石上，天气恶劣时则隐蔽在灌丛和树丛中 | IUCN-无危

雀形目 PASSERIFORMES > 鹀科 Emberizidae > *Emberiza leucocephalos*

白头鹀 གཟི་ཞིའུ་གྲང་དཀར།
Pine Bunting

生境 偶见于河谷阔叶林、林缘疏林，以及城镇郊野附近的人工林、杂木林等 | **居留** 留鸟 *E. l. fronto* | **生活史** 区内繁殖情况不明，推测从 5 月起雌鸟开始在疏林或灌丛下的地面凹坑中营巢；窝卵数 4～5 枚，完全由雌鸟孵卵，孵化期 13～14 天，晚成鸟，雌雄共同育雏；约 10～12 天后幼鸟可出飞离巢 | **食性** 主要以草籽、其他植物种子等为食，也吃鞘翅目、鳞翅目、双翅目等昆虫及其幼虫 | **观察** 繁殖期常单独或成对活动，非繁殖期常组成包含 10 只左右个体的小群；在稀疏的森林及附近的草地、农田活动；多在灌丛或树木上活动，但偶尔也到地面觅食 | IUCN-无危

雄鸟　雌鸟

雀形目 PASSERIFORMES > 鹀科 Emberizidae > *Emberiza godlewskii*

灰眉岩鹀　གཉེ་མཐུར།
Godlewski's Bunting

生境 常见于干燥而多岩的林缘灌丛地带 | **居留** 留鸟 *E. g. godlewskii*，*E. g. khamensis* | **生活史** 4 月中下旬开始向海拔较高的多岩草甸迁移，5 月中旬前后开始繁殖，雌鸟在有岩石遮蔽处的地面上或岩壁缝隙中营巢；窝卵数 3～5 枚，由雌鸟孵卵；孵化期 11～12 天（一说 13～14 天），晚成鸟，雌雄共同育雏；约 10～14 天后幼鸟可出飞离巢；秋冬向低海拔处迁移越冬 | **食性** 主要以草籽、谷物等植物种子为食，也捕食昆虫及其幼虫等 | **观察** 繁殖期单独或成对活动，非繁殖期集小群游荡，在河谷或农田附近的地面啄食；受惊时不远飞，常飞至附近高处观望，待威胁消除后便返回地面继续啄食 | **IUCN–无危**

雀形目 PASSERIFORMES > 鹀科 Emberizidae > *Emberiza cioides*

三道眉草鹀　གཉེ་ཕྱི་རྟེ་མར།
Meadow Bunting

生境 偶见于河谷灌丛或林缘疏林灌丛，以及城镇民居附近的杂木林、杂草丛等 | **居留** 留鸟 *E. c. cioides* | **生活史** 区内情况不明，推测 4 月末至 5 月初雌鸟在林缘、林下灌丛枝杈或草丛中营巢；5 月上旬产卵，窝卵数 3～6 枚，雌鸟孵卵；孵化期 12～13 天，晚成鸟，雌雄共同育雏；约 11～12 天后幼鸟可试飞离巢；秋冬季节或随温度的降低向海拔较低、较为温暖的沟谷迁移 | **食性** 繁殖期主要以鳞翅目、鞘翅目、膜翅目昆虫及其幼虫为食，非繁殖期主要以草籽等为食 | **观察** 繁殖期单独或成对生活，雏鸟离巢后多以家族群方式生活，冬季集结成小群活动；谨慎而机警，常见人便立刻远飞或藏匿 | **IUCN–无危**

雀形目 PASSERIFORMES > 鹀科 Emberizidae > *Emberiza pusilla*

小鹀　གཉེ་བ།
Little Bunting

生境 可见于针叶林、针阔叶混交林、阔叶林、林缘疏林灌丛，以及城镇附近的人工林、杂木林等 | **居留** 旅鸟 | **生活史** 繁殖于高纬度从北欧至东西伯利亚广阔区域的泰加林中，越冬于中南半岛北部及中国南部，春季或于 4 月中旬前后、秋季或于 9 月中旬前后途经三江源地区，集小群在河谷两侧的阔叶林林缘灌丛停歇 | **食性** 主要以草籽及其他植物种子、果实等为食，也捕食昆虫及其幼虫等 | **观察** 繁殖期单独或成对活动，非繁殖期常以几只或 10 多只个体组成的小群体活动；常在草丛间穿梭，或在灌木低枝间跳跃搜寻食物，有时也栖于小树低枝上，见人立刻落下，藏匿于草丛或灌丛中 | **IUCN–无危**

雄鸟　雌鸟

雄鸟　雌鸟

雀形目 PASSERIFORMES > 鹀科 Emberizidae > *Emberiza koslowi*

藏鹀 གནེ་ཕྱི་ད།
Tibetan Bunting

生境 罕见于林线以上开阔的高山灌丛或多灌丛、多岩的湿润高山草甸 | **居留** 留鸟 | **生活史** 5月下旬迁往海拔4 000～4 500米的长有稀疏灌丛的草山阳坡，随后开始求偶配对；6月末至7月初雌雄共同开始在灌丛下部或地面凹坑内营巢；约1周后产卵，窝卵数2～5枚，由雌鸟孵卵；孵化期10～12天，晚成鸟，雌雄共同育雏；约14～18天后幼鸟离巢，但仍需1周左右才会脱离亲鸟独立；10月下旬前后迁往海拔3 500～4 100米的沟谷越冬 | **食性** 主要以鳞翅目、直翅目、双翅目、鞘翅目昆虫及其幼虫为食，也吃少量浆果 | **观察** 领域性强，繁殖期雄鸟常在灌丛枝头等醒目处鸣叫，秋季迁移过程中也经常发生争斗 | IUCN-近危，中国-二级，中国特有种

雀形目 PASSERIFORMES > 鹀科 Emberizidae > *Emberiza spodocephala*

灰头鹀 གནེ་ཕྱི་ར་བ་མགོ།
Black-faced Bunting

生境 偶见于河谷阔叶林、林缘疏林、灌丛草地和稀疏灌丛草坡等 | **居留** 夏候鸟旅鸟 *E. s. sordida* | **生活史** 区内情况不明，推测于4月下旬至5月初开始求偶交配，5月上旬雌雄共同在阔叶林林缘的小树或灌木枝杈间营巢；窝卵数4～6枚，雌雄交替孵卵；孵化期12～13天，晚成鸟，雌雄共同育雏；约10～11天后幼鸟可出飞离巢；秋冬季节或向低海拔处迁移 | **食性** 主要以鳞翅目、膜翅目、双翅目等昆虫及其幼虫为食，也吃草籽、其他植物种子、果实等 | **观察** 常在地面或低矮灌丛与草丛中活动，频繁地在灌丛与草丛间奔跑飞行，或在灌丛下部枝叶间跳跃，很少到树上活动和觅食 | IUCN-无危

雄鸟　雌鸟

雄鸟　雌鸟

两栖动物

分类系统依照《中国两栖、爬行动物更新名录》（王剀等，2020），共收录三江源两栖动物2目5科6种，其中，中国特有种3种，国家二级重点保护野生动物1种。

有尾目 CAUDATA > 小鲵科 Hynobiidae > *Batrachuperus tibetanus*

西藏山溪鲵　　གངས་དཀྱིད།

生境 可见于海拔 1 500～4 300 米的山区或高原水质清澈、石块较多的溪流中 | **描述** 雄性全长 17.5～21 厘米，雌性略小于雄性；头扁平，头长略大于头宽；吻短，吻端钝圆，吻棱不明显；体侧肋沟有 12 条左右；皮肤光滑，体背呈棕黄色、青灰色或深灰色，上有棕黑色小斑点，腹面颜色略浅于背面；尾鳍褶厚而扁平，尾末端钝圆；前肢 4 指，后肢 4 趾 | **生活史** 3 月至 4 月出蛰，5 月至 7 月产卵繁殖，但幼体多在 6 月中旬完成孵化，10 月中旬开始入蛰 | **观察** 水栖夜行，日间多在溪流中的石块缝隙中躲藏；在青藏高原及周边山区较为常见，在三江源主要分布于果洛藏族自治州 | IUCN-易危，中国-二级，中国特有种

无尾目 ANURA > 蟾蜍科 Bufonidae > *Bufo gargarizans*

中华蟾蜍　　བུང་དུ་སྨྱུག་སྦལ།

生境 常见于各种水域附近的各类生境 | **描述** 体形圆钝，雄性体长约 10 厘米，雌性体长可达 12 厘米；头宽大于头长；吻圆而高，吻棱明显；鼓膜显著，两侧耳后具毒腺；体色变异较多，有黄褐色、灰褐色、棕褐色、红褐色等；体表具疣粒；腹部多为黄色，有黑色迷彩斑；四肢短粗，跳跃能力较差；藏区所产的中华蟾蜍背中央多有 1 条浅色细纹，从吻端贯穿整个脊背至泄殖孔处 | **生活史** 春季出蛰，4 月至 6 月繁殖，秋冬季节入蛰，区内其他信息不明 | **观察** 日间潜伏躲藏，晚上或雨天外出觅食，食物为各种小型无脊椎动物，包括昆虫及其幼虫等；在三江源主要分布于果洛州东南部边缘 | IUCN-无危

无尾目 ANURA > 蟾蜍科 Bufonidae > *Strauchbufo raddei*

花背蟾蜍　　སྦོག་སྦལ་རྒྱབ་ཁྲ།

生境 常见于平原、水田、半荒漠及盐碱地等多种环境 | **描述** 雄性体长约 6 厘米，雌性大于雄性；头、吻宽厚，头宽大于头长；皮肤粗糙；雌雄蟾体色、斑纹差异明显；雄性背面呈棕灰色，有疣粒，具棕褐色不规则斑；雌性体背色较浅、疣粒较少，但斑纹色更深而鲜艳，近红褐色；四肢短粗，有褐色花纹；腹面多为乳白色 | **生活史** 春季出蛰，繁殖期为 4 月至 6 月，秋冬季节入蛰，区内其他信息不明 | **观察** 日间潜伏休息，黄昏外出觅食；繁殖时雌雄性聚集在池塘或浅水塘中抱对、产卵；卵带为细长条形，缠绕于水生植物茎间 | IUCN-无危

无尾目 ANURA > 角蟾科 Megophryidae > *Scutiger boulengeri*

西藏齿突蟾　གངས་འཕར།

生境 可见于海拔 3 300～5 000 米的高山草甸环境 | **描述** 雄性体长 5～6 厘米，雌性略大于雄性，头宽略大于头长，吻钝圆；一般两眼间有褐色三角形斑，雌性更为显著；一些个体吻棱及眼后有深色条纹；背部呈橄榄绿色或橄榄褐色；背部有较多疣粒，疣粒呈规则圆形，其背两侧疣粒较大而密集，靠近背中线处较小而稀疏；腹面有成片疣粒；四肢较为短粗，具横条纹 | **生活史** 繁殖季因地区而异，一般为 6 月至 8 月，区内其他信息不明 | **观察** 繁殖期间雌雄蟾多聚集于水流较急的河边抱对，成蟾以陆栖为主，仅在繁殖期进入流溪内；主要捕食鞘翅目、鳞翅目、双翅目等昆虫及其幼虫 | **IUCN-无危**

无尾目 ANURA > 蛙科 Ranidae > *Rana kukunoris*

高原林蛙　མཚོ་སྔོན་དགས་སྦལ།

生境 常见于海拔 2 000～4 400 米的山区、高原草甸、流石滩、河流附近的灌丛及林缘环境 | **描述** 雄性体长 5～6 厘米，雌性略大；头宽略大于头长，吻端钝圆；鼓膜约为眼径的 1/2；具 1 对咽侧下内声囊；皮肤较粗糙，体背及体侧具分散的较大圆疣及少数长疣；背面呈灰褐色、棕褐色、棕红色或灰棕色；背侧褶色浅；体侧散布红色点斑；股内外侧分别为黄绿色和肉红色；雄蛙腹面多为粉红色或黄白色，雌蛙腹面多为红棕色或橘红色 | **生活史** 3 月下旬前后出蛰，4 月至 5 月开始繁殖，5 月至 6 月可见到大量蝌蚪，9 月下旬至 10 月初入蛰 | **观察** 三江源最为常见的两栖动物，在各种水域甚至积水中均可见到 | **IUCN-无危，中国特有种**

无尾目 ANURA > 叉舌蛙科 Dicroglossidae > *Nanorana pleskei*

倭蛙　རུ་སྦལ།

生境 常见于海拔 3 300～5 200 米的高原沼泽、池塘等环境 | **描述** 体型较小，雄性 2.8～3 厘米，雌性略大于雄性；头宽略大于头长；瞳孔呈横向椭圆形；鼓膜较小，无声囊；无背侧褶，皮肤粗糙，具长短不一疣粒；体色多变，常见绿色、灰褐色、黄褐色等；体背有深褐色大斑块，脊背中央多具 1 条浅色纵纹，从眼间延伸至泄殖孔附近；腹面为淡黄色，无斑点；雄性胸部有 1 对细密刺团；四肢具深色条纹或斑点 | **生活史** 春季出蛰，4 月至 6 月产卵，蝌蚪孵化后多底栖，秋冬季节入蛰 | **观察** 夜间活动，日间躲藏在水体附近或地面的洞穴、石缝中 | **IUCN-近危，中国特有种**

本土知识 蛙类在藏文化中被认为是鲁神，藏族人很忌讳伤害蛙类。民间还有由于伤害蛙类而得"鲁病"的说法。

爬行动物

分类系统依照《中国两栖、爬行动物更新名录》(王剀等,2020),共收录三江源爬行动物1目5科8种,其中,中国特有种4种。

有鳞目 SQUAMATA > 石龙子科 Scincidae > *Scincella tsinlingensis*

秦岭滑蜥 ཆེན་ལེན་འཛམ་རྗེ་གས།

生境 偶见于海拔 1 500～3 400 米的山区或高山草甸环境 | **描述** 全长一般不超过 8 厘米；体细长，四肢细短；头、体背部呈铜褐色，头部鳞片间及背部有少数黑色斑点；体侧有黑色纵纹，身体两侧的下半部和腹面均为灰色；四肢背面呈深褐色，底部呈浅灰色；尾部较长，尾长是头体长的 1.2 倍以上；尾背面与体背颜色相近，腹面略带蓝灰色 | **生活史** 卵胎生，每胎产崽 2～8 条，区内其他信息不明 | **观察** 日间多在灌草丛或石堆处活动，阴雨天或夜间藏匿于石块下，捕食小型昆虫 | IUCN-无危，中国特有种

有鳞目 SQUAMATA > 鬣蜥科 Agamidae > *Phrynocephalus vlangalii*

青海沙蜥 མཚོ་སྔོན་བྱེ་རྗེ་གས།

生境 可见于海拔 2 000～4 500 米的植被稀疏的干燥沙砾地带 | **描述** 全长 9～12 厘米；头背隆起，眼间下凹，吻端钝圆；背部布满圆形粒状鳞，背面呈沙褐色，头部有少数黑点，一些个体背脊中央有 1 条宽阔的浅色纵纹，两侧具 1 列镶有黑边的白色或黄色斑；无橙色腋斑；雄性下颌及胸部有黑点；腹部中央有 1 个深黑色大斑，尾末端腹面为黑色；尾长略长于头体长，后肢较长 | **生活史** 4 月上旬出蛰，5 月至 6 月开始交配，集中在 7 月至 8 月产崽，卵胎生，10 月中旬前后入蛰 | **观察** 穴居日行，洞道口为与地面斜交的半月形，通常不会远离洞口活动；主要捕食鳞翅目昆虫幼虫、膜翅目昆虫等 | IUCN-无危，中国特有种

有鳞目 SQUAMATA > 蜥蜴科 Lacertidae > *Eremias argus*

丽斑麻蜥 རྗེ་གས་བུ་ཁྲ་མཛོས།

生境 可见于平原、丘陵、低山等温暖干燥、光照充足的环境 | **描述** 全长约 10～14 厘米，尾长略大于头体长；头尖细，吻端圆钝；背部呈褐黄色，头顶呈棕灰色，颞侧及上唇后缘各有 1 条浅色纵纹；背部呈黄褐色，体背与体侧有约 8 列排成纵行的、镶有黑边的白色圆斑；四肢及尾基部亦有白色圆斑；腹面呈黄白色 | **生活史** 4 月下旬出蛰，卵生，6 月产卵，每年 2 窝，每窝产卵 2～4 枚，10 月入蛰 | **观察** 日行性，晴天活跃；谨慎而易受惊，行动敏捷，奔跑迅速，略有干扰便迅速至周边草丛或缝隙中躲避；同山地麻蜥相似，但尾较短，眶下鳞不明显扩大，不插入上唇鳞 | IUCN-无危

有鳞目 SQUAMATA > 蜥蜴科 Lacertidae > *Eremias multiocellata*

密点麻蜥 ﾐﾗﾏﾗﾗﾗﾗﾗﾗﾗﾗ

生境 栖息于荒漠草原和荒漠环境 | **描述** 全长 10～18 厘米，尾长明显大于头体长；头背视略呈三角形，吻尖；背面呈灰黄色或褐黄色，后头部的两侧各有 3 条白色纵纹；背部有 4 条浅色纵纹，间以黑色纵纹；四肢背面有较多白斑，尾背两侧各有一纵列白斑 | **生活史** 3 月末至 4 月初出蛰，卵胎生，5 月交尾，6 月至 8 月产崽，10 月入蛰 | **观察** 穴居日行，洞道口为月牙形，冬眠时通常每只蜥蜴单独占据洞穴，但也偶有 3～5 只个体共同冬眠的情况；食物以膜翅目、鞘翅目、革翅目、鳞翅目等昆虫及其幼虫为主 | IUCN-无危

有鳞目 SQUAMATA > 蝰蛇科 Viperidae > *Gloydius angusticeps*

若尔盖蝮 ﾗﾗﾗﾗﾗﾗﾗﾗﾗﾗ

生境 常见于青藏高原黄河上游地区海拔 3 100～3 600 米的草原环境 | **描述** 全长约 40～50 厘米；头部为窄长而圆钝的三角形，吻棱不明显；头背顶鳞处有 1 对较大的圆形黑点；体背呈青灰色、灰褐色、黄褐色或橄榄灰色，具 4 列深棕色不规则小点斑或 X 形大斑块，一些个体背部有 4 条深棕色不规则纵纹；体中段背鳞多为 21 行（个别为 19 行），腹鳞 148～171 枚，尾下鳞 37～42 对 | **生活史** 卵胎生，多于 8 月下旬产崽，每胎 5～8 条，区内其他信息不明 | **观察** 以小型哺乳、两栖、爬行动物为主要猎物；剧毒蛇类，毒液是以血液毒和细胞毒为主的混合毒；分布于四川、青海，在三江源主要分布于果洛藏族自治州 | IUCN-未评估，中国特有种

有鳞目 SQUAMATA > 蝰蛇科 Viperidae > *Gloydius cognatus*

阿拉善蝮 ﾗﾗﾗﾗﾗﾗﾗﾗﾗﾗ

生境 常见于海拔 1 000～3 300 米的荒漠戈壁或高山草原环境 | **描述** 体形细小，成体全长 40～50 厘米；头部近三角形或菱形，吻棱明显；体表呈沙黄色或黄褐色；体背多具 2 列交错的马蹄形或圆形斑，呈黄褐色或深褐色；体中段背鳞多为 23 行（个别为 22 行），腹鳞 143～172 枚，尾下鳞 36～54 对 | **生活史** 春季出蛰，卵胎生，多于 8 月下旬产崽，每胎 3～8 条，冬季入蛰，区内其他信息不明 | **观察** 主要捕食鼠类及小型蜥蜴，毒性较强；在我国广泛分布于西北地区，在三江源主要分布于海西蒙古族自治州 | IUCN-未评估

有鳞目 SQUAMATA > 蝰蛇科 Viperidae > *Gloydius rubromaculatus*

红斑高山蝮　འབྲི་སྟོད་ཕག་སྦྲུལ་དམར་ཁྲ།

生境 可见于海拔 3 700～4 200 米的高山草甸、灌丛、石堆等环境丨**描述** 全长 49～53 厘米；头部为卵圆形，吻棱不明显；虹膜呈黑褐色，眼眶斜后方有 1 条橙黄色或黄褐色眉纹，眉纹前端不与眼眶接触，后端延伸至颈部；眉纹外围镶以黑边；头部及背部鳞片光滑，有光泽；体底色多为橄榄灰色、乳白色或黄褐色，身上有醒目的鲜红色、红褐色或褐色斑块，部分个体背部有不规则纵纹丨**生活史** 春季出蛰，卵胎生，多于 8 月下旬产崽，每胎 4～6 条，冬季入蛰，区内其他信息不明丨**观察** 毒性较弱，对人类一般不致命；食物主要包括昆虫（蛾类为主）、蜘蛛、鼠类及两栖动物（高原林蛙和齿突蟾）等；沿通天河流域分布，在三江源主要分布于玉树藏族自治州丨**IUCN-未评估，中国特有种**

有鳞目 SQUAMATA > 游蛇科 Colubridae > *Elaphe dione*

白条锦蛇　སྦྲུལ་སྦྲུལ་དཀར་པོ།

生境 可见于田野、灌丛、乱石、河岸等较为湿润、植被茂盛的生境丨**描述** 中等体型的无毒蛇，成体全长 80～100 厘米；体背呈苍灰色或灰褐色，少数呈浅棕色，个别呈红褐色，有许多不规则黑色横斑；体背具有 3 条浅色纵纹，中央 1 条延至尾端，两侧 2 条止于泄殖肛孔；腹面呈黄红或灰白色，杂有黑斑点；体中段背鳞多为 25 行（22～26 行），除正中央 7～19 行起微棱外，均光滑；腹鳞 170～206 枚，尾下鳞 46～77 对丨**生活史** 4 月下旬出蛰，卵生，7 月至 8 月产卵 6～15 枚，10 月入蛰丨**观察** 我国北方常见蛇种，性情温顺，无毒，主要以鼠、鸟、鸟卵、蛙、蜥蜴等为食丨**IUCN-无危**

植物

分类系统依照 APG IV 系统，共收录三江源常见植物 65 科 395 种。其中，中国特有种 154 种，国家二级重点保护野生植物 14 种。

木贼科 Equisetaceae > 木贼属 *Equisetum* > *Equisetum arvense*

问荆　ཆུ་སྲུག་རྩི་ལྗང་།

中小型蕨类 | **形态** 枝二型。能育枝春季先萌发，节间黄棕色，有密纵沟，鞘齿9～12枚，栗棕色，孢子散后能育枝枯萎。不育枝后萌发，节间绿色，轮生分枝多，主枝中部以下有分枝。脊的背部弧形，无棱，有横纹；鞘筒绿色，鞘齿5～6枚，中间黑棕色。侧枝柔软纤细，扁平状，有3～4条狭而高的脊；鞘齿3～5个，披针形，绿色。孢子囊穗圆柱形 | **海拔** 3 700 米以下 | **观察** 常见于林下、湿地、田野等地 | **IUCN-无危**

柏科 Cupressaceae > 刺柏属 *Juniperus* > *Juniperus przewalskii*

祁连圆柏　མདོ་ལའི་ཤུག་ནས།

常绿乔木 | **形态** 生鳞形叶的小枝近方形或圆柱形，直或稍弧状弯曲。鳞形叶常有蜡粉，交互对生，排列较密或较松，先端锐尖或尖；腺体圆形，生于叶背基部；刺形叶轮生，斜展。球果卵圆形或近球形，熟后蓝黑色或黑色 | **海拔** 2 600～4 300 米 | **观察** 常见于高山阳坡 | **IUCN-无危**

本土知识　柏枝叶是藏区常用的祭祀品，人们认为柏枝具有"净化"功能。

柏科 Cupressaceae > 刺柏属 *Juniperus* > *Juniperus tibetica*

大果圆柏　ཤུག་པ་ཐོག་ནས།

常绿乔木 | **形态** 树皮灰褐色或淡褐灰色，裂成不规则薄片。小枝直或微成弧状，一回分枝圆柱形，二、三回分枝近圆柱形或四棱形。鳞叶绿色或黄绿色，稀微被蜡粉，常交叉对生，先端钝或钝尖，腺体位于叶背中部；刺叶三叶交叉轮生，条状披针形，斜展或开展，上面凹，有白粉。雌雄异株或同株，雄球花近球形，雄蕊3对，花药2～3枚。球果卵圆形或近圆球形，熟时红褐色至紫黑色，内有1粒卵圆形种子 | **海拔** 2 800～4 600 米 | **观察** 常见于山坡、山谷，常形成纯林 | **IUCN-易危，中国特有种**

植株　能育枝

植株　果

松科 Pinaceae > 落叶松属 *Larix* > *Larix potaninii*

红杉　　ཤར་མ་སྐྱིན་དམར།

落叶乔木丨**形态** 树皮灰色或灰褐色，纵裂粗糙。枝平展，小枝下垂。叶倒披针状窄条形，先端渐尖，上面中脉隆起，每边有 1～3 条气孔线，下面沿中脉两侧各有 3～5 条气孔线。雌球花紫红色或红色，苞鳞常直。球果矩圆状圆柱形或圆柱形，幼时红色或紫红色，后呈紫褐色或淡灰褐色，种鳞 35～65 枚丨**花期** 4～5 月丨**果期** 10 月丨**海拔** 2 500～4 000 米丨**观察** 偶见于高原山地地带丨IUCN-无危，中国特有种

松科 Pinaceae > 云杉属 *Picea* > *Picea crassifolia*

青海云杉　　མཚོ་སྔོན་ཤིང་ཤིང་ཤིར།

常绿乔木丨**形态** 小枝通常有明显或微明显的白粉。叶较粗，四棱状条形，近辐射伸展，或小枝上面之叶直上伸展，下面及两侧之叶向上弯伸，先端钝，横切面常四棱形，四面有气孔线，上面每边 5～7 条，下面每边 4～6 条。球果圆柱形或矩圆状圆柱形丨**花期** 4～5 月丨**果期** 9～10 月丨**海拔** 1 600～3 800 米丨**观察** 常见于山坡、山谷，常形成纯林丨IUCN-无危，中国特有种

麻黄科 Ephedraceae > 麻黄属 *Ephedra* > *Ephedra monosperma*

单子麻黄　　སྡུར་མ་ཚེ།

草本状矮小灌木丨**形态** 木质茎短小，多分枝；绿色小枝常微弯曲，节间细短。叶 2 片对生，膜质鞘状，裂片短三角形。雄球花多成复穗状，苞片 3～4 对，两侧膜质边缘较宽，合生部分近 1/2，假花被倒卵圆形，雄蕊 7～8 枚，花丝完全合生；雌球花无梗，苞片 3 对，基部合生，雌花常 1 朵；雌球花成熟时肉质红色，微被白粉丨**花期** 6 月丨**果期** 种子 8 月成熟丨**海拔** 1 800～4 000 米丨**观察** 常见于山坡石缝等干燥地带丨IUCN-无危

植株　果

水麦冬科 Juncaginaceae > 水麦冬属 *Triglochin* > *Triglochin maritima*

海韭菜　ན་རམ།

多年生湿生草本 | **形态** 叶全部基生，条形，基部具鞘，鞘缘膜质，顶端与叶舌相连。花葶直立，较粗壮，圆柱形，光滑，中上部着生多数排列较紧密的花，呈顶生总状花序，无苞片；花两性；花被片 6 枚，绿色，2 轮排列，外轮呈宽卵形，内轮较狭；雄蕊 6 枚，分离，无花丝；雌蕊淡绿色，由 6 枚合生心皮组成，柱头毛笔状。蒴果 6 棱状椭圆形或卵形，成熟后呈 6 瓣开裂 | **花果期** 6～10 月 | **海拔** 5 200 米以下 | **观察** 常见于湿沙地、山坡湿草地 | IUCN-无危

水麦冬科 Juncaginaceae > 水麦冬属 *Triglochin* > *Triglochin palustris*

水麦冬　ཆུ་རམ།

多年生湿生草本 | **形态** 叶全部基生，条形，先端钝，基部具鞘，两侧鞘缘膜质，残存叶鞘纤维状。花葶细长，直立，圆柱形；总状花序，花排列较疏散，无苞片；花被片 6 枚，绿紫色，椭圆形或舟形；雄蕊 6 枚，近无花丝，花药卵形，2 室；雌蕊由 3 个合生心皮组成，柱头毛笔状。蒴果棒状条形，成熟时自下至上呈 3 瓣开裂，仅顶部联合 | **花果期** 6～10 月 | **海拔** 4 500 米以下 | **观察** 常见于咸湿地、浅水处、山坡湿草地 | IUCN-无危

百合科 Liliaceae > 贝母属 *Fritillaria* > *Fritillaria delavayi*

梭砂贝母　ཏ་ཡུར།

多年生草本 | **形态** 鳞茎由 2～3 枚鳞片组成。叶 3～5 枚（包括叶状苞片），较紧密地生于植株中部或上部，全部散生或最上面 2 枚对生，狭卵形至卵状椭圆形，先端不卷曲。花单朵，浅黄色，具红褐色斑点或小方格；花被片内三片比外三片稍长而宽；雄蕊长约为花被片的一半；柱头裂片很短，长不及 1 毫米。蒴果棱上翅很狭，宿存花被常多少包住蒴果 | **花期** 6～7 月 | **果期** 8～9 月 | **海拔** 3 800～4 700 米 | **观察** 罕见于沙石地或流沙岩石的缝隙 | IUCN-易危，中国-二级

植株　花序　果

植株　花序　果

百合科 Liliaceae > 贝母属 *Fritillaria* > *Fritillaria przewalskii*

甘肃贝母 ཨ་འུ་རྩི་སེར་པོ།

多年生草本｜**形态** 茎生叶 4～7 枚，最下部叶多对生，稀互生，上部叶互生或兼有对生，线形，先端常不卷曲或稍卷曲。花常 1 朵，稀 2 朵，喇叭形或陀螺状钟形，淡黄色，具深黑紫色斑点或紫色方格纹；叶状苞片不与下面叶合生，先端不卷曲或稍卷曲；外花被片窄长圆形，内花被片窄倒卵形，蜜腺窝不明显突出，蜜腺长卵形，花被片蜜腺处稍弯曲；柱头裂片长 1 毫米或近不裂｜**花期** 6～7 月｜**果期** 8 月｜**海拔** 2 800～4 400 米｜**观察** 常见于灌丛、草地｜IUCN-易危，中国-二级，中国特有种

百合科 Liliaceae > 贝母属 *Fritillaria* > *Fritillaria unibracteata*

暗紫贝母 ཨ་འུ་ཏིག

多年生草本｜**形态** 鳞茎由 2 枚鳞片组成。下面的 1～2 对叶为对生，上面的 1～2 枚叶散生或对生，条形或条状披针形，先端不卷曲。花单朵，深紫色，有黄褐色小方格；叶状苞片 1 枚，先端不卷曲；蜜腺窝稍突出或不很明显；雄蕊长约为花被片的一半；柱头裂片很短｜**花期** 5～6 月｜**果期** 8 月｜**海拔** 3 200～4 500 米｜**观察** 偶见于灌丛、草地｜IUCN-濒危，中国-二级，中国特有种

百合科 Liliaceae > 百合属 *Lilium* > *Lilium lophophorum*

尖被百合 པ་ཁ་ལུ།

多年生草本｜**形态** 鳞茎近卵形。茎无毛。叶变化很大，由聚生至散生，披针形、矩圆状披针形或长披针形，边缘有乳头状突起。花常 1 朵，少有 2～3 朵，下垂；苞片叶状，披针形；花黄色、淡黄色或淡黄绿色，具极稀疏的紫红色斑点或无斑点；花被片先端长渐尖，内轮花被片蜜腺两边具流苏状突起；雄蕊向中心靠拢；花丝无毛；柱头膨大，头状｜**花期** 6～7 月｜**果期** 8～9 月｜**海拔** 2 700～4 250 米｜**观察** 偶见于高山草地、林下或山坡灌丛｜中国特有种

百合科 Liliaceae > 百合属 *Lilium* > *Lilium pumilum*

山丹　 སྣག་གཉིས་མེ་ཏོག།

多年生草本 | **形态** 茎有小乳头状突起，有的带紫色条纹。叶散生于茎中部，条形，中脉下面突出，边缘有乳头状突起。花单生或数朵排成总状花序，鲜红色，通常无斑点，有时有少数斑点，下垂；花被片反卷，蜜腺两边有乳头状突起；花丝无毛，花药长椭圆形，黄色，花粉近红色；子房圆柱形；花柱稍长于子房或长1倍多，柱头膨大，3裂。蒴果矩圆形 | **花期** 6～7月 | **果期** 9～10月 | **海拔** 400～2600米 | **观察** 常见于山坡草地或林缘地带

兰科 Orchidaceae > 杓兰属 *Cypripedium* > *Cypripedium tibeticum*

西藏杓兰　བོད་ལྗོངས་ཁྲག་ཟེད།

地生草本 | **形态** 茎直立，基部具数枚鞘，鞘上方常具3枚叶。叶片椭圆形、卵状椭圆形或宽椭圆形。花序顶生，具1花；花苞片叶状；花大，俯垂，紫色、紫红色或暗栗色，通常有淡绿黄色的斑纹，花瓣上的纹理尤其清晰，唇瓣的囊口周围有白色或浅色的圈；中萼片椭圆形或卵状椭圆形；合萼片与中萼片相似，但略短而狭，先端2浅裂；花瓣披针形或长圆状披针形；唇瓣深囊状，近球形至椭圆形 | **花期** 5～8月 | **果期** 不明 | **海拔** 2300～4200米 | **观察** 罕见于林下、林缘、草坡或乱石地 | IUCN-无危，中国-二级

兰科 Orchidaceae > 掌裂兰属 *Dactylorhiza* > *Dactylorhiza viridis*

凹舌掌裂兰　རྒྱ་ལག་ལྗེ་ཀོར།

地生草本 | **形态** 块茎掌状分裂。茎直立。叶之上常具1至数枚苞片状小叶；叶片狭倒卵状长圆形、椭圆形或椭圆状披针形，基部收狭成抱茎的鞘。总状花序具多数花；花苞片线形或狭披针形；花绿黄色或绿棕色；萼片基部常稍合生，中萼片直立，凹陷呈舟状，卵状椭圆形；侧萼片卵状椭圆形；花瓣线状披针形，与中萼片靠合呈兜状；唇瓣下垂，肉质，倒披针形，基部具囊状距 | **花期** 5～8月 | **果期** 9～10月 | **海拔** 1200～4300米 | **观察** 常见于山坡林下、灌丛下或山谷林缘湿地 | IUCN-无危

茎　花

植株　花

植株　叶　花序

兰科 Orchidaceae > 盔花兰属 *Galearis* > *Galearis tschiliensis*

河北盔花兰　ཉི་པི་བཀྲ་ཤིས།

地生草本 | **形态** 茎基部具 2 枚筒状鞘，鞘之上具叶。叶 1 枚，基生，直立伸展，叶片长圆状匙形或匙形。花茎直立，花序具 1～6 朵花，多偏向一侧；花苞片披针形，直立伸展；花紫红色、淡紫色或白色；萼片长圆形，近等大；中萼片直立，凹陷呈舟状，与花瓣靠合呈兜状；花瓣直立，长圆状披针形；唇瓣向前伸展，卵状披针形或卵状长圆形，与花瓣近等长，无距；子房圆柱状纺锤形，扭转 | **花期** 6～8 月 | **果期** 7～9 月 | **海拔** 1 600～4 100 米 | **观察** 偶见于山坡林下、草地 | IUCN-近危，**中国特有种**

兰科 Orchidaceae > 斑叶兰属 *Goodyera* > *Goodyera repens*

小斑叶兰　ཤོན་ཁ་ལག་ཆུང་།

地生草本 | **形态** 叶 5～6 枚，卵形或卵状椭圆形，上面深绿色具白色斑纹，背面淡绿色。花茎直立或近直立，具 3～5 枚鞘状苞片；总状花序具几朵至 10 余朵，密生，多少偏向一侧的花；花苞片披针形；花小，白色、带绿色或带粉红色，半张开；中萼片卵形或卵状长圆形，与花瓣黏合呈兜状；侧萼片斜卵形、卵状椭圆形；花瓣斜匙形；唇瓣卵形，基部凹陷呈囊状，前部舌状，略外弯；蕊柱短，蕊喙直立，叉状 2 裂 | **花期** 7～8 月 | **果期** 不明 | **海拔** 700～3 800 米 | **观察** 可见于山坡、沟谷林下 | IUCN-无危

兰科 Orchidaceae > 手参属 *Gymnadenia* > *Gymnadenia conopsea*

手参　དབང་པོ་ལག་པ།

地生草本 | **形态** 块茎肉质，直立，下部掌状分裂。茎基部具 2～3 枚筒状鞘，其上具 4～5 枚叶。叶片线状披针形、狭长圆形或带形。总状花序具多数花；花苞片披针形，直立伸展，先端长渐尖成尾状；花常为粉红色；中萼片宽椭圆形或宽卵状椭圆形，略呈兜状；侧萼片斜卵形，反折，边缘向外卷，先端急尖；花瓣直立，斜卵状三角形，边缘具细锯齿；唇瓣向前伸展，宽倒卵形，前部 3 裂；距细长下垂 | **花期** 6～8 月 | **果期** 不明 | **海拔** 300～4 700 米 | **观察** 可见于草甸、林间草地 | IUCN-无危，**中国-二级**

叶　花序

茎　花序

花

兰科 Orchidaceae > 角盘兰属 *Herminium* > *Herminium monorchis*

角盘兰 ཇེ་ཞི་ལགཔ།

地生草本 | **形态** 叶片狭椭圆状披针形或狭椭圆形，基部渐狭并略抱茎。总状花序具多数花；花苞片线状披针形，先端长渐尖，尾状；花小，黄绿色，垂头，萼片近等长；中萼片椭圆形或长圆状披针形；侧萼片长圆状披针形；花瓣近菱形，较萼片稍长，向先端渐狭，或在中部多少3裂，中裂片线形；唇瓣与花瓣等长，基部凹陷呈浅囊状，近中部3裂，中裂片线形，侧裂片三角形；蕊柱粗短 | **花期** 7～8月 | **果期** 不明 | **海拔** 600～4 500米 | **观察** 常见于山坡阔叶林至针叶林下、高山草甸、灌丛等地 | IUCN-数据缺乏

兰科 Orchidaceae > 对叶兰属 *Neottia* > *Neottia puberula*

对叶兰 ཇིའུ་ལག་རྩང་པོ།

地生草本 | **形态** 茎纤细，近基部处具2枚膜质鞘，近中部处具2枚对生叶。叶片心形、宽卵形或宽卵状三角形，基部宽楔形或近心形，边缘多少呈皱波状。总状花序疏生4～7朵花；花苞片披针形；花梗具短柔毛；花绿色，很小；中萼片卵状披针形；侧萼片斜卵状披针形；花瓣线形；唇瓣窄倒卵状楔形或长圆状楔形，先端2裂；两裂片叉开或近平行；蕊柱稍向前倾；蕊喙大，宽卵形 | **花期** 7～9月 | **果期** 9～10月 | **海拔** 1 400～2 600米 | **观察** 偶见于密林下阴湿处

兰科 Orchidaceae > 沼兰属 *Malaxis* > *Malaxis monophyllos*

沼兰 རྔགས་ལག

地生草本 | **形态** 叶常1枚，稀2枚，斜立，卵形、长圆形或近椭圆形，基部收狭成柄；叶柄多少鞘状。花葶直立；总状花序具数十朵或更多的花；花苞片披针形；花小，较密集，淡黄绿色至淡绿色；中萼片披针形或狭卵状披针形；侧萼片线状披针形；花瓣近丝状或极狭的披针形；唇瓣先端骤然收狭而成线状披针形的尾；唇盘近圆形、宽卵形或扁圆形，基部两侧有一对钝圆的短耳；蕊柱粗短 | **花果期** 7～8月 | **海拔** 800～4 100米 | **观察** 可见于林下、灌丛中或草坡 | IUCN-近危

叶　花

植株　根

花

兰科 Orchidaceae > 兜被兰属 *Neottianthe* > *Neottianthe cucullata*

二叶兜被兰　ཏྲ་ཝང་ཝོན་ག་ཉིས།

地生草本 | **形态** 叶片卵形、卵状披针形或椭圆形，先端急尖或渐尖，基部短鞘状抱茎，叶上面有时具紫红色斑点。总状花序具几朵至 10 余朵花，常偏向一侧；苞片披针形；花紫红或粉红色；萼片在 3/4 以上靠合成兜，中萼片披针形；侧萼片斜镰状披针形；花瓣披针状线形，与中萼片贴生；唇瓣前伸，上面和边缘具乳突，基部楔形，3 裂，侧裂片线形，中裂片长；距细圆筒状锥形，中部前弯，近 U 形 | **花期** 8～9 月 | **果期** 不明 | **海拔** 400～4 100 米 | **观察** 偶见于山坡林下、草地 | IUCN-濒危

兰科 Orchidaceae > 小红门兰属 *Ponerorchis* > *Ponerorchis chusua*

广布小红门兰　ཤེ་ཟུར་ལག་པ་སྨུག་པོ།

地生草本 | **形态** 叶片长圆状披针形、披针形或线状披针形至线形。花序具 1～20 余朵花，多偏向一侧；花苞片披针形或卵状披针形；花紫红色或粉红色；中萼片与花瓣靠合呈兜状；侧萼片向后反折，偏斜，卵状披针形；花瓣直立，斜狭卵形、宽卵形或狭卵状长圆形；唇瓣 3 裂，中裂片边缘全缘或稍具波状，侧裂片扩展，镰状长圆形或近三角形；距常向后斜展或近平展；子房圆柱形，扭转，无毛 | **花期** 6～8 月 | **果期** 不明 | **海拔** 500～4 500 米 | **观察** 常见于山坡林下、灌丛、高山草甸 | IUCN-无危

鸢尾科 Iridaceae > 鸢尾属 *Iris* > *Iris loczyi*

天山鸢尾　ཤེན་ཅུན་བྲེས་མ།

多年生密丛草本 | **形态** 叶质地坚韧，直立，狭条形，顶端渐尖，基部鞘状。花茎较短，不伸出或略伸出地面，基部常包有披针形膜质的鞘状叶；苞片 3 枚，草质，中脉明显，顶端渐尖，内包含有 1～2 朵花；花蓝紫色；花被管甚长，丝状，外花被裂片倒披针形或狭倒卵形，爪部略宽，内花被裂片倒披针形；花柱顶端裂片半圆形。果实长倒卵形至圆柱形，顶端略有短喙 | **花期** 5～6 月 | **果期** 7～9 月 | **海拔** 2 000 米以上 | **观察** 偶见于向阳草地

植株　花序

叶

植株　叶　花

植株　花

鸢尾科 Iridaceae > 鸢尾属 *Iris* > *Iris potaninii*

卷鞘鸢尾　གྲེས་སེར་སྨུག་པོ།

多年生草本 | **形态** 叶条形。花茎极短，不伸出地面，基部生有 1～2 枚鞘状叶；苞片 2 枚，膜质，狭披针形，内包含有 1 朵花；花黄色；花梗甚短或无；花被管下部丝状，上部逐渐扩大成喇叭形，外花被裂片倒卵形，顶端微凹，中脉上密生有黄色的须毛状附属物，内花被裂片倒披针形，顶端微凹，直立；花药紫色；花柱分枝扁平，黄色，顶端裂片近半圆形，外缘有不明显的牙齿。果实椭圆形，顶端有短喙 | **花期** 5～6 月 | **果期** 7～9 月 | **海拔** 3 200～5 000 米 | **观察** 偶见于多石、干燥山坡

鸢尾科 Iridaceae > 鸢尾属 *Iris* > *Iris qinghainica*

青海鸢尾　མཚོ་སྔོན་གྲེས་མ།

多年生密丛草本 | **形态** 叶灰绿色，狭条形。花茎甚短，不伸出地面，基部常包有披针形的膜质鞘状叶；苞片共 3 枚，草质，绿色，对褶，边缘膜质，淡绿色，披针形，内包含有 1～2 朵花，花蓝紫色或蓝色；花被管丝状，外花被裂片狭倒披针形，上部向外反折，爪部狭楔形，内花被裂片狭倒披针形至条形，直立；花柱顶端裂片狭披针状三角形，子房细圆柱形 | **花期** 6～7 月 | **果期** 6～8 月 | **海拔** 2 500～3 100 米 | **观察** 可见于高原山坡、向阳草地 | **中国特有种**

鸢尾科 Iridaceae > 鸢尾属 *Iris* > *Iris songarica*

准噶尔鸢尾　ཕོ་གྲེས།

多年生密丛草本 | **形态** 叶灰绿色，条形，有 3～5 条纵脉。花茎光滑，生有 3～4 枚茎生叶；花下苞片 3 枚，草质，绿色，边缘膜质，顶端短渐尖，内包含有 2 朵花；花蓝色；外花被裂片提琴形，上部椭圆形或卵圆形，爪部近披针形，内花被裂片倒披针形，直立；花药褐色；花柱顶端裂片狭三角形。蒴果三棱状卵圆形，顶端有长喙，网脉明显 | **花期** 6～7 月 | **果期** 8～9 月 | **海拔** 2 400～4 200 米 | **观察** 可见于向阳的高山草地、坡地及石质山坡

植株　花

石蒜科 Amaryllidaceae > 葱属 *Allium* > *Allium chrysocephalum*

折被韭　ཀ་སྒོག་ཅེ་ལུ་ཡིག

多年生草本 | 形态 叶宽条形，扁平，略呈镰状弯曲。花葶圆柱状，下部被叶鞘；总苞干膜质，2～3 裂，宿存；伞形花序球状或半球状，具多而密集的花；小花梗基部无小苞片；花亮草黄色；外轮花被片矩圆状卵形，内轮花被片矩圆状披针形，先端向外反折；花丝约为内轮花被片长度的 2/3；子房卵状至卵球状，腹缝线基部具蜜穴 | **花果期** 7～9 月 | **海拔** 3 400～4 800 米 | **观察** 常见于高山草甸、阴湿山坡 | **中国特有种**

石蒜科 Amaryllidaceae > 葱属 *Allium* > *Allium cyaneum*

天蓝韭　ཕྱི་སྒོག་ཅེ་ལུ་རིང

多年生草本 | 形态 叶半圆柱状，上面具沟槽。花葶圆柱状，下部常被叶鞘；总苞单侧开裂或 2 裂，早落；伞形花序近帚状，有时半球状，花疏散；无小苞片；花天蓝色；花被片卵形或长圆状卵形，内轮稍长；花丝等长，比花被片长 1/3 或为其 2 倍，基部合生并与花被片贴生，内轮基部扩大，其扩大部分有时两侧具齿，外轮锥形；子房近球形，腹缝基部具蜜穴，花柱伸出花被 | **花果期** 8～10 月 | **海拔** 2 100～5 000 米 | **观察** 常见于山坡、草地、林下、林缘

本土知识　在牧区，牧民会把剁碎的天蓝韭用牦牛奶煮好后，跟糌粑一起吃。

石蒜科 Amaryllidaceae > 葱属 *Allium* > *Allium przewalskianum*

青甘韭　འཛིམ་ནག

多年生草本 | 形态 叶半圆柱状或圆柱状，短于或稍长于花葶。花葶圆柱状，下部被叶鞘；总苞单侧开裂，常具喙，宿存；伞形花序球状或半球状；花梗近等长，长为花被片的 2～3 倍，常无小苞片；花淡红或深紫色；内轮花被片长圆形或长圆状披针形，外轮稍短，卵形或窄卵形；花丝等长，长为花被片的 1.5～2 倍，基部合生并与花被片贴生；花柱伸出花被 | **花果期** 6～9 月 | **海拔** 2 000～4 800 米 | **观察** 常见于干旱山坡、石缝、灌丛、草坡

叶 | 花序

天门冬科 Asparagaceae > 黄精属 Polygonatum > *Polygonatum hookeri*

独花黄精 རལ་པའི་ཅིག་སྐྱེས།

多年生矮小草本｜**形态** 叶几枚至 10 余枚，常紧接在一起，当茎伸长时，显出下部的叶为互生，上部的叶为对生或 3 叶轮生，条形、矩圆形或矩圆状披针形。通常全株仅生 1 花，位于最下的一个叶腋内，少有 2 朵生于一个总花梗上；苞片微小，膜质，早落；花被紫色；花丝极短。浆果红色｜**花期** 5～6 月｜**果期** 9～10 月｜**海拔** 3 200～4 300 米｜**观察** 偶见于林下、山坡草地或冲积扇上

天门冬科 Asparagaceae > 黄精属 Polygonatum > *Polygonatum qinghaiense*

青海黄精 རལ་པའི་དཀར་པོ།

多年生草本｜**形态** 叶 3～6 枚，稍厚，长圆形或窄椭圆形，下部互生，上部轮生。通常 1 花，稀 2 花，生于叶腋，花淡黄色或白色；花被管状，裂片 6 枚，狭披针形或长圆形，顶端具乳突；雄蕊 6 枚，花丝很短。浆果球形｜**花期** 不明｜**果期** 不明｜**海拔** 3 200～4 100 米｜**观察** 罕见于山坡草地、河漫滩｜**中国特有种**

灯心草科 Juncaceae > 灯心草属 Juncus > *Juncus thomsonii*

展苞灯心草 ནོ་རྩ་ཕབ་ཕུག

多年生草本｜**形态** 茎直立，丛生，圆柱形，淡绿色。叶全部基生，常 2 枚；叶片细线形；叶鞘边缘膜质；叶耳明显，钝圆。头状花序单一顶生，有 4～8 朵花；苞片 3～4 枚，开展，卵状披针形，红褐色；花被片长圆状披针形，黄色或淡黄白色，后期背部变成褐色；雄蕊 6 枚，长于花被片；花药黄色；柱头 3 分叉，线形。蒴果三棱状椭圆形，顶端有短尖头，成熟时红褐色至黑褐色｜**花期** 7～8 月｜**果期** 8～9 月｜**海拔** 2 800～4 300 米｜**观察** 常见于高山草甸、池边、沼泽地

莎草科 Cyperaceae > 扁穗草属 Blysmus > Blysmus sinocompressus

华扁穗草　མཛོ་མོ་འི་ནེ་སྟ།

多年生草本丨**形态** 秆近散生。叶平展，边缘内卷，疏生细齿，先端三棱形；叶舌白色，膜质。苞片叶状，小苞片鳞片状，膜质；穗状花序 1，顶生，长圆形或窄长圆形；小穗 3～10 余个，2 列或近 2 列；小穗卵状披针形、卵形或长椭圆形，有 2～9 朵两性花；鳞片长卵形，锈褐色，膜质，背部有 3～5 脉，中脉龙骨状突起；下位刚毛 3～6 条，卷曲，有倒刺；雄蕊 3 枚，花药窄长圆形，具短尖；柱头 2 个丨**花果期** 6～9 月丨**海拔** 1 000～4 000 米丨**观察** 常见于溪边、河床、沼泽地

莎草科 Cyperaceae > 薹草属 Carex > Carex atrofusca subsp. *minor*

黑褐穗薹草　མཛོ་རྩྭ་ཁམ་ནག

多年生草本丨**形态** 叶平张，稍坚挺，顶端渐尖。苞片最下部的 1 个短叶状，具鞘；小穗 2～5 个，顶生 1～2 个为雄性，长圆形或卵形；其余小穗为雌性，椭圆形或长圆形；小穗柄纤细，稍下垂；雌花鳞片卵状披针形或长圆状披针形，暗紫红色或中间色淡；花柱基部不膨大，柱头 3 个。果囊长圆形或椭圆形，扁平，上部暗紫色，下部麦秆黄色，顶端急缩成短喙；小坚果长圆形，扁三棱状丨**花果期** 7～8 月丨**海拔** 2 200～4 600 米丨**观察** 常见于高山灌丛草甸等地

莎草科 Cyperaceae > 嵩草属 Kobresia > Kobresia pygmaea

高山嵩草　ཅུར་རྩྭ་བྲལ་བུལ།

垫状草本丨**形态** 叶线形，坚挺，腹面具沟，边缘粗糙。穗状花序雄雌顺序，少有雌雄异序，椭圆形，细小；支小穗 5～7 个，密生，顶生的 2～3 个为雄性，侧生的为雌性，稀全部为单性；雄花鳞片长圆状披针形，褐色，有 3 枚雄蕊；雌花鳞片顶端圆形或钝，具短尖或短芒，两侧褐色，具狭的白色膜质边缘；花柱短，柱头 3 个。小坚果椭圆形或倒卵状椭圆形，扁三棱形，成熟时暗褐色，顶端几无喙丨**花果期** 5～9 月丨**海拔** 3 100～5 600 米丨**观察** 常见于高山灌丛草甸和高山草甸

禾本科 Poaceae > 披碱草属 *Elymus* > *Elymus nutans*

垂穗披碱草 འཇག་རྩྭ་ལྨ་གོ་དུན།

多年生丛生草本 | **形态** 叶片扁平，上面有时疏生柔毛，下面粗糙或平滑。穗状花序较紧密，常弯折，先端下垂，基部的 1、2 节均不具发育小穗；小穗绿色，成熟后带紫色，常在每节生有 2 枚，接近顶端及下部节上仅生有 1 枚，多少偏生于穗轴 1 侧，含 3～4 朵小花；颖长圆形，先端渐尖或具短芒，具 3～4 脉；外稃长披针形，具 5 脉，第一外稃顶端延伸成芒，向外反曲或稍展开 | **花果期** 7～8 月 | **海拔** 2 800～3 400 米 | **观察** 常见于草原、山坡道旁和林缘

禾本科 Poaceae > 异燕麦属 *Helictotrichon* > *Helictotrichon altius*

高异燕麦 སྟོར་ལྨ།

多年生草本 | **形态** 秆单生或少数丛生，具 3～4 节，节被细毛。叶鞘通常短于节间，秆生叶舌平截或啮蚀状；叶片平展。圆锥花序开展；分枝粗糙，纤细且常弯曲；小穗草绿或带紫色，小穗轴节间被毛；颖薄，第一颖 1 脉，第二颖 3 脉；外稃厚，第一外稃等长于第二颖，5～7 脉，芒下部 1/3 处膝曲，芒柱扭转 | **花果期** 7～8 月 | **海拔** 2 100～3 900 米 | **观察** 可见于湿润草坡、灌丛及云杉林下 | **中国特有种**

禾本科 Poaceae > 洽草属 *Koeleria* > *Koeleria macrantha*

洽草 རྩ་ཀུ་ཤ།

多年生密丛草本 | **形态** 叶片扁平，被短柔毛或上面无毛。穗形圆锥花序直立，有光泽，主轴及分枝都有毛；小穗轴几无毛或有微毛；颖边缘宽膜质，具 1～3 脉；外稃 3 脉，边缘膜质，有或无小尖头，第一外稃长约 4 毫米；内稃透明膜质，顶端 2 裂 | **花果期** 5～9 月 | **海拔** 3 900 米以下 | **观察** 常见于山坡、草地、路旁

植株　穗

植株　花序

花序

花序

禾本科 Poaceae > 针茅属 *Stipa* > *Stipa capillacea*

丝颖针茅　ཟག་རྩ་སྐྱེལ་མ།

多年生密丛草本 | **形态** 秆具 2～3 节。叶鞘光滑；叶片纵卷如针状，基生叶常对褶，上面无毛，下面被糙毛。圆锥花序紧缩，常伸出叶鞘外，顶端的芒常互相扭结如鞭状，分枝直立上举，基部孪生，具 1～3 小穗；小穗淡绿色或淡紫色；颖先端伸出如丝状；芒两回膝曲，扭转，芒针常直伸 | **花果期** 7～9 月 | **海拔** 2 900～5 000 米 | **观察** 常见于高山灌丛、草甸等地

罂粟科 Papaveraceae > 白屈菜属 *Chelidonium* > *Chelidonium majus*

白屈菜

多年生草本 | **形态** 茎多分枝，分枝常被短柔毛，节上较密，后变无毛。叶羽状全裂，全裂片 2～4 对，倒卵状长圆形，具不规则的深裂或浅裂。伞形花序多花；苞片小，卵形；萼片卵圆形，舟状，早落；花瓣倒卵形，全缘，黄色；雄蕊黄色；子房线形，绿色，柱头 2 裂。蒴果狭圆柱形 | **花果期** 4～9 月 | **海拔** 500～2 200 米 | **观察** 常见于山坡、山谷林缘草地或路旁、石缝 | IUCN-无危

罂粟科 Papaveraceae > 紫堇属 *Corydalis* > *Corydalis adunca*

灰绿黄堇　སྐྱ་ཞིབ་ལྷང་སྒྲ།

多年生丛生草本，灰绿色 | **形态** 植株具白粉。基生叶狭卵圆形，二回羽状全裂，一回羽片约 4～5 对，二回羽片 1～2 对，裂片具短尖；茎生叶与基生叶同形。总状花序多花，常密集；苞片狭披针形，顶端渐狭成丝状；花黄色；萼片卵圆形；外花瓣顶端兜状，具短尖，无鸡冠状突起；上花瓣末端圆钝；内花瓣具鸡冠状突起，爪约与瓣片等长。蒴果长圆形 | **花期** 5～9 月 | **果期** 6～10 月 | **海拔** 1 000～3 900 米 | **观察** 常见于干旱山地、河滩地或石缝

花　果

叶　花序

罂粟科 Papaveraceae > 紫堇属 *Corydalis* > *Corydalis curviflora*

曲花紫堇　　གཡུ་འབྲུག་ཉིལ་བ།

无毛草本｜**形态** 茎 1～4 条。基生叶轮廓圆形或肾形，3 全裂，全裂片 2～3 深裂，有时指状全裂，裂片长圆形、线状长圆形或倒卵形；茎生叶 1～4 枚，互生，掌状全裂，裂片宽线形或狭倒披针形。总状花序常顶生，10～15 花或更多；苞片狭卵形、狭披针形至宽线形，常全缘；萼片常早落；花瓣淡蓝色、淡紫色或紫红色；柱头 2 裂。蒴果线状长圆形｜**花果期** 5～8 月｜**海拔** 2 400～4 600 米｜**观察** 常见于山坡云杉林下、灌丛或草丛中｜**中国特有种**

罂粟科 Papaveraceae > 紫堇属 *Corydalis* > *Corydalis cytisiflora*

金雀花黄堇　　དད་དཀར་ཉིལ་བ།

直立草本｜**形态** 基生叶轮廓近圆形或肾形，3 全裂，全裂片再 2～3 深裂，小裂片先端圆；茎生叶常 1～2 枚，掌状 5～9 全裂，裂片线状披针形。总状花序有 10～20 花或更多，排列密集，果期稀疏；苞片最下部者 3～5 全裂，其余全缘；萼片鳞片状，极小，撕裂状锐裂；花瓣黄色，上花瓣瓣片舟状卵形，先端具短尖，距粗壮，向上弯曲；下花瓣瓣片先端具钝尖头，边缘略呈浅波状，背部无鸡冠状突起；内花瓣提琴形｜**花果期** 5～8 月｜**海拔** 2 600～4 500 米｜**观察** 可见于山坡林下、灌丛｜**中国特有种**

罂粟科 Papaveraceae > 紫堇属 *Corydalis* > *Corydalis dasyptera*

叠裂黄堇　　ཀྱུ་རུངས་ཉིལ་བ།

多年生草本，铅灰色｜**形态** 茎花葶状，无叶或具 1～3 枚退化的苞片状叶。基生叶长圆形，一回羽状全裂，羽片 5～7 对，彼此叠压。总状花序多花、密集；下部苞片羽状深裂，上部苞片具齿至全缘；萼片小，椭圆形，具齿；花污黄色；外花瓣龙骨突起部位带紫褐色，具高而全缘的鸡冠状突起；上花瓣鸡冠状突起延伸至距中部；距约与瓣片等长，末端稍下弯；下花瓣稍向前伸出；内花瓣具粗厚的鸡冠状突起｜**花果期** 7～9 月｜**海拔** 2 700～4 800 米｜**观察** 可见于高山草地、流石滩或疏林下｜**中国特有种**

罂粟科 Papaveraceae > 紫堇属 *Corydalis* > *Corydalis inopinata*

卡惹拉黄堇　ཆུ་སྨུག་ནི་ལ་བ།

丛生草本 | **形态** 茎数条。叶二回 3 深裂，末回裂片近匙形，全缘至多少具圆齿，边缘相互叠压，具白色缘毛。总状花序少花，伞房状；苞片楔形，3 深裂，裂片具短尖；花黄色，顶端带紫色；萼片具齿；外花瓣具短尖和鸡冠状突起；距圆筒形；下花瓣后半部浅囊状，边缘具缘毛 | **花期** 不明 | **果期** 不明 | **海拔** 4 700 ～ 5 200 米 | **观察** 偶见于高山流石滩

罂粟科 Papaveraceae > 紫堇属 *Corydalis* > *Corydalis linarioides*

条裂黄堇　ཀྱི་སྨུག་ནི་ལ་བ།

直立草本 | **形态** 茎 2 ～ 5 条。基生叶轮廓近圆形，二回羽状分裂，第一回 3 全裂，小裂片线形；茎生叶一回奇数羽状全裂，小裂片线形。总状花序顶生，多花；苞片下部者羽状分裂，上部者狭披针状线形，最上部者线形；萼片鳞片状，边缘撕裂；花瓣黄色；上花瓣瓣片舟状卵形；距圆筒形；下花瓣倒卵形；内花瓣提琴形，爪与花瓣片近等长；花柱先端弯曲。蒴果长圆形 | **花果期** 6 ～ 9 月 | **海拔** 2 100 ～ 4 700 米 | **观察** 常见于林下、林缘、灌丛等地 | **中国特有种**

罂粟科 Papaveraceae > 紫堇属 *Corydalis* > *Corydalis melanochlora*

暗绿紫堇　སྨུག་ཆུང་ནི་ལ་བ།

无毛草本 | **形态** 茎不分枝。基生叶 2 ～ 4 枚，三回羽状全裂，全裂片轮廓圆形，小裂片不等的 2 ～ 3 浅裂；茎生叶 2 枚，常近对生。总状花序顶生，有 4 ～ 8 花，密集近于伞形；苞片指状全裂；萼片小，呈撕裂状；花瓣天蓝色；上花瓣瓣片舟状卵形，背部具鸡冠状突起；距圆筒形，略下弯；内花瓣瓣片倒卵状长圆形，先端深紫色，爪线形 | **花果期** 6 ～ 9 月 | **海拔** 2 900 ～ 5 500 米 | **观察** 偶见于高山草甸、流石滩 | **中国特有种**

植株　花序

罂粟科 Papaveraceae > 紫堇属 *Corydalis* > *Corydalis mucronifera*

尖突黄堇　ཙི་སྐྱུ་ཅེ་ལ་བ།

垫状草本｜**形态** 茎不分枝。基生叶多数，扁，叶片卵圆形或心形，三出羽状分裂或掌状分裂，末回裂片具芒状尖突；茎生叶与基生叶同形。花序伞房状，少花；苞片扇形，裂片线形至匙形，具芒状尖突；花黄色，先直立，后平展；萼片具齿；外花瓣具鸡冠状突起；距圆筒形，轻微上弯；内花瓣顶端暗绿色。蒴果椭圆形｜**花期** 不明｜**果期** 不明｜**海拔** 4 200～5 300 米｜**观察** 偶见于高山流石滩、河谷地带｜**中国特有种**

罂粟科 Papaveraceae > 紫堇属 *Corydalis* > *Corydalis nigroapiculata*

黑顶黄堇　རྒྱ་སྟོད་ཅེ་ལ་བ།

无毛草本｜**形态** 基生叶轮廓宽卵形，三回羽状分裂，裂片具软骨质的小尖头；茎生叶 3～4 枚，互生于茎上部。总状花序有 15～40 朵花，排列密集；苞片最下部者与茎生叶相同，上部者羽状分裂，最上部者披针形全缘；萼片近圆形，白色，膜质，边缘具齿缺或条裂；花瓣淡黄色；上花瓣瓣片舟状卵形，背部具鸡冠状突起；距末端略下弯；下花瓣瓣片圆形，先端具短尖，背部鸡冠状突起矮；内花瓣提琴形，紫黑色｜**花果期** 7～9 月｜**海拔** 3 600～4 200 米｜**观察** 偶见于山坡林下、高山草甸｜**中国特有种**

罂粟科 Papaveraceae > 紫堇属 *Corydalis* > *Corydalis scaberula*

粗糙黄堇　མེར་གེ་ཅེ་ལ་བ།

多年生草本｜**形态** 基生叶轮廓卵形，三回羽状分裂；茎生叶常 2 枚，叶片轮廓长圆形。总状花序密集多花；苞片菱形，边缘具软骨质的糙毛；萼片近肾形，具条裂状齿；花瓣淡黄带紫色，开放后橙黄色；上花瓣瓣片舟状倒卵形，背部具绿色的鸡冠状突起；距圆筒形；下花瓣背部具鸡冠状突起；内花瓣先端深紫色。蒴果长圆形｜**花果期** 6～9 月｜**海拔** 3 500～5 600 米｜**观察** 可见于高山草甸或流石滩｜**中国特有种**

植株　叶

植株　叶　花

罂粟科 Papaveraceae > 紫堇属 *Corydalis* > *Corydalis trachycarpa*

糙果紫堇 གཡའ་ཟིལ་དཀར་པོ།

粗壮直立草本 | **形态** 基生叶轮廓宽卵形，二至三回羽状分裂，小裂片先端具小尖头；茎生叶疏离互生。总状花序多花密集；苞片下部者扇状羽状全裂，裂片线形；萼片边缘具缺刻状流苏；花瓣紫色、蓝紫色或紫红色；上花瓣瓣片舟状卵形；距圆锥形，锐尖，平伸或弯曲；下花瓣下部稍呈囊状；花药极小，黄色；子房具肋，肋上有密集排列的小瘤；柱头双卵形，上端具 2 乳突。蒴果狭倒卵形 | **花果期** 4～9 月 | **海拔** 2 400～5 200 米 | **观察** 可见于高山草甸、灌丛、流石滩或山坡石缝 | **中国特有种**

罂粟科 Papaveraceae > 紫堇属 *Corydalis* > *Corydalis zadoiensis*

杂多紫堇 རྒྱ་སྡོད་ཟིལ་བ།

无毛草本 | **形态** 基生叶 5～7 枚，二回三出全裂；茎生叶无或 1 枚。总状花序生于茎顶端，有 8～12 朵花，排列密集；苞片最下部者菱状卵形，常全缘，中部者倒卵形，上部者倒披针形至钻形；萼片鳞片状，白色，早落；花瓣紫红色或蓝色；上花瓣瓣片舟状卵形，背部具矮鸡冠状突起；距圆筒形；下花瓣瓣片宽椭圆形，背部具极矮的鸡冠状突起，中部缢缩，下部呈囊状；内花瓣瓣片提琴形，基部具钩状耳 | **花期** 6～8 月 | **果期** 8 月 | **海拔** 4 200～5 000 米 | **观察** 罕见于高山流石滩 | **中国特有种**

罂粟科 Papaveraceae > 秃疮花属 *Dicranostigma* > *Dicranostigma leptopodum*

秃疮花 མེར་ཆེན།

常为多年生草本 | **形态** 全体含淡黄色液汁。茎多，绿色，具粉。基生叶丛生，叶片狭倒披针形，羽状深裂，裂片 4～6 对；茎生叶少数，羽状深裂、浅裂或二回羽状深裂，裂片具疏齿。花 1～5 朵排列成聚伞花序；具苞片；萼片卵形，先端渐尖成距，距末明显扩大成匙形；花瓣黄色；雄蕊多数，花药黄色；子房狭圆柱形，绿色；花柱短，柱头 2 裂，直立。蒴果线形 | **花期** 3～7 月 | **果期** 6～9 月 | **海拔** 400～3 700 米 | **观察** 常见于草坡、路旁、田埂等地 | **中国特有种**

花序

植株　子房

罂粟科 Papaveraceae > 角茴香属 *Hypecoum* > *Hypecoum leptocarpum*

细果角茴香　པར་པ་ད།

一年生草本 | **形态** 基生叶多数，蓝绿色，二回羽状全裂，裂片 4～9 对；茎生叶同基生叶，但较小。花茎常二歧状分枝；苞叶轮生，二回羽状全裂，向上渐变小，至最上部者为线形；花小，排列成二歧聚伞花序，每花具数枚刚毛状小苞片；萼片绿色，边缘膜质，全缘；花瓣淡紫色，外面 2 枚先端绿色、全缘，里面 2 枚较小，3 裂，中裂片匙状圆形；雄蕊 4 枚，花丝黄褐色，花药黄色；花柱短，柱头 2 裂。蒴果直立，圆柱形，两侧压扁 | **花果期** 6～9 月 | **海拔** 1 700～5 000 米 | **观察** 常见于山坡、草地、山谷等地

罂粟科 Papaveraceae > 绿绒蒿属 *Meconopsis* > *Meconopsis barbiseta*

久治绿绒蒿　གཡུ་ཆེའི་ལྗང་ལ།

一年生草本 | **形态** 叶全部基生，叶片倒披针形，两面被黄褐色刚毛，边缘全缘或微波状。花莛先端细，向基部逐渐增粗，被黄褐色、通常反曲的刚毛；花单生于基生花莛上；花瓣 6 枚，倒卵形至倒卵状长圆形，顶端平截，边缘微波状，蓝紫色，基部紫黑色；花丝丝状；子房卵形，密被锈色刚毛；柱头 4～6 裂，裂片下延 | **花期** 7～9 月 | **果期** 不明 | **海拔** 4 400 米附近 | **观察** 罕见于高山草甸 | **中国–二级，中国特有种**

罂粟科 Papaveraceae > 绿绒蒿属 *Meconopsis* > *Meconopsis horridula*

多刺绿绒蒿　ཚེར་སྔོན་ཀ་ར་མར།

一年生草本 | **形态** 全体被黄褐色或淡黄色、坚硬而平展的刺。叶均基生，叶片披针形，边缘全缘或波状，两面被黄褐色或淡黄色平展的刺。花莛 5～12 枝或更多，有时基部合生；花单生于花莛上，半下垂；萼片外面被刺；花瓣 4～8 枚，宽倒卵形，蓝紫色；花丝丝状。蒴果倒卵形或椭圆状长圆形，稀宽卵形 | **花果期** 6～9 月 | **海拔** 3 600～5 100 米 | **观察** 常见于草坡等地

花

茎　果

植株　花

罂粟科 Papaveraceae > 绿绒蒿属 *Meconopsis* > *Meconopsis integrifolia*

全缘叶绿绒蒿　ཨུཧྱུལ་སེར་པོ།

一年生至多年生草本 | **形态** 全体被锈色和金黄色长柔毛。基生叶莲座状，边缘全缘。花常 4～5 朵；萼片舟状，外面被毛，里面无毛；花瓣 6～8 枚，近圆形至倒卵形，黄色、稀白色；花丝线形，金黄色或褐色，花药橘红色，后为黄色至黑色；子房密被金黄色长硬毛；柱头头状，4～9 裂。蒴果宽椭圆状长圆形至椭圆形 | **花果期** 5～11 月 | **海拔** 2 700～5 100 米 | **观察** 常见于山坡、林下等地

罂粟科 Papaveraceae > 绿绒蒿属 *Meconopsis* > *Meconopsis punicea*

红花绿绒蒿　ཨུཧྱུལ་དམར་པོ།

多年生草本 | **形态** 叶全部基生，莲座状，倒披针形或狭倒卵形，边缘全缘，两面密被淡黄色或棕褐色刚毛。花葶 1～6 枝，从莲座叶丛中生出；花单生于基生花葶上，下垂；萼片卵形，外面密被刚毛；花瓣 4 或 6 枚，椭圆形，深红色；花丝粉红色，花药黄色；子房密被淡黄色刚毛，花柱极短，柱头 4～6 圆裂。蒴果椭圆状长圆形 | **花果期** 6～9 月 | **海拔** 2 800～4 300 米 | **观察** 可见于山坡草地 | **中国-二级、中国特有种**

本土知识 过去常用红花绿绒蒿来为纸张染色。

罂粟科 Papaveraceae > 绿绒蒿属 *Meconopsis* > *Meconopsis racemosa* var. *spinulifera*

刺瓣绿绒蒿　ཚེར་སྔོན་འདབ་ཚེར།

一年生草本 | **形态** 全体被黄褐色或淡黄色硬刺。茎圆柱形，不分枝，有时混生基生花葶。基生叶常长圆状披针形、倒披针形；下部茎生叶同基生叶，上部茎生叶长圆状披针形或条形。最上部花无苞片；萼片长圆状卵形，外面被刺毛；花瓣 5～8 枚，倒卵状长圆形，天蓝色或蓝紫色，有时红色，花瓣两面中下部疏生细刺；花丝紫色，花药黄色；花柱具 4 棱，棱呈膜质翅状 | **花果期** 5～11 月 | **海拔** 4 000 米附近 | **观察** 偶见于山坡等地 | **中国特有种**

植株　花

植株　花

植株　花

果

星叶草科 Circaeasteraceae > 星叶草属 *Circaeaster* > *Circaeaster agrestis*

星叶草 ༺ བ་རྒུ།

一年生小草本 | **形态** 宿存的 2 枚子叶和叶簇生；子叶线形或披针状线形；叶菱状倒卵形、匙形或楔形，基部渐狭，边缘上部有小牙齿，齿顶端有刺状短尖，背面粉绿色。花小，萼片 2～3 枚；雄蕊 1～3 枚；心皮 1～3 枚，比雄蕊稍长，子房长圆形，无花柱。瘦果狭长圆形或近纺锤形，常有密或疏的钩状毛 | **花期** 4～7 月 | **果期** 8～9 月 | **海拔** 2 100～5 000 米 | **观察** 偶见于山谷沟边、林中或湿草地

小檗科 Berberidaceae > 小檗属 *Berberis* > *Berberis diaphana*

鲜黄小檗 ༺ ཀྱེར་བ་ནག་པོ།

落叶灌木 | **形态** 茎刺三分叉，淡黄色。叶坚纸质，长圆形或倒卵状长圆形，边缘具 2～12 刺齿，偶全缘。花 2～5 朵簇生，偶单生，黄色；萼片 2 轮；花瓣卵状椭圆形，基部缢缩呈爪，具 2 枚分离腺体。浆果红色，卵状长圆形，先端略斜弯，有时略被白粉，具明显宿存花柱 | **花期** 5～6 月 | **果期** 7～9 月 | **海拔** 1 600～3 600 米 | **观察** 常见于灌丛、草甸、林缘等地 | **中国特有种**

小檗科 Berberidaceae > 小檗属 *Berberis* > *Berberis dictyophylla*

刺红珠 ༺ ཀྱེར་ནག་འབུས་རིལ།

落叶灌木 | **形态** 幼枝暗紫红色，常被白粉；茎刺三分叉或单生。叶厚纸质或近革质，狭倒卵形或长圆形，上面暗绿色，背面被白粉，全缘。花单生，黄色；萼片 2 轮；花瓣狭倒卵形，基部缢缩略呈爪，具 2 枚分离腺体。浆果卵形或卵球形，红色，被白粉，顶端具宿存花柱 | **花期** 5～6 月 | **果期** 7～9 月 | **海拔** 2 500～4 000 米 | **观察** 可见于山坡灌丛、河滩草地、林下、林缘 | **中国特有种**

叶 花

花 果

小檗科 Berberidaceae > 桃儿七属 *Sinopodophyllum* > *Sinopodophyllum hexandrum*

桃儿七　འོལ་མོ་སེ།

多年生草本 | **形态** 茎直立，单生，具纵棱，无毛。叶 2 枚，非盾状，基部心形，3～5 深裂几达中部，边缘具粗锯齿。花大，单生，先叶开放，两性，整齐，粉红色；萼片 6 枚；花瓣 6 枚，倒卵形或倒卵状长圆形；雄蕊 6 枚；雌蕊 1 枚，子房椭圆形，花柱短，柱头头状。浆果卵圆形，熟时橘红色 | **花期** 5～6 月 | **果期** 7～9 月 | **海拔** 2 200～4 300 米 | **观察** 常见于林下、林缘湿地、灌丛等地 | **中国-二级**

毛茛科 Ranunculaceae > 乌头属 *Aconitum* > *Aconitum gymnandrum*

露蕊乌头　འཛིན་པ་རྒྱ་ནག

一年生草本 | **形态** 基生叶 1～6 枚；叶片宽卵形或三角状卵形，3 全裂，全裂片二至三回深裂，小裂片狭卵形至狭披针形。总状花序有 6～16 朵花；基部苞片似叶，其他下部苞片 3 裂，中部以上苞片披针形至线形；小苞片生花梗上部或顶部，叶状至线形；萼片蓝紫色，少白色，有较长爪，上萼片船形；花瓣疏被缘毛，距短，头状；心皮 6～13 枚 | **花期** 6～8 月 | **果期** 不明 | **海拔** 1 600～3 800 米 | **观察** 常见于山地草坡、田边草地或河边沙地 | **中国特有种**

毛茛科 Ranunculaceae > 乌头属 *Aconitum* > *Aconitum pendulum*

铁棒锤　བོང་ལྱུང་།

多年生草本 | **形态** 茎不分枝或分枝。茎下部叶在开花时枯萎，叶片宽卵形，小裂片线形。顶生总状花序有 8～35 朵花；下部苞片叶状或 3 裂，上部苞片线形；小苞片生花梗上部，披针状线形；萼片黄色，常带绿色，上萼片镰刀形，具爪，侧萼片圆倒卵形，下萼片斜长圆形；距向后弯曲；心皮 5 枚 | **花期** 7～9 月 | **果期** 不明 | **海拔** 2 800～4 500 米 | **观察** 可见于山地草坡或林边 | **中国特有种**

植株　花

毛茛科 Ranunculaceae > 乌头属 Aconitum > Aconitum tanguticum

甘青乌头　བོད་སྟོད་ང་སྙེས།

多年生草本 | **形态** 基生叶 7～9 枚，有长柄；叶片圆形或圆肾形，3 深裂至中部或中部之下，深裂片浅裂，边缘有圆牙齿，两面无毛；叶柄基部具鞘。茎生叶 1～4 枚，较小，常具短柄。顶生总状花序有 3～5 朵花；苞片线形或 3 裂；小苞片生花梗上部或与花近邻接，卵形至宽线形；萼片蓝紫色或淡绿色，上萼片船形，下缘稍凹或近直，下萼片宽椭圆形或椭圆状卵形；花瓣无毛，稍弯，瓣片极小；距短，直；心皮 5 枚，无毛 | **花期** 7～8 月 | **果期** 不明 | **海拔** 3 200～4 800 米 | **观察** 常见于山地草坡或沼泽草地 | **中国特有种**

毛茛科 Ranunculaceae > 侧金盏花属 Adonis > Adonis coerulea

蓝侧金盏花　ཤེལ་ཙི་སྟོན་པོ།

多年生草本 | **形态** 茎常在近地面处分枝。茎下部叶有长柄；叶片长圆形或长圆状狭卵形，少有三角形，二至三回羽状细裂，羽片 4～6 对，稍互生，末回裂片狭披针形或披针状线形，顶端有短尖头。萼片 5～7 枚，倒卵状椭圆形或卵形；花瓣约 8 枚，淡紫色或淡蓝色，狭倒卵形，顶端有少数小齿；心皮多数，子房卵形，花柱极短。瘦果倒卵形，下部有稀疏短柔毛 | **花期** 4～7 月 | **果期** 不明 | **海拔** 2 300～5 000 米 | **观察** 常见于灌丛、草坡 | **中国特有种**

毛茛科 Ranunculaceae > 银莲花属 Anemone > Anemone demissa

展毛银莲花　སྲུབ་སྟོན།

多年生草本 | **形态** 基生叶 5～13 枚，有长柄；叶片卵形，3 全裂，中全裂片菱状宽卵形，3 深裂，深裂片浅裂，末回裂片卵形，侧全裂片较小，不等 3 深裂；叶柄基部有狭鞘。花莛 1～3 枝；苞片 3 枚，无柄，3 深裂，裂片线形，有长柔毛；伞辐 1～5 条；萼片 5～6 枚，蓝色、紫色或白色，倒卵形或椭圆状倒卵形，外面有疏柔毛。瘦果扁平，椭圆形或倒卵形 | **花期** 5～7 月 | **果期** 不明 | **海拔** 3 200～4 600 米 | **观察** 偶见于山地草坡或疏林中

毛茛科 Ranunculaceae > 银莲花属 *Anemone* > *Anemone geum* subsp. *ovalifolia*

疏齿银莲花　ནོ་ཡུ་ལ་དཀར།

多年生草本 | **形态** 基生叶 7～15 枚，有长柄，多少密被短柔毛；叶片肾状五角形或宽卵形，3 全裂或偶尔 3 裂近基部，中全裂片菱状倒卵形，二回浅裂，侧全裂片 3 浅裂。花序有 1 花；苞片 3 枚，无柄，3 浅裂；萼片 5 枚，白色、蓝色或黄色，外面有疏毛；心皮 20～30 枚，子房密被柔毛 | **花期** 5～9 月 | **果期**不明 | **海拔** 1 900～4 200 米 | **观察** 常见于高山草地、灌丛等地

毛茛科 Ranunculaceae > 银莲花属 *Anemone* > *Anemone imbricata*

叠裂银莲花　ཇ་སྔུག

多年生草本 | **形态** 基生叶 4～7 枚，有长柄；叶片椭圆状狭卵形，3 全裂，中全裂片 3 全裂或 3 深裂，二回裂片浅裂，侧全裂片长约为中全裂片之半，不等 3 深裂。花莛 1～4 枝；苞片 3 枚，无柄，3 深裂；萼片 6～9 枚，白色、紫色或黑紫色，倒卵状长圆形或倒卵形；心皮约 30 枚，无毛。瘦果扁平，椭圆形，无毛，顶端有弯曲的短宿存花柱 | **花期** 5～7 月 | **果期** 不明 | **海拔** 3 200～5 300 米 | **观察** 偶见于高山草坡、灌丛等地 | **中国特有种**

毛茛科 Ranunculaceae > 银莲花属 *Anemone* > *Anemone rivularis*

草玉梅　སྦྲབ་ག་དཀར་པོ།

多年生草本 | **形态** 基生叶 3～5 枚，有长柄；叶片肾状五角形，3 全裂，中全裂片宽菱形或菱状卵形，有时宽卵形，3 深裂；叶柄基部有短鞘。花莛 1～3枝；聚伞花序一至三回分枝；苞片 3～4 枚，有柄；萼片 6～10 枚，白色，倒卵形或椭圆状倒卵形；雄蕊长约为萼片之半；心皮 30～60 枚，无毛，子房有拳卷的花柱。瘦果狭卵球形，宿存花柱钩状弯曲 | **花期** 5～8 月 | **果期** 不明 | **海拔** 800～4 900 米 | **观察** 常见于山地草坡、溪边等地

植株　叶

毛茛科 Ranunculaceae > 银莲花属 *Anemone* > *Anemone tomentosa*

大火草 མེན་ལེ།

多年生草本 | **形态** 基生叶 3～4 枚，具长柄，三出复叶，有时有 1～2 叶为单叶；中央小叶片有长柄，小叶片卵形至三角状卵形，3 浅裂至 3 深裂，边缘有不规则小裂片和锯齿。聚伞花序二至三回分枝；苞片 3 枚，3 深裂；萼片 5 枚，淡粉红色或白色；心皮 400～500 枚，子房密被绒毛。聚合果球形，瘦果密被绵毛 | **花期** 7～10 月 | **果期** 不明 | **海拔** 700～3 400 米 | **观察** 可见于山地草坡或路边阳处 | **中国特有种**

毛茛科 Ranunculaceae > 耧斗菜属 *Aquilegia* > *Aquilegia ecalcarata*

无距耧斗菜 ཁྱུང་མེ་མགོ་ཡུ།

多年生草本 | **形态** 茎 1～4 条，上部常分枝。基生叶数枚，有长柄，二回三出复叶；叶片中央小叶楔状倒卵形至扇形，3 深裂或 3 浅裂，裂片有 2～3 个圆齿，侧面小叶斜卵形，不等 2 裂；茎生叶 1～3 枚，形状似基生叶但较小。花 2～6 朵；苞片线形，萼片紫色，近平展；花瓣直立，瓣片长方状椭圆形，顶端近截形，无距；雄蕊长约为萼片之半，花药近黑色；心皮 4～5 枚，直立，被稀疏的柔毛或近无毛；宿存花柱疏被长柔毛 | **花期** 5～6 月 | **果期** 6～8 月 | **海拔** 1 800～3 500 米 | **观察** 常见于山地林下、路旁等地 | **中国特有种**

毛茛科 Ranunculaceae > 水毛茛属 *Batrachium* > *Batrachium bungei*

水毛茛 ཆུའི་ར།

多年生沉水草本 | **形态** 叶片轮廓近半圆形或扇状半圆形，裂片近丝形；叶柄基部有宽或狭鞘。花梗无毛；萼片反折，卵状椭圆形，边缘膜质，无毛；花瓣白色，基部黄色，倒卵形；雄蕊 10 余枚；花托有毛。聚合果卵球形；瘦果 20～40 个，斜狭倒卵形 | **花期** 5～9 月 | **果期** 不明 | **海拔** 1 000～4 900 米 | **观察** 可见于山谷溪流、平原湖中或水塘中

植株 花序

叶 花

聚合果

毛茛科 Ranunculaceae > 美花草属 *Callianthemum* > *Callianthemum pimpinelloides*

美花草　རོག་པོ་འཛིམས་སྐྱེས།

多年生草本 | **形态** 植株全体无毛。茎 2～3 条，无叶或有 1～2 叶。基生叶与茎近等长，一回羽状复叶；叶片卵形或狭卵形，羽片 1～3 对，斜卵形或宽菱形，掌状深裂，边缘有钝齿，顶生羽片扇状菱形；叶柄基部有鞘。萼片 5 枚，椭圆形，顶端钝或微尖，基部囊状；花瓣 5～9 枚，白色、粉红色或淡紫色，顶端橙黄色，下部橙黄色；心皮 8～14 枚。瘦果卵球形，表面皱，宿存花柱短 | **花期** 4～6 月 | **果期** 不明 | **海拔** 3 200～5 600 米 | **观察** 罕见于高山草地

毛茛科 Ranunculaceae > 驴蹄草属 *Caltha* > *Caltha palustris*

驴蹄草　ཆེ་ལྡུམ་ཆེན་པོ།

多年生草本 | **形态** 全株无毛。茎具细纵沟。基生叶 3～7 枚。叶片圆形、圆肾形或心形，顶端圆形，基部深心形，边缘密生正三角形小牙齿；茎生叶向上逐渐变小，圆肾形或三角状心形。茎或分枝顶部有由 2 朵花组成的简单的单歧聚伞花序；苞片三角状心形，边缘生牙齿；萼片 5 枚，黄色，倒卵形或狭倒卵形，顶端圆形；心皮 5～12 枚，无柄，有短花柱。蓇葖果具喙 | **花期** 5～9 月 | **果期** 不明 | **海拔** 600～4 000 米 | **观察** 常见于高山草甸、林下、溪边等地 | IUCN-无危

毛茛科 Ranunculaceae > 升麻属 *Cimicifuga* > *Cimicifuga foetida*

升麻　རྒྱ་ཙེ་དུག་པོ།

多年生草本 | **形态** 茎分枝。二至三回三出羽状复叶；茎下部叶的叶片三角形；顶生小叶边缘有锯齿；上部的茎生叶较小。花序具分枝 3～20 条；苞片钻形；花两性；萼片倒卵状圆形，白色或绿白色；退化雄蕊顶端微凹或 2 浅裂；花药黄色或黄白色；心皮 2～5 枚，密被灰色毛。蓇葖果长圆形，顶端有短喙 | **花期** 7～9 月 | **果期** 8～10 月 | **海拔** 1 700～2 300 米 | **观察** 常见于山地林缘、林中或路边灌丛中 | IUCN-无危

植株 花序

植株 花序

毛茛科 Ranunculaceae > 铁线莲属 *Clematis* > *Clematis aethusifolia*

芹叶铁线莲　 དབྱི་མོང་ཤིག་ལོ།

多年生草质藤本 | **形态** 二至三回羽状复叶或羽状细裂，末回裂片线形。聚伞花序腋生，常有 1～3 朵花；苞片羽状细裂；花钟状下垂；萼片 4 枚，淡黄色；雄蕊长为萼片之半；子房扁平，卵形，被短柔毛，花柱被绢状毛。瘦果扁平，宽卵形或圆形，成熟后棕红色 | **花期** 7～8 月 | **果期** 9 月 | **海拔** 300～3 000 米 | **观察** 可见于山坡、灌丛等地 | IUCN-无危

毛茛科 Ranunculaceae > 铁线莲属 *Clematis* > *Clematis glauca*

粉绿铁线莲　 དབྱི་མོང་ལྗང་སྐྱགg

草质藤本 | **形态** 茎纤细。一至二回羽状复叶；小叶有柄，2～3 全裂或深裂、浅裂至不裂，中间裂片较大，椭圆形或长圆形、长卵形，全缘或有少数牙齿。常为单聚伞花序，3 花；苞片叶状，全缘或 2～3 裂；萼片 4 枚，黄色，或外面基部带紫红色，长椭圆状卵形，除外面边缘有短绒毛外，其余无毛。瘦果卵形至倒卵形 | **花期** 6～8 月 | **果期** 8～10 月 | **海拔** 1 000～2 600 米 | **观察** 常见于山坡、路边灌丛等地

毛茛科 Ranunculaceae > 铁线莲属 *Clematis* > *Clematis tangutica*

甘青铁线莲　 དབྱི་མོང་སེར་པོ།

落叶藤本 | **形态** 茎有明显的棱。一回羽状复叶，有 5～7 枚小叶；小叶片基部常浅裂、深裂或全裂，侧生裂片小，中裂片较大，顶端有短尖头，边缘有不整齐缺刻状的锯齿。花单生或单聚伞花序，腋生；萼片 4 枚，黄色外面带紫色；花药无毛；子房密生柔毛。瘦果倒卵形，有长柔毛 | **花期** 6～9 月 | **果期** 9～10 月 | **海拔** 300～4 900 米 | **观察** 常见于山坡、灌丛等地

叶　花

花　果

毛茛科 Ranunculaceae > 翠雀属 *Delphinium* > *Delphinium albocoeruleum*

白蓝翠雀花　གཡའ་ལོ་བཙན།

多年生草本 | **形态** 茎生叶在茎上等距排列；叶片五角形，3 裂，一回裂片偶尔浅裂，常一至二回深裂，小裂片狭卵形至披针形或线形，常有 1～2 枚小齿。伞房花序有 3～7 朵花；下部苞片叶状；小苞片匙状线形；萼片宿存，蓝紫色或蓝白色，上萼片圆卵形，其他萼片椭圆形，距圆筒状钻形或钻形，末端稍向下弯曲；花瓣无毛；退化雄蕊黑褐色，瓣片卵形，2 浅裂或裂至中部，腹面有黄色髯毛；花丝疏被短毛；心皮 3 枚，子房密被紧贴的短柔毛 | **花期** 7～9 月 | **果期** 不明 | **海拔** 3 600～4 700 米 | **观察** 可见于高山草甸、草坡等地 | **中国特有种**

毛茛科 Ranunculaceae > 翠雀属 *Delphinium* > *Delphinium caeruleum*

蓝翠雀花　ཀྲ་ཀར་སྔོན་པོ།

多年生草本 | **形态** 基生叶有长柄，叶片近圆形，3 全裂，中央全裂片菱状倒卵形，细裂，末回裂片线形，顶端有短尖，侧全裂片扇形，二至三回细裂；茎生叶似基生叶，渐变小。伞房花序有 1～7 朵花；下部苞片叶状或 3 裂，其他苞片线形；小苞片披针形；萼片紫蓝色或白色，椭圆状倒卵形或椭圆形，距钻形；花瓣蓝色，无毛；退化雄蕊蓝色，瓣片宽倒卵形或近圆形，顶端不裂或微凹，腹面被黄色髯毛；心皮 5 枚，子房密被短柔毛 | **花期** 6～10 月 | **果期** 不明 | **海拔** 2 100～4 000 米 | **观察** 常见于山地草坡或多石砾山坡

毛茛科 Ranunculaceae > 翠雀属 *Delphinium* > *Delphinium candelabrum* var. *monanthum*

单花翠雀花　ཀྲ་ཀར་ཆིག་སྙེས།

多年生草本 | **形态** 茎埋于石砾中。叶丛生，叶片肾状五角形，3 全裂，中全裂片宽菱形，侧全裂片近扇形，一至二回细裂，小裂片卵形。花梗约 3～6 条自茎端与叶丛同时生出，渐升；小苞片生花梗近中部处，3 裂，裂片披针形；萼片蓝紫色，卵形，距钻形，直或稍向下弧状弯曲；花瓣顶端全缘；退化雄蕊常紫色，有时下部黑褐色，近圆形，2 浅裂，腹面有黄色髯毛，基部有短附属物，无毛 | **花期** 7～8 月 | **果期** 不明 | **海拔** 4 100～5 000 米 | **观察** 可见于山地多石砾山坡 | **中国特有种**

植株　花

叶　花

植株　叶

毛茛科 Ranunculaceae > 翠雀属 *Delphinium* > *Delphinium kamaonense* var. *glabrescens*

展毛翠雀花　ུ་ཀར་སྔོ་མ།

多年生草本 | **形态** 茎常分枝。叶片圆五角形，3 全裂近基部，中全裂片楔状菱形，3 深裂，侧全裂片扇形，不等 2 深裂，深裂片又二回细裂，其他叶细裂，小裂片线形或狭线形。花序常复总状，花多数；基部苞片叶状，其他苞片狭线形或钻形；小苞片钻形；萼片蓝色或白色，萼距比萼片长；花瓣顶端圆形；雄蕊无毛，退化雄蕊蓝色，瓣片顶端全缘或微凹 | **花期** 6～8 月 | **果期** 不明 | **海拔** 2 500～4 200 米 | **观察** 常见于高山草地

毛茛科 Ranunculaceae > 翠雀属 *Delphinium* > *Delphinium pylzowii*

大通翠雀花　རྟ་ཟན་བྱ་ཀར།

多年生草本 | **形态** 基部叶在开花时多枯萎；下部叶具长柄；叶片圆五角形，3 全裂，中全裂片一回 3 裂或常二至三回近羽状细裂。伞房花序有 2～6 朵花；基部苞片叶状，上部者呈钻形；小苞片线形或钻形；萼片宿存，蓝紫色，卵形，距钻形，末端向下弯曲；花瓣无毛，顶端微凹；退化雄蕊的瓣片黑褐色，2 裂达中部，腹面被黄色髯毛；雄蕊无毛；心皮 5 枚，子房密被柔毛 | **花期** 7～8 月 | **果期** 不明 | **海拔** 2 400～3 000 米 | **观察** 可见于山地草坡 | **中国特有种**

毛茛科 Ranunculaceae > 翠雀属 *Delphinium* > *Delphinium tangkulaense*

唐古拉翠雀花　གདངས་ལའི་བྱ་ཀར།

多年生草本 | **形态** 茎下部生数叶。基生叶 2～4 枚，叶片圆肾形，3 全裂达或近基部，中央全裂片近圆形，3 裂近中部，二回裂片又分裂，侧全裂片斜扇形，不等 2 深裂；茎生叶似基生叶，但较小。花单生；小苞片披针形，有时不存在；萼片宿存，蓝紫色，距比萼片短，圆筒形或钻状圆筒形，直或末端稍向下弯曲；花瓣顶端 2 浅裂；退化雄蕊瓣片近卵形，2 裂近中部，腹面有黄色髯毛；雄蕊无毛；心皮 3 枚，子房有短柔毛 | **花期** 7～8 月 | **果期** 不明 | **海拔** 4 700～5 500 米 | **观察** 偶见于山坡、流石滩 | **中国特有种**

叶

植株　花

毛茛科 Ranunculaceae > 翠雀属 *Delphinium* > *Delphinium trichophorum*

毛翠雀花 ᐸᐧᕐᘛᕼᐧᑍᐧᕼᐧ

多年生草本 | **形态** 叶 3～5 枚生于茎基部或近基部处，有长柄；叶片肾形或圆肾形；茎中部叶 1～2 枚，很小或无。总状花序狭长；下部苞片似叶，上部者变小；小苞片生花梗上部或近顶端，卵形至宽披针形；萼片淡蓝色或紫色，内外两面均被长糙毛，上萼片船状卵形，距下垂，钻状圆筒形；花瓣顶端微凹或 2 浅裂；退化雄蕊瓣片卵形，2 浅裂，无毛 | **花期** 7～10 月 | **果期** 不明 | **海拔** 2 100～4 600 米 | **观察** 可见于高山草坡等地 | **中国特有种**

毛茛科 Ranunculaceae > 碱毛茛属 *Halerpestes* > *Halerpestes tricuspis*

三裂碱毛茛 ᐸᐧᕉᕐᘛᐧᑫᐧᕕᐧᕱᐧ

多年生小草本 | **形态** 匍匐茎纤细，横走，节处生根和簇生数叶。叶均基生；叶片质地较厚，菱状楔形至宽卵形，3 中裂至 3 深裂，有时侧裂片 2～3 裂或有齿，中裂片较长，长圆形，全缘。花葶无叶或有 1 枚苞片；花单生；萼片卵状长圆形，边缘膜质；花瓣 5 枚，黄色或表面白色，狭椭圆形；雄蕊约 20 枚。聚合果近球形，瘦果 20 多枚 | **花果期** 5～8 月 | **海拔** 3 000～5 000 米 | **观察** 常见于盐碱性湿草地

毛茛科 Ranunculaceae > 鸦跖花属 *Oxygraphis* > *Oxygraphis glacialis*

鸦跖花 ᐧᕤᕐᐧᘛᕼᕉᐧᑑᐧᕕᐧ

多年生小草本 | **形态** 叶全部基生，卵形、倒卵形至椭圆状长圆形，全缘，有三出脉；叶柄较宽扁，基部鞘状，最后撕裂成纤维状残存。花葶 1～3 条；花单生；萼片 5 枚，宽倒卵形，近革质，果后增大，宿存；花瓣橙黄色或表面白色，10～15 枚，披针形或长圆形，基部渐狭成爪，蜜槽呈杯状凹穴。聚合果近球形；瘦果楔状菱形，喙顶生，短而硬，基部两侧有翼 | **花期** 4～9 月 | **果期** 6～10 月 | **海拔** 3 600～5 100 米 | **观察** 常见于高山草甸、高山灌丛等地

植株　花

毛茛科 Ranunculaceae > 拟耧斗菜属 *Paraquilegia* > *Paraquilegia microphylla*

拟耧斗菜　ཡུ་མོ་མ་ནེ་བྱ་འབྲིན།

多年生草本 | **形态** 叶多数，通常为二回三出复叶，叶片轮廓三角状卵形，中央小叶宽菱形至肾状宽菱形，3 深裂，每深裂片再 2～3 细裂，小裂片倒披针形至椭圆状倒披针形。花莛直立；苞片 2 枚，对生或互生，倒披针形，基部有膜质的鞘；萼片淡紫色、淡紫红色或白色，倒卵形至椭圆状倒卵形，顶端近圆形；花瓣顶端微凹，下部浅囊状。蓇葖果直立 | **花期** 6～8 月 | **果期** 8～9 月 | **海拔** 2 700～4 300 米 | **观察** 可见于高山山地石壁或岩石

毛茛科 Ranunculaceae > 毛茛属 *Ranunculus* > *Ranunculus glareosus*

砾地毛茛　ཇ་ངྲ་ཆོ།

多年生草本 | **形态** 茎倾卧斜升，有分枝，近无毛。基生叶和下部叶的叶片近圆形或肾状五角形，基部心形至截形，3 深裂至 3 全裂，裂片有 2～3 浅裂或深裂，有时全缘，宽卵形或倒卵状披针形，边缘相互贴近或覆盖，质地较厚；叶柄基部有膜质宽鞘；上部叶 3 全裂，裂片披针形。花单生；萼片椭圆形，边缘膜质；花瓣 5 枚，顶端圆或稍凹缺，基部有狭长爪。聚合果卵球形，瘦果喙直伸至外弯 | **花果期** 6～8 月 | **海拔** 3 600～5 000 米 | **观察** 可见于高山流石滩的岩坡砾石间 | **中国特有种**

毛茛科 Ranunculaceae > 毛茛属 *Ranunculus* > *Ranunculus tanguticus*

高原毛茛　ཁྲེ་ཆོ་མོ།

多年生草本 | **形态** 茎多分枝，生白柔毛。基生叶多数，和下部叶均有长叶柄；叶片圆肾形或倒卵形，三出复叶，小叶片二至三回 3 全裂或深、中裂，末回裂片披针形至线形；上部叶渐小，3～5 全裂，裂片线形。花较多，单生于茎顶和分枝顶端；萼片椭圆形；花瓣 5 枚，基部有窄长爪。聚合果长圆形；瘦果小而多，卵球形，较扁，具喙 | **花期** 6～10 月 | **果期** 不明 | **海拔** 3 000～4 500 米 | **观察** 常见于高山草甸、湿地、山坡等地

叶　花

毛茛科 Ranunculaceae > 黄三七属 Souliea > Souliea vaginata

黄三七　　ཕོ་མ་རེས་སྐྱེས།

多年生草本 | **形态** 在茎基部生 2～4 片膜质的宽鞘，在鞘之上约生 2 枚叶。叶
二至三回三出全裂，无毛；叶片三角形，一回裂片具长柄，卵形至卵圆形，中
央二回裂片比侧生的二回裂片稍大，轮廓卵状三角形，中央三回裂片菱形，再
一至二回羽状分裂，边缘具不等的锯齿。总状花序有 4～6 朵花；花先叶开放；
萼片呈不规则浅波状。蓇葖果 1～3 枚 | **花期** 5～6 月 | **果期** 7～9 月 | **海拔**
2 800～4 000 米 | **观察** 偶见于山地林中、林缘或草坡

毛茛科 Ranunculaceae > 唐松草属 Thalictrum > Thalictrum alpinum

高山唐松草　　སྟོ་ལ་བུ་ཅི།

多年生小草本 | **形态** 植株全部无毛。叶 4～5 枚或更多，均基生，为二回羽状
三出复叶；小叶薄革质，圆菱形、菱状宽倒卵形或倒卵形，3 浅裂。花葶 1～2
条，不分枝；总状花序；苞片小，狭卵形；花梗向下弯曲；萼片 4 枚，脱落，
椭圆形；雄蕊 7～10 枚，花药顶端有短尖头；心皮 3～5 枚，柱头箭头状。瘦
果狭椭圆形，稍扁 | **花期** 6～8 月 | **果期** 不明 | **海拔** 2 400～5 300 米 | **观察** 偶
见于潮湿山谷、山坡、草地

毛茛科 Ranunculaceae > 唐松草属 Thalictrum > Thalictrum foetidum

腺毛唐松草　　ལུགས་ཀྱི་ཟག་སྨུག

多年生草本 | **形态** 基生叶和茎下部叶在开花时枯萎或不发育；茎中部叶为三回
近羽状复叶；小叶草质，顶生小叶菱状宽卵形或卵形，3 浅裂，裂片全缘或有
疏齿；托叶膜质，褐色。圆锥花序；花梗常有腺毛；萼片 5 枚，淡黄绿色，卵
形；花药顶端有短尖；心皮 4～8 枚，子房常有疏柔毛，无柄。瘦果半倒卵形，
扁平 | **花期** 5～7 月 | **果期** 不明 | **海拔** 900～4 500 米 | **观察** 常见于山坡、草
甸等地

植株　花

花

叶

植株　花序

茎　果序

毛茛科 Ranunculaceae > 唐松草属 *Thalictrum* > *Thalictrum minus*

亚欧唐松草　ཡ་འོ་ལྦུག་སྐྱ།

多年生草本 | **形态** 植株全部无毛。茎下部叶有稍长柄或短柄，茎中部叶为四回三出羽状复叶；小叶纸质或薄革质，顶生小叶楔状倒卵形、宽倒卵形、近圆形或狭菱形，3 浅裂或有疏牙齿；叶柄基部有狭鞘。圆锥花序；萼片 4 枚，淡黄绿色；雄蕊多数，花药顶端有短尖头；心皮 3～5 枚，无柄。瘦果狭椭圆球形，稍扁 | **花期** 6～7 月 | **果期** 不明 | **海拔** 1 400～2 700 米 | **观察** 常见于山地草坡、田边、灌丛等地

毛茛科 Ranunculaceae > 唐松草属 *Thalictrum* > *Thalictrum petaloideum*

瓣蕊唐松草　ལྦུག་སྐྱ་འདབ་རྩེ་ཟེ།

多年生草本 | **形态** 植株全部无毛。茎上部分枝。基生叶数个，三至四回三出或羽状复叶；小叶草质，形状变异很大，顶生小叶倒卵形、宽倒卵形、菱形或近圆形，3 浅裂至 3 深裂，裂片全缘；叶柄基部有鞘。花序伞房状；萼片 4 枚，白色，早落；雄蕊多数，花药狭长圆形，顶端钝；心皮 4～13 枚，无柄，花柱短。瘦果卵形 | **花期** 6～7 月 | **果期** 不明 | **海拔** 700～3 000 米 | **观察** 常见于草地、林缘等地

毛茛科 Ranunculaceae > 唐松草属 *Thalictrum* > *Thalictrum przewalskii*

长柄唐松草　ལྦུག་སྐྱ་ཡུ་རིང་།

多年生草本 | **形态** 茎无毛，常分枝，约有 9 叶。茎下部叶为四回三出复叶；小叶薄草质，顶生小叶卵形、菱状椭圆形、倒卵形或近圆形，顶端钝或圆形，3 裂常达中部，有粗齿；叶柄基部具鞘；托叶膜质，半圆形，边缘不规则开裂。圆锥花序多分枝；萼片白色或稍带黄绿色，狭卵形，早落；雄蕊多数，花丝白色；心皮 4～9 枚，有子房柄。瘦果扁，斜倒卵形 | **花期** 6～8 月 | **果期** 不明 | **海拔** 800～3 500 米 | **观察** 常见于森林、灌丛、草坡等地 | **中国特有种**

叶　花序

叶　花序

叶　花序

毛茛科 Ranunculaceae > 唐松草属 *Thalictrum* > *Thalictrum rutifolium*

芸香叶唐松草　ལྗགས་ཀྱུ་ཆུང་བ།

多年生草本 | **形态** 植株全部无毛。茎上部分枝。基生叶和茎下部叶有长柄，三至四回近羽状复叶；小叶草质，顶生小叶常为楔状倒卵形，顶端圆形，3 裂或不分裂，通常全缘；叶柄基部有短鞘，托叶膜质，分裂。花序似总状花序，狭长；萼片 4 枚，淡紫色，卵形，早落；雄蕊 4～30 枚，花药顶端有短尖；心皮 3～5 枚，基部渐狭成短柄，花柱短。瘦果倒垂，稍扁，镰状半月形 | **花期** 6 月 | **果期** 不明 | **海拔** 2 300～4 300 米 | **观察** 可见于草坡、河滩或山谷

毛茛科 Ranunculaceae > 唐松草属 *Thalictrum* > *Thalictrum squamiferum*

石砾唐松草　གཡར་འབུ་ཙི།

多年生草本 | **形态** 植株全部无毛，有白粉，有时有少数小腺毛。茎渐升或直立，下部常埋在石砾中，自露出地面处分枝。三至四回羽状复叶，上部叶渐变小；小叶近无柄，互相多少覆叠，薄革质，侧生小叶较小，卵形、椭圆形或狭卵形，边缘全缘；叶柄有狭鞘。花单生于叶腋；萼片 4 枚，淡黄绿色，常带紫色；雄蕊 10～20 枚，花药有短尖头；心皮 4～6 枚，柱头箭头状。瘦果宽椭圆形，稍扁 | **花期** 7 月 | **果期** 不明 | **海拔** 3 600～5 000 米 | **观察** 罕见于多石砾山坡地带

毛茛科 Ranunculaceae > 金莲花属 *Trollius* > *Trollius farreri*

矮金莲花　གངས་མེར་ཆེན།

多年生草本 | **形态** 植株全部无毛。茎不分枝。叶 3～4 枚，全部基生或近基生，有长柄；叶片五角形，3 全裂达或几达基部，中央全裂片菱状倒卵形或楔形，与侧生全裂片通常分开，3 浅裂，生 2～3 不规则三角形牙齿，二回裂片生牙齿；叶柄基部具宽鞘。花单独顶生；萼片黄色，外面常带暗紫色，5～6 枚，顶端圆形或近截形；花瓣匙状线形，顶端圆形；心皮 6～25 枚 | **花期** 6～7 月 | **果期** 8 月 | **海拔** 2 000～4 700 米 | **观察** 常见于山地、草坡 | **中国特有种**

叶 花序

植株 花序

毛茛科 Ranunculaceae > 金莲花属 *Trollius* > *Trollius ranunculoides*

毛茛状金莲花　སྦུར་མེར་ཆེན།

多年生草本 | **形态** 植株全部无毛。茎不分枝。基生叶数枚，茎生叶 1～3 枚，较小；叶片圆五角形或五角形，3 全裂，中央全裂片宽菱形或菱状宽倒卵形，3 深裂至中部或稍超过中部，深裂片倒梯形或斜倒梯形，生 1～2 枚牙齿，侧全裂片斜扇形；叶柄基部具鞘。花单顶生；萼片黄色，5～8 枚，顶端圆形或近截形；花瓣比雄蕊稍短，匙状线形；心皮 7～9 枚 | **花期** 5～6 月 | **果期** 8 月 | **海拔** 2 900～4 100 米 | **观察** 常见于山地草坡、水边草地或林中 | **中国特有种**

芍药科 Paeoniaceae > 芍药属 *Paeonia* > *Paeonia anomala* subsp. *veitchii*

川赤芍　ར་དུག་དམར་པོ།

多年生草本 | **形态** 叶为二回三出复叶，叶片轮廓宽卵形；小叶成羽状分裂，裂片窄披针形至披针形，全缘。花 2～4 朵，生茎顶端及叶腋；苞片 2～3 枚；萼片 4 枚，宽卵形；花瓣 6～9 枚，倒卵形，紫红色或粉红色；心皮 2～3 枚。蓇葖果密生黄色绒毛 | **花期** 4～7 月 | **果期** 8～9 月 | **海拔** 2 300～3 800 米 | **观察** 常见于山地林下、草地

茶藨子科 Grossulariaceae > 茶藨子属 *Ribes* > *Ribes himalense*

糖茶藨子　སེ་ཤུ་མངར།

落叶小灌木 | **形态** 叶卵圆形或近圆形，掌状 3～5 裂，裂片卵状三角形，边缘具粗锐重锯齿或杂以单锯齿。花两性；总状花序具花 8～20 余朵，花排列较密集；花序轴和花梗具短柔毛；苞片常卵圆形，位于花序下部的苞片近披针形；花萼绿色带紫红色晕或紫红色；萼筒钟形；萼片倒卵状匙形或近圆形；花瓣红色或绿色带浅紫红色；雄蕊几与花瓣等长，花药白色。果实球形，红色，熟后紫黑色 | **花期** 4～6 月 | **果期** 7～8 月 | **海拔** 1 200～4 000 米 | **观察** 可见于山谷、河边灌丛、针叶林下和林缘地带

叶

植株 花

茶藨子科 Grossulariaceae > 茶藨子属 *Ribes* > *Ribes stenocarpum*

长果茶藨子　 སེ་ཤུ་འཛིང་འབྲས།

落叶灌木│**形态** 叶下部的节上具 1～3 枚粗壮刺；叶近圆形或宽卵圆形，掌状 3～5 深裂，裂片先端圆钝，边缘具粗钝锯齿。花两性，2～3 朵组成短总状花序或单生于叶腋；苞片成对生于花梗节上，具 3 脉；花萼浅绿色或绿褐色；萼筒钟形，萼片花期开展或反折，果期常直立；花瓣白色；雄蕊稍长或几与花瓣近等长，花丝白色；花柱长于雄蕊，分裂几达中部。果实长圆形│**花期** 5～6 月│**果期** 7～8 月│**海拔** 2 300～3 300 米│**观察** 可见于山坡灌丛、云杉林和杂木林下等地│**中国特有种**

茶藨子科 Grossulariaceae > 茶藨子属 *Ribes* > *Ribes takare*

渐尖茶藨子　སེ་ཤུ་རནག།

落叶灌木│**形态** 叶宽卵圆形或近圆形，掌状 3～5 裂，边缘具不整齐粗重锯齿。花单性，雌雄异株，总状花序；雌花序粗壮而短；花萼红褐色；萼筒杯形或盆形；萼片常具 3 脉，直立或在果期开展；花瓣小；雌花的退化雄蕊细弱，花药无花粉；花柱先端 2 裂。果实卵球形，无毛│**花期** 4～5 月│**果期** 7～8 月│**海拔** 1 400～3 300 米│**观察** 偶见于山坡林下、灌丛中或山谷沟边

虎耳草科 Saxifragaceae > 金腰属 *Chrysosplenium* > *Chrysosplenium axillare*

长梗金腰　དངུལ་གྱི།

多年生草本│**形态** 花茎无毛。无基生叶；茎生叶数枚，互生，叶片阔卵形至卵形，边缘具 12 圆齿，下部叶较小，鳞片状，无柄。单花腋生，或疏聚伞花序；苞叶卵形至阔卵形，边缘具 10～12 圆齿；花梗纤细，无毛；花绿色；萼片在花期开展，先端具 1 褐色疣点；子房半下位；花盘 8 裂。蒴果先端微凹，2 枚果瓣近等大，肿胀│**花期** 7～9 月│**海拔** 2 800～4 500 米│**观察** 罕见于林下、灌丛间或石隙

植株　叶

花

虎耳草科 Saxifragaceae > 金腰属 Chrysosplenium > *Chrysosplenium pilosum* var. *valdepilosum*

柔毛金腰　གཡའ་ཀྱི་སྒྲུ་ལོ་མ།

多年生草本 | **形态** 叶对生，具褐色斑点，近扇形，先端钝圆，边缘具明显钝齿，腹面无毛，背面和边缘具褐色柔毛；茎生叶对生，扇形，先端近截形，边缘具明显钝齿，基部楔形。聚伞花序分枝无毛；苞叶近扇形，先端钝圆至近截形，边缘具明显钝齿；花梗无毛；萼片具褐色斑点，阔卵形至近阔椭圆形，先端钝；雄蕊 8 枚；无花盘。蒴果 2 枚果瓣不等大 | **花果期** 4～6 月 | **海拔** 1 500～3 500 米 | **观察** 常见于林下阴湿处或山谷石隙

虎耳草科 Saxifragaceae > 虎耳草属 Saxifraga > *Saxifraga melanocentra*

黑蕊虎耳草　གཉན་དམར།

多年生草本 | **形态** 叶均基生，具柄，叶片卵形、菱状卵形至长圆形，边缘具圆齿状锯齿和腺睫毛，或无毛。花葶被卷曲腺柔毛；苞叶卵形、椭圆形至长圆形；聚伞花序伞房状；萼片在花期开展或反曲，三角状卵形至狭卵形；花瓣白色，稀红色至紫红色，基部具 2 黄色斑点，或基部红色至紫红色；花药黑色；花盘环形；2 枚心皮黑紫色，中下部合生 | **花果期** 7～9 月 | **海拔** 3 000～5 300 米 | **观察** 可见于高山灌丛、高山草甸和高山碎石隙

虎耳草科 Saxifragaceae > 虎耳草属 Saxifraga > *Saxifraga przewalskii*

青藏虎耳草　མདོ་དབུས་ཟངས་རྩི།

多年生丛生草本 | **形态** 茎具褐色卷曲柔毛。基生叶具柄，叶片卵形、椭圆形至长圆形；茎生叶卵形至椭圆形，向上渐变小。聚伞花序伞房状，具 2～6 朵花；萼片在花期反曲；花瓣腹面色淡黄色且其中下部具红色斑点，背面紫红色，卵形、狭卵形至近长圆形，基部具 2 痂体；子房周围具环状花盘 | **花期** 7～8 月 | **果期** 不明 | **海拔** 3 700～4 300 米 | **观察** 偶见于林下、高山草甸和高山碎石隙 | **中国特有种**

植株　叶

果序

植株　叶

花

植株　叶

花序

虎耳草科 Saxifragaceae > 虎耳草属 *Saxifraga* > *Saxifraga sinomontana*

山地虎耳草　ᠴᠳᠰ་ཉིག་སྡུ་དམར།

多年生丛生草本 | **形态** 茎疏被褐色卷曲柔毛。基生叶发达，具柄，叶片椭圆形、长圆形至线状长圆形；茎生叶披针形至线形。聚伞花序具 2～8 朵花，稀单花；萼片在花期直立，近卵形至近椭圆形；花瓣黄色，先端钝圆或急尖，基部侧脉 | **观察** 常见于灌丛、高山草甸、高山碎石隙等地

虎耳草科 Saxifragaceae > 虎耳草属 *Saxifraga* > *Saxifraga tangutica*

唐古特虎耳草　ན་ཟངས་ཉིག

多年生丛生草本 | **形态** 茎被褐色卷曲长柔毛。基生叶具柄，叶片卵形、披针形至长圆形，边缘具褐色卷曲长柔毛；茎生叶披针形、长圆形至狭长圆形。多歧聚伞花序具 2～24 朵花；萼片在花期由直立变开展至反曲，卵形、椭圆形至狭卵形，先端钝；花瓣黄色，或腹面黄色而背面紫红色，具 2 痂体；子房近下位，周围具环状花盘 | **花果期** 6～10 月 | **海拔** 2 900～5 600 米 | **观察** 常见于林下、灌丛、高山草甸和高山碎石隙

虎耳草科 Saxifragaceae > 虎耳草属 *Saxifraga* > *Saxifraga unguiculata*

爪瓣虎耳草　སུམ་ཉིག་ཚར་བ།

多年生丛生草本 | **形态** 具莲座状叶丛。花茎具叶，上部被褐色柔毛。莲座叶匙形至近狭倒卵形，先端具短尖头，边缘具刚毛状睫毛；茎生叶较疏，稍肉质，长圆形、披针形至剑形，先端具短尖头。花单生于茎顶，或聚伞花序具 2～8 朵花；萼片初直立，后开展至反曲；花瓣黄色，中下部具橙色斑点，具不明显的 2 痂体或无痂体；子房近上位，阔卵球形 | **花果期** 7～9 月 | **海拔** 1 800～5 600 米 | **观察** 可见于林下、高山草甸和高山碎石隙 | **中国特有种**

植株 | 花序

景天科 Crassulaceae > 红景天属 *Rhodiola* > *Rhodiola crenulata*

大花红景天　སྒོ་ལོ་དམར་པོ།

多年生草本｜**形态** 不育枝直立，先端密着叶，叶宽倒卵形。花茎多，直立或扇状排列。叶椭圆状长圆形至几为圆形，先端钝或有短尖，全缘、波状或有圆齿。花序伞房状，有多花，有苞片；花大形，雌雄异株；雄花萼片 5 枚，狭三角形至披针形；花瓣 5 枚，红色，倒披针形，有长爪；雄蕊 10 枚，与花瓣同长；鳞片 5 枚，先端微缺；心皮 5 枚，披针形，不育。雌花蓇葖果 5 枚，直立｜**花期** 6～9 月｜**果期** 不明｜**海拔** 2 800～5 600 米｜**观察** 可见于山坡草地、灌丛、石缝｜**中国–二级**

景天科 Crassulaceae > 红景天属 *Rhodiola* > *Rhodiola dumulosa*

小丛红景天　བག་ཚོན་དཀར་ཆུང་།

多年生草本｜**形态** 花茎聚生主轴顶端，不分枝。叶互生，线形至宽线形，先端稍急尖，基部无柄，全缘。花序聚伞状，有 4～7 朵花；萼片 5 枚，线状披针形，先端渐尖，基部宽；花瓣 5 枚，白或红色，披针状长圆形，直立，先端有较长的短尖；雄蕊 10 枚，较花瓣短；鳞片 5 枚，横长方形，先端微缺；心皮 5 枚，卵状长圆形，直立｜**花期** 6～7 月｜**果期** 8 月｜**海拔** 1 600～3 900 米｜**观察** 常见于山坡岩石上

景天科 Crassulaceae > 红景天属 *Rhodiola* > *Rhodiola quadrifida*

四裂红景天　ཐ་ཚོན།

多年生草本｜**形态** 花茎细，叶密生。叶互生，无柄，线形，先端急尖，全缘。伞房花序，花少数；萼片 4 枚，线状披针形；花瓣通常 4 枚，紫红色，长圆状倒卵形；雄蕊 8 枚，与花瓣同长或稍长，花丝与花药黄色；鳞片 4 枚，近长方形。蓇葖果 4 枚，披针形，有先端反折的短喙｜**花期** 5～6 月｜**果期** 不明｜**海拔** 2 900～5 100 米｜**观察** 常见于沟边、山坡石缝｜**中国–二级**

植株　花序

植株　茎

花序

景天科 Crassulaceae > 红景天属 *Rhodiola* > *Rhodiola subopposita*

对叶红景天　ཚན་སེར་ལོ་སྟོད།

多年生草本 | **形态** 植株淡绿色。花茎多数。叶开展，2～3 枚叶近对生或互生，宽椭圆形至卵形，先端钝，边缘有不整齐的圆齿，有短柄或几无柄。聚伞花序有小苞片；雌雄异株，花多数；萼片 5 枚，长圆形；花瓣 5 枚，黄色，长圆形，雄蕊 10 枚，较花瓣稍长；鳞片 5 枚，近正方形，先端有微缺；雄花的心皮 5 枚，不育。蓇葖果 5 枚 | **花期** 不明 | **果期** 不明 | **海拔** 3 800～4 100 米 | **观察** 可见于高山岩石上 | **中国特有种**

景天科 Crassulaceae > 红景天属 *Rhodiola* > *Rhodiola tangutica*

唐古红景天　གཡའ་ཚོན།

多年生草本 | **形态** 雌雄异株。雄株：叶线形，先端钝渐尖，无柄；花序紧密，伞房状，花序下有苞叶；萼片 5 枚，线状长圆形；花瓣 5 枚，干后粉红色；雄蕊 10 枚，鳞片 5 枚，四方形，先端微缺；心皮 5 枚，狭披针形，不育。雌株：叶线形；花序伞房状，果期为倒三角形；萼片 5 枚，线状长圆形；花瓣 5 枚，长圆状披针形；鳞片 5 枚，横长方形，先端微缺。蓇葖果 5 枚，直立，狭披针形，喙短 | **花期** 5～8 月 | **果期** 8 月 | **海拔** 2 000～4 700 米 | **观察** 可见于高山石缝中或近水地带 | **中国–二级，中国特有种**

景天科 Crassulaceae > 景天属 *Sedum* > *Sedum przewalskii*

高原景天　མཐོ་སྒང་གཅན་ཐུབ་པ།

一年生草本 | **形态** 无毛。花茎直立，常自基部分枝。叶宽披针形至卵形，有截形宽距，先端钝。花序伞房状，有 3～7 朵花；苞片叶形；花为五基数；萼片半长圆形，无距，先端钝；花瓣黄色，三角状卵形，略合生，先端钝；鳞片狭线形或近线状长形；心皮近菱形 | **花期** 8 月 | **果期** 9 月 | **海拔** 2 400～5 400 米 | **观察** 常见于山坡干草地、岩石上等地

植株

叶

果序

植株 花序

花序

景天科 Crassulaceae > 景天属 *Sedum* > *Sedum roborowskii*

阔叶景天　　གཅན་ཐུབ་ལོ་མེབ།

二年生草本 | **形态** 无毛。花茎近直立，由基部分枝。叶长圆形，有钝距，先端钝。花序伞房状，疏生多数花；苞片叶形；花为不等的五基数；萼片长圆形或长圆状倒卵形，不等长，有钝距，先端钝；花瓣淡黄色，卵状披针形，离生，先端钝；雄蕊 10 枚，2 轮；鳞片线状长方形，先端微缺；心皮长圆形 | **花期** 8～9 月 | **果期** 9 月 | **海拔** 2 200～4 500 米 | **观察** 常见于山坡林下阴处或岩石上

豆科 Fabaceae > 黄耆属 *Astragalus* > *Astragalus chrysopterus*

金翼黄耆　　ཁྱུང་སྡེར་གསེར་འདབ།

多年生草本 | **形态** 茎细弱，具条棱，多少被伏贴的柔毛。羽状复叶有 12～19 片小叶；托叶离生，狭披针形；小叶宽卵形或长圆形，顶端钝圆或微凹，具小凸尖。总状花序腋生，生 3～13 朵花，疏松；苞片小，披针形；花萼钟状，萼齿狭披针形，长约为萼筒的一半；花冠黄色，旗瓣倒卵形，先端微凹；子房无毛。荚果倒卵形，先端有尖喙 | **花果期** 6～8 月 | **海拔** 1 600～3 700 米 | **观察** 常见于山坡、灌丛、林下及沟谷 | **中国特有种**

豆科 Fabaceae > 黄耆属 *Astragalus* > *Astragalus mahoschanicus*

马衔山黄耆　　ཁ་དུ་རིའི་ཁྱུར་སྲན།

多年生草本 | **形态** 茎具条棱，被伏贴柔毛。羽状复叶有 9～19 片小叶；托叶离生，宽三角形，先端尖；小叶卵形至长圆状披针形，先端钝圆或短渐尖。总状花序生 15～40 朵花，密集呈圆柱状；苞片披针形，下面有黑色柔毛；花萼钟状，被黑色柔毛，萼齿钻状，与萼筒近等长；花冠黄色，旗瓣长圆形，先端微凹；子房球形。荚果球状 | **花期** 6～7 月 | **果期** 7～8 月 | **海拔** 1 800～4 500 米 | **观察** 偶见于路边、林下 | **中国特有种**

植株　花序

花序

叶　果序

植株　叶

花序

豆科 Fabaceae > 黄耆属 *Astragalus* > *Astragalus sungpanensis*

松潘黄耆　　རུང་ཆུའི་ཁྲུང་སྲན།

多年生草本｜**形态** 茎多分枝，具条棱。奇数羽状复叶，具 15～29 片小叶；托叶离生，卵形或三角状卵形；小叶卵形、椭圆形或近披针形，先端钝或微凹。总状花序生多数花，较密集呈头状；总花梗腋生，通常较叶长；苞片披针形；花萼钟状，萼齿披针形；花冠青紫色，旗瓣倒卵形，先端微凹；子房线形，被白色伏贴柔毛。荚果长圆形，先端急尖，微弯｜**花期** 6～7 月｜**果期** 不明｜**海拔** 2 500～3 500 米｜**观察** 常见于山坡草地及河边砾石滩｜**中国特有种**

豆科 Fabaceae > 黄耆属 *Astragalus* > *Astragalus yunnanensis*

云南黄耆　　ཙ་སྨྱུག་ཁྲུང་སྲན་མེར་པོ།

多年生草本｜**形态** 羽状复叶基生，近莲座状，有 11～27 片小叶；托叶离生，卵状披针形，下面及边缘散生白色细柔毛；小叶卵形或近圆形，先端钝圆，有时有短尖头。总状花序生 5～12 朵花，稍密集，下垂，偏向一边；苞片线状披针形；花萼狭钟状，萼齿狭披针形，与萼筒近等长；花冠黄色，旗瓣匙形，先端微凹；子房被长柔毛。荚果膜质，狭卵形，被褐色柔毛｜**花期** 7 月｜**果期** 不明｜**海拔** 3 000～4 300 米｜**观察** 偶见于山坡、草原等地

豆科 Fabaceae > 锦鸡儿属 *Caragana* > *Caragana jubata*

鬼箭锦鸡儿　　མཛོ་མོ་ཤིང་།

灌木，直立或伏地｜**形态** 羽状复叶有 4～6 对小叶；托叶先端刚毛状，不硬化成针刺；叶轴宿存，被疏柔毛；小叶长圆形，先端圆或尖，具刺尖头。花梗单生，基部具关节；苞片线形；花萼钟状管形，萼齿披针形，长为萼筒的 1/2；花冠玫瑰色、淡紫色、粉红色或近白色，旗瓣宽卵形，基部渐狭成长瓣柄；子房被长柔毛。荚果密被丝状长柔毛｜**花期** 6～7 月｜**果期** 8～9 月｜**海拔** 2 400～4 700 米｜**观察** 常见于山坡、林缘等地

植株　果序

花序

豆科 Fabaceae > 锦鸡儿属 *Caragana* > *Caragana tibetica*

毛刺锦鸡儿　ब་མ་སྤྲག་ཐུང་།

矮灌木，常呈垫状 | **形态** 小枝密集，密被长柔毛。羽状复叶有 3～4 对小叶；叶轴硬化成针刺，宿存；小叶线形，先端尖，有刺尖，基部狭近无柄，密被灰白色长柔毛。花单生，近无梗；花萼管状；花冠黄色，旗瓣倒卵形，先端稍凹；子房密被柔毛。荚果椭圆形，外面密被柔毛，里面密被绒毛 | **花期** 5～7 月 | **果期** 7～8 月 | **海拔** 1 400～3 500 米 | **观察** 可见于干山坡、沙地

豆科 Fabaceae > 岩黄耆属 *Hedysarum* > *Hedysarum algidum*

块茎岩黄耆　བག་སྲད་མེ་ཅུང་།

多年生草本 | **形态** 茎有 1～2 个分枝，被柔毛。托叶披针形，棕褐色干膜质，合生至上部，外被短柔毛；小叶 5～11 片，近无柄，小叶片椭圆形或卵形，先端圆形或截平状。总状花序腋生；花 6～12 朵，外展，疏散排列；苞片披针形，棕褐色干膜质；花萼钟状，萼筒淡污紫红色，萼齿三角状披针形，齿间呈锐角；花冠紫红色，下部色较淡或近白色，旗瓣倒卵形；子房线形，腹缝线具柔毛，其余部分几无毛 | **花期** 7～8 月 | **果期** 8～9 月 | **海拔** 3 000～4 500 米 | **观察** 常见于亚高山草甸、林缘和森林阳坡的草甸 | **中国特有种**

豆科 Fabaceae > 岩黄耆属 *Hedysarum* > *Hedysarum sikkimense*

锡金岩黄耆　བག་སྲད་དམར་པོ།

多年生草本 | **形态** 托叶宽披针形，棕褐色干膜质，合生至上部，外被疏柔毛；小叶常 17～23 片；小叶片长圆形或卵状长圆形。总状花序腋生，花序轴和总花梗被短柔毛；花一般 7～15 朵，常偏于一侧着生；苞片披针状卵形；花萼钟状，萼筒暗污紫色，萼齿绿色，狭披针形，等于或稍长于萼筒；花冠紫红色或后期变为蓝紫色，旗瓣倒长卵形，先端圆形，微凹；子房线形，扁平。荚果边缘常具不规则齿 | **花期** 7～8 月 | **果期** 8～9 月 | **海拔** 3 100～4 500 米 | **观察** 常见于高山草甸、高寒草原和疏灌丛等地

叶 　花序

植株　花序

豆科 Fabaceae > 苜蓿属 *Medicago* > *Medicago archiducis-nicolai*

青海苜蓿　མཚོ་སྔོན་འབྲུ་སྲུ་དུད།

多年生草本 | **形态** 羽状三出复叶；托叶戟形，先端尖三角形，具尖齿；小叶阔卵形至圆形，先端截平或微凹，边缘具尖齿；顶生小叶较大。花序伞形，具花 4～5 朵；苞片刺毛状，甚小；萼片钟形，萼齿三角形；花冠橙黄色，中央带紫红色晕纹，旗瓣先端微凹。荚果长圆状半圆形，扁平，先端具短尖喙 | **花期** 6～8 月 | **果期** 7～9 月 | **海拔** 2 500～4 000 米 | **观察** 常见于高原坡地、谷地和草原 | IUCN-近危，中国特有种

豆科 Fabaceae > 棘豆属 *Oxytropis* > *Oxytropis kansuensis*

甘肃棘豆　གནའ་སྱུ་ཚེ་ཀྲུང་སྲ་དི།

多年生草本 | **形态** 托叶草质，卵状披针形，与叶柄分离，彼此合生至中部；羽状复叶具小叶 17～29 片，卵状长圆形、披针形。多花组成头形总状花序；苞片线形，疏被黑色的白色柔毛；花萼筒状，萼齿线形；花冠黄色，旗瓣先端微缺或圆；子房疏被黑色短柔毛。荚果纸质，长圆形或长圆状卵形，膨胀，密被贴伏黑色短柔毛 | **花期** 6～9 月 | **果期** 8～10 月 | **海拔** 2 200～5 300 米 | **观察** 常见于路旁、高山草甸、灌丛、林下

豆科 Fabaceae > 棘豆属 *Oxytropis* > *Oxytropis ochrocephala*

黄花棘豆　གྱུང་སྲ་དཀེ་ར་སྨུ།

多年生草本 | **形态** 茎密被白色短柔毛和黄色长柔毛。羽状复叶具小叶 17～31 片，小叶草质，卵状披针形；托叶草质，卵形，与叶柄离生，于基部合生，分离部分三角形。多花组成密总状花序，以后延伸；苞片线状披针形；花萼膜质，筒状，萼齿线状披针形；花冠黄色，旗瓣宽倒卵形，先端微凹或截形；子房密被贴伏黄色和白色柔毛。荚果革质，长圆形，膨胀，先端具弯曲的喙，密被黑色短柔毛 | **花期** 6～8 月 | **果期** 7～9 月 | **海拔** 1 900～5 200 米 | **观察** 常见于田埂、荒山、平原草地、林下等地 | **中国特有种**

植株　叶　花序

植株　花序

豆科 Fabaceae > 棘豆属 *Oxytropis* > *Oxytropis qinghaiensis*

青海棘豆　མཚོ་སྔོན་ཀྲུང་སྲད།

多年生草本 | **形态** 茎簇生，多分枝，被浓密白色硬毛。托叶三角状披针形，于基部半合生；小叶 13～29 片，对生或近对生，近无柄，小叶片卵形、卵状披针形或披针形，两面密被白色长柔毛。总状花序初头状，于果期伸长；苞片披针形，被糙硬毛；花萼钟状；花冠紫色或蓝紫色，旗瓣倒卵形，先端微缺。荚果先端钩状 | **花期** 7～8 月 | **果期** 8～9 月 | **海拔** 3 400～4 700 米 | **观察** 可见于河漫滩、山地阳坡、路边等地 | **中国特有种**

豆科 Fabaceae > 膨果豆属 *Phyllolobium* > *Phyllolobium tribulifolium*

蒺藜叶膨果豆　བགྲད་སྲད་དགེ་ལོ་མ།

多年生草本 | **形态** 茎平卧或上升，密被白色开展的短柔毛，多分枝。羽状复叶具 11～21 片小叶；托叶三角状披针形；小叶近对生，椭圆状长圆形或倒卵状长圆形，先端圆或截形，有短尖头。总状花序呈伞形；生 4～10 朵花；苞片披针形；小苞片细小；花萼钟状，萼齿线状披针形；花冠青紫色；旗瓣近圆形，先端微缺，基部突然收狭；子房密被白色柔毛。荚果近圆形或长圆形 | **花期** 5～8 月 | **果期** 8～10 月 | **海拔** 2 500～4 300 米 | **观察** 可见于山谷、山坡、干草地、草滩

豆科 Fabaceae > 野决明属 *Thermopsis* > *Thermopsis alpina*

高山野决明　རི་མཐིའི་སྣ་སྲད།

多年生草本 | **形态** 托叶卵形或阔披针形；小叶线状倒卵形至卵形，先端渐尖，基部楔形。总状花序顶生，具花 2～3 轮，2～3 朵花轮生；苞片与托叶同形，被长柔毛；萼片钟形，上方 2 齿合生，三角形，下方萼齿三角状披针形，与萼筒近等长；花冠黄色，旗瓣阔卵形或近肾形，先端凹缺；子房密被长柔毛。荚果长圆状卵形，先端骤尖至长喙，扁平，被白色伸展长柔毛 | **花期** 5～7 月 | **果期** 7～8 月 | **海拔** 2 400～4 800 米 | **观察** 可见于高山苔原、砾质荒漠、草原

植株 花序

豆科 Fabaceae > 野决明属 *Thermopsis* > *Thermopsis barbata*

紫花野决明　ཀླུ་བདུད་རྩེ་སྔོན།

多年生草本 | **形态** 花期全株密被伸展长柔毛，具丝质光泽。茎下部叶 4～7 枚轮生，包括叶片和托叶，连合成鞘状，茎上部叶片和托叶渐分离；三出复叶；托叶叶片状，两者难以区别。总状花序顶生；苞片椭圆形或卵形；萼片近二唇形；花冠紫色，旗瓣近圆形，先端凹缺；子房具长柄，密被长柔毛。荚果长椭圆形，先端和基部急尖，扁平 | **花期** 6～7 月 | **果期** 8～9 月 | **海拔** 2 700～4 500 米 | **观察** 偶见于河谷和山坡

豆科 Fabaceae > 野决明属 *Thermopsis* > *Thermopsis lanceolata*

披针叶野决明　ཀླུ་བདུད་སེར་པོ།

多年生草本 | **形态** 茎被黄白色贴伏或伸展柔毛。具 3 小叶；托叶叶状，卵状披针形；小叶狭长圆形、倒披针形。总状花序顶生，具花 2～6 轮，排列疏松；苞片线状卵形或卵形；萼片钟形，密被毛，背部稍呈囊状隆起，上方 2 齿连合，三角形，下方萼齿披针形；花冠黄色，旗瓣近圆形，先端微凹；子房密被柔毛，具柄。荚果线形，先端具尖喙，被细柔毛 | **花期** 5～7 月 | **果期** 6～10 月 | **海拔** 1 200～3 300 米 | **观察** 常见于路旁、草原沙丘、河岸

豆科 Fabaceae > 高山豆属 *Tibetia* > *Tibetia himalaica*

高山豆　རི་སྲན་རྡོ་མེན།

多年生草本 | **形态** 小叶 9～13 片，圆形至椭圆形、宽倒卵形至卵形，顶端微缺至深缺，被贴伏长柔毛；托叶大，卵形，密被贴伏长柔毛。伞形花序具 1～4 朵花；苞片长三角形；花萼钟状，上 2 萼齿较大，下 3 萼齿较狭而短；花冠深蓝紫色；旗瓣卵状扁圆形，顶端微缺至深缺；子房被长柔毛，花柱折曲成直角。荚果圆筒形或有时稍扁 | **花期** 5～6 月 | **果期** 7～8 月 | **海拔** 3 000～5 000 米 | **观察** 常见于高原山地地带

豆科 Fabaceae > 野豌豆属 *Vicia* > *Vicia unijuga*

歪头菜　རི་སྲན་ལོ་ལེབ།

多年生草本 | **形态** 叶轴末端为细刺尖头，偶见卷须；托叶戟形或近披针形；小叶一对，卵状披针形或近菱形，先端渐尖，两面均疏被微柔毛。总状花序单一，稀分支呈圆锥状复总状花序；花 8～20 朵一面向密集于花序轴上部；花萼紫色，斜钟状或钟状，萼齿明显短于萼筒；花冠蓝紫色、紫红色或淡蓝色，旗瓣倒提琴形，中部缢缩，先端圆有凹。荚果扁、长圆形，无毛，近革质，先端具喙 | **花期** 6～7 月 | **果期** 8～9 月 | **海拔** 4 000 米以下 | **观察** 常见于山地、林缘、灌丛等地

远志科 Polygalaceae > 远志属 *Polygala* > *Polygala sibirica*

西伯利亚远志　ཤིག་སྟོན།

多年生草本 | **形态** 叶互生，下部叶小卵形，上部者披针形或椭圆状披针形，全缘，略反卷。总状花序腋外生或假顶生，具少数花；花具 3 枚小苞片，钻状披针形；萼片 5 枚，宿存，外面 3 枚披针形，里面 2 枚花瓣状，近镰刀形，先端具凸尖，基部具爪；花瓣 3 枚，蓝紫色，侧瓣倒卵形，先端圆形，微凹，龙骨瓣具流苏状鸡冠状附属物；雄蕊 8 枚；花柱肥厚，顶端弯曲，柱头 2 枚。蒴果近倒心形 | **花期** 4～7 月 | **果期** 5～8 月 | **海拔** 1 100～4 300 米 | **观察** 常见于沙质土、山地灌丛、林缘等地

蔷薇科 Rosaceae > 无尾果属 *Coluria* > *Coluria longifolia*

无尾果　ཨོ་རྒྱན་གཉེར་པ།

多年生草本 | **形态** 基生叶为间断羽状复叶，上部小叶紧密排列，愈向下方各对小叶片间隔愈疏远，小叶片 9～20 对，上部者较大，愈向下方裂片愈小，小叶边缘有锯齿；叶柄基部膜质，下延抱茎；茎生叶 1～4 片，羽裂或 3 裂。花茎直立，聚伞花序有 2～4 朵花，稀具 1 花；苞片卵状披针形；副萼片长圆形；萼筒钟状，萼片三角卵形；花瓣黄色，先端微凹；雄蕊 40～60 枚。瘦果长圆形，黑褐色 | **花期** 6～7 月 | **果期** 8～10 月 | **海拔** 2 700～4 100 米 | **观察** 偶见于山坡草地 | **中国特有种**

蔷薇科 Rosaceae > 栒子属 *Cotoneaster* > *Cotoneaster adpressus*

匍匐栒子　ཚེར་འབྲུམ་དཀར་ལེག

落叶匍匐灌木 | **形态** 茎平铺地上。叶片常宽卵形或倒卵形，边缘全缘而呈波状；托叶钻形，成长时脱落。花1～2朵；萼筒钟状，外具稀疏短柔毛，内面无毛；萼片卵状三角形，先端急尖；花瓣直立，倒卵形，先端微凹或圆钝，粉红色；雄蕊约10～15枚，短于花瓣；花柱2枚，离生，比雄蕊短。果实近球形，鲜红色，无毛 | **花期** 5～6月 | **果期** 8～9月 | **海拔** 1 900～4 000 米 | **观察** 常见于山坡杂木林边及岩石山坡

蔷薇科 Rosaceae > 草莓属 *Fragaria* > *Fragaria orientalis*

东方草莓　འར་མོ་གས་སྦྲལ་ཀྲུན

多年生草本 | **形态** 茎被开展柔毛。三出复叶，小叶倒卵形或菱状卵形，边缘有缺刻状锯齿。花序聚伞状，有花1～6朵，基部苞片淡绿色或具一小叶；花两性，稀单性；萼片卵圆披针形，顶端尾尖，副萼片线状披针形，偶2裂；花瓣白色，几圆形，基部具短爪；雄蕊18～22枚；雌蕊多数。聚合果半圆形，成熟后紫红色，宿存萼片开展或微反折；瘦果卵形 | **花期** 5～7月 | **果期** 7～9月 | **海拔** 600～4 000 米 | **观察** 常见于山坡草地或林下

蔷薇科 Rosaceae > 委陵菜属 *Potentilla* > *Potentilla anserina*

蕨麻　གྲོ་མ

多年生草本 | **形态** 茎匍匐，在节处生根。基生叶为间断羽状复叶，有小叶6～11对，小叶常椭圆形、倒卵椭圆形或长椭圆形，边缘有尖锐锯齿或呈裂片状，上面被疏柔毛或几无毛，下面密被紧贴银白色绢毛，茎生叶与基生叶相似，唯小叶对数较少；基生叶和下部茎生叶托叶褐色，上部茎生叶托叶多分裂。单花腋生；萼片三角卵形，副萼片常2～3裂；花瓣黄色；花柱侧生，小枝状 | **花期** 6～8月 | **果期** 6～8月 | **海拔** 500～4 100 米 | **观察** 常见于河岸、路边、山坡草地及草甸

本土知识　藏族人民在春季和秋季食用蕨麻，蕨麻米饭、蕨麻酸奶都是藏区特有的美食。在一些牧区，牧民在过藏历新年的时候用蕨麻粉和酥油、奶酪做成一种称之为"仙"的糕点。

花序 聚合果

蔷薇科 Rosaceae > 委陵菜属 *Potentilla* > *Potentilla fruticosa*

金露梅　 སྤེན་དཀར།

矮小灌木｜**形态** 树皮纵向剥落。羽状复叶，有小叶 2 对，稀 3 小叶，上面一对小叶基部下延与叶轴汇合；小叶片长圆形、倒卵长圆形或卵状披针形，全缘，边缘平坦；托叶薄膜质，宽大。单花或数朵生于枝顶；萼片卵圆形；副萼片披针形至倒卵状披针形；花瓣黄色，宽倒卵形，顶端圆钝；花柱近基生，棒形，柱头扩大。瘦果近卵形，褐棕色，外被长柔毛｜**花果期** 6～9 月｜**海拔** 1 000～4 000 米｜**观察** 常见于山坡草地、砾石坡、灌丛等地

本土知识 金露梅在牧区用于生火，是神山祭祀生火必不可少的祭祀品。

蔷薇科 Rosaceae > 委陵菜属 *Potentilla* > *Potentilla glabra*

银露梅　 སྤེན་དཀར།

矮小灌木｜**形态** 树皮纵向剥落。羽状复叶，有小叶 2 对，稀 3 小叶，上面一对小叶基部下延与轴汇合；小叶片椭圆形、倒卵椭圆形或卵状椭圆形，全缘；托叶薄膜质。顶生单花或数朵；萼片卵形；副萼片披针形、倒卵披针形或卵形；花瓣白色，倒卵形，顶端圆钝；花柱近基生，棒状，柱头扩大。瘦果表面被毛｜**花果期** 6～11 月｜**海拔** 1 400～4 200 米｜**观察** 常见于山坡草地、灌丛等地

蔷薇科 Rosaceae > 委陵菜属 *Potentilla* > *Potentilla saundersiana*

钉柱委陵菜　རྒྱ་མཉེས་དམར་པོ།

多年生草本｜**形态** 花茎被白色绒毛及疏柔毛。基生叶 3～5 枚掌状复叶，被白色绒毛；小叶片长圆倒卵形，边缘有缺刻状锯齿；茎生叶 1～2 枚，小叶 3～5 片，与基生叶小叶相似；基生叶托叶褐色，茎生叶绿色，常全缘。聚伞花序顶生，有花多朵，外被白色绒毛；萼片三角卵形或三角披针形，副萼片披针形，顶端尖锐；花瓣黄色，倒卵形，顶端下凹；柱头略扩大。瘦果光滑｜**花果期** 6～8 月｜**海拔** 2 600～5 200 米｜**观察** 常见于山坡草地、高山灌丛及草甸

植株　叶

花

蔷薇科 Rosaceae > 蔷薇属 *Rosa* > *Rosa omeiensis*

峨眉蔷薇　སེ་བ་དཀར་པོ།

直立灌木 | **形态** 无刺或有扁而基部膨大的皮刺。小叶 9～17 片；小叶片长圆形或椭圆状长圆形，边缘有锐锯齿；叶轴和叶柄有散生小皮刺；托叶大部贴生于叶柄，顶端离生部分呈三角状卵形，边缘有齿或全缘。花单生于叶腋，无苞片；萼片 4 枚，披针形，全缘，先端渐尖或长尾尖；花瓣 4 枚，白色，先端微凹；花柱离生，被长柔毛。果倒卵球形或梨形，亮红色，萼片直立宿存 | **花期** 5～6月 | **果期** 7～9月 | **海拔** 800～4 000 米 | **观察** 常见于山坡、山脚、灌丛等地 | **中国特有种**

蔷薇科 Rosaceae > 悬钩子属 *Rubus* > *Rubus irritans*

紫色悬钩子　ཐ་ག་སྨུག་ཆུང་།

矮小半灌木或近草本状 | **形态** 枝被紫红色针刺、柔毛和腺毛。小叶常 3 枚，卵形或椭圆形，边缘有不规则粗锯齿或重锯齿；托叶线形或线状披针形，具柔毛和腺毛。花下垂，常单生或 2～3 朵生于枝顶；花萼带紫红色，外面被紫红色针刺、柔毛和腺毛；萼筒浅杯状；萼片顶端渐尖至尾尖，花后直立；花瓣白色，基部有短爪；雄蕊多数；雌蕊多数，子房具灰白色绒毛。果实近球形，红色，被绒毛 | **花期** 6～7月 | **果期** 8～9月 | **海拔** 2 000～4 500 米 | **观察** 常见于山坡林缘或灌丛

蔷薇科 Rosaceae > 地榆属 *Sanguisorba* > *Sanguisorba filiformis*

矮地榆　ན་ཆུར་དཀར་མོ།

多年生草本 | **形态** 基生叶为羽状复叶，小叶 3～5 对，叶柄光滑，小叶片宽卵形或近圆形，边缘有圆钝锯齿；茎生叶 1～3 枚，与基生叶相似，但向上小叶对数逐渐减少；基生叶托叶褐色，茎生叶托叶全缘或有齿。花单性，雌雄同株，花序头状，周围为雄花，中央为雌花；苞片细小，卵形，边缘有稀疏睫毛；萼片 4 枚，白色；雄蕊 7～8 枚，花丝丝状，比萼片长约 1 倍。果有 4 棱 | **花果期** 6～9月 | **海拔** 1 200～4 000 米 | **观察** 常见于山坡草地及沼泽

植株 | 叶

花序

蔷薇科 Rosaceae > 山莓草属 *Sibbaldia* > *Sibbaldia procumbens* var. *aphanopetala*

隐瓣山莓草　སྒོ་ལྟུ་མ་སེར་ཆུང་།

多年生草本，全身被糙伏毛 | **形态** 叶对生，具褐色斑点，近扇形，边缘具明显钝齿，基部宽楔形，顶生者阔卵形至近圆形，边缘具不明显 7 枚波状圆齿，背面和边缘具褐色柔毛；茎生叶对生，扇形，先端近截形，边缘具明显钝齿，基部楔形。聚伞花序分枝无毛；苞叶近扇形，先端钝圆至近截形，边缘具明显钝齿；花梗无毛；萼片具褐色斑点，阔卵形至近阔椭圆形，先端钝；雄蕊 8 枚。瘦果 2 枚果瓣不等大 | **花果期** 7～8 月 | **海拔** 2 500～4 000 米 | **观察** 可见于山坡草地、岩石缝及林下

蔷薇科 Rosaceae > 鲜卑花属 *Sibiraea* > *Sibiraea angustata*

窄叶鲜卑花　ནུ་ནིག་།

高大灌木 | **形态** 叶在当年生枝条上互生，在老枝上通常丛生，叶片窄披针形、倒披针形，稀长椭圆形，基部下延呈楔形，全缘。顶生穗状圆锥花序；苞片披针形，先端渐尖，全缘；萼筒浅钟状；萼片宽三角形；花瓣宽倒卵形，白色；雄花具雄蕊 20～25 枚，着生在萼筒边缘，花丝细长，药囊黄色；雌花具退化雄蕊；花盘环状，肥厚，具 10 裂片；雄花具 3～5 枚退化雌蕊，雌花具雌蕊 5 枚。蓇葖果直立，具宿存直立萼片 | **花期** 6 月 | **果期** 8～9 月 | **海拔** 3 000～4 000 米 | **观察** 常见于山坡灌木丛或山谷沙石滩 | **中国特有种**

蔷薇科 Rosaceae > 花楸属 *Sorbus* > *Sorbus koehneana*

陕甘花楸　ཧུན་ཀན་མེ་ཏོག་ཤིང་།

灌木或小乔木 | **形态** 具少数不明显皮孔。奇数羽状复叶；小叶片 8～12 对，长圆形至长圆披针形，边缘每侧有尖锐锯齿 10～14 枚，全部有锯齿或仅基部全缘；叶轴两面微具窄翅；托叶草质，有锯齿。复伞房花序多生在侧生短枝上，具多数花朵；萼筒钟状；萼片三角形；花瓣宽卵形，白色；雄蕊 20 枚，长约为花瓣的 1/3；花柱 5 枚，几与雄蕊等长。果实球形，白色，先端具宿存闭合萼片 | **花期** 6 月 | **果期** 9 月 | **海拔** 2 300～4 000 米 | **观察** 常见于山区杂木林 | **IUCN-无危，中国特有种**

叶　花序

花序　果序

蔷薇科 Rosaceae > 绣线菊属 Spiraea > Spiraea alpina

高山绣线菊　 རི་མཐོའི་སྤྲག་དར།

矮小灌木｜**形态** 叶片多数簇生，线状披针形至长圆倒卵形，先端急尖或圆钝，基部楔形，全缘，两面无毛。伞形总状花序具短总梗，有花 3～15 朵；苞片小，线形；萼筒钟状；萼片三角形；花瓣倒卵形或近圆形，白色；雄蕊 20 枚；花盘显著，圆环形，具 10 个发达的裂片。蓇葖果开张｜**花期** 6～7 月｜**果期** 8～9 月｜**海拔** 2 000～4 000 米｜**观察** 常见于向阳坡地或灌丛中

胡颓子科 Elaeagnaceae > 沙棘属 Hippophae > Hippophae tibetana

西藏沙棘　ས་སྟར།

矮小灌木｜**形态** 单叶，三叶轮生或对生，稀互生，线形或矩圆状线形，两端钝形，边缘全缘，上面幼时疏生白色鳞片，成熟后脱落，暗绿色，下面灰白色，密被银白色和散生少数褐色细小鳞片。雌雄异株；雄花黄绿色，花萼 2 裂，雄蕊 4 枚，2 枚与花萼裂片对生，2 枚与花萼裂片互生；雌花淡绿色，花萼囊状，顶端 2 齿裂。果实成熟时黄褐色，阔椭圆形或近圆形，顶端具 6 条放射状黑色条纹｜**花期** 不明｜**果期** 5 月｜**海拔** 3 600～4 700 米｜**观察** 常见于高原草地、河漫滩及岸边

荨麻科 Urticaceae > 荨麻属 Urtica > Urtica cannabina

麻叶荨麻　ཟ་ཕྱི་གསོ་ལོ་མ།

多年生草本｜**形态** 叶片轮廓五角形，掌状 3 全裂、稀深裂，一回裂片再羽状深裂，自下而上变小，在其上部呈裂齿状，二回裂片常有数目不等的裂齿或浅锯齿，侧生的一回裂片的外缘最下一枚二回裂片常较大而平展；叶柄生刺毛或微柔毛；托叶每节 4 枚，离生，条形。花雌雄同株；雄花序圆锥状，斜展；雌花序常穗状，有时在下部有少数分枝，直立或斜展；雄花花被片 4 枚，裂片卵形，退化雌蕊近碗状；雌花序有极短的梗｜**花期** 7～8 月｜**果期** 8～10 月｜**海拔** 800～2 800 米｜**观察** 常见于草原、沙丘、河谷等地

植株　花序

荨麻科 Urticaceae > 荨麻属 *Urtica* > *Urtica hyperborea*

高原荨麻 ཟ་ཕྱི་ཨ་ཡ།

多年生草本 | **形态** 茎具稍密的刺毛和稀疏的微柔毛。叶卵形或心形，先端短渐尖或锐尖，基部心形，边缘有 6～11 枚牙齿，上面有刺毛和稀疏的细糙伏毛，下面有刺毛和稀疏的微柔毛，基出脉 3～5 条；叶柄有刺毛和微柔毛；托叶每节 4 枚，离生。花雌雄同株或异株；花序常短穗状，雄花具细长梗，花被片 4 枚，退化雌蕊近盘状；雌花具细梗 | **花期** 6～7 月 | **果期** 8～9 月 | **海拔** 3 000～5 200 米 | **观察** 可见于高山石砾地、岩缝或山坡草地

桦木科 Betulaceae > 桦木属 *Betula* > *Betula albosinensis*

红桦 སྟུག་དམར།

高大乔木 | **形态** 树皮淡红褐色或紫红色，呈薄层状剥落；小枝紫红色。叶卵形或卵状矩圆形，顶端渐尖，基部圆形或微心形，边缘具不规则的重锯齿，侧脉 10～14 对。雄花序圆柱形，无梗；苞鳞紫红色，仅边缘具纤毛。果序圆柱形，单生或同时具有 2～4 枚排成总状；果苞的中裂片矩圆形或披针形，顶端圆，侧裂片近圆形；小坚果卵形，膜质翅宽及果的 1/2 | **花期** 5～6 月 | **果期** 7～8 月 | **海拔** 1 000～3 400 米 | **观察** 常见于山坡杂木林 | IUCN-无危，中国特有种

桦木科 Betulaceae > 桦木属 *Betula* > *Betula platyphylla*

白桦 སྟུག་སྐྱ།

高大乔木 | **形态** 树皮灰白色，成层剥裂。叶厚纸质，三角状卵形、三角状菱形或三角形，顶端锐尖、渐尖至尾状渐尖，基部截形、宽楔形或楔形，边缘常具重锯齿。果序单生，圆柱形或矩圆状圆柱形，常下垂；果苞边缘具短纤毛，基部楔形或宽楔形，中裂片三角状卵形，顶端渐尖或钝，侧裂片卵形或近圆形；小坚果狭矩圆形、矩圆形或卵形 | **花期** 6～7 月 | **果期** 7～9 月 | **海拔** 700～4 200 米 | **观察** 常见于山坡、山脊 | IUCN-数据缺乏

植株　果序

卫矛科 Celastraceae > 梅花草属 *Parnassia* > *Parnassia oreophila*

细叉梅花草　　དངུལ་ཏིག་ཆུང་བ།

多年生小草本 | **形态** 基生叶 2～8 枚，叶片卵状长圆形或三角状卵形，全缘，有 3～5 条明显突起之脉；茎生叶卵状长圆形，无柄半抱茎。花单生于茎顶；萼筒钟状；萼片全缘，具明显 3 条脉；花瓣白色，基部渐窄成爪，有 5 条紫褐色脉；雄蕊 5 枚；退化雄蕊 5 枚，先端常 3 深裂达 2/3；子房半下位，柱头 3 裂，花后开展。蒴果长卵球形 | **花期** 7～8 月 | **果期** 9 月 | **海拔** 1 600～3 000 米 | **观察** 常见于高山草地、山腰林缘、路旁等地 | **中国特有种**

卫矛科 Celastraceae > 梅花草属 *Parnassia* > *Parnassia trinervis*

三脉梅花草　　དངུལ་ཏིག་སུམ་རིས།

多年生草本 | **形态** 基生叶 4～9 枚，具柄；叶片长圆形、长圆状披针形或卵状长圆形；茎近基部具单个茎生叶，无柄半抱茎。花单生于茎顶；萼筒管漏斗状；萼片披针形或长圆披针形，全缘，外面有明显 3 条脉；花瓣白色，倒披针形，基部楔形下延成爪，边全缘，有明显 3 条脉；雄蕊 5 枚；退化雄蕊 5 枚，先端 1/3 浅裂，裂片短棒状，先端截形；子房半下位，花柱极短，柱头 3 裂，裂片直立，花后反折。蒴果 3 裂 | **花期** 7～8 月 | **果期** 9 月 | **海拔** 3 100～4 500 米 | **观察** 常见于山谷潮湿地、沼泽草甸或河滩 | **中国特有种**

金丝桃科 Hypericaceae > 金丝桃属 *Hypericum* > *Hypericum przewalskii*

突脉金丝桃　　གསེར་རྩི།

多年生草本 | **形态** 茎多数。叶无柄，叶片向茎基部者渐变小而靠近，茎最下部者为倒卵形，向茎上部者为卵形或卵状椭圆形，基部心形而抱茎，全缘，散布淡色腺点，侧脉约 4 对，与中脉在上面凹陷，下面突起。花序顶生，有时连同侧生小花枝组成伞房花序或为圆锥状；萼片直伸，无腺点；花瓣 5 枚；雄蕊 5 束，每束有雄蕊约 15 枚；花柱 5 枚。蒴果卵珠形，成熟后先端 5 裂 | **花期** 6～8 月 | **果期** 7～10 月 | **海拔** 2 700～3 400 米 | **观察** 常见于山坡、河边灌丛等地 | **中国特有种**

叶　花　植株　花

董菜科 Violaceae > 董菜属 *Viola* > *Viola biflora*

双花董菜　ཏ་མེག་མེ་ཐུང་།

多年生草本 | **形态** 基生叶 2 至数枚，具长柄，叶片肾形、宽卵形或近圆形，先端钝圆，基部深心形或心形，边缘具钝齿；茎生叶具短柄，叶片较小；托叶与叶柄离生，卵形或卵状披针形，先端尖，全缘或疏生细齿。花黄色或淡黄色；花梗上部有 2 枚披针形小苞片；萼片线状披针形或披针形，先端急尖，基部附属物极短；花瓣具紫色脉纹，侧方花瓣里面无须毛；距短筒状，下方雄蕊之距呈短角状 | **花期** 5～7 月 | **果期** 7～10 月 | **海拔** 2 500～4 300 米 | **观察** 常见于高山草甸、灌丛等地

董菜科 Violaceae > 董菜属 *Viola* > *Viola bulbosa*

鳞茎董菜　ཏ་མེག་དཀར་གོར།

多年生低矮草本 | **形态** 根状茎细长，垂直，具多数细根，下部具一小鳞茎，由 4～6 枚白色肉质鳞片所组成。叶簇集茎端；叶片长圆状卵形或近圆形，先端圆或有时急尖，基部楔形或浅心形，边缘具明显的波状圆齿；叶柄具狭翅。花小，白色；花梗中部以上有 2 枚线形小苞片；萼片卵形或长圆形，先端尖，基部附属物短而圆；花瓣倒卵形，下方花瓣有紫堇色条纹，先端有微缺；距短而粗，呈囊状，末端钝 | **花期** 5～6 月 | **果期** 6～9 月 | **海拔** 2 200～3 800 米 | **观察** 可见于山谷、山坡草地

杨柳科 Salicaceae > 杨属 *Populus* > *Populus davidiana*

山杨　ལྱང་མ་ནེ་ཤ།

高大乔木 | **形态** 树皮光滑灰绿色或灰白色。小枝光滑，赤褐色。叶三角状卵圆形或近圆形，长宽近等，先端钝尖、急尖或短渐尖，基部圆形、截形或浅心形，边缘有密波状浅齿。花序轴有疏毛或密毛；苞片棕褐色，掌状条裂；雄蕊 5～12 枚，花药紫红色；子房圆锥形，柱头 2 深裂。蒴果卵状圆锥形，有短柄，2 瓣裂 | **花期** 3～4 月 | **果期** 4～5 月 | **海拔** 100～3 800 米 | **观察** 常见于山坡、沟谷地带

植株　叶

植株　花　叶

树皮　植株

叶

杨柳科 Salicaceae > 柳属 *Salix* > *Salix oritrepha*

山生柳 ཤུག་དཀར།

直立矮小灌木 | **形态** 叶椭圆形或卵圆形，先端钝或急尖，基部圆形或钝，上面绿色，具疏柔毛或无毛，下面灰色或稍苍白色，有疏柔毛。雄花序圆柱形，花密集，花序梗具 2～3 枚小叶；雌花序花密生，花序梗具 2～3 枚小叶；子房卵形，花柱 2 裂，柱头 2 裂；苞片深紫色；腺体 2 枚 | **花期** 6 月 | **果期** 7 月 | **海拔** 3 200～4 300 米 | **观察** 常见于山坡、山谷、灌丛等地 | **中国特有种**

本土知识 在一些地方，山生柳被牧民用来做牛棚的围栏，也可用来做箭。

大戟科 Euphorbiaceae > 大戟属 *Euphorbia* > *Euphorbia micractina*

甘青大戟 གན་མཚོའི་ཐོར་བུ།

多年生草本 | **形态** 叶互生，长椭圆形至卵状长椭圆形，变异较大，两面无毛，全缘；总苞叶 5～8 枚，与茎生叶同形；伞幅 5～8 枚；苞叶常 3 枚，卵圆形。花序单生于二歧分枝顶端；总苞边缘 4 裂；腺体 4 枚，半圆形，淡黄褐色；雄花多枚；雌花 1 枚；子房被稀疏的刺状或瘤状突起，变异幅度较大；花柱 3 枚，基部合生；柱头微 2 裂。蒴果球状，果脊上被稀疏的刺状或瘤状突起；成熟时分裂为 3 个分果爿 | **花果期** 6～7 月 | **海拔** 900～2 700 米 | **观察** 常见于山坡、草甸、林缘

大戟科 Euphorbiaceae > 大戟属 *Euphorbia* > *Euphorbia stracheyi*

高山大戟 རི་སྐྱེས་ཐར་ནུ།

多年生草本 | **形态** 茎常匍匐状直立，体态变化大。叶互生，倒卵形至长椭圆形，基部半圆形或渐狭，边缘全缘；总苞叶 5～8 枚，长卵形至椭圆形；伞幅 5～8 枚；苞叶 2 枚。花序单生于二歧分枝顶端；总苞钟状；边缘 4 裂，裂片舌状，先端具不规则的细齿；腺体 4 枚，肾状圆形，淡褐色；雄花多枚；雌花 1 枚；子房光滑，花柱 3 枚，柱头不裂。蒴果卵圆状，无毛 | **花果期** 5～8 月 | **海拔** 1 000～4 900 米 | **观察** 可见于高山草甸、灌丛等地

植株　花序

果序

植株　叶

牻牛儿苗科 Geraniaceae > 牻牛儿苗属 *Erodium* > *Erodium stephanianum*

牻牛儿苗 ཨིག་སྐྱན་གོ་པོ།

多年生草本 | **形态** 茎多数，仰卧或蔓生。叶对生；托叶三角状披针形，分离，边缘具缘毛；叶片轮廓卵形或三角状卵形，基部心形，二回羽状深裂，小裂片卵状条形。伞形花序，总花梗每梗具 2～5 朵花；苞片狭披针形，分离；萼片矩圆状卵形，先端具长芒；花瓣紫红色，倒卵形，先端圆形或微凹；花丝紫色，被柔毛；雌蕊被糙毛，花柱紫红色。蒴果密被短糙毛 | **花期** 7～8 月 | **果期** 8～9 月 | **海拔** 400～4 000 米 | **观察** 常见于山坡、农田边等地

牻牛儿苗科 Geraniaceae > 老鹳草属 *Geranium* > *Geranium pratense*

草地老鹳草 སྒྲོར་ཆུང་།

多年生草本 | **形态** 茎假二叉状分枝。叶基生，在茎上对生；托叶披针形或宽披针形；叶片肾圆形或上部叶五角状肾圆形，基部宽心形，掌状 7～9 深裂近茎部，裂片菱形或狭菱形，羽状深裂，小裂片条状卵形，常具 1～2 齿。总花梗腋生或于茎顶集为聚伞花序，每梗具 2 花；苞片狭披针形；萼片卵状椭圆形或椭圆形，先端具尖头；花瓣紫红色，宽倒卵形，先端钝圆；雄蕊紫红色；雌蕊被短柔毛，花柱分枝紫红色 | **花期** 6～7 月 | **果期** 7～8 月 | **海拔** 1 400～4 000 米 | **观察** 常见于山地草甸和亚高山草甸

牻牛儿苗科 Geraniaceae > 老鹳草属 *Geranium* > *Geranium pylzowianum*

甘青老鹳草 སྒྲོར་བྱ་སྣར་བ།

多年生草本 | **形态** 茎直立，细弱，具 1～2 分枝。叶互生；托叶披针形，基部合生；叶片肾圆形，掌状 5～7 深裂至基部，裂片 1～2 次羽状深裂，小裂片矩圆形或宽条形。花序腋生和顶生，每梗具 2 花或为 4 花的二歧聚伞状；苞片披针形；花梗下垂；萼片披针形或披针状矩圆形；花瓣紫红色，倒卵圆形，长为萼片的 2 倍，先端截平，基部骤狭；花丝淡棕色，花药紫色；花柱分枝暗紫色。蒴果被疏短柔毛 | **花期** 7～8 月 | **果期** 9～10 月 | **海拔** 2 500～5 000 米 | **观察** 常见于山坡、林缘草地、高山草甸

柳叶菜科 Onagraceae > 柳兰属 *Chamerion* > *Chamerion angustifolium*

柳兰 ཤྱོ་དྲག་མོ་ཆུང་།

多年生粗壮草本｜**形态** 叶螺旋状互生，稀近基部对生，披针状长圆形至倒卵形，中上部的叶线状披针形或狭披针形，先端渐狭，基部钝圆或有时宽楔形，边缘近全缘或稀疏浅小齿，稍微反卷。花序总状，直立；萼片紫红色；花瓣粉红至紫红色，稀白色，上面 2 枚较长、大、全缘或先端具浅凹缺；花柱开放时强烈反折，后恢复直立；柱头白色，深 4 裂；子房淡红色或紫红色。蒴果密被贴生的白灰色柔毛｜**花期** 7～9 月｜**果期** 8～10 月｜**海拔** 500～4 700 米｜**观察** 常见于草坡、灌丛、砾石坡等地｜IUCN-无危

柳叶菜科 Onagraceae > 露珠草属 *Circaea* > *Circaea alpina*

高山露珠草 བསིལ་སྟོས།

多年生草本｜**形态** 茎无毛。叶半透明，卵形或宽卵形，稀圆形，先端短渐尖或急尖，具牙齿。顶生总状花序无毛或密被短腺毛；花梗呈上升状或直立；花集生于花序轴顶端；萼片长圆状椭圆形或卵形，先端钝圆或微呈乳突状；花瓣白色，倒三角形或倒卵形，先端凹缺为花瓣长度的 1/4 至一半，裂片圆形；雄蕊与花柱等长。果棒状｜**花期** 6～9 月｜**果期** 7～9 月｜**海拔** 5 000 米以下｜**观察** 常见于森林、灌丛及潮湿处

柳叶菜科 Onagraceae > 柳叶菜属 *Epilobium* > *Epilobium palustre*

沼生柳叶菜 ཤམ་ལེ་ཌྲན་རྐྱེས།

多年生直立草本｜**形态** 茎圆柱状。叶多为对生，花序上的叶互生，近线形至狭披针形，先端锐尖或渐尖，有时稍钝，基部近圆形或楔形，边缘全缘或每边有 5～9 枚不明显浅齿。花近直立；花管喉部近无毛或有一环稀疏的毛；萼片长圆状披针形，先端锐尖；花瓣白色至粉红色或玫瑰紫色，倒心形，先端凹缺；花柱直立，无毛；开花时柱头稍伸出外轮花药。蒴果被曲柔毛｜**花期** 6～8 月｜**果期** 8～9 月｜**海拔** 200～5 000 米｜**观察** 常见于沼泽、河谷等地｜IUCN-无危

锦葵科 Malvaceae > 锦葵属 *Malva* > *Malva verticillata*

野葵　བོད་ལྱ་མ།

二年生草本 | **形态** 叶圆肾形或圆形，通常为掌状 5～7 裂，裂片三角形，具钝尖头，边缘具钝齿，两面被疏糙伏毛或近无毛；托叶卵状披针形。花 3 至多朵簇生叶腋；小苞片 3 枚，线状披针形，被纤毛；花萼杯状，5 裂，裂片宽三角形，疏被星状毛；花冠白或淡红色，长稍超过萼片；花瓣 5 枚，先端微凹；雄蕊柱被毛；花柱分枝 10～11 个。果扁球形；分果爿 10～11 个 | **花期** 3～11月 | **果期** 不明 | **海拔** 1 300～3 800 米 | **观察** 常见于平原、山野各处

瑞香科 Thymelaeaceae > 瑞香属 *Daphne* > *Daphne tangutica*

唐古特瑞香　ཤིན་ཤིང་རུ་མ།

常绿灌木 | **形态** 叶互生，革质或亚革质，披针形至长圆状披针形或倒披针形，先端钝形，尖头通常钝形；稀凹下，边缘全缘，反卷。花外面紫色或紫红色，内面白色，头状花序生于小枝顶端；苞片早落，卵形或卵状披针形；花萼裂片 4 枚，卵形或卵状椭圆形，开展，先端钝形；雄蕊 8 枚，2 轮，花药橙黄色，略伸出于喉部。果实卵形或近球形，幼时绿色，成熟时红色 | **花期** 4～6 月 | **果期** 5～7 月 | **海拔** 1 000～3 800 米 | **观察** 常见于林中、山坡 | **中国特有种**

瑞香科 Thymelaeaceae > 狼毒属 *Stellera* > *Stellera chamaejasme*

狼毒　རེ་ལྱག་པ།

多年生草本 | **形态** 茎直立，丛生。叶散生，稀对生或近轮生，薄纸质，披针形或长圆状披针形，稀长圆形，先端渐尖或急尖，稀钝形；叶柄基部具关节。花白色、黄色至带紫色，芳香，具多花的头状花序，顶生，圆球形；具绿色叶状总苞片；无花梗；花萼筒细瘦，裂片 5 枚，卵状长圆形，顶端圆形，稀截形，常具紫红色的网状脉纹；雄蕊 10 枚，2 轮，花药微伸出 | **花期** 4～6 月 | **果期** 7～9 月 | **海拔** 2 600～4 200 米 | **观察** 常见于干燥向阳的高山草坡

本土知识　狼毒是制作藏纸的原材料。

十字花科 Brassicaceae > 碎米荠属 *Cardamine* > *Cardamine tangutorum*

唐古碎米荠 ᆍᆼᆨ᠂ᠯᠣᠭ᠂ᠫᠣ

多年生草本 | **形态** 茎单一，不分枝。基生叶小叶 3～5 对，顶生小叶与侧生小叶的形态和大小相似，长椭圆形，顶端短尖，边缘具钝齿；茎生叶常 3 枚，着生于茎的中、上部，小叶 3～5 对。总状花序有 10 余朵花；外轮萼片长圆形，内轮萼片长椭圆形，基部囊状，边缘白色膜质，外面带紫红色；花瓣紫红色或淡紫色，倒卵状楔形，顶端截形，基部渐狭成爪；花丝扁而扩大；柱头不显著。长角果线形，扁平，果梗直立 | **花期** 5～7 月 | **果期** 6～8 月 | **海拔** 2 100～4 400 米 | **观察** 常见于高山山沟草地及林下阴湿处 | **中国特有种**

十字花科 Brassicaceae > 播娘蒿属 *Descurainia* > *Descurainia sophia*

播娘蒿 ᠠᠨ᠂ᠼᠢ

一年生草本 | **形态** 茎直立，分枝多，常于下部成淡紫色。叶三回羽状深裂，末端裂片条形或长圆形，下部叶具柄，上部叶无柄。花序伞房状，果期伸长；萼片直立，早落，长圆条形；花瓣黄色，长圆状倒卵形，具爪；雄蕊 6 枚，比花瓣长 1/3。长角果圆筒状 | **花果期** 4～6 月 | **海拔** 4 200 米以下 | **观察** 常见于山坡、田野

十字花科 Brassicaceae > 双脊荠属 *Dilophia* > *Dilophia salsa*

盐泽双脊荠 ᠭᠣᠷ᠂ᠮᠣᠢ᠂ᠼᠤᠷ᠂ᠪᠠ

多年生草本 | **形态** 全株无毛。茎多数，丛生，分枝。基生叶莲座状，叶线形或线状长圆形，顶端圆形，基部渐狭，全缘或有少数钝齿；茎生叶线形，在花序下的成苞片状，二者皆肉质。总状花序成密伞房状；萼片卵形，宿存；花瓣白色，匙形，顶端略凹。短角果倒心形，果瓣上有 2 翅状突出物 | **花期** 6～8 月 | **果期** 7～9 月 | **海拔** 2 000～3 000 米 | **观察** 偶见于盐沼泽地

十字花科 Brassicaceae > 葶苈属 *Draba* > *Draba lichiangensis*

丽江葶苈 བྲིའུ་ལྦག་པ་དཀར་སྐྱེས།

多年生矮小丛生草本 | **形态** 根茎下部宿存条状披针形枯叶，呈覆瓦状，上部
着生莲座状叶，叶片倒披针形，全缘或略有锯齿，基部缩窄成柄，两面被灰白
色毛。花茎短，有 1 至数叶，有时无叶。总状花序有花 5～10 朵，密集成伞
房状，下面数花有叶状苞片；花小，萼片椭圆形；花瓣白色，倒卵圆形，顶端
微凹；子房无毛；花柱短。短角果卵形 | **花期** 5～7 月 | **果期** 6～8 月 | **海拔**
3 700～5 200 米 | **观察** 偶见于山坡流石滩或山涧边

十字花科 Brassicaceae > 葶苈属 *Draba* > *Draba oreades*

喜山葶苈 བྲིའུ་ལྦག་སེར་ཆེན།

多年生草本 | **形态** 上部叶丛生呈莲座状，有时互生，叶片长圆形至倒披针形，
顶端渐钝，基部楔形，全缘，有时有锯齿。花茎无叶或偶有 1 叶，密生长单毛、
叉状毛。总状花序密集成近于头状；萼片长卵形；花瓣黄色，倒卵形。短角果
短宽卵形 | **花果期** 6～8 月 | **海拔** 3 000～5 300 米 | **观察** 可见于高山岩石边及
高山石砾裂缝

十字花科 Brassicaceae > 芝麻菜属 *Eruca* > *Eruca vesicaria* subsp. *sativa*

芝麻菜 རི་ཅུ་དཀར།

一年生草本 | **形态** 茎直立，上部常分枝。基生叶及下部叶成大头羽状分裂或不
裂，顶裂片近圆形或短卵形，有细齿，侧裂片卵形或三角状卵形，全缘；上部
叶无柄，具 1～3 对裂片，顶裂片卵形，侧裂片长圆形。总状花序有多数疏生
花；花梗具长柔毛；萼片长圆形，带棕紫色，外面有蛛丝状长柔毛；花瓣黄
色，后变白色，有紫纹，短倒卵形，基部有窄线形长爪。长角果圆柱形 | **花期**
5～6 月 | **果期** 7～8 月 | **海拔** 1 400～3 100 米 | **观察** 常见于路边、荒野 |
IUCN-无危

花序　果序

十字花科 Brassicaceae > 糖芥属 *Erysimum* > *Erysimum roseum*

红紫糖芥　ལ་ལ་དམར་སྐྱ་བ།

多年生草本 | **形态** 茎直立，不分枝，基部具残存叶柄。基生叶披针形或线形，顶端急尖，基部渐狭，全缘或具疏生细齿；茎生叶较小。总状花序有多数疏生花；花粉红色或红紫色；萼片直立，长圆形、披针状长圆形或卵状长圆形；花瓣有深紫色脉纹，具长爪。长角果线形，有 4 棱 | **花期** 6～7 月 | **果期** 7～8 月 | **海拔** 3 400～3 700 米 | **观察** 可见于高山草甸、石堆

十字花科 Brassicaceae > 山葵菜属 *Eutrema* > *Eutrema heterophyllum*

密序山葵菜　ཕྱུག་རོན་ཅུངས་མ།

多年生草本 | **形态** 植株无毛。茎常数枝丛生。叶多基生，基生叶大，叶片卵圆形或长圆形，顶端钝圆或钝尖，基部常歪斜，全缘；茎生叶叶柄短，向上渐短至无柄，叶片小，下部的椭圆形，向上渐窄小成宽条形。花序密集成头状；花瓣白色。长角果披针形 | **花期** 6～7 月 | **果期** 7～8 月 | **海拔** 2 500～5 400 米 | **观察** 偶见于高山草甸、流石滩

十字花科 Brassicaceae > 独行菜属 *Lepidium* > *Lepidium capitatum*

头花独行菜　ཁྲག་ཁྲིག་ཙེ་མ།

一年或二年生草本 | **形态** 茎匍匐或近直立，多分枝，披散，具腺毛。基生叶及下部叶羽状半裂，基部渐狭成叶柄或无柄，裂片长圆形，全缘，两面无毛；上部叶相似但较小，羽状半裂或仅有锯齿。总状花序腋生，花紧密排列近头状；萼片长圆形；花瓣白色，倒卵状楔形，顶端凹缺；雄蕊 4 枚。短角果卵形，顶端微缺，无毛，有不明显翅 | **花果期** 6～9 月 | **海拔** 3 000 米附近 | **观察** 可见于山坡等地

十字花科 Brassicaceae > 高河菜属 *Megacarpaeae* > *Megacarpaea delavayi*

高河菜 ཁམས་གཙང་ནོར་སྟོབས།

多年生草本 | **形态** 茎直立，分枝。羽状复叶，基生叶及茎下部叶具柄，中部叶及上部叶抱茎，长圆状披针形，小叶 5～7 对，边缘有不整齐锯齿或羽状深裂。总状花序顶生，成圆锥花序状；花粉红色或紫色；萼片卵形，深紫色，顶端圆形；花瓣倒卵形，顶端圆形，常有 3 齿，基部渐窄成爪；雄蕊 6 枚，几不外伸。短角果顶端 2 深裂 | **花期** 5～8 月 | **果期** 7～9 月 | **海拔** 3 400～3 800 米 | **观察** 偶见于灌丛、草坡等地

十字花科 Brassicaceae > 念珠芥属 *Neotorularia* > *Neotorularia humilis*

蚓果芥 ཀྱེ་གསག་འབུས།

多年生草本 | **形态** 茎自基部分枝，有的基部有残存叶柄。基生叶窄卵形；下部的茎生叶变化较大，叶片宽匙形至窄长卵形，全缘或具 2～3 对明显或不明显的钝齿；中、上部的叶条形；最上部数叶常入花序而成苞片。花序呈紧密伞房状；萼片长圆形；花瓣倒卵形或宽楔形，白色，顶端近截形或微缺，基部渐窄成爪。长角果筒状，略呈念珠状，两端渐细，直或略曲，或呈"之"字形弯曲 | **花期** 5～8 月 | **果期** 6～8 月 | **海拔** 1 000～4 200 米 | **观察** 常见于田野、林下、河滩等地

十字花科 Brassicaceae > 单花荠属 *Pegaeophyton* > *Pegaeophyton scapiflorum*

单花荠 སྤོ་ལོ་དཀར་པོ།

多年生草木 | **形态** 茎短缩，植株光滑无毛。叶多数，旋叠状着生于基部，叶片线状披针形或长匙形，全缘或具稀疏浅齿；叶柄扁平，在基部扩大呈鞘状。花大，单生，白色至淡蓝色；萼片长卵形，内轮 2 枚基部略呈囊状，具白色膜质边缘；花瓣宽倒卵形，顶端全缘或微凹。短角果宽卵形，扁平，肉质，具狭翅状边缘 | **花果期** 6～9 月 | **海拔** 3 500～5 400 米 | **观察** 偶见于山坡潮湿地、高山草地、林内水沟边

十字花科 Brassicaceae > 大蒜芥属 *Sisymbrium* > *Sisymbrium heteromallum*

垂果大蒜芥　སྣོར་ཕོག་པ།

一年或二年生草本 | **形态** 茎直立，具疏毛。基生叶为羽状深裂或全裂，顶端裂片大，长圆状三角形或长圆状披针形，渐尖，全缘或具齿，侧裂片 2～6 对；上部叶片羽状浅裂。总状花序密集成伞房状，果期伸长；萼片淡黄色，长圆形；花瓣黄色，长圆形，顶端钝圆，具爪。长角果线形，纤细，常下垂 | **花期** 5～8 月 | **果期** 6～9 月 | **海拔** 900～3 500 米 | **观察** 可见于林下、阴坡、河边

十字花科 Brassicaceae > 芹叶荠属 *Smelowskia* > *Smelowskia tibetica*

藏芹叶荠　བྱིའུ་ཤིང་མངར།

多年生草本 | **形态** 全株有单毛及分叉毛。茎铺散，基部多分枝。叶线状长圆形，羽状全裂，裂片 4～6 对，长圆形，顶端急尖，基部楔形，全缘或具缺刻；基生叶有柄，上部叶近无柄或无柄。总状花序，下部花有 1 羽状分裂的叶状苞片，上部花的苞片小或全缺，花生于苞片腋部；萼片长圆状椭圆形；花瓣白色，倒卵形，基部具爪。短角果长圆形 | **花果期** 6～8 月 | **海拔** 2 700～5 100 米 | **观察** 常见于高山山坡、草地及河滩

十字花科 Brassicaceae > 丛菔属 *Solms-laubachia* > *Solms-laubachia eurycarpa*

宽果丛菔　སོ་སྨུག་འབུས་ཤིག

多年生草本 | **形态** 茎多分枝，密被宿存老叶柄。叶片近革质，叶多数，不为肉质，叶片椭圆形至倒披针形，顶端锐尖，基部楔形，侧脉显著，仅边缘具短柔毛。花莛自茎端抽出，具花 1 朵，花瓣倒卵形，边缘被短柔毛。长角果镰状长椭圆形，顶端宿存花柱，基部宿存萼片及花瓣 | **花期** 不明 | **果期** 7～9 月 | **海拔** 4 000～4 100 米 | **观察** 可见于流石滩、悬崖、冰川边缘 | **中国特有种**

植株 果

十字花科 Brassicaceae > 菥蓂属 *Thlaspi* > *Thlaspi arvense*

菥蓂 ཞེ་ག

一年生草本｜**形态** 植株无毛。茎直立，具棱。基生叶倒卵状长圆形，顶端圆钝或急尖，基部抱茎，两侧箭形，边缘具疏齿。总状花序顶生；花白色；萼片直立，卵形，顶端圆钝；花瓣长圆状倒卵形，顶端圆钝或微凹。短角果倒卵形或近圆形，扁平，顶端凹入，边缘有翅｜**花果期** 3～10 月｜**海拔** 100～5 000 米｜**观察** 常见于平地路旁、沟边或村落

檀香科 Santalaceae > 油杉寄生属 *Arceuthobium* > *Arceuthobium chinense*

油杉寄生 སྟོན་ཤིང་ཤུ་ག

寄生性亚灌木｜**形态** 枝条黄绿色或绿色；侧枝交叉对生，稀 3～6 条轮生。叶呈鳞片状。花单朵腋生或顶生；雄花：花蕾时近球形，黄色，基部具杯状苞片，萼片 4 枚，近三角形，花药圆形；雌花：近球形，浅绿色，花柱红色。果卵球形，上半部为宿萼包围，下半部平滑，粉绿色或绿黄色｜**花期** 7～11 月｜**果期** 翌年 10～11 月｜**海拔** 1 500～2 700 米｜**观察** 常寄生于云南油杉或丽江云杉上｜**中国特有种**

柽柳科 Tamaricaceae > 水柏枝属 *Myricaria* > *Myricaria prostrata*

匍匐水柏枝 འོམ་ལེབ

匍匐矮灌木｜**形态** 叶在当年生枝上密集，长圆形、狭椭圆形或卵形，有狭膜质边。总状花序圆球形，侧生于去年生枝上，密集，常由 1～3 朵花组成；花梗极短，基部被卵形或长圆形鳞片，鳞片覆瓦状排列；苞片卵形或椭圆形，有狭膜质边；萼片卵状披针形或长圆形，有狭膜质边；花瓣倒卵形或倒卵状长圆形，淡紫色至粉红色；雄蕊花丝合生部分达 2/3 左右；子房卵形，柱头头状。蒴果圆锥形｜**花果期** 6～8 月｜**海拔** 4 000～5 200 米｜**观察** 偶见于高山河谷沙砾地、砾石质山坡

植株 枝

花序

白花丹科 Plumbaginaceae > 补血草属 *Limonium* > *Limonium aureum*

黄花补血草　ཚོ་རིང་མེ་ཏོག།

多年生草本 | **形态** 叶基生，常早凋，通常长圆状匙形至倒披针形，下部渐狭成平扁的柄。花序圆锥状，花序轴 2 至多数，绿色，由下部作数回叉状分枝，往往呈"之"字形曲折；穗状花序位于上部分枝顶端，由 3～7 个小穗组成；小穗含 2～3 朵花；外苞宽卵形；萼漏斗状，萼筒基部偏斜，萼檐金黄色（干后有时变橙黄色），裂片正三角形；花冠橙黄色 | **花期** 6～8 月 | **果期** 7～8 月 | **海拔** 2 200～4 300 米 | **观察** 常见于砾石滩、黄土坡和沙土地

白花丹科 Plumbaginaceae > 鸡娃草属 *Plumbagella* > *Plumbagella micrantha*

鸡娃草　བཙག་ནོར།

一年生草本 | **形态** 茎直立，分枝。叶无柄，基部抱茎下延；茎下部叶匙形或倒卵状披针形，上部叶窄披针形或卵状披针形，渐小。花序顶生，初近头状，后成短穗状，具 4～12 条小穗，小穗具 2～3 朵花；苞片叶状，宽卵形；小苞片 2 枚；花小；萼草质，绿色，管状圆锥形；花冠窄钟状，淡蓝紫色；花药淡黄色；花柱 1 枚，具 5 个分枝 | **花期** 7～8 月 | **果期** 7～9 月 | **海拔** 2 000～3 500 米 | **观察** 偶见于山谷、路旁、耕地附近

蓼科 Polygonaceae > 冰岛蓼属 *Koenigia* > *Koenigia islandica*

冰岛蓼　གྲམ་ལྲས།

一年生草本 | **形态** 茎矮小，细弱，常簇生，带红色，无毛，分枝开展。叶宽椭圆形或倒卵形，无毛，顶端通常圆钝，基部宽楔形；托叶鞘短，膜质，褐色。花簇腋生或顶生，花被 3 深裂，淡绿色，花被片宽椭圆形；雄蕊 3 枚；花柱 2 枚，极短，柱头头状。瘦果长卵形，双凸镜状，黑褐色，具颗粒状小点 | **花期** 7～8 月 | **果期** 8～9 月 | **海拔** 3 000～4 900 米 | **观察** 偶见于山顶草地、山沟水边等地 | IUCN-无危

植株　花序

花序

蓼科 Polygonaceae > 蓼属 *Polygonum* > *Polygonum macrophyllum*

圆穗蓼　 སྲིང་རས།

多年生草本 | **形态** 茎直立，不分枝。基生叶长圆形或披针形，顶端急尖，基部近心形，边缘叶脉增厚、外卷；茎生叶较小，狭披针形或线形；托叶鞘筒状，膜质，顶端偏斜，开裂。总状花序呈短穗状，顶生；苞片膜质，卵形，每苞内具 2～3 朵花；花被 5 深裂，淡红色或白色，花被片椭圆形；雄蕊 8 枚；花柱 3 枚，基部合生。瘦果卵形，具 3 棱 | **花期** 7～8 月 | **果期** 9～10 月 | **海拔** 2 300～5 000 米 | **观察** 常见于山坡草地、高山草甸等地

蓼科 Polygonaceae > 蓼属 *Polygonum* > *Polygonum sibiricum*

西伯利亚蓼　ཚེ་ཚེ་ས་འཛིན།

多年生草本 | **形态** 茎外倾或近直立，无毛。叶片长椭圆形或披针形，无毛，顶端急尖或钝，基部戟形或楔形，边缘全缘；托叶鞘筒状，膜质，上部偏斜，开裂，无毛，易破裂。花序圆锥状，顶生，花排列稀疏，通常间断；苞片漏斗状，常每 1 苞片内具 4～6 朵花；花梗中上部具关节；花被 5 深裂，黄绿色，花被片长圆形；雄蕊 7～8 枚，稍短于花被；花柱 3 枚，较短。瘦果卵形，具 3 棱，黑色，有光泽 | **花果期** 6～9 月 | **海拔** 5 100 米以下 | **观察** 常见于路边、湖边、河滩等地

蓼科 Polygonaceae > 蓼属 *Polygonum* > *Polygonum sparsipilosum*

柔毛蓼　ལྱས་མ།

一年生草本 | **形态** 茎细弱上升或外倾，具纵棱，分枝。叶宽卵形，顶端圆钝，基部宽楔形或近截形，纸质，两面疏生柔毛，边缘具缘毛；托叶鞘筒状，开裂，基部密生柔毛。花序头状，顶生或腋生，苞片卵形，膜质，每苞内具 1 花；花被 4 深裂，白色，花被片宽椭圆形；能育雄蕊 2～5 枚，花药黄色；花柱 3 枚，极短。瘦果卵形，具 3 棱，黄褐色，微有光泽 | **花期** 6～7 月 | **果期** 8～9 月 | **海拔** 2 300～4 300 米 | **观察** 常见于山顶草地、山谷湿地 | **中国特有种**

植株 叶

蓼科 Polygonaceae > 蓼属 *Polygonum* > *Polygonum viviparum*

珠芽蓼　རམ་ནེར།

多年生草本 | **形态** 茎直立，不分枝。基生叶长圆形或卵状披针形，顶端尖或渐尖，边缘脉端增厚、外卷，叶柄长；茎生叶较小，披针形，近无柄；托叶鞘筒状，膜质，偏斜，开裂，无缘毛。总状花序呈穗状，顶生，紧密，下部生珠芽；苞片卵形，每苞内具 1～2 朵花；花被 5 深裂，白色或淡红色，花被片椭圆形；雄蕊 8 枚；花柱 3 枚，下部合生。瘦果卵形，具 3 棱，深褐色，有光泽 | **花期** 5～7 月 | **果期** 7～9 月 | **海拔** 1 200～5 100 米 | **观察** 常见于山坡林下、高山草甸等地

蓼科 Polygonaceae > 大黄属 *Rheum* > *Rheum palmatum*

掌叶大黄　ཆུ་ལྦུམ།

高大粗壮草本 | **形态** 茎直立中空。叶片长宽近相等，通常成掌状半 5 裂，每一大裂片又分为近羽状的窄三角形小裂片，基出脉常 5 条；托叶鞘大。大型圆锥花序，分枝较聚拢；花小，常紫红色，有时黄白色；花梗关节位于中部以下；花被片 6，外轮 3 片较窄小，内轮 3 片较大，宽椭圆形到近圆形；雄蕊 9 枚，不外露；花柱略反曲，柱头头状。果实矩圆状椭圆形到矩圆形 | **花期** 6 月 | **果期** 8 月 | **海拔** 1 500～4 400 米 | **观察** 可见于山坡、山谷等地

蓼科 Polygonaceae > 大黄属 *Rheum* > *Rheum pumilum*

小大黄　ཆུམ་རྩི་ཆེབ།

矮小草本 | **形态** 茎细，直立。基生叶 2～3 片，叶片卵状椭圆形或卵状长椭圆形，近革质，顶端圆，基部浅心形，全缘，基出脉 3～5 条；茎生叶 1～2 片；托叶鞘短，干后膜质，常破裂。窄圆锥状花序，分枝稀，花 2～3 朵簇生，花梗基部具关节；花被片椭圆形或宽椭圆形，边缘紫红色；雄蕊 9 枚；花柱短。果三角形或三角状卵形 | **花期** 6～7 月 | **果期** 8～9 月 | **海拔** 2 800～4 500 米 | **观察** 可见于山坡、灌丛等地 | **中国特有种**

叶　珠芽　花序

叶　花序

蓼科 Polygonaceae > 大黄属 *Rheum* > *Rheum spiciforme*

穗序大黄　ལ་ལྷུམ།

矮壮草本 | **形态** 无茎。叶基生，叶片近革质，全缘，边缘略呈波状，基出脉常5条。花葶2～8枝，高于叶或稍矮，具细棱线；总状花序呈穗状，花淡绿色，花梗关节近基部；花被片椭圆形或长椭圆形，外轮较小，内轮较大；雄蕊9枚；花柱短，横展，柱头大。果实矩圆状宽椭圆形 | **花期** 6 月 | **果期** 8 月 | **海拔** 4 000～5 000 米 | **观察** 偶见于高山碎石坡或河滩沙砾地

蓼科 Polygonaceae > 大黄属 *Rheum* > *Rheum tanguticum*

鸡爪大黄　ឆ្ងៈལྷུམ།

高大草本 | **形态** 茎粗，中空，具细棱线。基生叶大型，叶片近圆形或宽卵形，通常掌状5深裂，最基部一对裂片简单，中间三个裂片多为三回羽状深裂，小裂片窄长披针形，基出脉5条；茎生叶较小；托叶鞘大型，以后多破裂。大型圆锥花序，分枝较紧聚，花小，紫红色，稀淡红色；花梗关节位于下部；花被片近椭圆形，内轮较大；雄蕊多为9枚，不外露；花柱较短，平伸。果实矩圆状卵形到矩圆形 | **花期** 6 月 | **果期** 7～8 月 | **海拔** 1 600～3 000 米 | **观察** 可见于高山沟谷 | **中国特有种**

蓼科 Polygonaceae > 酸模属 *Rumex* > *Rumex nepalensis*

尼泊尔酸模　ᦼ་ཤོ།

多年生草本 | **形态** 茎直立，上部分枝。基生叶长圆状卵形，边缘全缘；茎生叶卵状披针形；托叶鞘膜质，易破裂。花序圆锥状；花两性；花梗中下部具关节；花被片6，2轮，外轮花被片椭圆形，内花被片果时增大，宽卵形，边缘每侧具7～8刺状齿，齿顶端成钩状。瘦果卵形，具3条锐棱 | **花期** 4～5 月 | **果期** 6～7 月 | **海拔** 1 000～4 300 米 | **观察** 常见于山坡路旁、山谷草地

叶　花序

植株　果序

石竹科 Caryophyllaceae > 无心菜属 *Arenaria* > *Arenaria bryophylla*

藓状雪灵芝 སྦྲ་ལ་གྲོང་།

多年生垫状草本 | **形态** 茎密丛生，下部密集枯叶。叶片针状线形，膜质，抱茎，边缘狭膜质，疏生缘毛，稍内卷，质稍硬，紧密排列于茎上。花单生，无梗；苞片披针形，边缘膜质，顶端尖；萼片 5 枚，椭圆状披针形，边缘膜质，顶端尖，具 3 脉；花瓣 5 枚，白色，狭倒卵形，稍长于萼片；花盘具 5 个圆形腺体；雄蕊 10 枚，花丝线形，花药黄色；花柱 3 枚，线形 | **花期** 6～7 月 | **果期** 不明 | **海拔** 4 200～5 200 米 | **观察** 常见于河滩、石砾沙地、高山草甸和高山碎石带等地

石竹科 Caryophyllaceae > 无心菜属 *Arenaria* > *Arenaria kansuensis*

甘肃雪灵芝 ཀན་སུའི་ལ་གྲོང་།

多年生垫状草本 | **形态** 叶片针状线形，基部抱茎，边缘狭膜质，下部具细锯齿，稍内卷，顶端呈短芒状，紧密排列于茎上。花单生枝端；苞片披针形，边缘宽膜质，顶端锐尖；萼片 5 枚，披针形，边缘宽膜质，顶端尖；花瓣 5 枚，白色，倒卵形，基部狭；花盘具 5 个腺体；雄蕊 10 枚，花药褐色；花柱 3 枚，线形 | **花期** 7 月 | **果期** 不明 | **海拔** 3 500～5 300 米 | **观察** 可见于高山草甸、山坡草地和砾石带

石竹科 Caryophyllaceae > 无心菜属 *Arenaria* > *Arenaria melanandra*

黑蕊无心菜 ལ་གྲོང་གནས་ཁམ་པ།

多年生草本 | **形态** 茎单生或基部二分叉，具碎片状剥落的鳞片。叶片长圆形或长圆状披针形，中脉明显；叶腋生不育枝。花 1～3 朵，呈聚伞状；苞片卵状披针形，具缘毛；花梗密被腺柔毛；萼片 5 枚，椭圆形，边缘狭膜质，具缘毛；花瓣 5 枚，白色，宽倒卵形，基部渐狭成短爪，顶端微凹；花盘具 5 个椭圆形腺体；雄蕊 10 枚，花丝钻形，近等长，常长于萼片，花药黑紫色；花柱 2～3 枚，线形 | **花期** 7 月 | **果期** 8 月 | **海拔** 3 700～5 000 米 | **观察** 常见于高山草甸或高山砾石带

石竹科 Caryophyllaceae > 无心菜属 *Arenaria* > *Arenaria oreophila*

山生福禄草 ཙྭ་ལ་གྱོང་སྲུག་ཐུང་།

多年生垫状草本 | **形态** 基生叶叶片线形，膜质，边缘具白色硬边，顶端尖；茎生叶 2～3 对，长卵形或卵状披针形，边缘具缘毛。花单生小枝顶端；萼片 5 枚，椭圆形，边缘狭膜质，具 3 脉；花瓣 5 枚，白色，狭倒卵形；雄蕊 10 枚，花药黄色；花柱 3 枚，线形。蒴果卵圆形，3 瓣裂 | **花期** 6～7 月 | **果期** 7～8 月 | **海拔** 3 500～5 000 米 | **观察** 可见于高山草甸、砾石流地带

石竹科 Caryophyllaceae > 石竹属 *Dianthus* > *Dianthus superbus*

瞿麦 ཀ་ཙྭ་ཀ།

多年生草本 | **形态** 茎丛生，直立，无毛。叶片线状披针形，顶端锐尖。花 1 或 2 朵生枝端，有时顶下腋生；苞片 2～3 对，倒卵形；花萼圆筒形，常染紫红色晕，萼齿披针形；花瓣具爪，瓣片宽倒卵形，边缘缝裂至中部或中部以上，通常淡红色或带紫色，稀白色，喉部具丝毛状鳞片；雄蕊和花柱微外露 | **花期** 6～9 月 | **果期** 8～10 月 | **海拔** 400～3 700 米 | **观察** 常见于林下、林缘、草甸等地 | IUCN-无危

石竹科 Caryophyllaceae > 薄蒴草 *Lepyrodiclis* > *Lepyrodiclis holosteoides*

薄蒴草 སྲོལ་གངས་དཀར་མོ།

一年生草本 | **形态** 茎具纵条纹。叶片披针形，顶端渐尖，基部渐狭。圆锥花序开展；苞片披针形或线状披针形；花梗细；萼片 5 枚，线状披针形；花瓣 5 枚，白色，与萼片等长或稍长，顶端全缘；雄蕊常 10 枚；花柱 2 枚，线形。蒴果卵圆形，短于宿存萼，2 瓣裂 | **花期** 5～7 月 | **果期** 7～8 月 | **海拔** 1 200～2 800 米 | **观察** 常见于山坡草地、荒芜农地或林缘

植株 花

植株 花

石竹科 Caryophyllaceae > 孩儿参属 *Pseudostellaria* > *Pseudostellaria heterantha*

异花孩儿参　 གཡའར་ཞིང་ལོ་མ་ཕྱུག

多年生草本｜**形态** 茎单生，直立，基部分枝。茎中部以下的叶片倒披针形，顶端尖，基部渐狭成柄；中部以上的叶片倒卵状披针形，具短柄。开花受精花顶生或腋生，萼片 5 枚，披针形，花瓣 5 枚，白色，雄蕊 10 枚，稍短于花瓣，花药紫色，花柱 2～3 枚；闭花受精花腋生，花梗短，萼片 4 枚，花柱 2 枚。蒴果卵圆形｜**花期** 5～7 月｜**果期** 7～8 月｜**海拔** 1 400～4 100 米｜**观察** 常见于山地林下

石竹科 Caryophyllaceae > 蝇子草属 *Silene* > *Silene gonosperma*

隐瓣蝇子草　གཡའར་སྤུག་ཅིག་སྙེས།

多年生草本｜**形态** 茎疏丛生或单生。基生叶叶片线状倒披针形；茎生叶 1～3 对，无柄，叶片披针形。花常单生，俯垂；苞片线状披针形；花萼狭钟形，基部圆形，纵脉暗紫色，脉端不连合，萼齿三角形；花瓣暗紫色，内藏，稀微露出花萼，爪楔形，瓣片凹缺或浅 2 裂，副花冠片缺或不明显；雄蕊内藏；花柱内藏｜**花期** 6～7 月｜**果期** 8 月｜**海拔** 1 600～4 400 米｜**观察** 偶见于高山草甸等地

石竹科 Caryophyllaceae > 蝇子草属 *Silene* > *Silene himalayensis*

喜马拉雅蝇子草　གངས་ཅན་སྤུག་པ།

多年生草本｜**形态** 茎疏丛生或单生。基生叶叶片狭倒披针形；茎生叶 3～6 对，叶片披针形或线状披针形。总状花序，常具 3～7 朵花；花微俯垂；苞片线状披针形；花萼卵状钟形，纵脉紫色，多少分叉，脉端连合，萼齿三角形；花瓣暗红色，不露或微露出花萼，瓣片浅 2 裂，副花冠片小，鳞片状；雄蕊内藏；花柱内藏。蒴果卵形｜**花期** 6～7 月｜**果期** 6～8 月｜**海拔** 2 000～5 000 米｜**观察** 可见于灌丛间、高山草甸等地

植株　花

花

花序　花

石竹科 Caryophyllaceae > 蝇子草属 Silene > Silene pterosperma

长梗蝇子草　　ཤུག་པ་ཤུག་རིང་།

多年生草本 | **形态** 茎疏丛生。基生叶簇生，叶片倒披针状线形或线形，基部渐狭呈柄状，顶端渐尖，边缘具缘毛；茎生叶 1～2 对，叶片常比基生叶短小，基部半抱茎。总状花序，花常对生；花梗纤细，呈丝状；苞片披针形；花萼狭钟形，脉淡紫色；花瓣黄白色，爪不外露，瓣片外露，深 2 裂；副花冠片小，线形；雄蕊内藏；花柱 3 枚。蒴果长圆卵形 | **花期** 7 月 | **果期** 8 月 | **海拔** 1 700～4 000 米 | **观察** 可见于山地林缘或灌丛草地 | **中国特有种**

石竹科 Caryophyllaceae > 繁缕属 Stellaria > Stellaria decumbens

偃卧繁缕　　གངས་སྐྱེས་བྱ་ཁངས།

多年生垫状草本 | **形态** 茎粗壮或纤细，密被白色柔毛。叶片卵状披针形，无柄，硬质，中脉明显突起。花单生或成少花聚伞花序；花梗短于萼片或等长；萼片 5 枚，卵状披针形或长圆状披针形，顶端渐尖，具 3 脉；花瓣 5 枚，白色，长仅萼片之半，2 深裂，裂片线形；雄蕊 8～10 枚；花柱 3 枚。蒴果短于宿存萼 | **花期** 6～8 月 | **果期** 7～10 月 | **海拔** 3 000～5 600 米 | **观察** 偶见于灌丛、路旁及砾石地带

石竹科 Caryophyllaceae > 繁缕属 Stellaria > Stellaria graminea

禾叶繁缕　　བྱ་ཁངས་རྩྭ་ལོ་མ།

多年生草本 | **形态** 全株无毛。茎细弱，密丛生，具 4 棱。叶无柄，叶片线形，顶端尖。聚伞花序顶生或腋生，有时具少数花；苞片披针形，边缘膜质；花梗纤细；萼片 5 枚，披针形或狭披针形，边缘膜质；花瓣 5 枚，白色，2 深裂；雄蕊 10 枚，花丝丝状，无毛；花柱 3～4 枚 | **花期** 5～7 月 | **果期** 8～9 月 | **海拔** 1 400～4 200 米 | **观察** 常见于山坡草地、林下或石隙等地

花序　花

植株　茎

花

石竹科 Caryophyllaceae > 囊种草属 *Thylacospermum* > *Thylacospermum caespitosum*

囊种草　ཨ་གྲོད་ཤུ་མགོ་མ།

多年生垫状草本，常呈球形 | **形态** 茎木质化。叶排列紧密，呈覆瓦状，叶片卵状披针形，顶端短尖，质硬，有光泽。花单生茎顶；萼片披针形，具 3 条绿色脉；花瓣 5 枚，卵状长圆形，顶端稍圆钝，基部稍狭，全缘；雄蕊 10 枚，短于萼片；花柱 3 枚，线形。蒴果球形，6 齿裂 | **花期** 6～7 月 | **果期** 7～8 月 | **海拔** 4 300～6 000 米 | **观察** 偶见于山顶沼泽地、流石滩、岩石缝和高山垫状植被中

苋科 Amaranthaceae > 藜属 *Chenopodium* > *Chenopodium album*

藜　སྔེའུ།

一年生草本 | **形态** 茎直立，粗壮，具条棱。叶片菱状卵形至宽披针形，先端急尖或微钝，基部楔形至宽楔形，上面常无粉，有时嫩叶的上面有紫红色粉，下面多少有粉，边缘具不整齐锯齿。花两性，花簇于枝上部，排列成大或小的穗状圆锥状或圆锥状花序；花被裂片 5 枚，宽卵形至椭圆形，边缘膜质；雄蕊 5 枚，花药伸出花被，柱头 2 枚 | **花果期** 5～10 月 | **海拔** 1 100～4 200 米 | **观察** 常见于田野、荒地、路边等地

苋科 Amaranthaceae > 腺毛藜属 *Dysphania* > *Dysphania schraderiana*

菊叶香藜　མོན་སྔེ།

一年生草本，有强烈气味 | **形态** 全体有具节的疏生短柔毛。茎直立，具绿色色条。叶片矩圆形，边缘羽状浅裂至羽状深裂，先端有时具短尖头，基部渐狭。复二歧聚伞花序腋生；花两性；花被 5 深裂，裂片卵形至狭卵形，有狭膜质边缘；雄蕊 5 枚。胞果扁球形 | **花期** 7～9 月 | **果期** 9～10 月 | **海拔** 1 900～4 000 米 | **观察** 常见于田野、林缘、路边等地

植株　花序

苋科 Amaranthaceae > 碱蓬属 Suaeda > Suaeda corniculata

角果碱蓬 ཚྭ་སྦྲག་ཆེར།

一年生草本 | **形态** 植株无毛。茎平卧、外倾或直立。叶条形，无柄。团伞花序通常含 3～6 朵花，于分枝上排列成穗状花序；花两性兼有雌性；花被 5 深裂，裂片大小不等，果时背面呈角状突出；柱头 2 枚，花柱不明显。胞果扁，圆形 | **花果期** 8～9 月 | **海拔** 2 200～4 300 米 | **观察** 偶见于盐碱荒漠、河漫滩等地

凤仙花科 Balsaminaceae > 凤仙花属 Impatiens > Impatiens apsotis

川西凤仙花 སྐུར་རོང་ཁྲོ་ལྡུམ།

一年生草本 | **形态** 茎纤细，无毛。叶互生，具柄，卵形，边缘具粗齿，齿端钝或微凹或具小尖头。总花梗腋生；具 1～2 朵花；花梗中部以上具 1 卵状披针形的苞片；花小，白色，侧生萼片 2 枚，线形，背面中肋具龙骨状突起；旗瓣绿色，舟状，直立，背面中肋具短而宽的翅；翼瓣基部裂片卵形，尖，上部裂片斧形，背面具肾状的小耳；唇瓣檐部舟状，向基部漏斗状，狭成内弯的距。蒴果狭线形 | **花期** 6～9 月 | **果期** 不明 | **海拔** 2 200～3 000 米 | **观察** 偶见于河谷、林缘潮湿地 | **中国特有种**

花葱科 Polemoniaceae > 花葱属 Polemonium > Polemonium chinense

中华花葱 ཟར་ཕྱུམ་སྔོན་པོ།

多年生草本 | **形态** 茎直立，无毛或被疏柔毛。羽状复叶互生，小叶互生，11～21 片，长卵形至披针形，顶端锐尖或渐尖，基部近圆形，全缘。圆锥花序疏散；花萼钟状，被短的或疏长腺毛，裂片长卵形、长圆形或卵状披针形，顶端锐尖或钝头，稀钝圆；花冠紫蓝色，钟状，通常较小，裂片倒卵形，顶端圆或偶有渐狭或略尖；花柱和雄蕊伸出花冠外。蒴果卵形 | **花期** 6～8 月 | **果期** 6～9 月 | **海拔** 1 000～2 100 米 | **观察** 可见于草地、林缘

报春花科 Primulaceae > 点地梅属 *Androsace* > *Androsace alaschanica* var. *zadoensis*

杂多点地梅　ྲ་ནོད་ནུ་ཅིག

多年生草本，地上部分形成垫状密丛 | **形态** 当年生叶丛位于枝端，叠生于老叶丛上。叶片锥形，光滑无毛，绿色。花葶单一，藏于叶丛中，被长柔毛，顶生 1～2 朵花；苞片 1 枚，披针形；花萼陀螺状或倒圆锥状，分裂约达中部，裂片三角形，先端锐尖，具缘毛；花冠紫红色，稀白色，筒部与花萼近等长，裂片倒卵形，先端截形或微呈波状。蒴果近球形 | **花期** 5～6 月 | **果期** 不明 | **海拔** 4 400～4 500 米 | **观察** 罕见于阴坡石崖 | **中国特有种**

报春花科 Primulaceae > 点地梅属 *Androsace* > *Androsace mariae*

西藏点地梅　ྲ་ཅིག་ ྐྱུག་པོ།

多年生草本，叶丛通常形成密丛 | **形态** 叶两型：外层叶无柄，舌状或匙形，先端尖；内层叶近无柄，匙形或倒卵状椭圆形，先端尖或近圆而具骤尖头，基部渐窄，边缘软骨质，具缘毛。花葶被硬毛或腺体；伞形花序 2～7 朵花；苞片披针形或线形；花萼分裂达中部，裂片三角形；花冠粉红或白色，裂片楔状倒卵形，先端略呈波状 | **花期** 6 月 | **果期** 不明 | **海拔** 1 800～4 000 米 | **观察** 常见于山坡草地、林缘和沙石地 | **中国特有种**

报春花科 Primulaceae > 点地梅属 *Androsace* > *Androsace tapete*

垫状点地梅　ྲ་ཅིག་ལེབ་ ྗེས།

多年生草本，植株为半球形垫状体，由多数根出短枝紧密排列而成 | **形态** 叶两型，无柄：外层叶舌形或长椭圆形，先端钝，近无毛；内层叶线形或窄倒披针形，下面上半部密集白色画笔状毛。花葶近无或极短；花单生，仅花冠裂片露出叶丛；苞片线形，膜质；花萼筒状，分裂达全长的 1/3，裂片三角形，边缘具绢毛；花冠粉红色，裂片倒卵形，边缘微呈波状 | **花期** 6～7 月 | **果期** 不明 | **海拔** 3 500～5 000 米 | **观察** 常见于砾石山坡、河谷阶地和平缓山顶

报春花科 Primulaceae > 海乳草属 *Glaux* > *Glaux maritima*

海乳草 སྲམ་ན།

茎直立或下部匍匐 | **形态** 叶交互对生或有时互生，近茎基部的 3～4 对鳞片状，膜质，上部叶肉质，线形、线状长圆形或近匙形，全缘；花单生于茎中上部叶腋；花萼钟形，白色或粉红色；雄蕊 5 枚，稍短于花萼；子房卵珠形，上半部密被小腺点。蒴果卵状球形，先端略呈喙状 | **花期** 6 月 | **果期** 7～8 月 | **海拔** 2 200～4 100 米 | **观察** 常见于盐碱地和沼泽草甸

报春花科 Primulaceae > 羽叶点地梅属 *Pomatosace* > *Pomatosace filicula*

羽叶点地梅 རི་མོན་ན་ཅིག

一年生或二年生草本 | **形态** 叶多数，轮廓线状矩圆形，羽状深裂至近羽状全裂，裂片线形或窄三角状线形，先端钝或稍锐尖，全缘或具 1～2 牙齿。花葶通常多枚自叶丛中抽出，疏被长柔毛；伞形花序 6～12 朵花；苞片线形；花萼杯状或陀螺状，果时增大，分裂略超过全长的 1/3，裂片三角形，锐尖；花冠白色，裂片矩圆状椭圆形，先端钝圆。蒴果近球形 | **花期** 5～6 月 | **果期** 6～8 月 | **海拔** 3 000～4 500 米 | **观察** 可见于高山草甸和河滩沙地 | **中国-二级，中国特有种**

报春花科 Primulaceae > 报春花属 *Primula* > *Primula fasciculata*

束花粉报春 གཡར་མོ་ཐང་པ།

多年生小草本 | **形态** 叶片矩圆形、椭圆形或近圆形，先端圆形，全缘；叶柄具狭翅。花 1～6 朵生于花葶端；苞片线形；有时花葶不发育，花 1 至数朵自叶丛中抽出，无苞片；花萼筒状，明显具 5 棱，深裂，裂片狭长圆形或三角形；花冠淡红色或鲜红色，冠筒口周围黄色，裂片阔倒卵形，先端深 2 裂。蒴果筒状 | **花期** 6 月 | **果期** 7～8 月 | **海拔** 2 900～4 800 米 | **观察** 可见于沼泽草甸和水边、池边草地 | **中国特有种**

花序

植株 果序

报春花科 Primulaceae > 报春花属 *Primula* > *Primula nutans*

天山报春　　ཤེན་ཧྲན་གཡར་བང་།

多年生草本 | **形态** 全株无粉。叶丛生；叶卵形、长圆形或近圆形，全缘或微具浅齿，鲜时稍肉质。花葶高 10～25 厘米；伞形花序具 2～6 朵花；苞片长圆形，基部具垂耳状附属物；花萼钟状；具 5 条棱，分裂达全长的 1/3，裂片长圆形或三角形，边缘密被小腺毛；花冠粉红色，裂片倒卵形，先端 2 深裂。蒴果筒状 | **花期** 5～6 月 | **果期** 7～8 月 | **海拔** 600～3 800 米 | **观察** 常见于湿草地和草甸 | IUCN-无危

报春花科 Primulaceae > 报春花属 *Primula* > *Primula orbicularis*

圆瓣黄花报春　　སྲང་ཝང་སེར་ཆེན།

多年生草本 | **形态** 叶丛生，外轮少数叶片椭圆形，向内渐变成矩圆状披针形或披针形，边缘常极窄外卷，近全缘或具细齿；叶柄具宽翅。花葶近顶端被乳黄色粉；伞形花序 1～2 轮，具 4 至多朵花；花梗被淡黄色粉，于花期下弯，果期直立；花萼钟状，分裂深达中部；花冠鲜黄色，稀乳黄色或白色，喉部具环状附属物，裂片全缘 | **花期** 6～7 月 | **果期** 7～8 月 | **海拔** 3 100～4 500 米 | **观察** 偶见于高山草地、草甸和溪边 | **中国特有种**

报春花科 Primulaceae > 报春花属 *Primula* > *Primula purdomii*

紫罗兰报春　　ན་དཀར་རྒྱ་སྐྱེག

多年生草本 | **形态** 叶片披针形、矩圆状披针形或倒披针形，边缘近全缘或具小钝齿，常极窄外卷；叶柄具阔翅。花葶近顶端被白粉；伞形花序 1 轮，具 8～18 朵花；花萼狭钟状，分裂达中部，裂片矩圆状披针形；花冠蓝紫色至近白色，裂片矩圆形或狭矩圆形，全缘。蒴果筒状 | **花期** 6～7 月 | **果期** 8 月 | **海拔** 3 300～4 100 米 | **观察** 偶见于湿草地、灌木林下和潮湿石缝 | **中国特有种**

植株 花序

植株 花序

报春花科 Primulaceae > 报春花属 *Primula* > *Primula qinghaiensis*

青海报春　མཚོ་སྔོན་གང་རིལ།

多年生草本 | **形态** 叶近两型：外层叶的叶片极小，阔卵圆形，褐色；内层叶具长柄，叶片阔卵圆形至肾圆形，先端圆形，边缘具锐尖的缺刻状牙齿；叶柄具狭翅，长为叶片的 2～4 倍。花葶被小腺毛；伞形花序具 3～12 朵花；花萼钟状，外面被小腺体，分裂深达全长的 3/4，裂片披针形，边缘具腺状小缘毛；花冠黄色，裂片倒卵形，先端具深凹缺 | **花期** 不明 | **果期** 不明 | **海拔** 3 900～4 300 米 | **观察** 罕见于阴湿岩石缝中 | **中国特有种**

报春花科 Primulaceae > 报春花属 *Primula* > *Primula secundiflora*

偏花报春　རྩ་དཀར་རྒྱ་སྒ་ག།

多年生草本 | **形态** 叶常多枚丛生，叶片矩圆形、狭椭圆形或倒披针形，先端钝圆或稍锐尖，基部渐狭窄，边缘具三角形小牙齿，齿端具胼胝质尖头，两面均疏被小腺体。花葶顶端被白色粉；伞形花序具 5～10 朵花，有时具第 2 轮花序；苞片披针形；花梗于花期下弯，果期直立；花萼窄钟状，整个花萼形成紫白相间的 10 条纵带；花冠红紫色至深玫瑰红色，裂片倒卵状矩圆形，先端圆形或微具凹缺 | **花期** 6～7 月 | **果期** 8～9 月 | **海拔** 3 200～4 800 米 | **观察** 可见于水沟边、河滩地、高山沼泽 | **中国特有种**

报春花科 Primulaceae > 报春花属 *Primula* > *Primula stenocalyx*

狭萼报春　གང་སྒ་ཡུ་རིལ།

多年生草本 | **形态** 叶丛紧密或疏松，叶片倒卵形，倒披针形或匙形，先端圆形或钝，基部楔状下延，边缘全缘或具小圆齿或钝齿，两面无粉，中肋明显。花葶直立；伞形花序具 4～16 朵花；苞片狭披针形，基部稍膨大；花梗多少被小腺体；花萼具 5 棱，外面多少被小腺体，分裂达全长的 1/3 或近 1/2；花冠紫红色或蓝紫色，裂片阔倒卵形，先端深 2 裂。蒴果长圆形，与花萼近等长 | **花期** 5～7 月 | **果期** 8～9 月 | **海拔** 2 700～4 300 米 | **观察** 常见于阳坡草地、林下等地 | **中国特有种**

植株　花序

植株　叶

花序

报春花科 Primulaceae > 报春花属 *Primula* > *Primula tangutica*

甘青报春　ཇ་ཡང་སྔུག་ནག།

多年生草本 | **形态** 全株无粉。叶丛基部无鳞片，叶柄不明显或长达叶片的 1/2，稀与叶片等长；叶椭圆形、椭圆状倒披针形或倒披针形，先端钝圆或稍尖，基部渐窄，具小牙齿，稀近全缘。伞形花序 1～3 轮，每轮 5～9 朵花；花梗被微柔毛；花萼筒状，裂片三角形或披针形；花冠暗朱红色，冠筒与花萼近等长或长于花萼，裂片线形，向外反折 | **花期** 6～7 月 | **果期** 8 月 | **海拔** 3 300～4 700 米 | **观察** 常见于阳坡草地和灌丛下 | **中国特有种**

杜鹃花科 Ericaceae > 水晶兰属 *Monotropa* > *Monotropa hypopitys*

松下兰　ནགས་ཀྱི་ཤེལ་མེ།

多年生腐生草本 | **形态** 全株无叶绿素，白色或淡黄色，肉质。叶鳞片状，直立，互生，卵状长圆形或卵状披针形，先端钝，上部者常有不整齐的锯齿。总状花序有 3～8 朵花；花初下垂，后渐直立；苞片卵状长圆形或卵状披针形；萼片早落；花瓣 4～5 枚，长圆形或倒卵状长圆形，上部有不整齐的锯齿，早落；雄蕊 8～10 枚，花药橙黄色；中轴胎座；柱头膨大成漏斗状。蒴果椭圆状球形 | **花期** 6～8 月 | **果期** 7～9 月 | **海拔** 100～2 500 米 | **观察** 偶见于山地阔叶林或针阔叶混交林下

杜鹃花科 Ericaceae > 鹿蹄草属 *Pyrola* > *Pyrola decorata*

普通鹿蹄草　ཤ་མིག་བྲོ་སྔ།

常绿草本状小半灌木 | **形态** 叶 3～6 枚，近基生，薄革质，长圆形、倒卵状长圆形或匙形，上面深绿色，沿叶脉为淡绿白色或稍白色，下面色较淡，常带紫色，边缘有疏齿。花莛有 1～3 枚褐色鳞片状叶；总状花序有 4～10 朵花，花倾斜，半下垂，花冠碗形，淡绿色、黄绿色或近白色；苞片披针形；萼片卵状长圆形；花瓣先端圆形；雄蕊 10 枚，花药黄色；花柱倾斜，上部弯曲，顶端伸出花冠，柱头 5 圆裂。蒴果扁球形 | **花期** 6～7 月 | **果期** 7～8 月 | **海拔** 600～3 000 米 | **观察** 可见于山地阔叶林或灌丛下

植株　花序

叶

植株　花序

叶　花序

杜鹃花科 Ericaceae > 杜鹃花属 *Rhododendron* > *Rhododendron capitatum*

头花杜鹃 ཕུ་རུ་རྩེ་མོ།

常绿小灌木 | **形态** 分枝多。叶近革质，芳香，椭圆形或长圆状椭圆形，顶端圆钝，基部宽楔形，上面灰绿或暗绿色，被灰白色或淡黄色鳞片，相邻接或重叠，下面淡褐色，具二色鳞片。花序顶生，伞形，有花 2～5 朵；花萼裂片 5 枚，不等大；花冠宽漏斗状，淡紫、深紫或紫蓝色，内面喉部密被绵毛；雄蕊 10 枚，伸出，花柱常较雄蕊长。蒴果卵圆形 | **花期** 4～6 月 | **果期** 7～9 月 | **海拔** 2 500～4 300 米 | **观察** 可见于高山草原、草甸、湿草地或岩坡 | **中国特有种**

杜鹃花科 Ericaceae > 杜鹃花属 *Rhododendron* > *Rhododendron nivale*

雪层杜鹃 སྤང་རག་སུག་ཤིང་།

常绿小灌木，分枝多而稠密，常平卧成垫状 | **形态** 叶簇生于小枝顶端或散生，革质，椭圆形，卵形或近圆形，顶端钝或圆形，边缘稍反卷，两面被鳞片。花序顶生，有 1～3 朵；花萼发达，裂片长圆形或带状，外面通常被一中央鳞片带；花冠宽漏斗状，粉红、丁香紫至鲜紫色，花管约为裂片的 1/2，裂片开展，雄蕊 8～10 枚，约与花冠等长，花丝近基部被毛；花柱常长于雄蕊，上部稍弯斜。蒴果圆形至卵圆形，被鳞片 | **花期** 5～8 月 | **果期** 8～9 月 | **海拔** 3 200～5 800 米 | **观察** 可见于高山灌丛、冰川谷地、草甸

杜鹃花科 Ericaceae > 杜鹃花属 *Rhododendron* > *Rhododendron qinghaiense*

青海杜鹃 མཚོ་སྔོན་སྤུག་མ།

常绿小灌木 | **形态** 分枝多。枝条密被栗色鳞片。叶密生枝顶，革质，长圆形，上面暗绿色，被灰白色鳞片，下面锈栗色，密被锈色鳞片。花序顶生，常具 2 花，花萼紫红色，膜质，深裂至基部，裂片被金黄色鳞片，具缘毛；花冠漏斗形，花管较花冠裂片短，与花萼近等长，裂片椭圆形；雄蕊 8 枚，花丝近基部被长柔毛。蒴果长圆形 | **花果期** 5～7 月 | **海拔** 4 300 米附近 | **观察** 可见于山地阴坡 | **中国特有种**

植株　叶　花序

花序

花

茜草科 Rubiaceae > 拉拉藤属 *Galium* > *Galium verum*

蓬子菜 ᪤ᨵᨱᨿᨵᨱᨿᨵ᪤

多年生近直立草本 | **形态** 茎 4 棱。叶 6～10 片轮生，线形，顶端短尖，边缘极反卷，常卷成管状，1 条脉，无柄。聚伞花序顶生和腋生，较大，多花，通常在枝顶结成圆锥花序状；总花梗密被短柔毛；花小，稠密；花冠黄色，辐状，花冠裂片卵形或长圆形，顶端稍钝；花药黄色；花柱顶端 2 裂。果小，果爿双生，近球状 | **花期** 4～8 月 | **果期** 5～10 月 | **海拔** 4 100 米以下 | **观察** 常见于山坡、草地、河岸等地 | IUCN-无危

龙胆科 Gentianaceae > 喉毛花属 *Comastoma* > *Comastoma falcatum*

镰萼喉毛花 ᪤ᨵᨱᨵᨿᨵᨿ᪤

一年生草本 | **形态** 茎从基部分枝，分枝斜升，上部伸长。叶大部分基生，叶片矩圆状匙形或矩圆形，基部渐狭成柄。花 5 数，单生分枝顶端；花萼裂片不整齐，常为卵状披针形，弯曲成镰状；花冠蓝色、深蓝色或蓝紫色，有深色脉纹，高脚杯状，冠筒裂达中部，先端钝圆，偶有小尖头，全缘，开展，喉部具一圈副冠，副冠白色，10 束，流苏状裂片的先端圆形或钝 | **花果期** 7～9 月 | **海拔** 2 100～5 300 米 | **观察** 常见于河滩、山坡草地、林下、灌丛、高山草甸

龙胆科 Gentianaceae > 喉毛花属 *Comastoma* > *Comastoma pulmonarium*

喉毛花 ᪤ᨵᨿ᪤

一年生草本 | **形态** 茎直立，常分枝。基生叶少数，长圆形或长圆状匙形，先端圆；茎生叶卵状披针形，茎上部及分枝叶小，半抱茎。聚伞花序或单花顶生；花 5 数；花萼开展，先端尖；花冠淡蓝色，具深蓝色脉纹，筒形或宽筒形，浅裂，裂片直伸，椭圆状三角形、卵状椭圆形或卵状三角形，喉部具一圈白色副冠，副冠 5 束，上部流苏状，裂片先端尖；花丝疏被柔毛 | **花果期** 7～11 月 | **海拔** 3 000～4 800 米 | **观察** 常见于河滩、山坡草地、林下、灌丛及高山草甸

叶　花　花序

植株　花

花

龙胆科 Gentianaceae > 龙胆属 *Gentiana* > *Gentiana algida*

高山龙胆 ད་ནེ་སེར་པོ།

多年生草本 | **形态** 花枝直立，黄绿色。叶大部分基生，常对折，线状椭圆形和线状披针形，先端钝，基部渐狭；茎生叶 1～3 对，叶片狭椭圆形或椭圆状披针形，愈向茎上部叶愈小。花常 1～3 朵，顶生；花萼钟形或倒锥形，萼筒膜质，不开裂或一侧开裂，齿不整齐，线状披针形或狭矩圆形；花冠黄白色，具多数深蓝色斑点，筒状钟形或漏斗形，先端钝，全缘，褶偏斜，截形，全缘或边缘有不明显细齿 | **花果期** 7～9 月 | **海拔** 1 200～5 300 米 | **观察** 偶见于山坡草地、高山流石滩

龙胆科 Gentianaceae > 龙胆属 *Gentiana* > *Gentiana aristata*

刺芒龙胆 ཀི་ཤུ་སྨུག་དམར།

一年生小草本 | **形态** 茎基部多分枝，枝铺散，斜上升。基生叶卵形或卵状椭圆形，边缘膜质，花期枯萎，宿存；茎生叶对折，疏离，线状披针形。花单生枝顶；花萼漏斗形，裂片线状披针形，边缘膜质，中脉绿色，在背面脊状突起，向萼筒下延；花冠下部黄绿色，上部蓝、深蓝或紫红色，喉部具蓝灰色宽条纹，倒锥形，裂片卵形或卵状椭圆形，褶宽长圆形，先端平截，不整齐缺裂 | **花果期** 6～9 月 | **海拔** 1 800～4 600 米 | **观察** 常见于阳坡砾石地、高山草甸、灌丛等地 | **中国特有种**

龙胆科 Gentianaceae > 龙胆属 *Gentiana* > *Gentiana lawrencei* var. *farreri*

线叶龙胆 སྔར་རྒྱན་སྔོན་པོ།

多年生草本 | **形态** 叶先端急尖；莲座丛叶披针形；茎生叶多对，愈向茎上部叶愈密、愈长，下部叶狭矩圆形；中、上部叶常线形。花单生于枝顶，基部包围于上部茎生叶丛中；花萼筒紫色或黄绿色，筒形，裂片与上部叶同形，弯缺截形；花冠上部亮蓝色，下部黄绿色，具蓝色条纹，无斑点，倒锥状筒形，裂片卵状三角形，褶宽卵形，边缘啮蚀形；花丝钻形 | **花果期** 8～10 月 | **海拔** 2 400～4 600 米 | **观察** 可见于高山草甸、灌丛及滩地 | **中国特有种**

植株 花

植株 花

植株 茎

龙胆科 Gentianaceae > 龙胆属 *Gentiana* > *Gentiana lhassica*

全萼秦艽 ཀྱི་ལྕེ་སྦོ་རྩད།

多年生草本 | **形态** 全株无毛。枝少数丛生。莲座丛叶狭椭圆形或线状披针形；茎生叶椭圆形或椭圆状披针形。单花顶生，稀 2～3 朵呈聚伞花序；花萼筒膜质，紫红色或黄绿色，倒锥状筒形，不开裂，裂片 5 个，近整齐；花冠蓝色或内面淡蓝色，外面紫褐色，宽筒形或漏斗形，裂片卵圆形，全缘，褶整齐，狭三角形，先端急尖，边缘具不整齐锯齿 | **花果期** 8～9 月 | **海拔** 4 200～4 900 米 | **观察** 偶见于高山草甸 | **中国特有种**

龙胆科 Gentianaceae > 龙胆属 *Gentiana* > *Gentiana nanobella*

钟花龙胆 ཀི་ཟླ་ཅོང་མེ།

一年生草本 | **形态** 茎紫红色或黄绿色，枝铺散，斜升。叶先端钝；基生叶大，卵状椭圆形或卵形；茎生叶小，疏离，宽卵形或卵圆形，连合成筒。花多数，单生于小枝顶端；花萼宽筒形，裂片三角形，先端急尖，边缘膜质，狭窄，中脉在背面呈龙骨状突起，并向萼筒下延成翅，弯缺楔形；花冠紫红色，喉部具黑紫色斑点，高脚杯状，裂片卵形，褶稍偏斜，卵形，边缘有不整齐细齿，稀全缘 | **花果期** 5～8 月 | **海拔** 1 900～4 300 米 | **观察** 偶见于山坡草地、林下、流石滩 | **中国特有种**

龙胆科 Gentianaceae > 龙胆属 *Gentiana* > *Gentiana nubigena*

云雾龙胆 ད་ནེ་སྔོན་པོ།

多年生草本 | **形态** 花枝直立，常带紫红色。叶大部分基生，常对折，线状披针形、狭椭圆形至匙形；茎生叶 1～3 对，无柄，狭椭圆形或椭圆状披针形。花 1～3 朵，顶生；花萼筒状钟形或倒锥形；花冠上部蓝色，下部黄白色，具深蓝色的细长的或短的条纹，漏斗形或狭倒锥形，裂片卵形，褶偏斜，截形，边缘具不整齐波状齿或啮蚀状 | **花果期** 7～9 月 | **海拔** 3 000～5 300 米 | **观察** 可见于沼泽草甸、高山灌丛草原、高山草甸、高山流石滩

植株 花

龙胆科 Gentianaceae > 龙胆属 *Gentiana* > *Gentiana officinalis*

黄管秦艽 ᠊ᠯ᠊ᡓᠯᡳᠷᠨ᠊ᠷᡑᠯ᠊ᡅᡲᢉᡳ

多年生草本 | **形态** 莲座丛叶披针形或椭圆状披针形，先端渐尖；茎生叶披针形，稀卵状披针形，先端渐尖，稀急尖，基部钝，愈向茎上部叶愈小。花簇生枝顶呈头状或腋生呈轮状；萼筒膜质，黄绿色，一侧开裂呈佛焰苞状，先端截形或圆形，裂片 5 个；花冠黄绿色，具蓝色细条纹或斑点，筒形，裂片卵形或卵圆形，先端钝圆，全缘；褶偏斜，三角形，先端急尖，全缘 | **花果期** 8～9 月 | **海拔** 2 300～4 200 米 | **观察** 可见于高山草甸、灌丛、山坡草地 | **中国特有种**

龙胆科 Gentianaceae > 龙胆属 *Gentiana* > *Gentiana prattii*

黄白龙胆 ᠊ᡣᡅᡲᡓ᠊ᠣᠯᠨ᠊ᡑ᠊ᡅᡲᡛᡳᡂ

一年生草本 | **形态** 茎黄绿色，密被细乳突，在基部多分枝。基生叶卵圆形，先端具短小尖头，边缘软骨质，两面光滑；茎生叶小，密集，覆瓦状排列，卵形至椭圆形。花数朵，单生于小枝顶端；花萼筒状漏斗形，裂片卵状披针形或三角形，先端有小尖头，边缘膜质，下延至萼筒上部；花冠黄绿色，外面有黑绿色宽条纹，筒形，裂片卵形，褶矩圆形，先端啮蚀形 | **花果期** 6～9 月 | **海拔** 3 000～4 000 米 | **观察** 偶见于山坡草甸等地 | **中国特有种**

龙胆科 Gentianaceae > 龙胆属 *Gentiana* > *Gentiana pseudoaquatica*

假水生龙胆 ᠊ᡣᡅᡲᡓ᠊ᡅᡫᡥᢉᡅᡲᡑᡆᡆ

一年生草本 | **形态** 茎紫红色或黄绿色，自基部多分枝。叶先端钝圆或急尖，边缘软骨质；基生叶大，卵圆形或圆形；茎生叶疏离或密集，覆瓦状排列，倒卵形或匙形，连合成筒。花多数，单生于小枝顶端；花萼筒状漏斗形，裂片三角形，先端急尖，边缘膜质，狭窄，光滑，中脉下延至萼筒基部，弯缺截形；花冠深蓝色，外面常具黄绿色宽条纹，漏斗形，裂片卵形，先端急尖或钝，褶卵形，全缘或边缘啮蚀形 | **花果期** 4～8 月 | **海拔** 1 100～4 700 米 | **观察** 常见于水沟边、山坡草地、灌丛等地

植株　花　叶

植株　花

龙胆科 Gentianaceae > 龙胆属 *Gentiana* > *Gentiana pudica*

偏翅龙胆　ཀྱི་ལྕེ་ཆེན།

一年生草本 | **形态** 茎黄绿色，光滑，在基部多分枝。叶圆匙形或椭圆形，愈向茎上部叶愈大，先端钝圆，边缘膜质，极狭窄。花多数，单生于小枝顶端；花萼常带蓝紫色，筒状漏斗形，裂片三角形，边缘膜质，平滑，中脉在背面高高突起呈龙骨状，并向萼筒下延成翅，弯缺截形；花冠上部深蓝色或蓝紫色，下部黄绿色，宽筒形或漏斗形，裂片卵形或卵状椭圆形，褶宽矩圆形，先端截形或钝，具不整齐细齿 | **花果期** 6～9月 | **海拔** 2 200～5 000米 | **观察** 常见于山坡草地、高山草甸及河滩 | **中国特有种**

龙胆科 Gentianaceae > 龙胆属 *Gentiana* > *Gentiana spathulifolia*

匙叶龙胆　ཀྱི་ལྕེ་ཞིམ་ལོ་མ།

一年生草本 | **形态** 茎紫红色密被乳突。基生叶宽卵形或圆形，边缘软骨质；茎生叶匙形，先端三角状尖。花单生枝顶；花梗紫红色；花萼漏斗形，裂片三角状披针形，先端尖，边缘膜质；花冠紫红色，漏斗形，裂片卵形，褶卵形，先端2浅裂或不裂；雄蕊生于花冠筒中下部，花丝丝状钻形；子房椭圆形，花柱线形，柱头2裂 | **花果期** 8～9月 | **海拔** 2 800～3 800米 | **观察** 常见于山坡 | **中国特有种**

龙胆科 Gentianaceae > 龙胆属 *Gentiana* > *Gentiana straminea*

麻花艽　ཀྱི་ལྕེ་དཀར་པོ།

多年生草本 | **形态** 枝多数丛生，斜升。莲座丛叶宽披针形或卵状椭圆形，两端渐狭；茎生叶线状披针形至线形，两端渐狭。聚伞花序顶生及腋生，排列成疏松的花序；花萼筒膜质，黄绿色，一侧开裂呈佛焰苞状，萼齿2～5个，钻形，稀线形；花冠黄绿色，喉部具多数绿色斑点，有时外面带紫色或蓝灰色，漏斗形，裂片卵形或卵状三角形，全缘，褶偏斜，三角形，先端钝，全缘或边缘啮蚀形 | **花果期** 7～10月 | **海拔** 2 000～5 000米 | **观察** 常见于高山草甸、林下、多石山坡等地

植株　茎

植株　花

植株　花

龙胆科 Gentianaceae > 龙胆属 *Gentiana* > *Gentiana tongolensis*

东俄洛龙胆 མགོ་ལོག་ཀི་སྒི།

一年生草本 | **形态** 茎铺散。基生叶小；茎生叶略肉质，叶片近圆形，愈向茎上部叶愈大，基部突然收缩成柄，边缘具软骨质。花多数，单生于小枝顶端；花萼筒膜质，裂片略肉质，外反或开展；花冠淡黄色，上部具蓝色斑点，高脚杯状，稀筒形，裂片卵状椭圆形，全缘；褶小，极偏斜，耳形或2齿形 | **花果期** 8～9月 | **海拔** 3 500～4 800米 | **观察** 偶见于草甸、山坡路旁 | **中国特有种**

龙胆科 Gentianaceae > 龙胆属 *Gentiana* > *Gentiana veitchiorum*

蓝玉簪龙胆 སྔར་རྒྱན་རྡོ་རྗེ།

多年生草本 | **形态** 花枝多数丛生。叶先端急尖；莲座丛叶发达，线状披针形；茎生叶多对，愈向茎上部叶愈密、愈长，下部叶卵形，中部叶狭椭圆形或椭圆状披针形，上部叶宽线形或线状披针形。花单生枝顶；萼筒常带紫红色；花冠上部深蓝色，下部黄绿色，常具深蓝色条纹和斑点，狭漏斗形或漏斗形，裂片卵状三角形，先端急尖，全缘，褶整齐，宽卵形，先端钝，全缘或截形，边缘啮蚀形 | **花果期** 6～10月 | **海拔** 2 500～4 800米 | **观察** 可见于山坡草地、灌丛、高山草甸等地

龙胆科 Gentianaceae > 假龙胆属 *Gentianella* > *Gentianella arenaria*

紫红假龙胆 འབོར་འདན་སྨུག་ཆུང་།

一年生草本 | **形态** 全株紫红色。茎从基部多分枝，铺散。基生叶和茎下部叶匙形或矩圆状匙形。花4数，单生分枝顶端；花萼紫红色，长为花冠的2/3，裂片匙形，先端钝圆，外反；花冠紫红色，筒状，浅裂，裂片矩圆形，冠筒基部具8个小腺体；雄蕊着生于冠筒中上部，花丝白色，花药黄色，宽矩圆形；子房无柄，卵状披针形，先端渐尖，柱头裂片线形，外卷。蒴果卵状披针形 | **花果期** 7～9月 | **海拔** 3 400～5 400米 | **观察** 偶见于河滩沙地、高山流石滩 | **中国特有种**

植株　花

龙胆科 Gentianaceae > 假龙胆属 *Gentianella* > *Gentianella azurea*

黑边假龙胆　　འབྲས་འདུ་མཐར་ནག།

一年生草本 | **形态** 茎直伸，基部或下部分枝，枝开展。基生叶早落；茎生叶长圆形、椭圆形或长圆状披针形，先端钝，边缘微粗糙。聚伞花序常顶生及腋生；花 5 数，花萼绿色，深裂，裂片卵状长圆形、椭圆形或线状披针形，边缘及背面中脉黑色，裂片间弯缺窄长；花冠蓝或淡蓝色，漏斗形，裂片长圆形，先端钝；子房无柄，披针形。蒴果无柄 | **花果期** 7～9 月 | **海拔** 2 200～4 900 米 | **观察** 可见于山坡草地、林下、灌丛

龙胆科 Gentianaceae > 扁蕾属 *Gentianopsis* > *Gentianopsis paludosa*

湿生扁蕾　　ལུགས་ཆིག་སྟོན་པོ།

一年生草本 | **形态** 茎单生，直立或斜升。基生叶 3～5 对，匙形，基部狭缩成柄；茎生叶 1～4 对，无柄，矩圆形或椭圆状披针形。花单生；花萼筒形，长为花冠之半，裂片近等长，外对狭三角形，内对卵形，全部裂片先端急尖，有白色膜质边缘，并向萼筒下延成翅；花冠蓝色，或下部黄白色，上部蓝色，宽筒形，裂片宽矩圆形，先端圆形，有微齿，下部两侧边缘有细条裂齿 | **花果期** 7～10 月 | **海拔** 1 100～4 900 米 | **观察** 常见于山坡草地、林下等地

龙胆科 Gentianaceae > 花锚属 *Halenia* > *Halenia elliptica*

椭圆叶花锚　　ལུགས་ཆིག་ར་མགོ་མ།

一年生草本 | **形态** 茎直立，四棱形。基生叶椭圆形，有时略呈圆形，先端圆形或急尖呈钝头，基部渐狭呈宽楔形，全缘，叶脉 3 条；茎生叶卵形、椭圆形、长椭圆形或卵状披针形，先端圆钝或急尖，基部圆形或宽楔形，全缘，叶脉 5 条。聚伞花序腋生和顶生；花 4 数；花萼裂片椭圆形或卵形；花冠蓝色或紫色，裂片卵圆形或椭圆形，先端具小尖头，距向外水平开展。蒴果宽卵形，淡褐色 | **花果期** 7～9 月 | **海拔** 700～4 100 米 | **观察** 常见于高山林下、林缘、灌丛等地

花

植株 花

植株 花序

龙胆科 Gentianaceae > 辐花属 *Lomatogoniopsis* > *Lomatogoniopsis alpina*

辐花　ཉེག་འཁོར་ཟེ་ུ་ཕུག།

一年生草本 | **形态** 茎带紫色、铺散。基生叶匙形；茎生叶无柄，卵形。聚伞花序顶生和腋生，稀为单花；花萼长为花冠之半，萼筒基短，裂片卵形或卵状椭圆形，先端钝圆；花冠蓝色，裂片二色，椭圆形或椭圆状披针形；附属物狭椭圆形，浅蓝色，具深蓝色斑点，无脉纹，全缘或先端 2 齿裂；雄蕊着生于冠筒上，花丝线形，花药蓝色，矩圆形；子房椭圆状披针形，无花柱 | **花果期** 8～9 月 | **海拔** 4 000～4 300 米 | **观察** 罕见于云杉林缘、阴坡草甸及灌丛草甸 | **中国–二级，中国特有种**

龙胆科 Gentianaceae > 肋柱花属 *Lomatogonium* > *Lomatogonium gamosepalum*

合萼肋柱花　ལྱགས་ཉེག་འཁོར་ལོ་མ།

一年生草本 | **形态** 茎从基部多分枝，枝斜升。叶无柄，倒卵形或椭圆形。聚伞花序或单花生分枝顶端；花 5 数，花萼长为花冠的 1/3～1/2，萼筒明显，裂片狭卵形或卵状矩圆形，先端钝或圆形，互相覆盖；花冠蓝色，裂片卵形，先端急尖，基部两侧各具 1 个腺窝，腺窝片状，边缘有浅的齿状流苏；花丝线形，花药蓝色，狭矩圆形；柱头不明显下延。蒴果宽披针形 | **花果期** 8～10 月 | **海拔** 2 800～4 500 米 | **观察** 偶见于河滩、林下、高山草甸

龙胆科 Gentianaceae > 肋柱花属 *Lomatogonium* > *Lomatogonium perenne*

宿根肋柱花　ཉེག་འཁོར་རྒྱུ་བ།

多年生草本 | **形态** 不育枝的莲座状叶与花茎的基部叶匙形或矩圆状匙形；花茎中上部叶矩圆形或矩圆状匙形，基部宽楔形或半抱茎。花 5 数，1～7 朵，单生或呈聚伞花序；花梗细，直立；花萼裂片狭椭圆形、线状矩圆形至线状匙形；花冠深蓝色或蓝紫色，冠筒裂片基部两侧各具 1 个腺窝，腺窝上部具宽的裂片状流苏；花丝浅蓝色，线形，花药蓝色，矩圆形；柱头下延于子房中部 | **花果期** 8～10 月 | **海拔** 3 900～4 400 米 | **观察** 可见于山坡草地 | **中国特有种**

茎　花

植株　花

龙胆科 Gentianaceae > 肋柱花属 *Lomatogonium* > *Lomatogonium rotatum*

辐状肋柱花　ཏིག་འབྲར་སྔུངས་སྐྱེས།

一年生草本 | **形态** 茎不分枝或基部少分枝。叶窄长披针形、披针形或线形，先端尖，基部楔形，半抱茎；无柄。花 5 数，顶生及腋生；花萼裂片线形或线状披针形，稍不整齐，先端尖；花冠淡蓝色，具深色脉纹，裂片椭圆状披针形或椭圆形，基部两侧各具 1 个管形腺窝，边缘具不整齐裂片状流苏；花药蓝色，窄长圆形。蒴果窄椭圆形或倒披针形椭圆形 | **花果期** 8～9 月 | **海拔** 1 400～4 200 米 | **观察** 可见于山坡草地 | IUCN-无危

龙胆科 Gentianaceae > 獐牙菜属 *Swertia* > *Swertia bifolia*

二叶獐牙菜　སྒ་ཏིག་ཁོན་གཉིས།

多年生草本 | **形态** 茎直伸，不分枝。基生叶 1～2 对，长圆形或卵状长圆形，先端钝或圆，基部楔形；茎中部无叶；最上部叶 2～3 对，卵形或卵状三角形。聚伞花序具 2～8 朵花；花 5 数；花萼裂片披针形或卵形；先端渐尖；花冠蓝或深蓝色，裂片椭圆状披针形或窄椭圆形，全缘或边缘啮蚀状，基部具 2 个腺窝，顶端被长柔毛状流苏；花药蓝色；花柱不明显。蒴果披针形 | **花果期** 7～9 月 | **海拔** 2 900～4 300 米 | **观察** 可见于高山草甸、灌丛、林下 | **中国特有种**

龙胆科 Gentianaceae > 獐牙菜属 *Swertia* > *Swertia przewalskii*

祁连獐牙菜　མདོ་ལའི་སྒ་ཏིག།

多年生草本 | **形态** 茎直立，不分枝。基生叶 1～2 对，具长柄，叶片椭圆形、卵状椭圆形至匙形；茎中部裸露无叶，上部有 1～2 对极小的叶，卵状矩圆形，半抱茎。简单或复聚伞花序狭窄，具 3～9 朵花；花 5 数；花萼裂片狭披针形；花冠黄绿色，背面中央蓝色，裂片披针形，先端渐尖或急尖，基部具 2 个腺窝，腺窝基部囊状，边缘具柔毛状流苏；花丝扁平，线形，基部背面具流苏状短毛，花药蓝色；子房无柄 | **花果期** 7～9 月 | **海拔** 3 000～4 200 米 | **观察** 偶见于灌丛、高山草甸、沼泽草甸 | **中国特有种**

花

植株　花

龙胆科 Gentianaceae > 獐牙菜属 Swertia > Swertia tetraptera

四数獐牙菜　　རྒྱ་ཏིག་འདབ་བཞི།

一年生草本 | **形态** 基生叶矩圆形或椭圆形；茎中上部叶卵状披针形，先端急尖，基部半抱茎，叶脉 3～5 条。圆锥状复聚伞花序或聚伞花序多花；花 4 数，呈明显的大小两类；大花：花萼绿色，叶状，先端急尖，基部稍狭缩，花冠黄绿色，有时带蓝紫色，裂片啮蚀状，下部具 2 个腺窝，内侧边缘具短裂片状流苏；小花：花萼裂片宽卵形，先端钝，具小尖头，花冠黄绿色，常闭合，啮蚀状，腺窝常不明显 | **花果期** 7～9 月 | **海拔** 2 000～4 000 米 | **观察** 常见于潮湿山坡、河滩、灌丛 | **中国特有种**

紫草科 Boraginaceae > 糙草属 Asperugo > Asperugo procumbens

糙草　　ནད་མ་གཡུ་ལོ།

一年生蔓生草本 | **形态** 茎被糙硬毛。叶互生，下部茎生叶匙形或窄长圆形，全缘或具齿。花小，单生或簇生叶腋；花萼 5 裂至中部稍下，裂片线状披针形，裂片之间具 2 枚小齿，花后不规则增大，两侧扁，稍蚌壳状，具不整齐锯齿；花冠蓝紫或白色，筒状，冠檐 5 裂，喉部具疣状附属物；雄蕊 5 枚，内藏；子房 4 裂，花柱内藏，柱头头状；雌蕊基钻形。小坚果窄卵圆形，具疣状突起 | **花果期** 7～9 月 | **海拔** 2 000 米以上 | **观察** 常见于山地草坡、村旁、田边

紫草科 Boraginaceae > 琉璃草属 Cynoglossum > Cynoglossum wallichii

西南琉璃草　　ནད་མ་འབྱར་མ།

二年生直立草本 | **形态** 基生叶及茎下部叶披针形或倒卵形，茎中部及上部叶渐狭，两面均被稀疏散生的硬毛及伏毛。花序顶生及腋生，叉状分枝，无苞；花萼裂片卵形或长圆形，直立；花冠蓝色或蓝紫色，钟形，裂片圆形，喉部有 5 个梯形附属物；花丝着生于花筒近中部。小坚果卵形，先端圆或尖，背面凹陷，有稀疏散生的锚状刺，边缘锚状刺基部极扩张，连合成宽翅边 | **花果期** 5～8 月 | **海拔** 1 300～3 600 米 | **观察** 常见于山坡草地、荒野路边等地

茎　花

植株　花

叶　花序

紫草科 Boraginaceae > 齿缘草属 *Eritrichium* > *Eritrichium pectinatociliatum*

篦毛齿缘草 ཉེ་མ་སྒྲ་མ།

多年生垫状草本 | **形态** 茎丛生，不分枝，密生伏毛。叶匙形，先端圆钝，两面被白色伏毛。花在茎下部单生叶腋或腋外，在茎上部 3 至数朵形成花序；萼片披针形至椭圆状披针形，外面密生伏毛；花冠紫色或淡蓝色，钟状辐形，裂片近圆形，附属物横向长圆形。小坚果背腹两面体型，背面卵形，生微毛，腹面隆起，棱缘生篦齿和硬毛 | **花果期** 6～8 月 | **海拔** 4 100～4 900 米 | **观察** 罕见于山坡 | **中国特有种**

紫草科 Boraginaceae > 鹤虱属 *Lappula* > *Lappula consanguinea*

蓝刺鹤虱 ཁྱུང་མིག་སྔོ་ཆེར།

一年生或二年生草本 | **形态** 茎常单生，被糙伏毛或开展的硬毛。基生叶长圆状披针形；茎生叶披针形或线形，两面密被具基盘的长硬毛。花序生茎及小枝顶端，果期伸长；苞片小，线形；花萼深裂至基部，裂片线形，呈星状开展；花冠淡蓝紫色，钟状，裂片长圆形或宽倒卵形，喉部附属物高约 0.5 毫米。果实宽卵状，小坚果尖卵状，下半部宽，上部尖，背面狭卵形，具颗粒状突起，边缘具 3 行锚状刺 | **花期** 6～7 月 | **果期** 7～9 月 | **海拔** 600～2 200 米 | **观察** 常见于荒地、干旱坡地

紫草科 Boraginaceae > 微孔草属 *Microula* > *Microula pseudotrichocarpa*

甘青微孔草 དད་མ་གཡུ་ཆུང་།

直立草本 | **形态** 茎数条，中上部分枝，疏被糙伏毛及刚毛。基生叶及下部茎生叶长圆状披针形或倒披针形，先端尖，基部渐窄，两面被糙伏毛及疏被刚毛，叶柄长 1～2 厘米；上部茎生叶较小。聚伞花序顶生及腋生；花萼裂片窄三角形，两面被毛；花冠蓝色，冠檐裂片宽倒卵形，喉部附属物半月形 | **花期** 6～8 月 | **果期** 不明 | **海拔** 2 200～4 500 米 | **观察** 常见于高山草地 | **中国特有种**

叶

花

植株

紫草科 Boraginaceae > 微孔草属 *Microula* > *Microula tangutica*

宽苞微孔草　ནད་མ་དཀར་པོ།

二年生草本 | **形态** 茎 1 或数条。基生叶及茎下部叶有柄，匙形，两面均被短柔毛，茎中部及上部叶匙形或椭圆形。花序生茎和分枝顶端，有少数密集的花；苞片密集，宽卵形、圆卵形或近圆形；花被苞片包围；花萼 5 裂近基部，裂片狭三角形，边缘有长柔毛，内面被短伏毛；花冠蓝色或白色，无毛，裂片近圆形，附属物半月形。小坚果卵形，稍偏斜，有稀疏小瘤状突起 | **花期** 7～9 月 | **果期** 不明 | **海拔** 3 600～5 200 米 | **观察** 偶见于山顶草地或多石砾山坡 | **中国特有种**

紫草科 Boraginaceae > 微孔草属 *Microula* > *Microula tibetica*

西藏微孔草　ནད་མ་རྒྱ་ནག་ག

二年生草本 | **形态** 茎缩短，枝端生花序，疏被短糙毛或近无毛。叶均平展并铺地面上，匙形，基部渐狭成柄，边缘近全缘或有波状小齿，上面散生具基盘的短刚毛。苞片线形或长圆状线形，两面有短毛；花萼 5 深裂，裂片狭三角形，外面疏被短柔毛，边缘有短睫毛；花冠蓝色或白色，裂片圆卵形，附属物低梯形。小坚果卵形或近菱形，有小瘤状突起，突起顶端有锚状刺毛 | **花期** 7～9 月 | **果期** 不明 | **海拔** 3 500～5 300 米 | **观察** 常见于湖边沙滩、高原草地

旋花科 Convolvulaceae > 旋花属 *Convolvulus* > *Convolvulus ammannii*

银灰旋花　ཕག་ཞིང་དྲུལ་སྐྱུ།

多年生草本 | **形态** 茎平卧或上升，枝和叶密被贴生稀半贴生的银灰色绢毛。叶互生，线形或狭披针形，先端锐尖，基部狭，无柄。花单生枝端；萼片 5 枚，外萼片长圆形或长圆状椭圆形，内萼片较宽，椭圆形，密被贴生银色毛；花冠小，漏斗状，淡玫瑰色或白色带紫色纹，有毛，5 浅裂；雄蕊 5 枚；雌蕊无毛，花柱 2 裂，柱头 2 枚。蒴果球形，2 裂 | **花期** 6～8 月 | **果期** 7～8 月 | **海拔** 1 200～3 400 米 | **观察** 可见于干旱山坡草地或路旁

茄科 Solanaceae > 山莨菪属 *Anisodus* > *Anisodus tanguticus*

山莨菪 ཐང་ཕྲོམ་ནག་པོ།

多年生宿根草本｜**形态** 叶片纸质或近坚纸质，矩圆形至狭矩圆状卵形，基部楔形或下延，全缘或具 1～3 对粗齿；叶柄两侧略具翅。花俯垂或有时直立；花萼钟状或漏斗状钟形，坚纸质，裂片宽三角形；花冠钟状或漏斗状钟形，紫色或暗紫色，内藏或仅檐部露出萼外；花盘浅黄色。果实球状或近卵状｜**花期** 5～6 月｜**果期** 7～8 月｜**海拔** 2 000～4 400 米｜**观察** 可见于山坡、草坡阳处

茄科 Solanaceae > 天仙子属 *Hyoscyamus* > *Hyoscyamus niger*

天仙子 ལང་ཐང་ཏྲེ།

二年生草本｜**形态** 植株被黏性腺毛。叶卵状披针形或长圆形，基部渐窄，具粗齿或羽状浅裂，叶柄翼状；茎生叶卵形或三角状卵形，先端钝或渐尖，基部宽楔形半抱茎；茎顶叶浅波状，裂片多为三角形。花在茎中下部单生叶腋，在茎上端单生苞状叶腋内组成蝎尾式总状花序，常偏向一侧；花萼筒状钟形，花后坛状，裂片张开；花冠钟状，黄色，肋纹紫色。蒴果长卵圆形｜**花期** 5～8 月｜**果期** 7～10 月｜**海拔** 700～3 600 米｜**观察** 常见于山坡、路旁等地

茄科 Solanaceae > 马尿泡属 *Przewalskia* > *Przewalskia tangutica*

马尿泡 ཐང་ཕྲོམ་དཀར་པོ།

多年生草本｜**形态** 全体生腺毛。茎常至少部分埋于地下。叶生于茎下部者鳞片状，常埋于地下，生于茎顶端者密集生，铲形、长椭圆状卵形至长椭圆状倒卵形，顶端圆钝，基部渐狭，边缘全缘或微波状。总花梗具 1～3 朵花；花萼筒状钟形，萼齿圆钝；花冠檐部黄色，筒部紫色，筒状漏斗形，檐部 5 浅裂；花柱显著伸出于花冠。蒴果球状，果萼椭圆状或卵状，近革质｜**花期** 6～7 月｜**果期** 7～9 月｜**海拔** 3 200～5 000 米｜**观察** 可见于高山沙砾地及干旱草原｜**中国特有种**

木犀科 Oleaceae > 丁香属 *Syringa* > *Syringa sweginzowii*

四川丁香　སི་ཁྲོན་སྟེ་ར་ག

高大灌木 | **形态** 小枝紫褐色，四棱形。叶片卵形、卵状椭圆形至披针形，先端锐尖至渐尖，基部楔形至近圆形。圆锥花序直立；花序轴常呈四棱形；花芳香；花萼截形；花冠淡红色、淡紫色或桃红色至白色，花冠管细弱，近圆柱形，裂片与花冠管呈直角开展，先端稍内弯而具喙；花药黄色。果长椭圆形 | **花期** 5～6月 | **果期** 9～10月 | **海拔** 2 000～4 000米 | **观察** 偶见于山坡灌丛、林中、河边 | **中国特有种**

车前科 Plantaginaceae > 杉叶藻属 *Hippuris* > *Hippuris vulgaris*

杉叶藻　ན་ཤུག་སྟོང་དམར།

多年生水生草本 | **形态** 茎直立，多节，上部不分枝，下部合轴分枝。叶条形，轮生，两型，无柄，8～10片轮生；沉水中的叶线状披针形，全缘，较弯曲细长，柔软脆弱，茎中部叶最长；露出水面的叶条形或狭长圆形、全缘，与深水叶相比稍短而挺直。花单生叶腋，两性，稀单性；雄蕊1枚，花药红色；花柱宿存，针状。果为小坚果状，卵状椭圆形 | **花期** 4～9月 | **果期** 5～10月 | **海拔** 5 000米以下 | **观察** 可见于沼泽、湖泊或浅水处 | **IUCN-无危**

车前科 Plantaginaceae > 兔耳草属 *Lagotis* > *Lagotis brachystachya*

短穗兔耳草　འབྲི་དྭ་ས་འཛིན།

多年生矮小草本 | **形态** 叶全部基出，莲座状；叶柄扁平，翅宽；叶片宽条形至披针形，基部渐窄成柄，边全缘。花莛数条；穗状花序卵圆形，花密集；苞片卵状披针形；花萼成两裂片状，后方开裂至1/3以下，除脉外均膜质透明，被长缘毛；花冠白色或微带粉红或紫色，花冠筒伸直较唇部长，上唇全缘，下唇2裂，裂片矩圆形；花柱伸出花冠外；花盘4裂。果实红色，卵圆形 | **花果期** 5～8月 | **海拔** 3 200～4 500米 | **观察** 偶见于高山草原、河滩 | **中国特有种**

植株　叶

车前科 Plantaginaceae > 兔耳草属 *Lagotis* > *Lagotis brevituba*

短简兔耳草 ནོར་ལེན་དཀར་ཆུང་།

多年生矮小草本 | **形态** 茎 1～3 条。基生叶 4～7 片；叶片卵形至卵状矩圆形，质地较厚，顶端钝或圆形，边缘有深浅多变的圆齿；茎生叶多数，生于花序附近，与基生叶同形而较小。穗状花序头状至矩圆形，花稠密；苞片近圆形；花萼佛焰苞状，后方开裂 1/4～1/3，萼裂片卵圆形，被缘毛；花冠浅蓝色或白色带紫色，上唇倒卵状矩圆形，全缘或浅凹，下唇 2 裂，裂片条状披针形；花柱内藏。核果长卵圆形 | **花果期** 6～8 月 | **海拔** 3 000～4 500 米 | **观察** 偶见于高山草地及沙质坡地 | **中国特有种**

车前科 Plantaginaceae > 柳穿鱼属 *Linaria* > *Linaria thibetica*

宽叶柳穿鱼 བཙན་ལྡུམ་ཁོན་ལེབ།

多年生草本 | **形态** 茎常数枝丛生，无毛。叶互生，无柄，长椭圆形至卵状椭圆形，具 3～5 脉，无毛。穗状花序顶生，花多而密集；苞片披针形；花萼裂片条状披针形；花冠淡紫色或黄色，上下唇近等长，下唇裂片卵形，顶端钝尖，距稍弓曲。蒴果卵球状 | **花期** 7～9 月 | **海拔** 2 500～3 800 米 | **观察** 偶见于山坡草地、林缘和疏灌丛 | **中国特有种**

车前科 Plantaginaceae > 车前属 *Plantago* > *Plantago depressa*

平车前 ཐ་རམ།

一年生或二年生草本 | **形态** 直根长，具多数侧根。叶基生呈莲座状，平卧、斜展或直立；叶片纸质，椭圆形、椭圆状披针形或卵状披针形，边缘具浅波状钝齿、不规则锯齿或牙齿，基部宽楔形至狭楔形，下延至叶柄，脉 5～7 条。花序 3～10 余个；穗状花序细圆柱状，上部密集，基部常间断；花冠白色；雄蕊同花柱明显外伸。蒴果卵状椭圆形至圆锥状卵形 | **花期** 5～7 月 | **果期** 7～9 月 | **海拔** 4 500 米以下 | **观察** 常见于草地、沟边、田间及路旁

叶

植株 花序

车前科 Plantaginaceae > 细穗玄参属 *Scrofella* > *Scrofella chinensis*

细穗玄参 ལྱམ་ཁ་རི།

多年生草本 | **形态** 植株直立，不分枝。茎叶无毛，叶稠密，无柄，全缘，长矩圆形至披针形，上部的叶较窄，仅中脉明显。花序长达 10 厘米，花密集，花序轴、苞片、花萼裂片均被细腺毛；苞片钻形；花萼裂片钻形；花冠白色。蒴果长约 4 毫米 | **花期** 7～8 月 | **果期** 不明 | **海拔** 2 800～3 900 米 | **观察** 偶见于高山草甸、灌丛 | **中国特有种**

车前科 Plantaginaceae > 婆婆纳属 *Veronica* > *Veronica vandellioides*

唐古拉婆婆纳 ཨ་རྩེ་ར་དམར་པོ།

陆生草本 | **形态** 茎细弱，上升或多少蔓生。叶片卵圆形，基部心形或平截形，顶端钝，每边具 2～5 个圆齿。总状花序多条，侧生于茎上部叶腋或几乎所有叶腋，退化为只具单花或两朵花；苞片宽条形至披针形；花梗纤细；花萼裂片长椭圆形；花冠浅蓝色、粉红色或白色，裂片圆形至卵形。蒴果近倒心状肾形，基部平截状圆形 | **花期** 7～8 月 | **果期** 不明 | **海拔** 2 000～4 400 米 | **观察** 常见于林下及草丛 | **中国特有种**

玄参科 Scrophulariaceae > 藏玄参属 *Oreosolen* > *Oreosolen wattii*

藏玄参 ག་ཀོ་ལ་ཤེར་པོ།

多年生矮小草本 | **形态** 植株全体被粒状腺毛。叶生茎顶端，具极短而宽扁的叶柄，叶片大而厚，心形、扇形或卵形，边缘具不规则钝齿。花萼裂片条状披针形；花冠黄色，上唇裂片卵圆形，下唇裂片倒卵圆形；雄蕊内藏至稍伸出。蒴果长达 8 毫米 | **花期** 6 月 | **果期** 8 月 | **海拔** 3 000～5 100 米 | **观察** 偶见于高山草甸、山坡

茎　花序

植株　花

玄参科 Scrophulariaceae > 玄参属 Scrophularia > Scrophularia przewalskii

青海玄参　གཡེར་ཞིང་སེར་པོ།

多年生草本 | **形态** 在下部节上的叶鳞状，茎生叶疏生短柔毛，叶片卵形，边缘具牙齿、锯齿或细圆齿。聚伞圆锥花序顶生在主茎或侧枝上，具 1～3 朵花；花梗具腺毛；萼裂片卵状长圆形，具腺，先端圆形；花冠黄色；雄蕊与下唇等长。蒴果球形 | **花期** 6～8 月 | **果期** 8～9 月 | **海拔** 4 100～4 600 米 | **观察** 罕见于多石山坡

紫葳科 Bignoniaceae > 角蒿属 Incarvillea > Incarvillea younghusbandii

藏波罗花　ཞུག་ཚོས་གཡུང་བ།

矮小宿根草本 | **形态** 无茎。叶基生，平铺于地上，一回羽状复叶；顶端小叶卵圆形至圆形，较大，侧生小叶 2～5 对，卵状椭圆形。花单生或 3～6 朵着生于从叶腋中抽出的缩短的总梗上；花萼钟状，萼齿 5 枚，不等大；花冠细长，漏斗状，花冠筒橘黄色，花冠裂片开展，圆形；雄蕊 4 枚，2 强，花药"丁"字形着生。蒴果近于木质，弯曲或新月形，具 4 棱 | **花期** 5～8 月 | **果期** 8～10 月 | **海拔** 4 000～5 500 米 | **观察** 可见于高山沙质草甸及山坡砾石垫状灌丛中 | **中国特有种**

狸藻科 Lentibulariaceae > 捕虫堇属 Pinguicula > Pinguicula alpina

高山捕虫堇　རྡོ་སྦར་མེ།

多年生草本 | **形态** 基生叶莲座状；叶片长椭圆形，边缘全缘并内卷，上面密生多数分泌黏液的腺毛。花单生；花萼 2 深裂，上唇 3 浅裂，下唇 2 浅裂；花冠白色，距淡黄色，上唇 2 裂达中部，裂片宽卵形至近圆形，下唇 3 深裂，中裂片较大，圆形或宽倒卵形，顶端圆形或截形，侧裂片宽卵形；距圆柱状，顶端圆形；花丝线形，弯曲；花柱极短。蒴果卵球形至椭圆球形 | **花期** 5～7 月 | **果期** 7～9 月 | **海拔** 1 800～4 500 米 | **观察** 可见于阴湿岩壁间或高山杜鹃灌丛下

植株　花序

唇形科 Lamiaceae > 筋骨草属 *Ajuga* > *Ajuga lupulina*

白苞筋骨草　ཟིན་ཏིག་དཀར་པོ།

多年生草本｜**形态** 叶披针形或菱状卵形，先端钝，基部楔形下延，疏生波状圆齿或近全缘；叶柄具窄翅，基部抱茎。轮伞花序组成穗状花序；苞叶白黄、白或绿紫色，卵形或宽卵形；花萼钟形或近漏斗形，萼齿窄三角形；花冠白、白绿或白黄色，具紫色斑纹，窄漏斗形，冠筒基部前方稍膨大，上唇2裂，下唇中裂片窄扇形，先端微缺，侧裂片长圆形｜**花期** 7～9月｜**果期** 8～10月｜**海拔** 1 300～4 200米｜**观察** 常见于河滩沙地、高山草地或陡坡石缝｜**中国特有种**

唇形科 Lamiaceae > 筋骨草属 *Ajuga* > *Ajuga ovalifolia* var. *calantha*

美花筋骨草　ཟིན་ཏིག་སྟོན་པོ།

一年生草本｜**形态** 植株具短茎。通常有叶2对，稀3对，叶柄具狭翅；叶片纸质，宽卵形或近菱形，基部下延。穗状聚伞花序顶生，几呈头状，由3～4个轮伞花序组成；苞叶大，叶状，卵形或椭圆形；花萼管状钟形，萼齿5枚；花冠红紫色至蓝色，筒状，微弯，冠檐二唇形，上唇2裂，裂片圆形，下唇3裂，中裂片略大，扇形，侧裂片圆形｜**花期** 6～8月｜**果期** 9月｜**海拔** 3 000～4 300米｜**观察** 常见于沙质草坡或山坡｜**中国特有种**

唇形科 Lamiaceae > 青兰属 *Dracocephalum* > *Dracocephalum heterophyllum*

白花枝子花　ཕྱི་ཡུང་ཀུ་དཀར་པོ།

多年生草本｜**形态** 叶宽卵形或长卵形，先端钝圆，基部心形，下面疏被短柔毛或近无毛，具浅圆齿或锯齿及缘毛；茎上部叶柄短。轮伞花序具4～8朵花，生于茎上部；苞片倒卵状匙形或倒披针形，具3～8对长刺细齿；花萼淡绿色，疏被短柔毛，具缘毛，上唇3浅裂，萼齿三角状卵形，具刺尖，下唇2深裂，萼齿披针形，先端具刺；花冠白色，密被白或淡黄色短柔毛｜**花期** 6～8月｜**果期** 不明｜**海拔** 1 100～5 000米｜**观察** 常见于山地草原及半荒漠的多石干燥地区

植株 花序

唇形科 Lamiaceae > 青兰属 *Dracocephalum* > *Dracocephalum tanguticum*

甘青青兰 གན་མཚོ་བྱི་ཡང་ཀུ།

多年生草本 | **形态** 茎直立。叶具柄，叶片轮廓椭圆状卵形或椭圆形，基部宽楔形，羽状全裂，裂片 2～3 对，线形，边缘全缘，内卷。轮伞花序生于茎顶部 5～9 节上，常具 4～6 朵花，形成间断的穗状花序；苞片似叶，但极小，仅 1 对裂片；花萼常带紫色，2 裂至 1/3 处，齿被睫毛，先端锐尖，上唇 3 裂至本身 2/3 稍下处，下唇 2 裂至本身基部，齿披针形；花冠紫蓝色至暗紫色 | **花期** 6～9 月 | **果期** 不明 | **海拔** 1 900～4 000 米 | **观察** 可见于河岸、田野、山坡 | **中国特有种**

唇形科 Lamiaceae > 香薷属 *Elsholtzia* > *Elsholtzia densa*

密花香薷 ཤི་ཅུག་ནག་པོ།

多年生草本 | **形态** 茎自基部多分枝。叶长圆状披针形至椭圆形，先端急尖或微钝，基部宽楔形或近圆形，边缘在基部以上具锯齿。穗状花序长圆形或近圆形，密被紫色串珠状长柔毛，由密集的轮伞花序组成；最下的 1 对苞叶与叶同形，向上呈苞片状；花萼钟状，萼齿 5 枚，后 3 齿稍长，果时花萼膨大，近球形；花冠小，淡紫色，上唇直立，先端微缺，下唇稍开展，3 裂 | **花果期** 7～10 月 | **海拔** 1 800～4 100 米 | **观察** 常见于林缘、高山草甸等地

唇形科 Lamiaceae > 香薷属 *Elsholtzia* > *Elsholtzia fruticosa*

鸡骨柴 ཤི་ཅུག་དཀར་པོ།

直立灌木 | **形态** 多分枝。叶披针形或椭圆状披针形，边缘在基部以上具粗锯齿，近基部全缘。穗状花序圆柱状，由具短梗多花的轮伞花序所组成，位于穗状花序下部的 2～3 个轮伞花序稍疏离而多少间断，上部者均聚集而连续；花萼钟形，萼齿 5 枚，三角状钻形；花冠白色至淡黄色，冠檐二唇形，上唇直立，先端微缺，下唇开展，3 裂，中裂片圆形，侧裂片半圆形；雄蕊 4 枚，伸出 | **花期** 7～9 月 | **果期** 10～11 月 | **海拔** 1 200～3 800 米 | **观察** 常见于山谷侧边、谷底、路旁

叶

植株　花序

植株　花序

唇形科 Lamiaceae > 绵参属 *Eriophyton* > *Eriophyton wallichii*

绵参　སྤང་ཚན་སྨུག་རིལ།

多年生草本 | **形态** 茎直立，不分枝，被绵毛。叶变异很大，茎下部叶细小，茎上部叶大，两两交互对生，菱形或圆形，边缘在中部以上具圆齿或圆齿状锯齿，两面均密被绵毛。轮伞花序通常 6 朵花，密被绵毛；花萼宽钟形，齿 5 枚，近等大，三角形；花冠淡紫至粉红色，冠筒略下弯，长约为花冠长之半，冠檐二唇形，上唇宽大，盔状扁合，向下弯曲，外面密被绵毛，下唇 3 裂，中裂片略大，先端微缺 | **花期** 7～9 月 | **果期** 9～10 月 | **海拔** 2 700～4 700 米 | **观察** 偶见于高山流石滩

唇形科 Lamiaceae > 鼬瓣花属 *Galeopsis* > *Galeopsis bifida*

鼬瓣花　མིག་སྨན་དཀར་པོ།

一年生直立草本 | **形态** 茎直立，多少分枝。茎叶卵圆状披针形或披针形，先端锐尖或渐尖，基部渐狭至宽楔形，边缘有规则的圆齿状锯齿。轮伞花序腋生，多花密集；小苞片线形至披针形；花萼管状钟形，齿 5 枚，先端为长刺状；花冠白、黄或粉紫红色，冠筒喉部增大，冠檐二唇形，上唇卵圆形，先端具不等的数齿，下唇 3 裂，中裂片先端明显微凹，紫纹直达边缘，侧裂片全缘 | **花期** 7～9 月 | **果期** 9 月 | **海拔** 4 000 米以下 | **观察** 常见于林缘、路旁等地

唇形科 Lamiaceae > 独一味属 *Lamiophlomis* > *Lamiophlomis rotata*

独一味　ཇ་ལྒུག་ས་པ།

无茎多年生草本 | **形态** 叶片常 4 枚，辐状两两相对，菱状圆形、菱形、扇形、横肾形以至三角形，先端钝、圆形或急尖，基部浅心形或宽楔形，边缘具圆齿。轮伞花序密集排列成有短莛的头状或短穗状花序；苞片披针形、倒披针形或线形，向上渐小，先端渐尖，基部下延，全缘，小苞片针刺状；花萼管状，萼齿 5 枚，短三角形，先端具刺尖；花冠筒管状，冠檐二唇形，上唇近圆形，下唇 3 裂，裂片椭圆形 | **花期** 6～7 月 | **果期** 8～9 月 | **海拔** 2 700～4 900 米 | **观察** 常见于碎石滩或高山草甸

花序　花

植株　花序

唇形科 Lamiaceae > 扭连钱属 *Marmoritis* > *Marmoritis complanatum*

扭连钱　གཅིན་འདུལ་པ།

多年生草本 | 形态 叶常呈覆瓦状紧密排列，叶片宽卵状圆形、圆形或近肾形，边缘具圆齿及缘毛。聚伞花序通常 3 花；苞叶与茎叶同形；小苞片线状钻形；花萼管状，向上略膨大，微弯，口部偏斜，齿 5 枚，上唇 3 齿略大；花冠淡红色，冠筒管状，向上膨大，冠檐二唇形，倒扭，上唇倒扭后变下唇，2 裂，裂片长圆形，下唇倒扭后变上唇，3 裂，中裂片宽大，两侧裂片小，宽卵状长圆形 **| 花期** 6～7 月 **| 果期** 7～9 月 **| 海拔** 4 300～5 000 米 **| 观察** 偶见于流石滩石隙间 **| 中国特有种**

唇形科 Lamiaceae > 荆芥属 *Nepeta* > *Nepeta coerulescens*

蓝花荆芥　སྔ་ཆིག་སྟོན་པོ། (ཞིམ་ཐིག་སྟོན་པོ།)

多年生草本 | 形态 叶披针状长圆形，先端急尖，基部截形或浅心形，边缘浅锯齿状，纸质。轮伞花序密集成卵形的穗状花序；苞叶叶状，向上渐变小，近全缘，发蓝色；花萼口部极斜，上唇 3 浅裂，齿三角状宽披针形，渐尖，下唇 2 深裂，齿线状披针形；花冠蓝色，冠筒向上骤然扩展，冠檐二唇形，上唇直立，2 圆裂，下唇 3 裂，中裂片倒心形，先端微缺，基部被髯毛，侧裂片外反，半圆形 **| 花期** 7～8 月 **| 果期** 8～9 月 **| 海拔** 3 300～4 400 米 **| 观察** 可见于山坡或石缝 **| 中国特有种**

唇形科 Lamiaceae > 荆芥属 *Nepeta* > *Nepeta prattii*

康藏荆芥　ཁམས་སྔར་ཆིག (འཇིག་རྟེ་ཆེན་པོ།)

多年生草本 | 形态 叶卵状披针形、宽披针形至披针形，向上渐变小，先端急尖，基部浅心形，边缘具密的牙齿状锯齿。轮伞花序下部远离，顶部的 3～6 轮密集成穗状；苞叶具细锯齿至全缘；花萼喉部极斜，上唇 3 枚齿宽披针形或披针状长三角形，下唇 2 枚齿狭披针形；花冠紫色或蓝色，冠筒向上骤然宽大，冠檐二唇形，上唇裂至中部成 2 钝裂片，下唇中裂片肾形，先端中部具弯缺，边缘齿状，侧裂片半圆形 **| 花期** 7～10 月 **| 果期** 8～11 月 **| 海拔** 1 900～4 400 米 **| 观察** 常见于山坡草地、溪边等处 **| 中国特有种**

唇形科 Lamiaceae > 鼠尾草属 *Salvia* > *Salvia prattii*

康定鼠尾草　དར་མ་དོའི་ལིམ་ཐིག

多年生直立草本｜**形态** 叶有基生叶和茎生叶，茎生叶较少，几全部为基生叶，叶片长圆状戟形或卵状心形，基部心形或近戟形，边缘有不整齐的圆齿。轮伞花序具 2～6 朵花，于茎顶排列成总状花序；苞片全缘；花萼钟形；花冠红色或青紫色，大型，内面在冠筒基部有疏柔毛环，冠檐二唇形，上唇长圆形，先端全缘或微凹，两侧折合，略作拱形，下唇 3 裂，中裂片最大，倒心形｜**花期** 7～9 月｜**果期** 不明｜**海拔** 3 800～4 800 米｜**观察** 可见于山坡草地｜**中国特有种**

唇形科 Lamiaceae > 鼠尾草属 *Salvia* > *Salvia przewalskii*

甘西鼠尾草　གན་རུབ་ལིམ་ཐིག

多年生草本｜**形态** 叶常三角状戟形或长圆状披针形，先端尖，基部心形或戟形，具圆齿状牙齿。轮伞花序具 2～4 朵花，疏散，组成顶生总状或圆锥状花序；苞片卵形或椭圆形；花萼钟形，上唇三角状半圆形，具 3 枚短尖头，下唇具 2 枚三角形齿；花冠紫红或红褐色，上唇疏被红褐色腺点，上唇长圆形，全缘，稍内凹，中裂片倒卵形，先端近平截，侧裂片半圆形｜**花期** 5～8 月｜**果期** 不明｜**海拔** 1 100～4 000 米｜**观察** 常见于林缘、路旁、灌丛｜**中国特有种**

唇形科 Lamiaceae > 鼠尾草属 *Salvia* > *Salvia roborowskii*

粘毛鼠尾草　ལིམ་ཐིག་སེར་པོ

一年生或二年生草本｜**形态** 茎直立，多分枝，密被有粘腺的长硬毛。叶片戟形或戟状三角形，基部浅心形或截形，边缘具圆齿。轮伞花序具 4～6 朵花，上部密集，下部疏离组成顶生或腋生的总状花序；花萼二唇形，上唇三角状半圆形，先端具三个短尖头，下唇浅裂成 2 枚齿，齿三角形；花冠黄色，冠檐二唇形，上唇长圆形，下唇 3 裂，中裂片倒心形，先端微缺，基部收缩，侧裂片斜半圆形｜**花期** 6～8 月｜**果期** 9～10 月｜**海拔** 2 500～3 700 米｜**观察** 常见于山坡草地、沟边等地

植株 花序

唇形科 Lamiaceae > 黄芩属 *Scutellaria* > *Scutellaria hypericifolia*

连翘叶黄芩　ཕྱི་ཡང་ཀུ་ཅེན།

多年生草本 | **形态** 叶片草质，大多数卵圆形，在茎上部者有时为长圆形，基部大多圆形或宽楔形，边缘常全缘或偶有微波状。花序总状；苞片下部者似叶，其余的渐变小；花萼绿紫色，有时紫色；花冠白、绿白至紫、紫蓝色，外面疏被短柔毛；冠筒基部膝曲，渐向喉部增大；冠檐二唇形，上唇盔状，内凹，先端微缺，下唇中裂片三角状卵圆形，近基部最宽，先端微凹 | **花期** 6～8 月 | **果期** 8～9 月 | **海拔** 900～4 000 米 | **观察** 可见于山地草坡或林缘 | **中国特有种**

通泉草科 Mazaceae > 肉果草属 *Lancea* > *Lancea tibetica*

肉果草　པ་ཡག་པ།

多年生矮小草本 | **形态** 叶 6～10 片，倒卵形至倒卵状矩圆形或匙形，近革质，顶端常有小凸尖，边全缘或有很不明显的疏齿，基部渐狭成有翅的短柄。花 3～5 朵簇生或伸长成总状花序；花萼钟状，革质，萼齿钻状三角形；花冠深蓝色或紫色，喉部稍带黄色或紫色斑点，上唇直立，2 深裂，偶有几全裂，下唇开展，中裂片全缘。果实卵状球形，红色至深紫色 | **花期** 5～7 月 | **果期** 7～9 月 | **海拔** 2 000～4 500 米 | **观察** 常见于草地、疏林、沟谷

列当科 Orobanchaceae > 草苁蓉属 *Boschniakia* > *Boschniakia himalaica*

丁座草　སྲུག་ཡུངས།

寄生草本 | **形态** 茎肉质。叶宽三角形、三角状卵形至卵形。花序总状，具密集的多数花；苞片 1 枚，着生花梗基部，三角状卵形；小苞片无或有 2 枚，线状披针形；花萼浅杯状，顶端 5 裂；花冠黄褐色或淡紫色，筒部稍膨大；上唇盔状，近全缘或顶端稍微凹，下唇 3 浅裂，裂片三角形或狭长圆形，常反折，中间 1 枚稍短，边缘被短柔毛；雄蕊 4 枚，常伸出于花冠之外。蒴果近圆球形或卵状长圆形，常 3 瓣开裂 | **花期** 4～6 月 | **果期** 6～9 月 | **海拔** 2 500～4 400 米 | **观察** 常寄生于杜鹃花属植物的根上

列当科 Orobanchaceae > 小米草属 *Euphrasia* > *Euphrasia regelii*

短腺小米草　རྒྱ་ཀ་མེ་ཏོག་ཆུང་བ།

一年生草本 | **形态** 茎直立，被白色柔毛。下部的叶和苞叶楔状卵形，顶端钝，每边有 2～3 枚钝齿，中部的稍大，卵形至卵圆形，基部宽楔形，每边有 3～6 枚锯齿，同时被刚毛和顶端为头状的短腺毛。花萼管状，裂片披针状渐尖至钻状渐尖；花冠白色，上唇常带紫色，下唇比上唇长，裂片顶端明显凹缺。蒴果长矩圆状 | **花期** 5～9 月 | **果期** 不明 | **海拔** 1 200～4 000 米 | **观察** 常见于高山草地及林中

列当科 Orobanchaceae > 列当属 *Orobanche* > *Orobanche coerulescens*

列当　སྒྲོ་ཞིར།

寄生草本 | **形态** 茎直立，不分枝，具明显的条纹。叶卵状披针形，连同苞片和花萼外面及边缘密被蛛丝状长绵毛。花多数，排列成穗状花序；苞片与叶同形并近等大，先端尾状渐尖；花萼 2 深裂达近基部，每裂片中部以上再 2 浅裂，小裂片狭披针形，先端长尾状渐尖；花冠深蓝色、蓝紫色或淡紫色；上唇 2 浅裂，下唇 3 裂，裂片近圆形或长圆形，中间的较大，顶端钝圆，边缘具不规则小圆齿 | **花期** 4～7 月 | **果期** 7～9 月 | **海拔** 900～4 000 米 | **观察** 常寄生于蒿属植物的根上

列当科 Orobanchaceae > 马先蒿属 *Pedicularis* > *Pedicularis alaschanica*

阿拉善马先蒿　ནོ་ད་མ་རྒྱ་ཤེར་པོ།

多年生草本 | **形态** 茎常多数，多少直立或更多侧茎铺散上升，在基部分枝，但上部绝不分枝，密被短而锈色绒毛。基生叶早败，茎生叶茂密，下部叶对生，上部叶 3～4 枚轮生；叶片披针状长圆形至卵状长圆形，羽状全裂，裂片每边 7～9 个。花序穗状，生于茎枝之端；苞片叶状，甚长于花；萼膜质，长圆形，前方开裂，齿 5 枚；花冠黄色；雄蕊花丝着生于管的基部，前方一对端有长柔毛 | **花期** 6～8 月 | **果期** 9 月 | **海拔** 3 900～5 100 米 | **观察** 可见于多石砾与沙的向阳山坡 | **中国特有种**

植株 花序

列当科 Orobanchaceae > 马先蒿属 *Pedicularis* > *Pedicularis armata*

刺齿马先蒿　ལུག་རུ་གདོང་ནག།

多年生草本，低矮或稍升高 | **形态** 叶线状长圆形，羽状深裂，裂片 4～9 对，有刺尖重锯齿。花腋生；萼齿 2 枚，近掌状 3～5 裂，具刺尖锯齿；花冠黄色，上唇端部近直角转向前方，喙细，卷成环状，先端反指后上方，下唇大而开展，侧裂片较中裂片大，基部具耳，成深心形，伸至上唇后方 | **花期** 8～9 月 | **果期** 9 月 | **海拔** 3 000～4 600 米 | **观察** 可见于空旷高山草地 | **中国特有种**

列当科 Orobanchaceae > 马先蒿属 *Pedicularis* > *Pedicularis cheilanthifolia*

碎米蕨叶马先蒿　བྱ་མ་ཆུ་རིལ་འོན་མ།

多年生草本 | **形态** 叶基出者宿存，丛生，茎叶 4 枚轮生；叶片线状披针形，羽状全裂，裂片 8～12 对，羽状浅裂，小裂片 2～3 对。花序一般亚头状，下部花轮有时疏远；苞片叶状；萼长圆状钟形，前方开裂至 1/3 处，齿 5 枚；花冠自紫红色一直退至纯白色，管在花初放时几伸直，后约在基部几以直角向前膝曲，上段向前方扩大，下唇裂片圆形，盔在花盛开时作镰状弓曲；花柱伸出 | **花期** 6～8 月 | **果期** 7～9 月 | **海拔** 2 100～5 200 米 | **观察** 常见于草坡、草甸等地

列当科 Orobanchaceae > 马先蒿属 *Pedicularis* > *Pedicularis confertiflora*

聚花马先蒿　ནོད་མ་ཆུ་སྒྲུག་པོ།

一年生低矮草本 | **形态** 叶片均为卵状长圆形，羽状全裂，裂片 5～7 对，卵形，有缺刻状锯齿，缘常反卷。花对生或上部 4 枚轮生而较密，下部 1 轮有时疏远；萼钟形，齿 5 枚；花冠下唇宽大，三角状心脏形，前方 3 裂至 1/3 处，中裂三角状卵形，端作明显的兜状，侧裂斜卵形，盔上端约以直角转折向前，含有雄蕊的部分膨大而斜指前上方，顶端成为稍稍指向前下方而伸直的细喙，喙端全缘 | **花期** 7～9 月 | **果期** 8～10 月 | **海拔** 2 700～4 900 米 | **观察** 可见于空旷多石的草地

植株　叶

植株　花

植株　叶

植株　花

列当科 Orobanchaceae > 马先蒿属 *Pedicularis* > *Pedicularis kansuensis*

甘肃马先蒿　འཇིབ་རྩེ་སྣ་ག་པོ།

一年或两年生草本 | **形态** 基生叶柄较长；茎生叶 4 枚轮生；叶长圆形，羽状全裂，裂片约 10 对，披针形，羽状深裂，小裂片具锯齿。花轮生；下部苞片叶状，上部苞片亚掌状 3 裂；花萼近球形，萼齿 5 枚，不等大，三角形，有锯齿；花冠紫红色，冠筒近基部膝曲，上唇稍镰状弓曲，额部高凸，具有波状齿的鸡冠状突起，下唇长于上唇，裂片圆形，中裂片基部窄缩 | **花期** 6～8 月 | **果期** 7～9 月 | **海拔** 1 800～4 600 米 | **观察** 常见于田埂、草坡等地 | **中国特有种**

列当科 Orobanchaceae > 马先蒿属 *Pedicularis* > *Pedicularis lachnoglossa*

绒舌马先蒿　 རེད་གྲར་ཇེ་སྒ།

多年生草本 | **形态** 叶多基生成丛，有长柄，叶片披针状线形，羽状全裂，裂片 20～40 对。花序总状，花常有间歇；萼圆筒状长圆形，略在前方开裂；花冠紫红色，管圆筒状，在中部稍上处多少向前弓曲而自萼的裂缺中伸出，下唇 3 深裂，有长而密的浅红褐色缘毛，在含有雄蕊的部分突然以略小于直角的角度转折而指向前下方，其额部与额部及其下缘均密被浅红褐色长毛，前方又多少急细而为细直之喙 | **花期** 6～7 月 | **果期** 8 月 | **海拔** 2 500～5 400 米 | **观察** 可见于高山草甸、山坡灌丛间

列当科 Orobanchaceae > 马先蒿属 *Pedicularis* > *Pedicularis lasiophrys*

毛颏马先蒿　ཊེ་ཤེ་མ་ཅུ་སྒ།

多年生草本 | **形态** 基生叶有时成假莲座，较发达，中部以上几无叶；叶片长圆状线形至披针状线形，钝头至锐头，缘有羽状的裂片或深齿，裂片或齿两侧全缘。花序多少头状或伸长为短总状，下部之花较疏；苞片披针状线形至三角状披针形；萼钟形，齿 5 枚，几相等；花冠淡黄色，下唇 3 裂，裂片均圆形而有细柄，盔以直角自直立部分转折，前端细缩成喙 | **花期** 7～8 月 | **果期** 8～9 月 | **海拔** 2 900～5 000 米 | **观察** 可见于高山草甸、林下 | **中国特有种**

植株　花序

列当科 Orobanchaceae > 马先蒿属 *Pedicularis* > *Pedicularis longiflora* var. *tubiformis*

管状长花马先蒿　ལུག་རུ་སེར་པོ།

低矮草本 | **形态** 叶羽状浅裂至深裂，披针形至狭长圆形，裂片 5～9 对，有重锯齿；萼管状，前方开裂约至 2/5，齿 2 枚。花均腋生，花冠黄色，一般较小，下唇近喉处有棕红色的斑点，盔前缘上端转向前上方成为多少膨大的含有雄蕊部分，其前端狭细为一半环状卷曲的细喙，下唇有长缘毛，宽过于长，中裂近于倒心脏形，端明显凹入，侧裂为斜宽卵形，凹头，外侧明显耳形 | **花果期** 5～10 月 | **海拔** 2 700～5 300 米 | **观察** 常见于高山草甸及溪流旁

本土知识 又叫羊羔花。藏区儿童会在放牧时吹，有吹羊羔花会下雨的说法。

列当科 Orobanchaceae > 马先蒿属 *Pedicularis* > *Pedicularis muscicola*

藓生马先蒿　ལུག་རུ་གློག་ཤིང་སྐྱེས།

多年生草本 | **形态** 叶片椭圆形至披针形，羽状全裂，裂片每边 4～9 枚，有锐重锯齿，齿有凸尖。花皆腋生；萼齿 5 枚，略相等，基部三角形而连于萼管，向上渐细；花冠玫瑰色，管外面有毛，盔直立部分很短，几在基部即向左方扭折使其顶部向下，前方渐细为卷曲或 S 形的长喙，喙反向上方卷曲，下唇极大，长亦如之，侧裂极大，稍指向外方，中裂较狭，为长圆形，钝头 | **花期** 5～7 月 | **果期** 8 月 | **海拔** 1 700～2 700 米 | **观察** 常见于林下潮湿处、灌丛等地 | **中国特有种**

列当科 Orobanchaceae > 马先蒿属 *Pedicularis* > *Pedicularis oederi*

欧氏马先蒿　འཇིབ་རྩི་ཁ་པོ།

多年生低矮草本 | **形态** 茎多少有绵毛。叶片线状披针形至线形，羽状全裂，裂片常紧密排列，锐头至钝头，缘有锯齿，茎叶 1～2 枚。花序顶生；苞片披针形至线状披针形；萼狭而圆筒形，齿 5 枚；花冠多二色，盔端紫黑色，其余黄白色，有时下唇及盔的下部亦有紫斑，管在近端处多少向前膝曲使花前俯，盔与管的上段同其指向，额圆形，前缘之端稍稍作三角形突出，下唇侧裂斜椭圆形，甚大于中裂 | **花期** 6～9 月 | **果期** 7～10 月 | **海拔** 2 600～5 400 米 | **观察** 常见于高山沼泽草甸和阴湿林下

植株 | 花

列当科 Orobanchaceae > 马先蒿属 *Pedicularis* > *Pedicularis paiana*

白氏马先蒿 ब्रे-बे-ख्रु-८म्।

多年生草本 | **形态** 茎单出，不分枝。叶多茎生，多少披针状长圆形，羽状开裂，裂片每边 10～15 枚，边缘有齿；苞片叶状，卵状长圆形，羽状浅裂；管长达 1.5 厘米，齿 5 枚，披针状长圆形，多少有明显之锯齿。花冠外面全部有毛，盔多少镰状弓曲，前端下缘终于 1 个不显著的小凸尖，上半沿下缘有密须毛，下唇裂片 3 枚，长卵形钝头；雄蕊花丝两对，均有疏毛 | **花期** 7～8 月 | **果期** 8～9 月 | **海拔** 2 800～3 000 米 | **观察** 可见于高山草地、林下 | **中国特有种**

列当科 Orobanchaceae > 马先蒿属 *Pedicularis* > *Pedicularis przewalskii*

普氏马先蒿 ल्या-८-ब्लुग-ख्रु८ल।

多年生低矮草本 | **形态** 叶基生与茎生；叶片披针状线形，边缘羽状浅裂成圆齿，多达 9～30 对，缘常强烈反卷。花序在小植株中仅含 3～4 朵花，在大植株中可达 20 朵以上，开花次序显系离心；萼瓶状卵圆形，前方开裂至 2/5，齿 5 枚，3 小 2 大；花冠紫红色，喉部常为黄白色，盔强壮，几以直角转折成为膨大的含有雄蕊部分，额高凸，前方急细为指向前下方的细喙，喙端深 2 裂，裂片线形 | **花期** 6～7 月 | **果期** 7～9 月 | **海拔** 4 000～5 000 米 | **观察** 常见于高山草甸 | **中国特有种**

列当科 Orobanchaceae > 马先蒿属 *Pedicularis* > *Pedicularis rhinanthoides* subsp. *labellata*

大唇拟鼻花马先蒿 ॐ-ब्लु८।

多年生草本 | **形态** 叶基生者常成密丛，叶片羽状全裂，裂片 9～12 对。花成顶生的亚头状总状花序或多少伸长；萼管前方开裂至一半，常有美丽的色斑，齿 5 枚，后方 1 枚披针形全缘，其余 4 枚较大；花冠玫瑰色，喙半环状卷曲；下唇基部宽心脏形，伸至管的后方。蒴果披针状卵形，端多少斜截形，有小凸尖 | **花期** 7～9 月 | **海拔** 3 000～4 500 米 | **观察** 常见于高山草甸和山谷潮湿处

茎 花序

列当科 Orobanchaceae > 马先蒿属 *Pedicularis* > *Pedicularis rupicola*

岩居马先蒿　　གཡའ་སྐྱེས་འཇིབ་རྩི།

多年生草本 | **形态** 基生叶与茎生叶均 4 枚成轮；叶片卵状长圆形或长圆状披针形，羽状全裂，裂片 6～9 对。花序顶生，穗状；苞片叶状；萼有短梗，歪卵圆形而前方强开裂，齿 5 枚，后方 1 枚三角形较小；花冠紫红，管约在基部以近乎直角的角度向前膝屈，向喉渐扩大，基部亚心脏形，侧裂椭圆形，外缘有浅凹缺，中裂仅侧裂的半大，盔粗壮，略作镰状弓曲 | **花期** 5～6 月 | **果期** 7～8 月 | **海拔** 2 700～4 700 米 | **观察** 偶见于高山草地、流石滩 | **中国特有种**

列当科 Orobanchaceae > 马先蒿属 *Pedicularis* > *Pedicularis semitorta*

半扭卷马先蒿　　གྱང་སྨུག་མེར་ཆེན།

一年生草本 | **形态** 茎生叶 3～5 枚成轮；叶片卵状长圆形至线状长圆形，羽状全裂，裂片每边 8～15 枚，羽状深裂，有锯齿。花序穗状；花冠黄色，喉稍扩大而向前俯，盔的直立部分始直立，中上部至开花后期强烈向右扭折，其含有雄蕊部分狭于直立部分，前方渐细成为较其自身长 2 倍的卷成半环的喙，由于直立部分顶端的扭折，其顶折向右下方而其喙反指向上方，其喙本身亦多少自行扭转 | **花期** 6～7 月 | **果期** 7～8 月 | **海拔** 2 500～3 900 米 | **观察** 可见于高山草地 | **中国特有种**

列当科 Orobanchaceae > 马先蒿属 *Pedicularis* > *Pedicularis siphonantha*

管花马先蒿　　ལྕུག་རྩ་སྨུག་འཁྱིལ།

多年生草本 | **形态** 叶基生与茎生，均有长柄，两侧有明显的膜质之翅；叶片披针状长圆形至线状长圆形，羽状全裂，裂片 6～15 对。花全部腋生；苞片完全叶状；萼多少圆筒形，前方开裂至 1/3 左右，齿 2 枚，有柄，上方膨大有裂片或深齿；花冠玫瑰红色，管长多变，盔的直立部分前缘有清晰的耳状突起，端强烈扭折，前方渐细为卷成半环状的喙，有时稍作 S 形扭旋，下唇宽过于长，基部深心脏形 | **花期** 6～7 月 | **果期** 7～8 月 | **海拔** 3 500～4 500 米 | **观察** 常见于高山草甸、沼泽

植株　花

植株　花序

叶

列当科 Orobanchaceae > 马先蒿属 *Pedicularis* > *Pedicularis szetschuanica*

四川马先蒿　འབྲི་རྩི་སྔུག་སྤྲང་ས།

一年生草本丨**形态** 叶片长卵形或卵状长圆形至长圆状披针形，羽状浅裂至半裂。花序穗状而密，或有一二花轮远隔；萼膜质，齿 5 枚，绿色，或常有紫红色晕；花冠紫红色，管在基部以上约以 45°或偶有以较强烈的角度向前膝曲，其上半节稍稍向上仰起，向喉渐渐扩大，下唇基部圆形，侧裂斜圆卵形，中裂端有微凹，盔下半部向基渐宽，转向前方与下结合成一个多少突出的三角形尖头丨**花期** 6～8 月丨**果期** 8～9 月丨**海拔** 3 400～4 600 米丨**观察** 常见于高山草地、沟壑中丨**中国特有种**

列当科 Orobanchaceae > 马先蒿属 *Pedicularis* > *Pedicularis verticillata*

轮叶马先蒿　འབྲི་རྩི་སྔུག་འཁོར།

多年生草本丨**形态** 叶片长圆形至线状披针形，羽状深裂至全裂，裂片线状长圆形至三角状卵形，具不规则缺刻状齿，茎生叶常 4 枚成轮。花序总状，唯最下一二花轮多少疏远；苞片叶状；萼球状卵圆形，常变红色，具 10 条暗色脉纹；花冠紫红色，下唇中裂圆形，甚小于侧裂，裂片上有时红脉极显著，盔略镰状弓曲，额圆形；花柱稍伸出丨**花期** 6～8 月丨**果期** 7～9 月丨**海拔** 2 100～4 400 米丨**观察** 常见于高原牧场、阴湿处

桔梗科 Campanulaceae > 沙参属 *Adenophora* > *Adenophora himalayana*

喜马拉雅沙参　ཉི་མ་ཀོ་ཤི།

多年生草本丨**形态** 茎常数条发自 1 条茎基上，不分枝。基生叶心形或近三角状卵形；茎生叶宽线形，稀窄椭圆形或卵状披针形，全缘。单花顶生或数朵花排成假总状花序；花萼筒倒圆锥状或倒卵状圆锥形，裂片钻形，全缘，稀有瘤状齿；花冠蓝或蓝紫色，钟状，裂片 4～7 毫米，卵状三角形；花盘粗筒状；花柱通常稍伸出花冠。蒴果卵状长圆形丨**花期** 7～9 月丨**果期** 8～9 月丨**海拔** 1 200～4 700 米丨**观察** 常见于高山草地、石缝、灌丛

桔梗科 Campanulaceae > 沙参属 Adenophora > *Adenophora stenanthina*

长柱沙参 ཀོ་ཤིག་ར་ནི།

多年生草本 | **形态** 茎常数条丛生，有时上部有分枝。基生叶心形，边缘有深刻而不规则的锯齿；茎生叶从丝条状到宽椭圆形或卵形，全缘或边缘有疏离的刺状尖齿。花序呈假总状花序或有分枝而集成圆锥花序；花萼筒部倒卵状或倒卵状矩圆形，裂片钻状三角形至钻形，全缘或偶有小齿；花冠细，5浅裂，浅蓝色、蓝色、蓝紫色或紫色；雄蕊与花冠近等长；花盘细筒状；花柱伸出花冠部分长7～10毫米。蒴果狭椭圆状 | **花期** 7～9月 | **果期** 8～9月 | **海拔** 4 000米以下 | **观察** 可见于灌丛、草地、沙质地区

桔梗科 Campanulaceae > 风铃草属 Campanula > *Campanula aristata*

钻裂风铃草 ལྷི་བ།

多年生草本 | **形态** 茎通常2至数条丛生，直立。基生叶卵圆形至卵状椭圆形，具长柄；茎中下部的叶披针形至宽条形，具长柄，中上部的条形，无柄，全缘或有疏齿，全部叶无毛。花萼筒部狭长，裂片丝状，通常比花冠长；花冠蓝色或蓝紫色。蒴果圆柱状，下部略细 | **花期** 6～8月 | **果期** 8～9月 | **海拔** 3 500～5 000米 | **观察** 常见于草丛及灌丛

桔梗科 Campanulaceae > 党参属 Codonopsis > *Codonopsis foetens* subsp. *nervosa*

脉花党参 གླུ་བདུད་རོ་ཐེ།

多年生草本 | **形态** 主茎直立或上升，疏生白色柔毛；侧枝集生于主茎下部，具叶。叶在主茎上的互生，在茎上部的渐疏而呈苞片状，在侧枝上的近对生；叶片阔心状卵形、心形或卵形，叶基心形或较圆钝，近全缘。花单朵，稀数朵，着生于茎顶端，使茎呈花葶状，花微下垂；花萼贴生至子房中部，筒部半球状，具10条明显辐射脉，裂片卵状披针形；花冠球状钟形，淡蓝白色，内面基部常有红紫色斑，浅裂 | **花期** 7～9月 | **果期** 9～10月 | **海拔** 3 300～4 500米 | **观察** 偶见于阴坡林缘草地

叶　花序

桔梗科 Campanulaceae > 党参属 *Codonopsis* > *Codonopsis viridiflora*

绿花党参 ꠣ་ང་ད་ལྗང་ག

多年生草本 | **形态** 主茎近直立，侧枝着生于主茎近下部，纤细。叶在主茎上的互生，在茎上部的小而呈苞片状，在侧枝上的对生或近对生；叶片阔卵形、卵形、矩圆形或披针形，叶基微心形或较圆钝，叶缘疏具波状浅钝锯齿。花 1～3 朵；花萼筒部半球状，具 10 条明显辐射脉，裂片卵形至矩圆状披针形，边缘疏具波状浅钝锯齿；花冠钟状，黄绿色，仅近基部微带紫色，浅裂 | **花果期** 7～10 月 | **海拔** 3 000～4 000 米 | **观察** 偶见于高山草甸及林缘 | **中国特有种**

桔梗科 Campanulaceae > 蓝钟花属 *Cyananthus* > *Cyananthus hookeri*

蓝钟花 ꙮན་སྔོ

一年生草本 | **形态** 茎疏生开展的白色柔毛。叶互生，花下数枚常聚集呈总苞状；叶片菱形、菱状三角形或卵形，先端边缘有少数钝牙齿，有时全缘。花小，单生茎和分枝顶端；花萼卵圆状，裂片 3～5 枚，三角形；花冠紫蓝色，筒状，内面喉部密生柔毛，裂片 3～5 枚，倒卵状矩圆形；雄蕊 4 枚；花柱伸达花冠喉部以上，柱头 4 裂。蒴果卵圆状 | **花期** 8～9 月 | **果期** 不明 | **海拔** 2 700～4 500 米 | **观察** 可见于灌丛、草地

菊科 Asteraceae > 亚菊属 *Ajania* > *Ajania przewalskii*

细裂亚菊 པབན་ཆུང་ལོ་ཐིག

多年生草本 | **形态** 茎直立，常红紫色，仅茎顶有伞房状短花序分枝，全茎被白色短柔毛。叶二回羽状分裂，一、二回全部全裂，一回侧裂片 2～4 对，排列紧密，末回裂片线状披针形或长椭圆形；全部叶两面异色，上面绿色，下面灰白色。头状花序多数在茎枝顶端排成大型复伞房花序、圆锥状伞房花序或伞房花序；总苞片 4 层；边缘雌花 4～7 个，花冠细管状，顶端 3 裂；中央两性花细管状 | **花果期** 7～9 月 | **海拔** 2 800～4 500 米 | **观察** 可见于草地、林缘、岩石间隙 | **中国特有种**

本土知识 藏区人民认为烧亚菊具有"净化"功能。

菊科 Asteraceae > 香青属 *Anaphalis* > *Anaphalis hancockii*

铃铃香青   ཅེ་ལོ་ན་རྩི་ཞིམ།

多年生草本 | **形态** 茎从膝曲的基部直立，稍细，被蛛丝状毛及具柄头状腺毛，上部被蛛丝状密绵毛，常有稍疏的叶。莲座状叶与茎下部叶匙状或线状长圆形；中部及上部叶直立，常贴附于茎上，线形或线状披针形；全部叶两面被蛛丝状毛及头状具柄腺毛，边缘被灰白色蛛丝状长毛，有明显的离基三出脉或另有2条不明显的侧脉。头状花序9～15个，在茎端密集成复伞房状；总苞片4～5层 | **花期** 6～8月 | **果期** 8～9月 | **海拔** 2 000～3 700米 | **观察** 常见于亚高山山顶及山坡草地 | **中国特有种**

菊科 Asteraceae > 香青属 *Anaphalis* > *Anaphalis lactea*

乳白香青   ཅེ་ལོ་ན་ཟངས་དཀར།

矮小灌木 | **形态** 茎直立，草质，被白色或灰白色绵毛，下部有较密的叶。莲座状叶披针状或匙状长圆形，下部渐狭成具翅而基部鞘状的长柄；中部及上部叶直立或依附于茎上，长椭圆形，线状披针形或线形，基部稍狭，沿茎下延成狭翅。头状花序在茎和枝端密集成复伞房状；总苞片4～5层；雌株头状花序有多层雌花，中央有2～3个雄花；雄株头状花序全部有雄花 | **花果期** 6～9月 | **海拔** 2 000～3 400米 | **观察** 可见于山坡、低山草地 | **中国特有种**

本土知识 以前在藏区，人们用乳白香青的茎做酥油灯的灯蕊。

菊科 Asteraceae > 蒿属 *Artemisia* > *Artemisia hedinii*

臭蒿   ཟངས་ཙི་ནག་པོ།

一年生草本，植株有浓烈臭味 | **形态** 基生叶密集成莲座状，长椭圆形，二回栉齿状羽状分裂，每侧裂片20余枚；茎下部与中部叶长椭圆形，二回栉齿状羽状分裂，每侧裂片5～10枚；上部叶与苞片叶一回栉齿状羽状分裂。头状花序半球形或近球形，在花序分枝上排成密穗状花序，在茎上组成密集窄圆锥花序，总苞片边缘紫褐色，膜质；花序托突起，半球形；雌花3～8枚；两性花15～30枚 | **花果期** 7～10月 | **海拔** 2 000～5 000米 | **观察** 常见于湖边草地、田边、路旁等地

植株 花序

菊科 Asteraceae > 紫菀属 *Aster* > *Aster altaicus*

阿尔泰狗娃花   ཨར་བེ་ཁྲི་མིག།

多年生草本 | **形态** 茎直立。基部叶在花期枯萎；下部叶条形、矩圆状披针形、倒披针形或近匙形，全缘或有疏浅齿；上部叶渐狭小，条形；全部叶两面或下面被粗毛或细毛。头状花序单生枝端或排成伞房状；总苞半球形；总苞片 2～3 层，近等长或外层稍短，矩圆状披针形或条形，顶端渐尖，背面或外层全部草质，边缘膜质；舌状花约 20 个；舌片浅蓝紫色，矩圆状条形 | **花果期** 7～9 月 | **海拔** 4 000 米以下 | **观察** 常见于草原、山地、河岸、路旁

菊科 Asteraceae > 紫菀属 *Aster* > *Aster farreri*

狭苞紫菀   ལུག་མིག་ཆིག་སྐྱེས།

多年生草本 | **形态** 茎被密卷毛和疏长毛，基部为枯叶残片所包被。茎下部叶及莲座状叶窄匙形，下部渐窄成长柄，全缘或有小尖头状疏齿；中部叶线状披针形，基部半抱茎；上部叶线形。头状花序单生茎端；总苞半球形，总苞片约 2 层，近等长，线形，外层被长毛，草质，内层几无毛，边缘常窄膜质；舌状花约 100 个，舌片紫蓝色；管状花上部黄色 | **花期** 7～8 月 | **果期** 8～9 月 | **海拔** 1 300～4 100 米 | **观察** 可见于林缘、灌丛、路旁 | **中国特有种**

菊科 Asteraceae > 紫菀属 *Aster* > *Aster flaccidus*

萎软紫菀   ལུག་མིག་ཚོས་སྐྱེས།

多年生草本 | **形态** 茎下部叶密集，全缘，稀有少数浅齿；茎生叶 3～4 枚，长圆形或长圆状披针形，基部半抱茎；上部叶线形；叶两面近无毛，或有腺毛。头状花序单生茎端；总苞半球形，被长毛或有腺毛，总苞片 2 层，线状披针形，草质；舌状花 40～60 枚，舌片紫色，稀浅红色；管状花黄色，裂片被黑色或无色短毛 | **花果期** 6～11 月 | **海拔** 1 800～5 100 米 | **观察** 常见于高山及亚高山草地、灌丛及石砾地

植株　花序　总苞　茎

菊科 Asteraceae > 岩参属 *Cicerbita* > *Cicerbita roborowskii*

川甘岩参　 སེ་ཀུན་ཟར་ཁུར།

多年生草本｜**形态** 茎单生，直立。基生叶大头羽状或羽状深裂或几全裂，顶裂片形态变化大，有小尖头；中下部茎叶与基生叶同形并等样分裂，有翼柄，基部耳状扩大；最上部茎叶小，披针形或线状披针形，不裂，无柄，基部箭头状或小耳状。上部圆锥花序状分枝，花序分枝被稀疏的白色长或短刺毛；头状花序多数；总苞圆柱状；总苞3～4层；舌状小花10～12枚，紫红色｜**花果期** 7～9月｜**海拔** 1 900～4 200米｜**观察** 可见于山坡林下、灌丛或草地｜**中国特有种**

菊科 Asteraceae > 蓟属 *Cirsium* > *Cirsium souliei*

葵花大蓟　སྤྱང་ཚེར་ནག་པོ།

多年生铺散草本｜**形态** 无主茎，顶生多数或少数头状花序。全部叶基生，莲座状，长椭圆形、椭圆状披针形或倒披针形，羽状浅裂、半裂、深裂至几全裂，侧裂片7～11对，边缘有针刺或大小不等的三角形刺齿，齿顶有针刺1枚；花序梗上的叶小，苞叶状，边缘针刺或浅刺齿裂。头状花序多数或少数集生于茎基顶端的莲座状叶丛中；总苞宽钟状；总苞片3～5层，全部苞片边缘有针刺；小花紫红色｜**花果期** 7～9月｜**海拔** 1 900～4 800米｜**观察** 常见于山坡路旁、林缘、荒地

菊科 Asteraceae > 垂头菊属 *Cremanthodium* > *Cremanthodium brunneopilosum*

褐毛垂头菊　ན་ནྲ་སྒུ་ལེར།

多年生草本｜**形态** 茎直立。丛生叶与茎下部叶基部具宽鞘，叶片长椭圆形至披针形，全缘或有骨质小齿，基部下延成柄；茎中上部叶狭椭圆形；最上部茎生叶苞叶状，披针形。头状花序辐射状，下垂，1～13个，通常排列成总状花序，偶单生，花序梗被褐色长柔毛；总苞半球形，总苞片10～16枚，2层；舌状花黄色，舌片线状披针形；管状花多数，褐黄色｜**花果期** 6～9月｜**海拔** 3 000～4 300米｜**观察** 偶见于高山沼泽草甸、河滩草甸、水边｜**中国特有种**

叶

花序

植株 花序

植株 花序

总苞

菊科 Asteraceae > 垂头菊属 *Cremanthodium* > *Cremanthodium discoideum*

盘花垂头菊　 སྣ་ལོ་ནག་ཆུང་།

多年生草本 | **形态** 茎黑紫色，上部被白和紫褐色长柔毛。丛生叶卵状长圆形或卵状披针形，先端钝，全缘，稀有小齿，基部圆，叶脉羽状；茎生叶少，上部叶线形，下部叶披针形，半抱茎，无柄。头状花序单生，盘状；总苞半球形，密被黑褐色长柔毛，总苞片 8～10 枚，2 层，线状披针形；小花多数，黑紫色，全部管状 | **花果期** 6～8 月 | **海拔** 3 000～5 400 米 | **观察** 可见于林中、草坡、高山流石滩

菊科 Asteraceae > 垂头菊属 *Cremanthodium* > *Cremanthodium humile*

矮垂头菊　གངས་སྨན།

多年生草本 | **形态** 地上部分的茎直立，单生。茎下部叶具柄，叶片卵形或卵状长圆形，有时近圆形，全缘或具浅齿；茎中上部叶片卵形至线形，向上渐小，全缘或有齿。头状花序单生，下垂，辐射状；总苞半球形，被密的黑色和白色有节柔毛，总苞片 8～12 枚，1 层；舌状花黄色，舌状椭圆形，伸出总苞之外；管状花黄色，多数，檐部狭楔形 | **花果期** 7～11 月 | **海拔** 3 500～5 300 米 | **观察** 偶见于高山流石滩

菊科 Asteraceae > 垂头菊属 *Cremanthodium* > *Cremanthodium lineare*

条叶垂头菊　ན་སྣ་ཆིག་སྐྱེས།

多年生草本 | **形态** 茎 1～4 条，常单生，直立。丛生叶线形或线状披针形，全缘，基部楔形，下延成柄；茎生叶多数，披针形至线形，苞叶状。头状花序单生，辐射状，下垂，总苞半球形，总苞片 12～14 枚，2 层；舌状花黄色，舌片线状披针形；管状花黄色 | **花果期** 7～10 月 | **海拔** 2 400～4 800 米 | **观察** 常见于高山草地、水边、沼泽草地和灌丛 | **中国特有种**

植株 | 叶

总苞

菊科 Asteraceae > 女蒿属 *Hippolytia* > *Hippolytia desmantha*

束伞女蒿　　ཀླུ་ལམ་རྟ་ར་བོངས་སྐྱེས།

小半灌木 | **形态** 叶卵形、椭圆形或偏斜椭圆形或长扇形，二回羽状全裂，一回侧裂片 2～3 对，末回裂片线形、长椭圆形或披针形。头状花序 3～5 个在枝端排成束状伞房花序；总苞片 4 层，外层三角状卵形，中层长椭圆形，内层倒披针形；总苞钟状；全部苞片硬草质，有光泽，黄白色或麦秆黄色 | **花果期** 8 月 | **海拔** 3 800～3 900 米 | **观察** 偶见于草甸、沟谷岩石 | **中国特有种**

菊科 Asteraceae > 火绒草属 *Leontopodium* > *Leontopodium nanum*

矮火绒草　　ན་སྦྲ་སྤུག་ནུང་།

多年生垫状丛生草本 | **形态** 有顶生的莲座状叶丛，疏散丛生或散生。茎直立，草质，被白色棉状厚绒毛。基部叶在花期生存；茎部叶较莲座状叶稍长大，直立或稍开展，匙形或线状匙形，顶端有隐没于绒毛中的短尖头。苞叶少数，直立；头状花序常单生或 3 个密集；总苞被灰白色绵毛；总苞片 4～5 层；雄花花冠有小裂片；雌花花冠细丝状，花后增长 | **花期** 5～6 月 | **果期** 6～8 月 | **海拔** 1 600～5 500 米 | **观察** 常见于高山湿润草地、泥炭地或石砾坡地

菊科 Asteraceae > 橐吾属 *Ligularia* > *Ligularia przewalskii*

掌叶橐吾　　ཤོ་མང་འབྲུག་ལག།

多年生草本 | **形态** 茎直立，光滑，被长的枯叶柄纤维包围。叶片轮廓卵形，掌状 4～7 裂，裂片 3～7 深裂，中裂片二回 3 裂，小裂片边缘具条裂齿，两面常光滑，叶脉掌状；茎中上部叶少而小，掌状分裂，常有膨大的鞘。头状花序排列成总状花序；总状花序长达 48 厘米；头状花序多数，辐射状；总苞片 4～6 枚，2 层，线状长圆形；舌状花 2～3 个，黄色，舌片线状长圆形；管状花常 3 个 | **花果期** 6～10 月 | **海拔** 1 100～3 700 米 | **观察** 可见于山麓、林缘、林下及灌丛 | **中国特有种**

植株　总苞

花序

植株　总苞

菊科 Asteraceae > 橐吾属 *Ligularia* > *Ligularia virgaurea*

黄帚橐吾　ཤོ་མང་དུ་རེ།

多年生草本 | **形态** 丛生叶和茎基部叶卵形、椭圆形或长圆状披针形，先端钝或急尖，全缘至有齿，边缘有时略反卷，基部楔形，有时近平截，突然狭缩，下延成翅柄，两面光滑；茎生叶小，卵形、卵状披针形至线形，常筒状抱茎。头状花序排列成总状花序；总状花序密集或上部密集，下部疏离；苞片线状披针形至线形；头状花序辐射状，常多数；小苞片丝状；总苞片 10～14 枚，2 层；舌状花 5～14 个，黄色，舌片线形 | **花果期** 7～8 月 | **海拔** 2 600～4 700 米 | **观察** 常见于沼泽草甸、阴坡湿地、灌丛

菊科 Asteraceae > 毛冠菊属 *Nannoglottis* > *Nannoglottis ravida*

青海毛冠菊　མཚོ་སྔོན་ཁྲ་སེར།

半灌木 | **形态** 茎直立。基部叶倒披针形或匙形长圆形，中部茎生叶柄具翅，叶片长圆形或椭圆形，背面密被绵毛，边缘具齿或浅裂。头状花序单生；总苞半球形；黄冠黄色 | **花果期** 7～8 月 | **海拔** 3 700～4 100 米 | **观察** 偶见于多石山地、灌丛 | **中国特有种**

菊科 Asteraceae > 风毛菊属 *Saussurea* > *Saussurea aster*

云状雪兔子　བྱ་རྒོད་སེ་འུ་ཕག

无茎多年生一次结实的莲座状草本 | **形态** 叶莲座状排列，线状匙形、椭圆形或线形，边缘全缘，两面灰白色，被稠密的或褐色的绒毛。头状花序多数，在莲座状叶丛中密集成半球形总花序；总苞圆柱状；总苞片 3～4 层，卵形至线形，外面被白色绒毛；小花紫红色 | **花果期** 6～8 月 | **海拔** 4 500～5 400 米 | **观察** 偶见于高山流石滩

植株　花序

叶

植株　花序　总苞

菊科 Asteraceae > 风毛菊属 *Saussurea* > *Saussurea gnaphalodes*

鼠麴雪兔子　ཤ་ནོར་མེ་ཏོག་ཅུང་།

多年生多次结实的丛生草本 | **形态** 茎直立。叶密集，长圆形或匙形，边缘全缘或上部边缘有稀疏的浅钝齿；最上部叶苞叶状，宽卵形；全部叶质地稍厚，被稠密的灰白色或黄褐色绒毛。头状花序多数在茎端密集成半球形的总花序；总苞长筒状；总苞片3～4层；小花紫红色 | **花果期** 6～9月 | **海拔** 2 700～5 700 米 | **观察** 可见于高山流石滩

菊科 Asteraceae > 风毛菊属 *Saussurea* > *Saussurea graminea*

禾叶风毛菊　རྩྭ་མ་ཞེས་རྩ་ལོ་མ།

多年生草本 | **形态** 茎密被白色绢状柔毛。基生叶及茎生叶窄线形，全缘，上面疏被绢状柔毛，下面密被绒毛，基部稍鞘状。头状花序单生茎端；总苞钟状，径 1.5～1.8 厘米，总苞片 4～5 层，被绢状长柔毛，长约 1.2 厘米，外层卵状披针形，中层长椭圆形，内层线形；小花紫色 | **花果期** 7～9月 | **海拔** 3 400～5 400 米 | **观察** 常见于山坡草地、草甸、河滩草地 | **中国特有种**

菊科 Asteraceae > 风毛菊属 *Saussurea* > *Saussurea katochaete*

重齿风毛菊　གོན་པ་མ་ཞེགས་ལོ།

多年生无茎莲座状草本 | **形态** 叶莲座状，叶片椭圆形、椭圆状长圆形、匙形、卵状三角形或卵圆形，基部楔形、圆形或截形，顶端渐尖、急尖、钝或圆形，边缘有细密的尖锯齿或重锯齿，上面绿色，下面白色。头状花序 1 个，单生于莲座状叶丛中，极少植株有 2～3 个头状花序；总苞片 4 层，全部总苞片外面无毛；小花紫色 | **花果期** 7～10月 | **海拔** 2 200～4 700 米 | **观察** 常见于山坡草地、山谷沼泽地、河滩草甸、林缘

植株　花序

植株　总苞

菊科 Asteraceae > 风毛菊属 *Saussurea* > *Saussurea medusa*

水母雪兔子　ཆུ་སྲིན་སུག་པ།

多年生多次结实草本 | **形态** 茎直立，密被白色绵毛。叶密集，下部叶倒卵形、扇形、圆形或长圆形至菱形，上半部边缘有 8～12 个粗齿；上部叶渐小，向下反折，卵形或卵状披针形；最上部叶线形或线状披针形，向下反折，边缘有细齿，被稠密或稀疏的白色长绵毛。头状花序多数，在茎端密集成半球形的总花序；总苞狭圆柱状；总苞片 3 层；小花蓝紫色 | **花果期** 7～9 月 | **海拔** 3 000～5 600 米 | **观察** 可见于多砾石山坡、高山流石滩 | **中国–二级**

菊科 Asteraceae > 风毛菊属 *Saussurea* > *Saussurea obvallata*

苞叶雪莲　གཟར་དུག་མགོ་དཀ།

多年生草本 | **形态** 茎直立。基生叶有长柄，叶片长椭圆形或长圆形、卵形，边缘有细齿，两面有腺毛；茎生叶与基生叶同形并等大，但向上部的茎叶渐小；最上部茎叶苞片状，膜质，黄色，长椭圆形或卵状长圆形，边缘有细齿，包围总花序。头状花序 6～15 个，在茎端密集成球形的总花序；总苞半球形；总苞片 4 层，全部苞片顶端急尖，边缘黑紫色；小花蓝紫色 | **花果期** 7～9 月 | **海拔** 3 200～4 700 米 | **观察** 偶见于高山草地、山坡多石处、溪边石隙处、流石滩

菊科 Asteraceae > 风毛菊属 *Saussurea* > *Saussurea stella*

星状雪兔子　ཆུར་སྲེར་སྨུག་པོ།

无茎莲座状草本 | **形态** 叶莲座状，星状排列，线状披针形，中部以上长渐尖，向基部常卵状扩大，边缘全缘，两面同色，紫红色或近基部紫红色，或绿色。头状花序无小花梗，多数，在莲座状叶丛中密集成半球形的总花序；总苞片 5 层，覆瓦状排列，全部总苞片外面无毛，但中层与外层苞片边缘有睫毛；小花紫色 | **花果期** 7～9 月 | **海拔** 2 000～5 400 米 | **观察** 常见于山坡灌丛草地、沼泽草地等地

本土知识　星状雪兔子的藏文名称意为"阻草"，牧民认为草原上长星状雪兔子后将不再长草。

植株　花序

植株　花序

植株　花序

菊科 Asteraceae > 风毛菊属 *Saussurea* > *Saussurea tangutica*

唐古特雪莲　གདང་ལའི་གཟབ་དུག །

多年生草本 | **形态** 茎直立，单生，紫色或淡紫色。基生叶长圆形或宽披针形，边缘有细齿；茎生叶长椭圆形或长圆形；最上部茎叶苞叶状，膜质，紫红色，宽卵形，边缘有细齿，包围头状花序或总花序。头状花序 1～5 个，在茎端密集成总花序或单生茎顶；总苞宽钟状；总苞片 4 层，黑紫色，外面被黄白色的长柔毛；小花蓝紫色 | **花果期** 7～9 月 | **海拔** 3 800～5 000 米 | **观察** 偶见于高山流石滩、高山草甸 | **中国特有种**

菊科 Asteraceae > 风毛菊属 *Saussurea* > *Saussurea wellbyi*

羌塘雪兔子　བྱང་བང་ཆུང་སྙེར །

多年生一次结实的莲座状无茎草本 | **形态** 叶莲座状，无叶柄，叶片线状披针形，全缘。头状花序多数，在莲座状叶丛中密集成半球形总花序；总苞圆柱状；总苞片 5 层，小花紫红色 | **花果期** 7～9 月 | **海拔** 4 800～5 500 米 | **观察** 偶见于高山流石滩、山坡沙地或山坡草地 | **中国特有种**

菊科 Asteraceae > 千里光属 *Senecio* > *Senecio thianschanicus*

天山千里光　གསེར་མེ་གྲམ་སྙེས །

矮小根状茎草本 | **形态** 叶片倒卵形或匙形，基部狭成柄，边缘近全缘，具浅齿或浅裂；中部茎叶无柄，长圆形或长圆状线形，边缘具浅齿至羽状浅裂，基部半抱茎；上部叶较小，线形或线状披针形，全缘。头状花序具舌状花，2～10 排列成顶生疏伞房花序；小苞片线形或线状钻形；总苞钟状；总苞片约 13 枚，上端黑色，常流苏状；舌状花约 10 枚；舌片黄色，长圆状线形，具 3 细齿 | **花期** 7～9 月 | **果期** 不明 | **海拔** 2 400～5 000 米 | **观察** 常见于草坡、开旷湿处或溪边

菊科 Asteraceae > 绢毛苣属 *Soroseris* > *Soroseris erysimoides*

空桶参　སྤྱི་གོང་བ།

多年生草本 | **形态** 茎直立，单生，圆柱状。叶多数，沿茎螺旋状排列，中下部茎叶线舌形、椭圆形或线状长椭圆形，基部楔形渐狭成柄，顶端圆形、钝或渐尖，边缘全缘，平或皱波状。头状花序多数，在茎端集成团伞状花序；总苞狭圆柱状，总苞片 2 层，外层 2 枚，线形，内层 4 枚，披针形或长椭圆形，顶端急尖或钝；舌状小花黄色，4 枚 | **花果期** 6～10 月 | **海拔** 3 300～5 500 米 | **观察** 常见于高山灌丛、草甸、流石滩

菊科 Asteraceae > 绢毛苣属 *Soroseris* > *Soroseris glomerata*

绢毛苣　སྤྱི་གོང་དཀར་པོ།

多年生草本 | **形态** 地上茎极短，被稠密的莲座状叶。莲座状叶匙形、宽椭圆形或倒卵形，边缘全缘或有极稀疏的微尖齿或微钝齿。头状花序多数，在莲座状叶丛中集成团伞花序，被稀疏或稠密的长柔毛或无毛；总苞狭圆柱状；总苞片 2 层；舌状小花 4～6 枚，黄色，极少白色或粉红色 | **花果期** 5～9 月 | **海拔** 3 200～5 600 米 | **观察** 偶见于高山流石滩及高山草甸

菊科 Asteraceae > 合头菊属 *Syncalathium* > *Syncalathium disciforme*

盘状合头菊　སྣར་ཚོས་མེར་པོ།

多年生莲座状草本 | **形态** 茎极短。茎叶及接团伞花序下部莲座状叶丛的叶匙形、长倒披针形或倒卵形，边缘有锯齿，上面下部及叶柄被稠密白色短柔毛。头状花序在膨大的茎顶集成团伞花序，含 5 枚舌状小花；总苞狭圆柱状；总苞片 1 层，5 枚，近等长；舌状小花紫色 | **花果期** 9～10 月 | **海拔** 3 900～4 500 米 | **观察** 偶见于高山草地或砾石地 | **中国特有种**

茎

植株 花序

菊科 Asteraceae > 菊蒿属 *Tanacetum* > *Tanacetum tatsienense*

川西小黄菊　གཟེར་འཚོམས།

多年生草本 | **形态** 茎不分枝，有弯曲的长单毛。基生叶椭圆形或长椭圆形，二回羽状分裂；茎生叶少数，直立贴茎，与基生叶同形并等样分裂，无柄。头状花序单生茎顶；总苞片约 4 层；全部苞片边缘黑褐色或褐色膜质；舌状花橘黄色或微带橘红色；舌片线形或宽线形，顶端 3 齿裂 | **花果期** 7～9 月 | **海拔** 3 500～5 200 米 | **观察** 可见于高山草甸、灌丛、山坡砾石地

菊科 Asteraceae > 蒲公英属 *Taraxacum* > *Taraxacum mongolicum*

蒲公英　ཁུར་མོང་།

多年生草本 | **形态** 叶倒卵状披针形、倒披针形或长圆状披针形，边缘有时具波状齿或羽状深裂，有时倒向羽状深裂或大头羽状深裂，顶端裂片三角形或三角状戟形，每侧裂片 3～5 片。花莛上部紫红色，密被蛛丝状白色长柔毛；总苞钟状，淡绿色，总苞片 2～3 层；舌状花黄色，边缘花舌片背面具紫红色条纹；冠毛白色 | **花期** 4～9 月 | **果期** 5～10 月 | **海拔** 800～2 800 米 | **观察** 常见于山坡草地、路边、田野等地

菊科 Asteraceae > 狗舌草属 *Tephroseris* > *Tephroseris rufa*

橙舌狗舌草　ཨ་ཕྲུག་ཤུག་ལཔ།

多年生草本 | **形态** 基生叶数个，莲座状，卵形、椭圆形或倒披针形，基部楔状狭成叶柄，全缘或具疏小尖齿；叶柄基部扩大；下部茎生叶长圆形或长圆状匙形；中部茎生叶无柄，长圆形或长圆状披针形；上部茎生叶线状披针形至线形。头状花序 2～20 个排成密至疏顶生近伞形状伞房花序；总苞钟状，无外层苞片；总苞片 20～22 枚；舌状花约 15 枚，橙黄色 | **花期** 6～8 月 | **果期** 不明 | **海拔** 2 600～4 000 米 | **观察** 常见于高山草甸 | **中国特有种**

植株　花序

菊科 Asteraceae > 黄缨菊属 *Xanthopappus* > *Xanthopappus subacaulis*

黄缨菊 འབྲི་ཚེར་སེར་པོ།

多年生无茎草本｜**形态** 茎基极短，被纤维质撕裂褐色叶柄残鞘。叶基生，莲座状，革质，长椭圆形或线状长椭圆形，羽状深裂，侧裂片 8～11 对，中部侧裂片半长椭圆形或卵状三角形，在边缘及先端延伸成针刺。头状花序达 20 个，密集成团球状，有 1～2 枚线形或线状披针形苞叶；总苞片 8～9 层，外层披针形，先端具芒刺，中内层披针形，最内层线形，硬膜质；小花均两性，管状，黄色｜**花果期** 7～9 月｜**海拔** 2 400～4 000 米｜**观察** 偶见于草甸、草原及干燥山坡｜**中国特有种**

五福花科 Adoxaceae > 五福花属 *Adoxa* > *Adoxa moschatellina*

五福花 ལུག་རྟོག

多年生草本｜**形态** 茎单一，纤细，无毛。基生叶 1～3 枚，一至二回三出复叶，小叶宽卵形或圆形，3 裂；茎生叶 2 枚，对生，3 全裂，裂片再 3 裂。花黄绿色，5～7 朵花成顶生头状花序；顶生花的花萼裂片 2 枚，花冠裂片 4 枚，外轮雄蕊 4 枚，花柱 4 枚；侧生花的花萼裂片 3 枚，花冠裂片 5 枚，外轮雄蕊 5 枚，花柱 5 枚。核果球形｜**花期** 4～7 月｜**果期** 7～8 月｜**海拔** 4 000 米以下｜**观察** 常见于林下、林缘或草地

五福花科 Adoxaceae > 接骨木属 *Sambucus* > *Sambucus adnata*

血满草 ཡུག་ནག

多年生高大草本或亚灌木｜**形态** 羽状复叶具叶状或线形托叶；小叶 3～5 对，长椭圆形、长卵形或披针形，有锯齿，互生或近对生。聚伞花序顶生，伞形式，具总花梗，分枝三至五出；花两性，有恶臭；花冠白色；花药黄色；子房 3 室，花柱极短或几无，柱头 3 裂。果熟时红色，圆形｜**花期** 5～9 月｜**果期** 9～10 月｜**海拔** 1 600～3 600 米｜**观察** 常见于高山草地、林下、灌丛等地

花序　叶

果序

五福花科 Adoxaceae > 华福花属 *Sinadoxa* > *Sinadoxa corydalifolia*

华福花　ﾛﾟﾗﾟﾈ{ﾗﾟﾈﾉ

多年生多汁草本 | **形态** 植株全部光滑。茎绿色，常 2～4 条丛生。基生叶约 10 枚，一至二回羽状三出复叶，卵状披针形，中间小叶片卵形或卵状长圆形；茎生叶为三出复叶，较小，2 枚，对生。花序长达 8 厘米，花黄绿色；花萼杯状，肉质，2～4 裂；花冠浅黄褐色，3～4 裂，裂片长圆状卵形，基部具指状蜜腺；雄蕊 3～4 枚，花丝狭线形，花药黄色；柱头 1 枚，无花柱 | **花期** 6～7 月 | **果期** 不明 | **海拔** 3 900～4 800 米 | **观察** 罕见于砾石带、峡谷潮湿地 | **IUCN-易危，中国特有种**

忍冬科 Caprifoliaceae > 刺续断属 *Acanthocalyx* > *Acanthocalyx alba*

白花刺续断　ﾘﾟﾑﾟﾝﾟﾈﾞﾑﾟﾘﾞﾈﾝﾟﾘﾟ

多年生草本 | **形态** 茎单 1 或 2～3 分枝。基生叶线状披针形，边缘有疏刺毛；茎生叶对生，2～4 对，长圆状卵形至披针形。花茎从基生叶旁生出；假头状花序顶生，含 10 花以上；总苞苞片 4～6 对，坚硬，边缘具多数黄色硬刺；小总苞钟形，顶端平截；花萼全绿色，裂口甚大；花冠白色，不整齐，稍近左右对称，花冠管外弯，裂片 5 枚；雄蕊 4 枚，二强。果柱形 | **花期** 6～8 月 | **果期** 7～9 月 | **海拔** 3 000～4 000 米 | **观察** 可见于山坡草甸或林下

忍冬科 Caprifoliaceae > 忍冬属 *Lonicera* > *Lonicera rupicola*

岩生忍冬　ﾑﾞﾝﾟﾈﾞﾝﾟ

落叶灌木 | **形态** 叶纸质，常 3～4 枚轮生，条状披针形、矩圆状披针形至矩圆形，顶端尖或稍具小凸尖或钝形，基部楔形至圆形或近截形，上面无毛或有微腺毛，下面常全被白色毡毛状屈曲柔毛。花生于幼枝基部叶腋；苞片条状披针形至条状倒披针形；杯状小苞顶端截形或具 4 浅裂至中裂，有时完全分离；萼齿狭披针形；花冠淡紫色或紫红色。果实红色，椭圆形 | **花期** 5～8 月 | **果期** 8～10 月 | **海拔** 2 000～5 000 米 | **观察** 常见于高山灌丛草甸、山坡灌丛等地

花序　植株　总苞

忍冬科 Caprifoliaceae > 忍冬属 Lonicera > Lonicera tangutica

唐古特忍冬　　གདང་ལའི་འབར་མ།

落叶灌木 | **形态** 叶纸质，倒披针形至矩圆形或倒卵形至椭圆形，顶端钝或稍尖。总花梗生于幼枝下方叶腋，纤细，稍弯；苞片狭细，有时叶状；小苞片分离或连合；相邻两萼筒中部以上至全部合生，椭圆形或矩圆形；花冠白色、黄白色或有淡红晕，筒状漏斗形，筒基部稍一侧肿大或具浅囊，裂片近直立，圆卵形。果实红色 | **花期** 5～8月 | **果期** 7～9月 | **海拔** 800～4 500米 | **观察** 常见于林下、山坡草地、灌丛

忍冬科 Caprifoliaceae > 忍冬属 Lonicera > Lonicera webbiana

华西忍冬　　འབར་སྐྱག

落叶灌木 | **形态** 叶纸质，卵状椭圆形至卵状披针形，顶端渐尖或长渐尖，边缘常不规则波状起伏或有浅圆裂。苞片条形；小苞片甚小，分离，卵形至矩圆形；相邻两萼筒分离，萼齿微小，顶钝、波状或尖；花冠紫红色或绛红色，很少白色或由白变黄色，唇形，筒甚短，基部较细，具浅囊，向上突然扩张，上唇直立，具圆裂。果实先红色后转黑色，圆形 | **花期** 5～6月 | **果期** 8～9月 | **海拔** 1 800～4 000米 | **观察** 可见于针阔叶混交林、山坡灌丛或草坡

忍冬科 Caprifoliaceae > 刺参属 Morina > Morina kokonorica

青海刺参　　ལུག་ཆེར་དཀར་མོ།

多年生草本 | **形态** 茎通常单1。基生叶5～6枚，簇生，坚硬，线状披针形，基部渐狭成柄，边缘具深波状齿，齿裂片近三角形，边缘有3～7枚硬刺；茎生叶长披针形，常4叶轮生，2～3轮，基部抱茎。轮伞花序顶生，6～8节，紧密穗状，每轮有总苞片4枚；总苞片长卵形，边缘具多数黄色硬刺；小总苞钟状，藏于总苞内；萼杯状，质硬，2深裂，每裂片再2或3裂；花冠二唇形，5裂，淡绿色，外面被毛 | **花期** 6～8月 | **果期** 8～9月 | **海拔** 3 000～4 500米 | **观察** 偶见于沙石质山坡、山谷草地 | **中国特有种**

苞片　花

植株　花序

忍冬科 Caprifoliaceae > 甘松属 *Nardostachys* > *Nardostachys jatamansi*

匙叶甘松　སྤང་སྤོས།

多年生草本 | **形态** 叶丛生，长匙形或线状倒披针形，全缘，基部渐窄而为叶柄；茎生叶 1～2 对，下部的椭圆形至倒卵形，上部的倒披针形至披针形，有时具疏齿。花序为聚伞形头状，顶生；花序基部有 4～6 片披针形总苞，每花基部有窄卵形至卵形苞片 1 枚，小苞片 2 枚；花萼 5 齿裂；花冠紫红色、钟形，裂片 5 枚，宽卵形至长圆形；雄蕊 4 枚；花柱与雄蕊近等长 | **花期** 6～8 月 | **果期** 8～9 月 | **海拔** 2 600～5 000 米 | **观察** 常见于高山灌丛、草地 | IUCN-极危

忍冬科 Caprifoliaceae > 翼首花属 *Pterocephalus* > *Pterocephalus hookeri*

匙叶翼首花　སྤང་རྩི་དོག

多年生无茎草本 | **形态** 全株被白色柔毛。叶均基生，成莲座丛状，叶片倒披针形，基部渐狭成翅状柄，全缘或一回羽状深裂，裂片 3～5 对。花葶由叶丛抽出，无叶；头状花序单生茎顶，直立或微下垂，球形；总苞片 2～3 层，长卵形至卵状披针形；苞片线状倒披针形；小总苞片具波状齿牙；花萼全裂；花冠筒状漏斗形，黄白色至淡紫色，先端 5 浅裂；雄蕊 4 枚，稍伸出花冠管外 | **花果期** 7～10 月 | **海拔** 1 800～4 800 米 | **观察** 可见于山野草地、高山草甸

忍冬科 Caprifoliaceae > 莛子藨属 *Triosteum* > *Triosteum himalayanum*

穿心莛子藨　སྐྱ་ཀ་ནི་ཆེག་ཅེས།

多年生草本 | **形态** 叶常全株 9～10 对，基部连合，倒卵状椭圆形至倒卵状矩圆形，上面被长刚毛。聚伞花序 2～5 轮在茎顶或有时在分枝上作穗状花序状；萼裂片三角状圆形，被刚毛和腺毛；花冠黄绿色，筒内紫褐色，外有腺毛，筒基部弯曲，一侧膨大成囊；花丝细长，淡黄色，花药黄色，矩圆形。果实红色，近圆形，被刚毛和腺毛 | **花期** 5～7 月 | **果期** 7～9 月 | **海拔** 1 800～4 100 米 | **观察** 偶见于山坡、林下

植株　花序

果序

忍冬科 Caprifoliaceae > 莛子藨属 *Triosteum* > *Triosteum pinnatifidum*

莛子藨　ཁ་ཏུ་རེ་ཞིག་ཏིས།

多年生草本 | **形态** 叶羽状深裂，基部楔形至宽楔形，近无柄，轮廓倒卵形至倒卵状椭圆形，裂片 1～3 对，顶端渐尖；茎基部的初生叶有时不分裂。聚伞花序对生，各具 3 朵花，有时花序下具卵形全缘的苞片，在茎或分枝顶端集合成短穗状花序；萼裂片三角形；花冠黄绿色，筒基部弯曲，一侧膨大成浅囊，内面有带紫色斑点。果卵圆，肉质，冠以宿存的萼齿 | **花期** 5～6 月 | **果期** 7～9 月 | **海拔** 1 800～2 900 米 | **观察** 常见于山坡暗针叶林下和沟边向阳处

忍冬科 Caprifoliaceae > 缬草属 *Valeriana* > *Valeriana officinalis*

缬草　ཀྲུ་སྨེལ།

多年生高大草本 | **形态** 茎生叶卵形至宽卵形，羽状深裂，裂片 7～11 枚，裂片披针形或条形，顶端渐窄，基部下延，全缘或有疏锯齿。花序顶生，成伞房状三出聚伞圆锥花序；小苞片中央纸质，两侧膜质，长椭圆状长圆形、倒披针形或线状披针形，先端芒状凸尖；花冠淡紫红色或白色，花冠裂片椭圆形，雌雄蕊约与花冠等长。瘦果长卵形 | **花期** 5～7 月 | **果期** 6～10 月 | **海拔** 2 500 米以下 | **观察** 常见于山坡草地、林下 | IUCN-无危

伞形科 Apiaceae > 当归属 *Angelica* > *Angelica nitida*

青海当归　མཚོ་སྔོན་ཀོ་ཏུ་པ།

多年生草本 | **形态** 基生叶一至二回羽状全裂，裂片 2～4 对；叶柄基部膨大成叶鞘；茎上部叶为一至二回羽状全裂，叶片轮廓为阔卵形。复伞形花序，伞辐 9～19 条；无总苞片；小伞形花序密集或近球形，有花 18～40 朵；小总苞片 6～10 枚，披针形；花瓣白色或黄白色，稀紫红色，长卵形；花柱基扁平，紫黑色。果实长圆形至卵圆形，侧棱翅状，背棱线状；背棱槽内有油管 1 条，侧棱槽内有油管 2 条，合生面油管 2 条 | **花期** 7～8 月 | **果期** 8～9 月 | **海拔** 2 600～4 000 米 | **观察** 偶见于高山灌丛、草甸等地 | **中国特有种**

叶 果序

伞形科 Apiaceae > 葛缕子属 *Carum* > *Carum carvi*

葛缕子　ག་སྙོད།

多年生草本 | **形态** 茎常单生。基生叶及茎下部叶的叶柄与叶片近等长，叶片轮廓长圆状披针形，二至三回羽状分裂，末回裂片线形或线状披针形，茎中、上部叶与基生叶同形但较小。复伞形花序，常无总苞片，线形；伞辐 5～10 条，极不等长，无小总苞或偶有 1～3 片，线形；小伞形花序有花 5～15 朵，花杂性，无萼齿，花瓣白色，或带淡红色；花柱长约为花柱基的 2 倍。果实长卵形，果棱明显，每棱槽内油管 1 条，合生面油管 2 条 | **花期** 5～7 月 | **果期** 7～9 月 | **海拔** 1 500～4 300 米 | **观察** 常见于河滩草丛、林下、高山草甸 | **IUCN-无危**

伞形科 Apiaceae > 独活属 *Heracleum* > *Heracleum millefolium*

裂叶独活　འབམ་རྩྭ།

多年生草本 | **形态** 茎直立，分枝。叶片轮廓为披针形，三至四回羽状分裂，末回裂片线形或披针形，先端尖；茎生叶逐渐短缩。复伞形花序顶生和侧生；总苞片 4～5 枚，披针形；伞辐 7～8 条，不等长；小总苞片线形，有毛；花白色；萼齿细小 | **花期** 6～8 月 | **果期** 9～10 月 | **海拔** 3 800～5 000 米 | **观察** 偶见于山坡草地、山顶或沙砾沟谷草甸

伞形科 Apiaceae > 藁本属 *Ligusticum* > *Ligusticum thomsonii*

长茎藁本　སྲུ་ཏི་ཡུ་རིང་།

多年生草本 | **形态** 茎数个丛生。基生叶一回羽裂，羽片 5～9 对，卵圆形或长圆形，有不规则锯齿或深裂；茎生叶 1～3 枚，较小。顶生复伞形花序，侧生花序较小，或不育，总苞片 5～6 枚，线形，边缘窄膜质；伞辐 10～20 条，小总苞片 10～15 枚，线形或线状披针形，边缘窄膜质；萼齿细小；花瓣白色。果长圆状卵形，背腹扁；背棱线形，侧棱较宽，窄翅状 | **花期** 7～8 月 | **果期** 9～10 月 | **海拔** 2 200～4 200 米 | **观察** 可见于林缘、灌丛及草地

植株　叶　花序　果序

伞形科 Apiaceae > 羌活属 *Notopterygium* > *Notopterygium incisum*

羌活　སྤྲུ་ནག།

多年生草本 | **形态** 茎直立，中空。叶为三出式三回羽状复叶，末回裂片长圆状卵形至披针形，边缘缺刻状浅裂至羽状深裂；茎上部叶常简化，无柄，叶鞘膜质，长而抱茎。复伞形花序；总苞片 3～6 枚，线形，早落；伞辐 7～18 条；小伞形花序直径 1～2 厘米；小总苞片 6～10 枚，线形；花多数；花瓣卵形至长圆状卵形，顶端钝，内折；花药黄色；花柱 2 枚。分生果长圆状，主棱扩展成翅 | **花期** 7～8 月 | **果期** 8～9 月 | **海拔** 2 000～4 000 米 | **观察** 可见于林缘及灌丛 | **中国特有种**

伞形科 Apiaceae > 棱子芹属 *Pleurospermum* > *Pleurospermum amabile*

美丽棱子芹　ཙན་མ་ཆེན།

多年生草本 | **形态** 茎直立，带堇紫色。三至四回羽状复叶；叶片轮廓宽三角形，末回裂片狭卵形，边缘羽状深裂，裂片线形；叶鞘膜质，有美丽的紫色脉纹。顶生伞形花序有总苞片 3～6 枚，顶端叶状分裂，边缘啮蚀状；伞辐 20～30 条；小总苞片白色膜质，有紫色脉纹；花紫红色，萼齿三角形；花瓣顶端有小舌片，内曲；花药暗紫色。果实狭卵形，果棱有明显的微波状齿，每棱槽有油管 3 条，合生面有油管 6 条 | **花期** 7～9 月 | **果期** 9～10 月 | **海拔** 5 000 米附近 | **观察** 偶见于山坡草地

伞形科 Apiaceae > 棱子芹属 *Pleurospermum* > *Pleurospermum franchetianum*

松潘棱子芹　ཙན་ཆེན།

多年生草本 | **形态** 茎直立，粗壮。叶片轮廓卵形，近三出式三回羽状分裂，末回裂片披针状长圆形，边缘有不整齐缺刻；茎上部的叶简化。顶生复伞形花序花都能育，侧生复伞形花序花不育；总苞片 8～12 枚，狭长圆形，顶端 3～5 裂，边缘白色；伞辐多数；小总苞片 8～10 枚，有宽的白色边缘；花多数；花瓣白色，基部明显有爪；花药暗紫色。果实椭圆形，主棱波状，侧棱翅状，每棱槽中有油管 1 条 | **花期** 7～8 月 | **果期** 9 月 | **海拔** 2 500～4 300 米 | **观察** 常见于高山坡或山梁草地 | **中国特有种**

植株 花序 总苞

伞形科 Apiaceae > 棱子芹属 *Pleurospermum* > *Pleurospermum hedinii*

垫状棱子芹　ཅད་ལེག

多年生莲座状草本 | **形态** 茎粗短。叶近肉质，叶片轮廓狭长椭圆形，二回羽状分裂，一回羽片 5～7 对，轮廓卵形或长圆形，羽状分裂；茎生叶与基生叶同形，较小。复伞形花序顶生；总苞片多数，叶状；伞辐多数，肉质；小总苞片 8～12 枚，顶端常叶状分裂，有宽的白色膜质边缘；花多数；萼齿近三角形；花瓣淡红色至白色；花药黑紫色。果实卵形至宽卵形，淡紫色或白色，果棱宽翅状，微呈波状褶皱 | **花期** 7～8 月 | **果期** 8～9 月 | **海拔** 4 200～5 000 米 | **观察** 偶见于山坡草地或灌丛 | **中国特有种**

伞形科 Apiaceae > 棱子芹属 *Pleurospermum* > *Pleurospermum szechenyii*

青海棱子芹　མཚོ་སྔོན་གངས་ཅད།

多年生草本 | **形态** 茎粗壮。叶二至三回羽状分裂；一回羽片 6～9 对，下面数对一至二回羽状分裂，向上渐简化；末回裂片披针形，有凸尖，叶柄扁平，向下逐渐扩大成鞘；茎上部叶渐简化。顶生复伞形花序；总苞片 7～11 枚，倒披针形，顶端叶状分裂；伞辐 15～25 条，不等长；小总苞片 9～13 枚，顶端叶状分裂；花淡红色；花药暗紫色，花柱直立。果实长圆形，果棱有微波状翅，每棱槽有油管 1 条 | **花期** 7 月 | **果期** 8 月 | **海拔** 3 700～4 200 米 | **观察** 可见于山坡草地 | **中国特有种**

植株　叶　花序

自然摄影道德准则

1. 合法

拍摄活动、活动的组织者和摄影师，必须遵守国家和地区的有关法律、规定、管理办法等。进入国家公园和保护区，须取得备案许可。

2. 主动了解

摄影师不仅应了解当地的自然环境，也应主动了解并遵守当地的相关法律法规、管理规定、民族风俗禁忌等。

3. 知识准备

拍摄之前，尽可能多地了解你的拍摄对象，包括它们的生物学基本知识和特性，这对你的拍摄一定会有帮助。科学性是自然生态摄影的基础。

4. 防止伤害

必须确保你的行为不会对拍摄主体的身体及精神造成伤害，不要因为盲目追求艺术性或自己的无知和莽撞，对野生生物及其栖息地造成伤害，以及使自身受到伤害。

5. 反对造假

客观真实性是生态摄影的根本。

6. 禁止

不能为了拍摄而做会引发拍摄主体永久性改变其自然属性的事情，包括麻醉、关押、各种形式的约束、驯化、长期使用诱饵等行为。

7. 尊重

尊重那些给你提供帮助的当地群众和管理人员，感谢他们的劳动并支付得当的报酬；只要可能，把你拍摄的部分作品留给帮助过你的个人或机构。

8. 统一

真正的自然生态摄影师，无论是在行为上还是在作品上，都追求真实性、科学性、思想性、艺术性的统一。

具体行为规范

1. 永远把拍摄主体的安全放在首位。

2. 在你离开拍摄地点之前恢复它的原貌。

3. 如果没有特别的必要性，请保持足够的距离。

4. 要为预料之外的近距离遭遇做好准备，以防止对拍摄主体造成伤害及伤害到自己。

5. 夜间使用人造光源拍摄时，要防止拍摄主体面临被其他动物攻击或者捕食的危险。

6. 你必须明白，拍摄动物的巢穴时很可能招来捕食者。

附录二

三江源自然观察安全注意事项

　　三江源特殊的地理、气候、野生动物为在这里的旅行带来了各种惊喜，但同时也可能引发潜在的风险与不确定性。天气和气候导致的高原反应、紫外线灼伤、冻伤、失温、雪盲等急性症状，以及藏棕熊、野牦牛、流浪狗等动物的袭击和袭扰，均是有可能出现的意外状况。同时，三江源地广人稀，基础设施分布较为稀疏，在多数情况下运输、急救条件非常有限，伤者不易在短时间内得到及时照料。因此，游客应在出行前从心理上、知识上和装备上进行充分准备，以积极了解并主动回避可能出现的危险，提高旅行质量。

高原反应

　　由于氧气稀薄、空气干燥，因缺氧而出现高原反应，是由低海拔地区来到三江源的游客最容易出现的状况（例如玉树市空气含氧量大约只有沿海地区的 65%）。一般而言，轻度的头痛、头晕、气短、心悸、疲劳和入睡困难是高原反应较为常见的症状，通常经过 3～5 日的适应即可自行消除。然而，因体质差异，部分人可能会出现由于缺氧而引起的高原肺水肿、高原脑水肿，以及其他危及生命的急性疾病，同时缺氧也有可能诱发或加剧原有慢性病。

　　为避免和减轻高原反应的症状，更快适应高原气候，可参考如下建议：

　　1. 出行前通过体检等方式了解自己的身体状况，如有不适宜高原旅行的疾病（包括但不限于心脑血管疾病、呼吸系统疾病、重感冒等），请务必重视，切不可轻视。

　　2. 年轻体壮、经常锻炼并不意味着不会出现高原反应，而不同性别同高原反应之间也并未发现关联。

　　3. 需注意，即使在同一海拔，含氧量在不同情况下也有明显差异，如湖边或河谷等湿润地点含氧量更高、植被茂盛的地点含氧量更高、夏季较冬季含氧量更高等，因此请客观评价此前的高原旅行经历。

4. 如时间允许，尽量乘车从低海拔地区逐渐向高海拔地区移动；乘坐飞机抵达时，海拔突然升高，更容易出现高原反应。

5. 若此前从未抵达高海拔地区，或因工作等原因需要迅速抵达，应尽量预订具备房间供氧能力的酒店，同时准备应急药品，包括但不限于利尿剂、肾上腺皮质激素、葡萄糖等。

6. 初到高原，务必做好保暖工作，多喝热水，切勿贪凉，否则极易感冒，甚至引发更严重的疾病。

7. 心理作用对高原反应的影响极为强烈，应放松心态，逐步适应，探索自己的身体对高原环境的适应性，切勿担心过度或情绪过激。

8. 感到体力下降、容易疲劳是非常正常的表现，此时应量力而行，切勿逞强或剧烈运动。

9. 高原旅行期间务必将身体状况坦诚告知身边同伴，切勿强撑坚持。如突然出现严重高原反应，请立即以最快方式向低海拔处转移，同时通过电话联系医护人员、警察等救援力量，可放心地向身边的当地人求助。

感冒、冻伤与失温

因海拔较高，三江源的气候寒冷多变。夏季虽然温暖，但由于空气稀薄，大气比热容较低，在大风、大雨、大雪、冰雹等频繁的极端强对流天气影响下，气温可在短时间内快速下降 20 摄氏度甚至更多。因严寒或快速降温而出现的感冒、肢端冻伤及失温若不能得到及时处理，可迅速发展为严重疾病，甚至危及生命。

因此，为避免此类情况出现，可参考如下建议：

1. 降水常同降温一起出现，同时也会迅速带走热量、降低体感温度，因此出行前务必携带足够的保暖、防水衣物和雨具，宁可多带，不可少带。

2. 如在午时感觉温暖炎热，可尝试转移至阴凉处，尽量不要在身体有汗时脱掉外套或摘掉帽子。

3. 务必避免将鞋浸湿，尽量不要长时间在雪中行走；如执意前往的话，切勿穿着过于贴合的鞋袜，也不要将鞋带系得过紧，以保持足部血液循环。

4. 冬季从车中或室内到室外活动时，即使时间较短，也务必做好保暖工作。

5. 冻伤后可以用衣物或接近体温的温热物体覆盖伤处，以保温并保持血液循环。切勿使用冰块或雪水去揉搓伤处，切勿使用温度过高的热源去温暖伤处。

6. 如遇轻度失温，应在第一时间将失温者转移至避风、温暖环境，增加衣物，提供高能量的糖类等食物，避免吸烟、喝酒和咖啡等刺激性饮品。如遇重度失温，应在第一时间联系专业救援，同时迅速通过更换潮湿的衣物、增添衣物来隔绝冰冷、湿润环境，并提供温热流食；可将自热包、热水瓶、热毛巾、手炉等用衣服包住，放在颈部、腋窝、大腿根部等部位，缓缓温暖主动脉，切勿直接温暖手脚肢端，否则如引起冷血回流，将直接危及生命。

紫外线灼伤

高原地区空气稀薄，紫外线强烈，若不加防护，长时间暴露在阳光下，可能产生皮肤红肿、瘙痒、表皮脱落等皮肤灼伤反应。

为避免此类情况出现，可参考如下建议：

1. 在户外活动时尽量穿着长袖、长裤，并佩戴遮阳帽、魔术头巾等。

2. 涂抹防晒霜并注意防晒系数（SPF），及时在其失效前补涂。

3. 注意耳朵的防晒。

雪盲

雪盲是由于雪地上反射的光长时间刺激眼睛而造成的眼睛损伤。三江源由于气候高寒，在冬季时常被积雪覆盖，而海拔更高的山区甚至终年覆盖积雪。在雪地中进行户外活动时，强烈的阳光经雪面反射后入眼，若不加防护，时间稍久便可导致流泪、眼睑红肿、结膜充血水肿、有剧烈的异物感和疼痛、畏光、视物困难等症状。

为避免此类情况出现，可参考如下建议：

1. 在雪地中活动或行车时务必佩戴太阳镜，为减少对观察野生动物的影响，可选择配有偏振片的太阳镜。

2. 避免佩戴或摘除隐形眼镜。

3. 消除症状时应迁往黑暗处或闭紧双眼，可在局部使用眼药膏或用纯净水冲洗来缓解症状，也可使用消毒的冷棉布覆盖双眼。

4. 切勿热敷，高温会加剧症状。

雷电天气

三江源天气阴晴不定，夏季多雷雨，且因海拔较高而云层距地面较近，雷击事件时有发生。为避免此类情况出现，可参考如下建议：

1. 雷雨天如在户外，应尽量远离输电塔、旗杆、大树等高大的耸立物体，同时远离高地和水体。

2. 避免使用金属杆雨伞，可选择使用玻纤等替代材料制成的雨伞。

3. 避免使用手机、对讲机等电子产品，也不要躲在帐篷里使用电子设备。

4. 可在车辆中躲避，其间应注意紧闭门窗。

5. 如在旷野中无法找到理想的躲避地点，可将双脚并拢蹲下，双手抱膝，胸口紧贴膝盖，尽量低头。

6. 多人行动时，尽量相隔 5 米以上的距离。

7. 如遭受雷击，引起衣服着火，应就地翻滚扑灭火焰；若伤者失去意识，但仍有呼吸和心跳，应让伤者舒展平卧，安静休息后送医院治疗；对于受伤较严重的人员，应及时送医，途中要不间断对其进行心肺复苏急救。

动物袭击或伤害

由于人口密度较低，在传统文化的荫庇和政府工作的开展下，三江源仍保有较为原始的自然景观，而其中野生动物特别是大型兽类的种群仍较完整，遇见率很高。虽然多数野生动物会主动回避人类，但仍有少数物种会袭扰行人，对人的生命财产安全构成威胁。因此在三江源进行自然观察前，非常有必要积极了解和主动回避可能出现的危险，并掌握相关的急救措施。

总体而言，在野外进行自然观察时，有以下事项需要特别注意：

1. 出行前咨询当地向导或有经验的同伴，了解在观察地点有可能遇到的野生动物。

2. 尽量避免独自活动，尽量避免夜间活动。

3. 发现野生动物后注意保持距离，不要贪心而一味靠近，任何野生动物都有可能在感到紧张时做出反常举动。

4. 突遇猛兽时切勿大喊大叫、动作过激，应保持镇定并面对动物，缓步后撤。

5. 看到带有幼崽的野生动物或单独活动的幼崽，一定不要接近，雌兽会做出一切举动来保护幼崽。

6. 在野外发现动物尸体后不要靠近，更不要用手触碰，以避免传染病、寄生虫病等危险。

7. 除上述事项外，对以下几种动物应特别注意：

a）藏棕熊：攻击性极强，在野外近距离偶遇时会主动攻击人类，带有幼崽的雌兽尤其如此。在有熊出没的地点，切勿将食物或有香气的东西留在帐篷中，外出时尽量结伴在视野开阔的地点活动，大声说话或制造噪声，以避免偶遇。远距离发现熊时，切勿高声喊叫、一惊一乍，应镇定而缓慢地后撤，在确认走出熊的视野后再快速离开；如熊从远处开始追赶，应迅速丢弃随身携带的行李物品，快速向坡下逃离。请注意，并无证据表明装死会躲过攻击。

b）野牦牛：攻击性极强且极为暴躁，特别是发情期的雄性和带有幼崽的雌兽。野牦牛奔跑速度极快，发现后应尽量低调并快速远离，即使在车中也是如此。暴躁的雄性野牦牛可以轻易顶翻车辆，切勿主动靠近。请注意，野牦牛开始冲撞前会将尾部竖起示警。

c）流浪狗：流浪的藏狗、藏獒近年来在三江源部分地区较为常见，可集群或单独活动，距离城镇较远的狗会主动尾随、袭扰人类，并有传播犬瘟热、狂犬病、包虫病等疾病的风险。切勿主动招惹、挑逗、投喂任何犬只，无视即可；如发现有狗主动靠近、尾随或狂叫，可做弯腰捡石头状、大声呵斥等，或可捡起周边的木棍防身；多数情况下只要表现强硬，流浪狗便会自然退散。

d）狼：一般不会主动攻击人类，仅在冬季食物资源不充分的地方有极少数袭击人的事件出现。在自然观察时，避免夜间独行，避免夏季在狼窝附近活动；发现有独狼尾随时，应尽快回到人多的安全地点或往马路和村庄方向快走，切勿奔跑；当发现混有家犬的狼群时应格外注意，因为这样的狼群通常不太惧人，更加危险。

e）旱獭、鼠兔等：在三江源极为常见且形容可爱、憨态可掬，但很容易传播鼠疫、寄生虫病等多种疾病，特别是旱獭。不要投喂、抚摸、招引旱獭和鼠兔；在外出或回来后注意洗手、消毒，不要采食旱獭、鼠兔洞穴附近生长的大黄、蘑菇、野葱等，也不要碰旱獭洞穴周边的花花草草。

上文仅列举了在高原地区相对于其他户外环境来说更须注意的事项。在户外常遇到的紧急状况，如水疱、腹泻、毒蛇和蚊虫咬伤等，在三江源同样常见，请务必注意。同样，此处列出的注意事项也仅供参考，在有信号、网络的情况下，应尽量在第一时间寻求专业医护人员、救援人士的意见与帮助。

总体而言，在出行前和旅途中应做到以下六点：

1. 检查身体，自我评估

出行前通过体检等方式了解自己的身体状况，如有不适于高原旅行的疾病，请务必重视，切不可轻视。

2. 做好攻略，准备物资

通过网络、书籍等渠道了解目的地基本状况，包括但不限于气候、天气、地形地貌、常见野生动物、风俗习惯、礼仪禁忌等；按照建议准备衣物、个人用品、常备药品等物资，宁滥勿缺。

3. 拟定路线，安排行程

切勿逞强，务必合理安排行程和运动量；如为团体活动，务必向活动组织方仔细了解饮食、住宿、通勤、应急等各方面信息。

4. 购买保险，宁滥勿缺

出行前务必购买活动期间的正规的专项高原旅行保险，因为通常的一般意外险会将高原地区划定为无人区或风险区域而不予赔付。

5. 告知亲友，及时报安

抵达后及时和亲友沟通。因三江源网络覆盖不好，须告知亲友可能存在短时信号不通的状况，以避免家人、朋友过度担心。

6. 听从向导，虚心学习

在旅途中应虚心向向导、当地藏族同胞请教或求助，通常你都会得到详细的解答与热心的帮助。切勿自大而不听从向导和当地人的劝告，逞强或抱有侥幸心理。

最后，可参考如下物品清单进行行前准备：

1. 服装鞋袜

☐ 冲锋衣、抓绒衣、羽绒服、棉服、雨衣等可压缩的、轻便的保暖外套

☐ 帽衫、抓绒衣（内胆）等保暖长袖衣物

☐ 冲锋裤、厚牛仔裤等厚实、耐磨、防水、耐脏的外裤

☐ 羽绒裤、保暖秋裤等便于携带的、保温的衬裤

☐ 充足的内衣裤

☐ 高帮户外鞋、防水户外靴等

2. 户外装备

☐ 遮阳帽、魔术头巾等防晒用品

☐ 手套、棉帽等保暖用品

☐ 随身腰包或轻便背包

☐ 太阳镜

☐ 户外手电、头灯等照明设备

☐ 物理指南针

☐ 高分贝应急哨

☐ 环保餐盒、餐具

☐ 保温杯

☐ 暖宝宝、热贴

☐ 安全火柴或高原打火机

3. 电子设备

☐ 相机及相关设备（脚架、滤镜、气吹、备用电池等）

☐ 手机

☐ 望远镜

☐ 充电宝等应急电源

☐ 各类电子产品充电器

☐ 接线板（插排）

4. 食品药品

☐ 个人日常药品

☐ 感冒药

☐ 止泻药

☐ 综合维生素

☐ 能量棒

5. 洗护用品

☐ 洗面奶、沐浴液、洗发水等日常用品

☐ 防晒霜、防晒喷雾等防晒用品

☐ 唇膏、护手霜等保湿用品

☐ 消毒洗手液、消毒湿巾等消毒用品

（年保玉则生态环境保护协会／文）

三江源鱼类名录

三江源本土鱼类总计有 3 目 17 属 44 种，其中鲑形目 1 科 1 属 1 种，鲤形目 2 科 5 亚科 13 属 39 种，鲇形目 2 科 3 属 4 种（李志强等，2013）。鱼类名录及分布如下。

目	科	亚科	属	种	分布
鲑形目 Salmoniformes	鲑科 Salmonidae		哲罗鲑属 Hucho	川陕哲罗鲑 H. blekeri	长江水系
鲤形目 Cypriniformes	鲤科 Cyprinidae	雅罗鱼亚科 Leuciscinae	雅罗鱼属 Leuciscus	黄河雅罗鱼 L. chuanchicus	黄河水系 澜沧江水系
		鮈亚科 Gobioninae	刺鮈属 Acanthogobio	刺鮈 A. guentheri	黄河水系
			鮈属 Gobio	黄河鮈 G. huanghensis	黄河水系
		裂腹鱼亚科 Schizothoracinae	裂腹鱼属 Schizothorax	长丝裂腹鱼 S. (S.) dolichonema	长江水系
				齐口裂腹鱼 S. (S.) prenanti	长江水系
				重口裂腹鱼 S. (Racoma) davidi	长江水系
				硬刺齐口裂腹鱼 S. prenanti scleracanthus	长江水系
				光唇裂腹鱼 S. (S.) lissolabiatus	澜沧江水系
				澜沧裂腹鱼 S. (Racoma) lantsangensis	澜沧江水系

目	科	亚科	属	种	分布
鲤形目 Cypriniformes	鲤科 Cyprinidae	裂腹鱼亚科 Schizothoracinae	叶须鱼属 *Ptychobarbus*	裸腹叶须鱼 *P. kaznakovi*	长江水系 澜沧江水系
			裸重唇鱼属 *Gymnodiptychus*	厚唇裸重唇鱼 *G. pachycheilus*	黄河水系
			裸鲤属 *Gymnocypris*	花斑裸鲤 *G. eckloni eckloni*	黄河水系
				斜口裸鲤 *G. eckloni scolistomus*	黄河水系
			裸裂尻鱼属 *Schizopygopsis*	黄河裸裂尻鱼 *S. pylzovi*	黄河水系
				前腹裸裂尻鱼 *S. santeroventris*	澜沧江水系
				软刺裸裂尻鱼 *S. malacanthus maacanthus*	长江水系
				大渡软刺裸裂尻鱼 *S. malacanthus chengi*	长江水系
				温泉裸裂尻鱼 *S. thermalis*	长江水系
			高原鱼属 *Herzensteinia*	小头高原鱼 *H. microcephalus*	长江水系
			黄河鱼属 *Chuanchia*	骨唇黄河鱼 *C. labiosa*	黄河水系
			扁咽齿鱼属 *Platypharodon*	极边扁咽齿鱼 *P. extremus*	黄河水系
	鳅科 Cobitidae	条鳅亚科 Nemacheilinae	高原鳅属 *Triplophysa*	长蛇高原鳅 *T. (T.) longianguis*	黄河水系
				麻尔柯河高原鳅 *T. (T.) markehenensis*	长江水系

目	科	亚科	属	种	分布
鲤形目 Cypriniformes	鳅科 Cobitidae	条鳅亚科 Nemacheilinae	高原鳅属 *Triplophysa*	拟硬鳍高原鳅 *T. (T.)* *pseudoscleroptera*	黄河水系
				硬鳍高原鳅 *T. (T.) scleroptera*	黄河水系
				斯氏高原鳅 *T. (T.) stoliczkae*	黄河水系 长江水系
				细尾高原鳅 *T. (T.) stenura*	长江水系 澜沧江水系
				黄河高原鳅 *T. (T. a)* *pappenheimi*	黄河水系
				似鲇高原鳅 *T. (T.) siluroides*	黄河水系
				粗壮高原鳅 *T. (T.) robusta*	黄河水系
				修长高原鳅 *T. (T.) leptosoma*	黄河水系 长江水系 澜沧江水系
				小眼高原鳅 *T. (T.) microps*	长江水系 澜沧江水系
				圆腹高原鳅 *T. (T.)* *rotundiventris*	长江水系
				异尾高原鳅 *T. (T.) stewarti*	长江水系
				东方高原鳅 *T. (T.) orientalis*	黄河水系 长江水系
				隆头高原鳅 *T. (T.) alticeps*	澜沧江水系
				钝吻高原鳅 *T. (T.) obtusirostra*	黄河水系
				唐古拉高原鳅 *T. (T.)* *tanggulaensis*	长江水系

目	科	亚科	属	种	分布
鲤形目 Cypriniformes	鳅科 Cobitidae	花鳅亚科 Cobitinae	花鳅属 *Cobitis*	北方花鳅 *C. granoei*	黄河水系
鲇形目 Siluriformes	鲇科 Siluridae		鲇属 *Silurus*	兰州鲇 *S. lanzhouensis*	黄河水系
	鮡科 Sisoridae		石爬鮡属 *Euchiloglanis*	黄石爬鮡 *E. skishinouyei*	长江水系
			鮡属 *Pareuchiloglanis*	中华鮡 *P. sinensis*	长江水系
				细尾鮡 *P. gracilicaudata*	澜沧江水系

信息来源：李志强，王恒山，祁佳丽，等，2013. 三江源鱼类现状与保护对策 [J]. 河北渔业，236（8）：24—38.

中文名索引

544

545

学名索引

参考文献

MacKinnon J，Phillipps K，何芬奇，2000．中国鸟类野外手册［M］．长沙：湖南教育出版社．

Smith A T，谢焱，2009．中国兽类野外手册［M］．长沙：湖南教育出版社．

陈封怀，胡启明，1989．中国植物志：第五十九卷第一册（报春花科［一］珍珠菜族—报春花族）［M］．北京：科学出版社．

陈服官，等，1998．中国动物志：鸟纲第九卷（雀形目太平鸟科—岩鹨科）［M］．北京：科学出版社．

陈家瑞，2000．中国植物志：第五十三卷第二册（菱科、柳叶菜科、小二仙草科等）［M］．北京：科学出版社．

陈书坤，1997．中国植物志：第四十三卷第三册（苦木科、橄榄科、楝科等）［M］．北京：科学出版社．

陈伟球，1999．中国植物志：第七十一卷第二册（茜草科［二］茜草亚科）［M］．北京：科学出版社．

陈卫，高武，傅必谦，2002．北京兽类志［M］．北京：北京出版社．

陈艺林，石铸，1999．中国植物志：第七十八卷第二册（菊科［八］菜蓟族）［M］．北京：科学出版社．

陈艺林，1999．中国植物志：第七十七卷第一册（菊科［五］千里光族、金盏花族）［M］．北京：科学出版社．

陈艺林，2002．中国植物志：第四十七卷第二册（凤仙花科）［M］．北京：科学出版社．

戴伦凯，梁松筠，2000．中国植物志：第十二卷（莎草科［二］）［M］．北京：科学出版社．

董仕勇，左政裕，严岳鸿，等，2017．中国石松类和蕨类植物的红色名录评估［J］．生物多样性，25（7）：765—773．

方瑞征，1999．中国植物志：第五十七卷第一册（杜鹃花科）［M］．北京：科学出版社．

方文培，胡文光，1990．中国植物志：第五十六卷（山茱萸科、岩梅科、桤叶树科等）［M］．北京：科学出版社．

方文培，1983．中国植物志：第五十二卷第二册（胡颓子科、玉蕊科、千屈菜科等）［M］．北京：科学出版社．

费梁，胡淑琴，叶昌媛，等，2009. 中国动物志：两栖纲中卷（无尾目）[M]. 北京：科学出版社.

费梁，胡淑琴，叶昌媛，等，2016. 中国动物志：两栖纲上卷（总论、蚓螈目、有尾目）[M]. 北京：科学出版社.

费梁，叶昌媛，江建平，2012. 中国两栖动物及其分布彩色图鉴[M]. 成都：四川科技出版社.

费梁，2009. 中国动物志：两栖纲下卷（无尾目）[M]. 北京：科学出版社.

冯国楣，1984. 中国植物志：第四十九卷第二册（木锦科、梧桐科）[M]. 北京：科学出版社.

傅坤俊，1993. 中国植物志：第四十二卷第一册（豆科[四]）[M]. 北京：科学出版社.

傅书遐，傅坤俊，1984. 中国植物志：第三十四卷第一册（木犀草科、辣木科、伯乐树科等）[M]. 北京：科学出版社.

傅桐生，宋榆钧，高玮，等，1998. 中国动物志：鸟纲第十四卷（雀形目文鸟科、雀科）[M]. 北京：科学出版社.

高红梅，蔡振媛，覃雯，等，2019. 三江源国家公园鸟类物种多样性研究[J]. 生态学报，39（22）：8254—8270.

古粹芝，1999. 中国植物志：第五十二卷第一册（大风子科、旌节花科、西番莲科）[M]. 北京：科学出版社.

关贯勋，谭耀匡，2003. 中国动物志：鸟纲第七卷（夜鹰目、雨燕目、咬鹃目、佛法僧目、鴷形目）[M]. 北京：科学出版社.

关克俭，1979. 中国植物志：第二十七卷（睡莲科、金鱼藻科、领春木科、毛茛科[一]等）[M]. 北京：科学出版社.

郭本兆，1987. 中国植物志：第九卷第三册（禾本科[三]）[M]. 北京：科学出版社.

国家林业和草原局，农业农村部. 国家重点保护野生动物名录[EB/OL].（2021-02-05）[2021-11-15]. http://www.forestry.gov.cn/main/3457/20210205/122612568723707.html.

国家林业和草原局，农业农村部. 国家重点保护野生植物名录[EB/OL].（2021-09-07）[2021-11-15]. http://www.gov.cn/zhengce/zhengceku/2021-09/09/content_5636409.htm.

韩崇选，李金钢，杨学军，等，2005. 中国农林啮齿动物与科学管理[M]. 咸阳：西北农林科技大学出版社.

何廷农，1988. 中国植物志：第六十二卷（龙胆科）[M]. 北京：科学出版社.

洪德元，1983. 中国植物志：第七十三卷第二册（桔梗科、草海桐科、花柱草科）[M]. 北京：科学出版社.

胡加琪，2002. 中国植物志：第七十卷（爵床科）[M]. 北京：科学出版社.

环境保护部，中国科学院. 中国生物多样性红色名录——高等植物卷 [EB/OL].（2013-09-02）[2021-11-15]. http://www.mee.gov.cn/gkml/hbb/bgg/201309/t20130912_260061.htm.

黄继红，马克平，陈彬，2014. 中国特有种子植物的多样性及其地理分布 [M]. 北京：高等教育出版社.

蒋志刚，刘少英，吴毅，等，2017. 中国哺乳动物多样性（第2版）[J]. 生物多样性，25：886—895.

居·扎西桑俄，果洛·周杰，2013. 藏鹀的自然历史、威胁和保护 [J]. 动物学杂志，48（1）：28—35.

孔宪武，王文采，1989. 中国植物志：第六十四卷第二册（紫草科）[M]. 北京：科学出版社.

孔宪武，1979. 中国植物志：第二十五卷第二册（藜科、苋科）[M]. 北京：科学出版社.

匡可任，李沛琼，1979. 中国植物志：第二十一卷（杨梅科、胡桃科、桦木科）[M]. 北京：科学出版社.

匡可任，路安民，1978. 中国植物志：第六十七卷第一册（茄科）[M]. 北京：科学出版社.

郎楷永，1999. 中国植物志：第十七卷（兰科 [一]）[M]. 北京：科学出版社.

李安仁，1998. 中国植物志：第二十五卷第一册（蓼科）[M]. 北京：科学出版社.

李桂垣，郑宝赉，刘光佐，1982. 中国动物志：鸟纲第十三卷（雀形目山雀科、绣眼鸟科）[M]. 北京：科学出版社.

李树刚，1987. 中国植物志：第六十卷第一册（白花丹科、山榄科、柿科）[M]. 北京：科学出版社.

李锡文，1990. 中国植物志：第五十卷第二册（藤黄科、柽柳科、龙脑香科等）[M]. 北京：科学出版社.

李志强，王恒山，祁佳丽，等，2013. 三江源鱼类现状与保护对策 [J]. 河北渔业，236（8）：24—38.

林镕，陈艺林，1985. 中国植物志：第七十四卷（菊科 [一] 斑鸠菊族—紫菀族）[M]. 北京：科学出版社.

林镕，林有润，1991. 中国植物志：第七十六卷第二册（菊科 [四] 春黄菊族 [二]）[M]. 北京：科学出版社.

林镕，刘尚武，1989．中国植物志：第七十七卷第二册（菊科［六］千里光族千里光亚族）［M］．北京：科学出版社．

林镕，石铸，1983．中国植物志：第七十六卷第一册（菊科［三］春黄菊族［一］）［M］．北京：科学出版社．

林镕，石铸，1987．中国植物志：第七十八卷第一册（菊科［七］蓝刺头族、菜蓟族）［M］．北京：科学出版社．

林镕，石铸，1997．中国植物志：第八十卷第一册（菊科［十］舌状花亚科菊苣族）［M］．北京：科学出版社．

林镕，1979．中国植物志：第七十五卷（菊科［二］旋覆花族一堆心菊族）［M］．北京：科学出版社．

刘迺发，包新康，廖继承，2013．青藏高原鸟类分类与分布［M］．北京：科学出版社．

刘少英，吴毅，2019．中国兽类图鉴［M］．福州：海峡书局．

刘伟，王溪，2018．青海脊椎动物种类与分布［M］．西宁：青海人民出版社．

陆玲娣，黄淑美，1995．中国植物志：第三十五卷第一册（虎耳草科［二］梅花草亚科、绣球花亚科、多香木亚科等）［M］．北京：科学出版社．

路安民，陈书坤，1986．中国植物志：第七十三卷第一册（五福花科、败酱科、川续断科等）［M］．北京：科学出版社．

马金双，1997．中国植物志：第四十四卷第三册（大戟科［三]）［M］．北京：科学出版社．

潘锦堂，1992．中国植物志：第三十四卷第二册（虎耳草科［一]）［M］．北京：科学出版社．

潘清华，王应祥，岩崑，2007．中国哺乳动物彩色图鉴［M］．北京：中国林业出版社．

裴鉴，丁志遵，1985．中国植物志：第十六卷第一册（石蒜科、蒟蒻薯科、鸢尾科）［M］．北京：科学出版社．

齐硕，2019．常见爬行动物野外识别手册［M］．重庆：重庆大学出版社．

覃海宁，杨永，董仕勇，等，2017．中国高等植物受威胁物种名录［J］．生物多样性，25（7）：696—744．

覃海宁，赵莉娜，于胜祥，等，2017．中国被子植物濒危等级的评估［J］．生物多样性，25（7）：745—757．

覃海宁，赵莉娜，2017．中国高等植物濒危状况评估［J］．生物多样性，25（7）：689—695．

丘华兴，林有润，1988．中国植物志：第二十四卷（川苔草科、桑寄生科、山龙眼科等）[M]. 北京：科学出版社.

单人骅，佘孟兰，1992. 中国植物志：第五十五卷第三册（伞形科）[M]. 北京：
科学出版社.

史静耸，2021. 常见两栖动物野外识别手册[M]. 重庆：重庆大学出版社.

寿振黄，1962. 中国经济动物志：兽类[M]. 北京：科学出版社.

四川资源动物志编辑委员会，1984. 四川资源动物志：第二卷（兽类）[M]. 成都：
四川科学技术出版社.

宋晔，闻丞，2016. 中国鸟类图鉴：猛禽版[M]. 福州：海峡书局.

唐昌林，1996. 中国植物志：第二十六卷（紫茉莉科、马齿苋科、商陆科等）[M].
北京：科学出版社.

唐进，汪发缵，1961. 中国植物志：第十一卷（莎草科[一]）[M]. 北京：科学出
版社.

唐进，汪发缵，1978. 中国植物志：第十五卷（百合科[二]）[M]. 北京：科学出
版社.

唐进，汪发缵，1980. 中国植物志：第十四卷（百合科[一]）[M]. 北京：科学出
版社.

王昊，2020. 三江源生物多样性的田野研究[M]. 北京：北京大学出版社.

王剀，任金龙，陈宏满，等，2020. 中国两栖、爬行动物更新名录[J]. 生物多样
性，28（2）：189—218.

王岐山，马鸣，高育仁，2006. 中国动物志：鸟纲第五卷（鹤形目、鸻形目、鸥形
目）[M]. 北京：科学出版社.

王庆瑞，1991. 中国植物志：第五十一卷（堇菜科）[M]. 北京：科学出版社.

王文采，1980. 中国植物志：第二十八卷（毛茛科[二]毛茛亚科）[M]. 北京：
科学出版社.

王文采，1990. 中国植物志：第六十九卷（紫葳科、胡麻科、角胡麻科等）[M].
北京：科学出版社.

王战，方振富，1984. 中国植物志：第二十卷第二册（杨柳科）[M]. 北京：科学
出版社.

吴国芳，1997. 中国植物志：第十三卷第三册（须叶藤科、谷精草科、田葱科等）
[M]. 北京：科学出版社.

吴珍兰，杨永昌，2005. 青海黄精属一新种[J]. 西北植物学报，25（10）：
2088—2089.

吴征镒，李锡文，1977. 中国植物志：第六十五卷第二册（唇形科[一]）[M]. 北
京：科学出版社.

吴征镒, 1979. 中国植物志: 第六十四卷第一册 (旋花科、花荵科、田基麻科) [M]. 北京: 科学出版社.

吴征镒, 1999. 中国植物志: 第三十二卷 (罂粟科、山柑科) [M]. 北京: 科学出版社.

徐炳声, 1988. 中国植物志: 第七十二卷 (忍冬科) [M]. 北京: 科学出版社.

徐朗然, 黄成就, 1998. 中国植物志: 第四十三卷第一册 (攀打目攀打科、牻牛儿苗目酢浆草科、牻牛儿苗科等) [M]. 北京: 科学出版社.

杨博辉, 2006. 中国野生偶奇蹄目动物遗传资源 [M]. 兰州: 甘肃科学技术出版社.

杨永, 刘冰, 2017. 中国裸子植物物种濒危和保育现状 [J]. 生物多样性, 25 (7): 758—764.

应俊生, 陈德昭, 2001. 中国植物志: 第二十九卷 (木通科、小檗科) [M]. 北京: 科学出版社.

俞德浚, 1974. 中国植物志: 第三十六卷 (蔷薇科 [一] 绣线菊亚科—苹果亚科) [M]. 北京: 科学出版社.

俞德浚, 1985. 中国植物志: 第三十七卷 (蔷薇科 [二] 蔷薇亚科) [M]. 北京: 科学出版社.

张美珍, 邱莲卿, 1992. 中国植物志: 第六十一卷 (木犀科、马钱科) [M]. 北京: 科学出版社.

张宪春, 2004. 中国植物志: 第六卷第三册 (蕨类植物) [M]. 北京: 科学出版社.

张秀实, 吴征镒, 1998. 中国植物志: 第二十三卷第一册 (桑科) [M]. 北京: 科学出版社.

张营, 2015. 青海三江源6个保护分区春夏季鸟类多样性研究 [D]. 西宁: 青海师范大学.

张忠孝, 2009. 青海地理 (第二版) [M]. 北京: 科学出版社.

赵尔宓, 赵肯堂, 周开亚, 等, 1999. 中国动物志: 爬行纲第二卷 (有鳞目蜥蜴亚目) [M]. 北京: 科学出版社.

赵尔宓, 1998. 中国动物志: 爬行纲第三卷 (有鳞目蛇亚目) [M]. 北京: 科学出版社.

赵尔宓, 2006. 中国蛇类 [M]. 合肥: 安徽科技出版社.

赵欣如, 2018. 中国鸟类图鉴 [M]. 北京: 商务印书馆.

赵新全, 祁得林, 杨洁, 2008. 青藏高原代表性土著动物分子进化与适应研究 [M]. 北京: 科学出版社.

赵正阶, 2001. 中国鸟类志: 上卷 (非雀形目) [M]. 长春: 吉林科学技术出版社.

赵正阶，2001．中国鸟类志：下卷（雀形目）[M]．长春：吉林科学技术出版社．

郑光美，2018．中国鸟类分类与分布名录（第三版）[M]．北京：科学出版社．

郑生武，宋世英，2010．秦岭兽类志[M]．北京：中国林业出版社．

郑万钧，傅立国，1978．中国植物志：第七卷（裸子植物门）[M]．北京：科学出版社．

郑作新，等，1978．中国动物志：鸟纲第四卷（鸡形目）[M]．北京：科学出版社．

郑作新，等，1979．中国动物志：鸟纲第二卷（雁形目）[M]．北京：科学出版社．

郑作新，等，1997．中国动物志：鸟纲第一卷第二部（潜鸟目、鹱形目）[M]．北京：科学出版社．

郑作新，龙泽虞，卢汰春，1995．中国动物志：鸟纲第十卷（雀形目鹟科Ⅰ、鸫亚科）[M]．北京：科学出版社．

郑作新，卢汰春，杨岚，等，2010．中国动物志：鸟纲第十二卷（雀形目鹟科Ⅲ莺亚科、鹟亚科）[M]．北京：科学出版社．

郑作新，冼耀华，关贯勋，1991．中国动物志：鸟纲第六卷（鸽形目、鹦形目、鹃形目、鸮形目）[M]．北京：科学出版社．

中国科学院西北高原生物研究所，1989．青海经济动物志[M]．西宁：青海人民出版社．

中华人民共和国濒危物种进出口管理办公室，1994．中国西北地区珍稀濒危动物志[M]．北京：中国林业出版社．

钟补求，1963．中国植物志：第六十七卷第二册（玄参科[一]）[M]．北京：科学出版社．

钟补求，1963．中国植物志：第六十八卷（玄参科[二]）[M]．北京：科学出版社．

周太炎，1987．中国植物志：第三十三卷（十字花科）[M]．北京：科学出版社．

Alström P，Sundev G，2021．Mongolian Short-toed Lark *Calandrella dukhunensis*, an Overlooked East Asian Species [J]．Journal of Ornithology，162（1）：165—177．

Chase M W，Christenhusz M J M，Fay M F，et al.，2016. An update of the Angiosperm Phylogeny Group classification for the orders and families of flowering plants: APG Ⅳ [J]．Botanical Journal of the Linnean Society，181（1）：1—20．

Liu S，Wei C，Leader P J，et al.，2020. Taxonomic revision of the Long-tailed Rosefinch *Carpodacus sibiricus* complex [J]．Journal of Ornithology，161（4）：1061—1070．

Shi J, Wang G, Chen X, et al., 2017. A new moth-preying alpine pit viper species from Qinghai-Tibetan Plateau (Viperidae, Crotalinae) [J]. Amphibia-Reptilia, 38: 517—532.

Shi J, Yang D, Zhang W, et al., 2016. Distribution and intraspecies taxonomy of *Gloydius halys-Gloydius intermedius* Complex in China (Serpentes: Crotalinae) [J]. Chinese Journal of Zoology, 51 (5) : 777—798.

Shi J, Yang D, Zhang W, et al., 2018. A new species of the *Gloydius strauchi* complex (Crotalinae: Viperidae: Serpentes) from Qinghai, Sichuan, and Gansu, China [J]. Russian Journal of Herpetology, 25: 126—138.

The Cornell Lab of Ornithology. Birds of the World [EB/OL] . [2021-11-15]. https://birdsoftheworld.org.

Zhang D, Tang L, Cheng Y, et al., 2019. "Ghost introgression" as a cause of deep mitochondrial divergence in a bird species complex [J]. Molecular Biology and Evolution, 36 (11): 2375—2386.

图片来源

Frédéric Larrey：封面

James Wheeler：垭口飘扬的经幡

布尕：欧亚水獭

曹叶源：灰雁、鹤鹬（非繁殖羽）、牛背鹭、细嘴短趾百灵

陈安卡：血雉（雄鸟）、绿翅鸭（雄鸟）、绿翅鸭（雌鸟）、琵嘴鸭（雄鸟）、琵嘴鸭（雌鸟）、凤头潜鸭、林鹬（繁殖羽）、红颈滨鹬（非繁殖羽）、弯嘴滨鹬（繁殖羽）、普通燕鸥、池鹭（非繁殖羽）、黑冠山雀、矛纹草鹛、白脸鸻、赤颈鸫（雌鸟）、蓝眉林鸲（雄鸟）、白喉红尾鸲（雄鸟）、红尾水鸲（雄鸟）、领岩鹨、灰头灰雀（雄鸟）

陈尽：果洛州玛多县湖群景观

陈熙尔：四川褐头山雀、红腹红尾鸲（雌鸟）、锈胸蓝姬鹟（雄鸟）、棕胸蓝姬鹟（雄鸟）、白斑翅拟蜡嘴雀、曙红朱雀（雄鸟）、绵参

程琛：狼（足迹）、雪豹（足迹）

邓星羽：蒙古沙鸻（繁殖羽）、蒙古沙鸻（非繁殖羽）

丁进清：游隼

董江天：亚洲狗獾、中华鬣羚、大石鸡、蓝马鸡、赤麻鸭、绿头鸭、金鸻（非繁殖羽）、环颈鸻（雄鸟）、青脚滨鹬（非繁殖羽）、棕头鸥（非繁殖羽）、黑头噪鸦、喜鹊（背部）、星鸦、黄嘴山鸦、褐冠山雀、小云雀、崖沙燕、烟柳莺、棕眉柳莺、淡眉柳莺、花彩雀莺（雌鸟）、凤头雀莺（雄鸟）、中华雀鹛、褐头雀鹛、灰头鸫（雌鸟）、赤颈鸫（雄鸟）、斑鸫、蓝眉林鸲（雌鸟）、白喉红尾鸲（雌鸟）、蓝额红尾鸲（雌鸟）、赭红尾鸲（雌鸟）、乌鹟、戴菊、藏雪雀、褐翅雪雀、白头鹀（雄鸟）、白头鹀（雌鸟）、藏鹀（雌鸟）、灰头鹀（雌鸟）

董磊：阿尼玛卿神山下的冰川、在裸岩上攀行的岩羊、黄鼬、黄鼬（特写）、马麝（雌）、中华斑羚、喜马拉雅旱獭、青海松田鼠、白尾松田鼠、[红喉]雉鹑、大杜鹃（灰色型）、红脚鹬、渔鸥（非繁殖羽）、普通鸬鹚（非繁殖羽）、胡兀鹫（左）、金雕（左）、雀鹰（雌鸟）、大鵟（右）、小嘴乌鸦、地山雀、角百灵（雄鸟）、棕背黑头鸫（雄鸟）、白须黑胸歌鸲（雌鸟）、白腹短翅鸲（雌鸟）、林岭雀、高山岭雀、中华长尾雀（雄鸟）、黄嘴朱顶雀、藏鹀（雄鸟）

董正一：池鹭（繁殖羽）

高向宇：凤头蜂鹰（左）、草原雕（亚成鸟）、鸲岩鹨

葛增明：高原松田鼠

更尕依严：白腹短翅鸲（雄鸟）

顾有容：杂多紫堇（左）、杂多紫堇（右）、囊种草（左）、囊种草（右）、篦毛齿缘草

关翔宇：西伯利亚狍（雌）、岩鸽、西藏毛腿沙鸡（雄鸟）、西藏毛腿沙鸡（雌鸟）、凤头麦鸡（繁殖羽）、金鸻（繁殖羽）、环颈鸻（雌鸟）、青脚鹬（繁殖羽）、矶鹬、大白鹭、白尾海雕（左）、灰背隼（雌鸟）、黑卷尾、蒙古短趾百灵、岩燕、黄腰柳莺、黄眉柳莺、红翅旋壁雀（非繁殖羽）、田鹀

郭宏：高山旋木雀

郭亮：马鹿、白唇鹿（雌）、西藏盘羊（雄）、西藏盘羊（雌）、灰尾兔、棕草鹛、朱鹀（雄鸟）

郭玉民：漠鹛（雄鸟）

561

何海燕： 寺前的旱獭

何锴： 蹼足鼩

何屹： 斑尾榛鸡（雌鸟）

胡若成： 小家鼠、凤头百灵、山噪鹛、曙红朱雀（雌鸟）

荒野新疆： 石貂、鹊鸭（雄鸟）、白腰杓鹬、金雕（右）、普通翠鸟、煤山雀、树鹨

黄亚慧： 黑尾塍鹬（繁殖羽）

黄耀华： 黄喉貂、猪獾、豹猫、红头潜鸭、青脚鹬（非繁殖羽）、长尾山椒鸟（雌鸟）、金腰燕、棕腹柳莺

黄裕伟： 金钱豹

混沌牛： 白腰草鹬（繁殖羽）、棕胸岩鹨、山麻雀（雄鸟）

计云： 岩羊（雌）、黑鸢（右）、大嘴乌鸦

姜统尧： 中华蟾蜍

姜中文： 青海沙蜥

景颐霖： 独一味（植株）

雷波： 川西鼠兔、斑头雁

雷淼： 高原鼢鼠

李波卡： 祁连圆柏（植株）、祁连圆柏（果）、海韭菜（果）、水麦冬（花序）、水麦冬（果）、山丹（茎）、山丹（花）、凹舌掌裂兰（叶）、凹舌掌裂兰（花序）、对叶兰（叶）、对叶兰（花）、沼兰（植株）、沼兰（根）、沼兰（花）、二叶兜被兰（叶）、广布小红门兰（叶）、广布小红门兰（花）、青海鸢尾（植株）、青海鸢尾（花）、准噶尔鸢尾、白屈菜（花）、白屈菜（果）、灰绿黄堇（叶）、灰绿黄堇（花序）、叠裂黄堇（右）、尖突黄堇（植株）、尖突黄堇（叶）、黑顶黄堇（植株）、黑顶黄堇（叶）、黑顶黄堇（花）、糙果紫堇（植株）、糙果紫堇（花序）、糙果紫堇（子房）、细果角茴香（果）、全缘叶绿绒蒿（花）、刺瓣绿绒蒿（花）、刺瓣绿绒蒿（果）、鲜黄小檗（叶）、鲜黄小檗（花）、露蕊乌头（花）、水毛茛（叶）、水毛茛（花）、水毛茛（聚合果）、芹叶铁线莲（叶）、芹叶铁线莲（花）、粉绿铁线莲（花）、粉绿铁线莲（果）、白蓝翠雀花（植株）、白蓝翠雀花（花）、蓝翠雀花（叶）、蓝翠雀花（花上）、蓝翠雀花（花下）、单花翠雀花（植株）、单花翠雀花（叶）、展毛翠雀花（植株）、展毛翠雀花（叶）、展毛翠雀花（花）、鸦跖花（植株）、砾地毛茛（叶）、砾地毛茛（花）、高山唐松草（叶）、腺毛唐松草（茎）、腺毛唐松草（果序）、亚欧唐松草（叶）、亚欧唐松草（花序）、瓣蕊唐松草（叶）、瓣蕊唐松草（花序）、长柄唐松草（叶）、长柄唐松草（花序）、芸香叶唐松草（叶）、芸香叶唐松草（花序）、毛茛状金莲花（植株）、毛茛状金莲花（叶）、毛茛状金莲花（花）、糖茶藨子、长果茶藨子、长梗金腰（叶）、长梗金腰（花）、柔毛金腰（植株）、柔毛金腰（叶）、柔毛金腰（果序）、黑蕊虎耳草（叶）、青藏虎耳草（植株）、青藏虎耳草（叶）、青藏虎耳草（花序）、小丛红景天（植株）、小丛红景天（花序）、四裂红景天（花序）、对叶红景天（植株）、对叶红景天（叶）、对叶红景天（果序）、高原景天（植株）、高原景天（花序上）、高原景天（花序下）、阔叶景天（植株）、阔叶景天（花序）、金翼黄耆（叶）、金翼黄耆（花序）、金翼黄耆（果序）、马衔山黄耆（植株）、马衔山黄耆（叶）、马衔山黄耆（花序）、松潘黄耆（植株）、松潘黄耆（花序）、松潘黄耆（果序）、块茎岩黄耆（植株）、块茎岩黄耆（叶）、块茎岩黄耆（花序）、高山野决明（植株）、高山野决明（花序）、西伯利亚远志（左）、西伯利亚远志（中）、匍匐枸子、东方草莓（花序）、东方草莓（聚合果）、钉柱委陵菜（植株）、矮地榆（植株）、矮地榆（叶）、矮地榆（花序）、窄叶鲜卑花（叶）、窄叶

562

鲜卑花（花序）、陕甘花楸（花序）、陕甘花楸（果序）、麻叶荨麻（植株）、麻叶荨麻（花序）、高原荨麻（植株）、高原荨麻（果序）、细叉梅花草（叶）、细叉梅花草（花上）、细叉梅花草（花下）、三脉梅花草（植株）、双花堇菜（植株）、双花堇菜（叶）、鳞茎堇菜（植株）、鳞茎堇菜（花）、鳞茎堇菜（叶）、山杨（树皮）、山杨（叶）、山生柳（花序）、高山大戟（植株）、高山大戟（叶）、盐泽双脊荠（左）、盐泽双脊荠（右）、芝麻菜（花序）、芝麻菜（果序）、匍匐水柏枝（植株）、匍匐水柏枝（花序）、黄花补血草（植株）、黄花补血草（花序上）、黄花补血草（花序下）、西伯利亚蓼（叶）、珠芽蓼（叶）、珠芽蓼（珠芽）、珠芽蓼（花序）、山生福禄草（植株）、山生福禄草（花）、瞿麦（植株）、瞿麦（花）、喜马拉雅蝇子草（花序）、喜马拉雅蝇子草（花）、长梗蝇子草（花序）、长梗蝇子草（花）、偃卧繁缕、禾叶繁缕（植株）、禾叶繁缕（茎）、禾叶繁缕（花）、菊叶香藜（花序）、羽叶点地梅（植株）、羽叶点地梅（花序）、羽叶点地梅（果序）、天山报春（植株）、天山报春（花序）、狭萼报春（叶）、甘青报春（叶）、甘青报春（花序）、头花杜鹃（植株）、头花杜鹃（叶）、头花杜鹃（花序）、蓬子菜（叶）、蓬子菜（花）、蓬子菜（花序）、喉毛花（花下）、高山龙胆（植株）、高山龙胆（花）、刺芒龙胆（花）、线叶龙胆（植株）、线叶龙胆（茎）、钟花龙胆（植株）、钟花龙胆（花）、黄管秦艽（植株）、黄管秦艽（花）、黄管秦艽（叶）、黄白龙胆（植株）、黄白龙胆（花）、偏翅龙胆（植株）、偏翅龙胆（茎）、匙叶龙胆（植株）、匙叶龙胆（花）、蓝玉簪龙胆（植株）、蓝玉簪龙胆（花）、湿生扁蕾（花上）、湿生扁蕾（花下）、合萼肋柱花（茎）、合萼肋柱花（花上）、合萼肋柱花（花下）、宿根肋柱花（植株）、宿根肋柱花（花）、辐状肋柱花（植株）、辐状肋柱花（花上）、辐状肋柱花（花下）、四数獐牙菜（茎）、四数獐牙菜（花）、西南琉璃草（叶）、西南琉璃草（花序）、蓝刺鹤虱（植株）、蓝刺鹤虱（叶）、蓝刺鹤虱（花）、杉叶藻（植株）、杉叶藻（叶）、短筒兔耳草（植株）、短筒兔耳草（叶）、短筒兔耳草（花序）、细穗玄参（茎）、细穗玄参（花序）、白花枝子花（植株）、白花枝子花（花序）、密花香薷（植株）、密花香薷（叶）、密花香薷（花序）、鼬瓣花（花序）、鼬瓣花（花）、刺齿马先蒿（叶）、刺齿马先蒿（花）、碎米蕨叶马先蒿（植株）、碎米蕨叶马先蒿（叶）、聚花马先蒿（植株）、聚花马先蒿（花）、藓生马先蒿（植株）、藓生马先蒿（花）、大唇拟鼻花马先蒿（植株）、大唇拟鼻花马先蒿（花序上）、大唇拟鼻花马先蒿（花序下）、岩居马先蒿（植株）、岩居马先蒿（花）、半扭卷马先蒿（叶）、半扭卷马先蒿（花序）、长柱沙参（花序）、绿花党参（叶）、绿花党参（花上）、绿花党参（花下）、阿尔泰狗娃花（植株）、阿尔泰狗娃花（花序）、阿尔泰狗娃花（总苞）、狭苞紫菀（茎）、狭苞紫菀（花序）、狭苞紫菀（总苞）、川甘岩参（植株）、川甘岩参（叶）、川甘岩参（花序）、褐毛垂头菊（花序）、条叶垂头菊（叶）、条叶垂头菊（总苞）、束伞女蒿（植株）、束伞女蒿（花序）、束伞女蒿（总苞）、矮火绒草（植株）、矮火绒草（总苞）、青海毛冠菊（叶）、青海毛冠菊（花序）、青海毛冠菊（总苞）、鼠麹雪兔子（植株）、鼠麹雪兔子（花序）、禾叶风毛菊（植株）、禾叶风毛菊（总苞）、苞叶雪莲（花序）、空桶参（茎）、空桶参（花序）、血满草（花序）、血满草（叶）、血满草（果序）、白花刺续断（花序）、白花刺续断（总苞）、唐古特忍冬（苞片）、唐古特忍冬（花）、青海刺参（花序）、穿心莛子藨（植株）、穿心莛子藨（果序）、青海当归（叶）、青海当归（果序）、裂叶独活（叶）、裂叶独活（花序）、青海棱子芹（叶）、青海棱子芹（花序）

李航： 针尾沙锥、针尾沙锥（尾部）、大沙锥、大沙锥（尾部）

李锦昌： 康藏仓鼠

李俊杰： 黄河源鄂陵湖、棕背黑头鸫（雌鸟）、独一味（花序）

李磊： 白扎林场盛开的狼毒

李显达： 鹗（左）、凤头蜂鹰（右）、雀鹰（雄鸟）、苍鹰（成鸟）

梁书洁： 红尾水鸲（雌鸟）

廖锐： 北社鼠

林毅： 美丽棱子芹（总苞）

刘爱涛： 红喉歌鸲（雌鸟）、黑喉石䳭（雌鸟）

刘思远： 囊谦一位身着传统服饰的妇女

刘渝宏： 豺、豺（特写）

刘哲青： 夜鹭（成鸟）、靴隼雕（左）、玉带海雕（左）、花彩雀莺（雄鸟）

刘宗壮： 灰鹤、苍鹭、大山雀、四川柳莺、灰头灰雀（雌鸟）

娄方洲： 布氏鹨

罗晶： 三道眉草鹀（雌鸟）

尼玛江才： 玉树州曲麻莱县塔琼岩画

年保玉则生态环境保护协会： 灰腹水鼩、灰大耳蝠、小飞鼠、大耳姬鼠、秃鹫（右）、红翅旋壁雀（繁殖羽）、问荆（植株）、问荆（能育枝）、大果圆柏、红杉、单子麻黄、甘肃贝母、暗紫贝母、尖被百合、河北盔花兰、角盘兰、二叶兜被兰（植株）、卷鞘鸢尾、折被韭、青甘韭（叶）、青甘韭（花序）、独花黄精、青海黄精、展苞灯心草、黑褐穗薹草、丝颖针茅、曲花紫堇、金雀花黄堇、暗绿紫堇、粗糙黄堇、秃疮花、久治绿绒蒿（植株）、多刺绿绒蒿、全缘叶绿绒蒿（植株）、红花绿绒蒿（植株）、星叶草、桃儿七、铁棒锤、甘青乌头、蓝侧金盏花、展毛银莲花、疏齿银莲花（植株）、疏齿银莲花（叶）、叠裂银莲花、草玉梅、大火草（植株）、无距楼斗菜、美花草、升麻（植株）、大通翠雀花、唐古拉翠雀花、毛翠雀花、三裂碱毛茛、拟楼斗菜、高山唐松草（植株）、川赤芍、长梗金腰（植株）、黑蕊虎耳草（植株）、山地虎耳草、爪瓣虎耳草、大花红景天、唐古红景天、云南黄耆、鬼箭锦鸡儿、毛刺锦鸡儿、锡金岩黄耆、甘肃棘豆（植株）、紫花野决明、披针叶野决明、高山豆、歪头菜、无尾果、金露梅、峨眉蔷薇、紫红悬钩子、高山绣线菊、西藏沙棘、红桦、白桦、突脉金丝桃、山生柳（植株）、甘青大戟、犄牛儿苗、草地老鹳草、甘青老鹳草、柳兰、高山露珠草、唐古特瑞香、狼毒、唐古碎米荠、丽江葶苈、喜山葶苈、红紫糖芥、密序山萮菜、头花独行菜、高河菜、单花荠、垂果大蒜芥、藏芹叶荠、油杉寄生、鸡娃草、冰岛蓼、柔毛蓼、掌叶大黄（叶）、掌叶大黄（花序）、小大黄、穗序大黄、鸡爪大黄（叶）、鸡爪大黄（花序）、藓状雪灵芝、甘肃雪灵芝、黑蕊无心菜、薄蒴草、异花孩儿参、隐瓣蝇子草（植株）、藜、川西凤仙花、中华花葱、杂多点地梅、西藏点地梅、垫状点地梅、海乳草、圆瓣黄花报春（植株）、紫罗兰报春、偏花报春、甘青报春（植株）、松下兰（花序）、普通鹿蹄草（叶）、普通鹿蹄草（花序）、雪层杜鹃、镰萼喉毛花、喉毛花（植株）、刺芒龙胆（植株）、全萼秦艽、云雾龙胆、紫红假龙胆、辐花、祁连獐牙菜、甘青微孔草、宽苞微孔草、西藏微孔草、银灰旋花、山莨菪、天仙子、马尿泡、四川丁香、短穗兔耳草、宽叶柳穿鱼、唐古拉婆婆纳、藏波罗花、高山捕虫堇、白苞筋骨草、美花筋骨草、甘青青兰、扭连钱、蓝花荆芥、康藏荆芥、康定鼠尾草、甘西鼠尾草、连翘叶黄芩、肉果草、丁座草、短腺小米草、阿拉善马先蒿、刺齿马先蒿（植株）、绒舌马先蒿、毛颏马先蒿、管状长花马先蒿、欧氏马先蒿、白氏马先蒿（茎）、白氏马先蒿（花序）、普氏马先蒿、半扭卷马先蒿（植株）、管花马先蒿、四川马先蒿、轮叶马先蒿、喜马拉雅沙参、长柱沙参（叶）、钻裂风铃草、脉花党参、蓝钟花、细裂亚菊、乳白香青、萎软紫菀、褐毛垂头菊（植株）、盘花垂头菊、矮垂头菊、条叶垂头菊（植株）、掌叶橐吾、青海毛冠菊（植株）、云状雪兔子、重齿风毛菊、水母雪兔子（花序）、唐古特雪莲、羌塘雪兔子、天山千里光、空桶参（植株）、绢毛苣、盘状合头菊、川西小黄菊（植株）、橙舌狗舌草、黄缨菊、五福花、华福花、白花刺续断（植株）、岩生忍冬、华西忍冬、青海刺参（植株）、匙叶甘松、莛子藨、缬草、葛缕子、裂叶独活（植株）、羌活、松潘棱子芹、垫状棱子芹

牛洋： 矮金莲花、叠裂黄堇（左）、久治绿绒蒿（花）、矮金莲花（左）、矮金莲花（右）

彭大周： 林跳鼠

彭建生： 玉树州杂多县昂赛乡澜沧江峡谷、夕阳下水畔的经幡、昂赛佛头山、三江源景观——玉树州杂多县扎青乡、玉树州曲麻莱县通天河谷 、小飞鼠（生境）、达乌里寒鸦

齐硕： 花背蟾蜍、密点麻蜥

任晓彤： 黄三七（花上）、黄三七（花下）

日代： 嘉塘草原上的猞猁、猞猁、黑颈鹤、棕颈雪雀（正面）、拟大朱雀（雄鸟）、拟大朱雀（雌鸟）

沙驼： 玉带海雕（右）

山水自然保护中心： 澜沧江边的山水昂赛工作站、荒漠猫、玉树正在进食的水獭

单成： 藏雪鸡、斑嘴鸭、小滨鹬、短耳鸮、长尾山椒鸟（雄鸟）、红嘴山鸦、北红尾鸲（雄鸟）、北红尾鸲（雌鸟）、白顶溪鸲、黄头鹡鸰（右）、金翅雀

十卅： 藏狐（冬）、赤狐（冬）、赤狐（夏）、棕熊（足迹）、香鼬、香鼬（特写）、艾鼬、艾鼬（特写）、欧亚水獭（足迹）、藏野驴（冬）、藏原羚（雄）、岩羊（雄）、环颈雉（雄鸟）、环颈雉（雌鸟）、大天鹅、翘鼻麻鸭、赤嘴潜鸭、凤头䴙䴘、黑颈䴙䴘、雪鸽、珠颈斑鸠、大杜鹃（棕色型雌鸟）、黑翅长脚鹬、凤头麦鸡（非繁殖羽）、鹤鹬（繁殖羽）、白腰草鹬（非繁殖羽）、林鹬（非繁殖羽）、长趾滨鹬、红颈瓣蹼鹬（繁殖羽）、棕头鸥（繁殖羽）、红嘴鸥（繁殖羽）、红嘴鸥（非繁殖羽）、渔鸥（繁殖羽）、普通燕鸥（繁殖羽）、夜鹭（幼鸟）、高山兀鹫（右）、苍鹰（亚成鸟）、黑鸢（左）、大鵟（左）、普通鵟（右）、雕鸮、纵纹腹小鸮、戴胜、大斑啄木鸟、灰头绿啄木鸟、楔尾伯劳、喜鹊、长嘴百灵、淡色崖沙燕、橙翅噪鹛、普通䴓、河乌（白色型）、河乌（棕色型）、灰椋鸟、乌鸫、赭红尾鸲（雄鸟）、红腹红尾鸲（雄鸟）、白喉石䳭、褐岩鹨、石雀、白腰雪雀、黑喉雪雀、黄头鹡鸰（左）、白鹡鸰（左）、白鹡鸰（右）、粉红胸鹨（繁殖羽）、小鹀

史静耸： 西藏齿突蟾、高原林蛙、倭蛙、秦岭滑蜥、丽斑麻蜥、阿拉善蝮、红斑高山蝮、白条锦蛇

束俊松： 狼、山斑鸠、猎隼（成鸟）、水鹨（非繁殖羽）

索昂贡庆： 玉树州称多县尕朵觉悟神山

邰明姝： 棕熊、白唇鹿（雄）

王长青： 白眉鸭（雌鸟）

王清民： 赤膀鸭、栗臀鸭、紫翅椋鸟、中华长尾雀（雌鸟）

王瑞： 灰背隼（雄鸟）

王小炯： 白背矶鸫（雌鸟）

王彦超： 反嘴鹬、金眶鸻、粉红胸鹨（非繁殖羽）

王尧天： 鹗（右）、靴隼雕（右）

王臻祺： 火斑鸠、灰翅浮鸥、普通鵟（左）、红隼（雌鸟）、松鸦、山麻雀（雌鸟）

韦晔： 长江源头的三只小兔狲、兔狲、野猪、高原山鹑、白马鸡（左）、赤颈鸭、鹦嘴鹬、

孤沙锥、猎隼（幼鸟）、灰背伯劳、黑眉长尾山雀、大噪鹛、蓝额红尾鸲（雄鸟）、黑喉红尾鸲（雄鸟）、棕颈雪雀（侧面）、斑翅朱雀（雄鸟）

吴秀山： 野牦牛

吴哲浩： 美丽棱子芹（植株）、美丽棱子芹（花序）

武亦乾： 在昂赛吃牦牛的雪豹、藏狐（夏）、黑熊、欧亚水獭（粪便）、雪豹、藏原羚（雌）、斯氏高山䶄、白马鸡（右）、黑鹳、秃鹫（左）、渡鸦、灰眉岩鹀（雄鸟）

奚志农： 藏羚（雄）、藏羚（雌）

邢超： 白腰雨燕、白尾鹞（雄鸟）、红隼（雄鸟）

邢家华： 毛腿沙鸡（雄鸟）、毛腿沙鸡（雌鸟）

邢睿： 西伯利亚狍（雄）、根田鼠、白眉鸭（雄鸟）、鹊鸭（雌鸟）、蓑羽鹤、草原雕（成鸟）、蚁䴕、燕隼、漠鹛（雌鸟）、灰眉岩鹀（雌鸟）

徐健： 玉树州杂多县扎青乡吉富山、三江源高原草甸景观、长江源索加高寒草原、藏雀（雌鸟）

徐思： 澜沧江源昂赛峡谷

严志文： 藏鼠兔、黄喉雉鹑、血雉（雄鸟）、灰斑鸠、白眉山雀、烟腹毛脚燕、黄腹柳莺、暗绿柳莺、黑头鸭、蓝大翅鸲（雄鸟）、栗背岩鹨、棕背雪雀、普通朱雀（雄鸟）、普通朱雀（雌鸟）、大朱雀（雄鸟）、藏雀（雄鸟）、红胸朱雀（雄鸟）、红胸朱雀（雌鸟）

杨新业： 沙狐（冬）

杨祎： 斑尾榛鸡（雄鸟）、斑翅朱雀（雌鸟）

于俊峰： 普通雨燕、白尾鹞（雌鸟）、红喉姬鹟（雌鸟）

余天一： 凹舌掌裂兰（植株）、广布小红门兰（植株）、刺瓣绿绒蒿（植株）、藏玄参（植株）、藏玄参（花）、青海棱子芹（植株）

袁屏： 家燕、［树］麻雀

越冬： 橙斑翅柳莺

曾祥乐： 金色林鸲（雌鸟）、棕胸蓝姬鹟（雌鸟）

张发起： 高山嵩草、角果碱蓬

张国铭： 针尾鸭、白眼潜鸭、斑头秋沙鸭、普通秋沙鸭、白骨顶、流苏鹬（非繁殖羽）、弯嘴滨鹬（非繁殖羽）、高山兀鹫（左）、三趾啄木鸟、黑啄木鸟（取食洞）、黑啄木鸟、褐头山雀、亚洲短趾百灵、银喉长尾山雀、凤头雀莺（雌鸟）、欧亚旋木雀（背）、欧亚旋木雀（侧）、红喉歌鸲（雄鸟）、黑喉红尾鸲（雌鸟）、蓝大翅鸲（雌鸟）、黑喉石鹛（雄鸟）、沙鹛、锈胸蓝姬鹟（雌鸟）、朱鹀（雌鸟）、灰鹡鸰、水鹨（繁殖羽）、大朱雀（雌鸟）、红眉朱雀（雄鸟）、红眉朱雀（雌鸟）、三道眉草鹀（雄鸟）

张海华： 青海云杉（植株）、青海云杉（果）、天山鸢尾（植株）、天山鸢尾（花）、黄三七（植株）、石砾唐松草（植株）、石砾唐松草（花序）、隐瓣山莓草、青海报春（植株）、青海报春（花序）、青海玄参（植株）、青海玄参（花序）

张谦益： 洽草（植株）、洽草（花序上）、洽草（花序下）

张强： 马麝（雄）、胡兀鹫（右）

张琴： 鹌鹑、长尾地鸫

张炜： 猕猴

张小玲： 长耳鸮

张岩： 黑尾塍鹬（非繁殖羽）、红颈滨鹬（繁殖羽）、青脚滨鹬（繁殖羽）、流苏鹬（繁殖羽）、红颈瓣蹼鹬（非繁殖羽）、白尾海雕（右）、角百灵（雌鸟）、白背矶鸫（雄鸟）、橙胸姬鹟（雌鸟）、灰头鸦（雄鸟）

张真源： 沙狐（夏）

赵宏： 西藏山溪鲵、若尔盖蝮

郑海磊： 海韭菜（植株）、梭砂贝母、西藏杓兰（植株）、西藏杓兰（花）、手参（茎）、手参（花序）、手参（花）、二叶兜被兰（花序）、卡惹拉黄堇（植株）、卡惹拉黄堇（花序）、细果角茴香（花）、红花绿绒蒿（花）、刺红珠（花）、刺红珠（果）、大火草（花序）、驴蹄草（花序）、升麻（花序）、高山唐松草（花序）、黑蕊虎耳草（花）、唐古特虎耳草（植株）、唐古特虎耳草（花序）、四裂红景天（植株）、四裂红景天（茎）、甘肃棘豆（叶）、甘肃棘豆（花序）、西伯利亚远志（右）、钉柱委陵菜（叶）、钉柱委陵菜（花）、山杨（植株）、山生柳（果序）、宽果丛菔（植株）、宽果丛菔（果）、葡匐水柏枝（枝）、隐瓣蝇子草（花上）、隐瓣蝇子草（花下）、圆瓣黄花报春（花序）、狭萼报春（植株）、狭萼报春（花序）、松下兰（植株）、青海杜鹃（花序）、青海杜鹃（花）、喉毛花（花上）、东俄洛龙胆、湿生扁蕾（植株）、列当（植株）、列当（花序）、褐毛垂头菊（总苞）、水母雪兔子（植株）、苞叶雪莲（植株）、川西小黄菊（花序）、穿心莛子藨（花序）、裂叶独活（果序）

郑康华： 白肩雕（左）、白肩雕（右）、黄鹡鸰

钟悦陶： 红耳鼠兔

朱仁斌： 海韭菜（花序）、水麦冬（植株）、小斑叶兰（花序）、天蓝韭、华扁穗草、垂穗披碱草（植株）、垂穗披碱草（穗）、高异燕麦、条裂黄堇、细果角茴香（茎）、露蕊乌头（植株）、驴蹄草（植株）、甘青铁线莲、鸦跖花（花）、高原毛茛、渐尖茶藨子、青海苜蓿、黄花棘豆（植株）、黄花棘豆（花序）、青海棘豆、蕨麻、银露梅、三脉梅花草（花）、沼生柳叶菜（左）、沼生柳叶菜（右）、野葵、播娘蒿、蚓果芥、菥蓂（左）、菥蓂（右）、圆穗蓼、西伯利亚蓼（植株）、尼泊尔酸模（植株）、尼泊尔酸模（果序）、菊叶香藜（植株）、束花粉报春、假水生龙胆、麻花艽（植株）、麻花艽（花）、黑边假龙胆、椭圆叶花锚（植株）、椭圆叶花锚（花序）、二叶獐牙菜、糙草（植株）、糙草（花）、平车前、鸡骨柴（植株）、鸡骨柴（花序）、粘毛鼠尾草（植株）、粘毛鼠尾草（花序）、甘肃马先蒿（植株）、甘肃马先蒿（花序）、铃铃香青、臭蒿（植株）、臭蒿（花序）、葵花大蓟、黄帚橐吾（植株）、黄帚橐吾（花序）、星状雪兔子（植株）、星状雪兔子（花序）、蒲公英、匙叶翼首花、长茎藁本

朱鑫鑫： 小斑叶兰（叶）、蒺藜叶膨果豆

邹滔： 毛冠鹿、水鹿（雄）、水鹿（雌）、间颅鼠兔、斑胸钩嘴鹛、灰头鸫（雄鸟）、白须黑胸歌鸲（雄鸟）、金色林鸲（雄鸟）、橙胸姬鹟（雄鸟）、红喉姬鹟（雄鸟）、白眉朱雀（雌鸟）

左凌仁： 隆宝正在吃鼠兔的藏狐、湿地中繁殖的黑颈鹤、果洛州玛可河林场的传统藏式房屋、巴颜喀拉山余脉——年保玉则、藏野驴（夏）、高原鼠兔、白眉朱雀（雄鸟）